国家“十二五”规划重点图书

中国地质调查局
青藏高原1:25万区域地质调查成果系列

中华人民共和国
区域地质调查报告

比例尺 1:250 000

江孜县幅(H45C004004)
亚东县幅(G45C001004)

项目名称： 1:25 万江孜县幅、亚东县幅区域地质调查

项目编号： 20001300009111

项目负责： 刘文灿 万晓樵

图幅负责： 周志广 李国彪

报告编写： 刘文灿 周志广 李国彪 万晓樵
梁定益 王克友 李文庆 赵兴国
高德臻 张祥信

编写单位： 中国地质大学(北京)地质调查研究院

单位负责： 刘文灿(院长)
张 达(总工程师)

内 容 提 要

测区内自北向南合理划分出3个构造单元，分别对应不同的地层分区(小区)。除第四系外共划分出地层单元44个，首次在康马-隆子地层分区内发现奥陶系(O)和最高海相层甲查拉组(E_1jc)。在奥陶系—三叠系中发现大量的古生物化石。对江孜盆地侏罗纪—古近纪岩石地层进行详细划分，对岗巴盆地白垩系—古近系进行深入研究，采获丰富的古生物化石。从高喜马拉雅带结晶岩系原"聂拉木群"中分解出一个新建的构造地层单位——亚东岩群和多种不同岩石类型的变形、变质侵入体。查明了区内构造格架和构造组合规律，对康马隆起进行了大比例尺详细构造解剖，对隆起带伸展拆离构造的时代、运动方向和形成机制进行了深入探讨。

图书在版编目(CIP)数据

中华人民共和国区域地质调查报告.江孜县幅(H45C004004)、亚东县幅(G45C001004)：比例尺1∶250 000/刘文灿等著.—武汉：中国地质大学出版社，2014.6

ISBN 978-7-5625-3380-1

Ⅰ.①中…
Ⅱ.①刘…
Ⅲ.①区域地质-地质调查-调查报告-中国②区域地质-地质调查-调查报告-江孜县③区域地质-地质调查-调查报告-亚东县
Ⅳ.①P562

中国版本图书馆CIP数据核字(2014)第135313号

中华人民共和国区域地质调查报告
江孜县幅(H45C004004)、亚东县幅(G45C001004)　比例尺 1∶250 000

刘文灿　周志广
李国彪　万晓樵　等著

责任编辑：舒立霞　刘桂涛　　　　责任校对：张咏梅

出版发行：中国地质大学出版社(武汉市洪山区鲁磨路388号)　　邮政编码：430074
电　　话：(027)67883511　　传　　真：67883580　　E-mail：cbb@cug.edu.cn
经　　销：全国新华书店　　http：//www.cugp.cug.edu.cn

开本：880mm×1230mm 1/16　　字数：440千字　印张：13.125　图版：7　插页：1　附图：1
版次：2014年6月第1版　　印次：2014年6月第1次印刷
印刷：武汉市籍缘印刷厂　　印数：1—1500册

ISBN 978-7-5625-3380-1　　定价：460.00元

前　言

青藏高原包括西藏自治区、青海省及新疆维吾尔自治区南部、甘肃省南部、四川省西部和云南省西北部，面积达 260 万 km^2，是我国藏民族聚居地区，平均海拔 4500m 以上，被誉为"地球第三极"。青藏高原是全球最年轻、最高的高原，记录着地球演化最新历史，是研究岩石圈形成演化过程和动力学的理想区域，是"打开地球动力学大门的金钥匙"。

青藏高原蕴藏着丰富的矿产资源，是我国重要的战略资源后备基地。青藏高原是地球表面的一道天然屏障，影响着中国乃至全球的气候变化。青藏高原也是我国主要大江大河和一些重要国际河流的发源地，孕育着中华民族的繁生和发展。开展青藏高原地质调查与研究，对于推动地球科学研究、保障我国资源战略储备、促进边疆经济发展、维护民族团结、巩固国防建设具有非常重要的现实意义和深远的历史意义。

1999 年国家启动了"新一轮国土资源大调查"专项，按照温家宝总理"新一轮国土资源大调查要围绕填补和更新一批基础地质图件"的指示精神。中国地质调查局组织开展了青藏高原空白区 1∶25 万区域地质调查攻坚战，历时 6 年多，投入 3 亿多，调集 25 个来自全国省(自治区)地质调查院、研究所、大专院校等单位组成的精干区域地质调查队伍，每年近千名地质工作者，奋战在世界屋脊，徒步遍及雪域高原，完成了全部空白区 158 万 km^2 共 112 个图幅的区域地质调查工作，实现了我国陆域中比例尺区域地质调查的全面覆盖，在中国地质工作历史上树立了新的丰碑。

西藏 1∶25 万 H45C004004(江孜县幅)、G45C001004(亚东县幅)区域地质调查项目，由中国地质大学(北京)地质调查研究院承担，工作区位于藏南日喀则地区，跨越喜马拉雅山脉主峰带的南北两侧。目的是通过对调查区进行全面的区域地质调查，参照造山带填图的新方法，应用遥感等新技术手段，以区域构造调查与研究为先导，合理划分测区的构造单元，对测区不同地质单元、不同的构造-地层单位采用不同的填图方法进行全面的区域地质调查。最终通过对沉积建造、变质变形、岩浆作用的综合分析，反演区域地质演化史，建立构造模式。

H45C004004(江孜县幅)、G45C001004(亚东县幅)地质调查工作时间为 2000—2002 年，累计完成地质填图面积为 18 978km^2，实测剖面 100km。地质路线 4618km，采集各类样品 2990 件，全面完成了设计工作量。主要成果有：①从原划聂拉木群中分解出一个新建的地层单位——亚东岩群，并从中解体出多个变形变质侵入体；首次在亚东岩群中发现高压麻粒岩和角闪石岩等暗色包体。②新发现了一批古生物化石，在原划中奥陶统沟陇日组中找到了晚奥陶世直角石化石；在上三叠统曲龙共巴组中找到鱼龙和鹦鹉螺化石；新发现喜马拉雅最高海相层浮游有孔虫，将遮普热组上部砂页岩段的时代准确厘定为晚始新世 Priabonian 早期；在拉轨岗日带康马地区发现奥陶系鹦鹉螺和海百合化石；在下二叠统破林浦组中找到 *Lytuolasma* 动物群；在江孜盆地找到古近纪沟鞭藻，并新建古新统甲查拉组，是江孜地区新发现的最高海相沉积记录；在雅江带南缘找到三叠纪化石。特别是该区最高海相层的发现，对于约束喜马拉雅特提斯海消亡时间，恢复印度亚洲板块碰撞演化历史将起到不可替代的作用。③在北喜马拉雅带三叠系—白垩系中新发现基性海相火山岩，首次从康马隆起带中分解出 5 期不同的侵入岩(脉)，取得了丰富的年龄数据，建立了康马-哈金桑惹隆起带的年代学格架。④将测区划分为三大构造分区，识别出5期褶皱变形，以及藏南拆离系和康马隆起伸展拆离系两大断裂系统，新发现南北向褶皱，建立了区域构造演化序列。⑤重点解剖了江孜地区年楚河流域的第四系成因类型和空间结构。

2003年4月，中国地质调查局组织专家对项目进行最终成果验收，评审认为，成果报告资料齐全，全面完成任务书和批准的设计书规定的任务，并有多项重大发现，对后继延伸的地学研究具有深远意义。经评审委员会认真评议，一致建议项目报告通过评审，江孜县幅、亚东县幅成果报告被评为优秀级。

参加报告编写的主要有刘文灿、周志广、李国彪、万晓樵、梁定益、王克友、李文庆、赵兴国、高德臻、张祥信，由刘文灿、李国彪、周志广编纂定稿。

先后参加野外工作的还有辛洪波、徐兴永、陈丛林、岳建伟、李尚林、陈俊兵、贡布。在整个项目实施和报告编写过程中，得益于许多单位和领导的大力协助、支持，尤其要感谢的是中国地质调查局、成都地质矿产研究所、西藏地质矿产勘查开发局、西藏地质二队、拉萨工作总站、日喀则地区及下属各县人民政府。始终得到了肖序常、潘桂棠、董树文、王义昭、夏代祥、廖光宇、王大可、王全海、刘鸿飞、李才等及中国地质大学(北京)莫宣学、邓军、郭铁鹰、聂泽同、赵崇贺、游振东、顾德林等多方指导和帮助。报告插图计算机清绘由张祥信、毛晓长、孙昌斌、和海霞、丁伟华等同志完成，在此表示诚挚的谢意。

为了充分发挥青藏高原1∶25万区域地质调查成果的作用，全面向社会提供使用，中国地质调查局组织开展了青藏高原1∶25万地质图的公开出版工作，由中国地质调查局成都地质调查中心组织承担图幅调查工作的相关单位共同完成。出版编辑工作得到了国家测绘局孔金辉、翟义青及陈克强、王保良等一批专家的指导和帮助，在此表示诚挚的谢意。

鉴于本次区调成果出版工作时间紧、参加单位较多、项目组织协调任务重以及工作经验和水平所限，成果出版中可能存在不足与疏漏之处，敬请读者批评指正。

“青藏高原1∶25万区调成果总结”项目组

2010年9月

目　录

第一章 绪 论

第一节 交通位置及自然地理概况

测区位于西藏自治区南部，地理坐标为：东经 88°30′—90°00′，北纬 27°00′—29°00′。行政区划属于西藏自治区日喀则地区白朗县、江孜县、康马县、岗巴县和亚东县 5 个县。从西藏自治区首府拉萨，有两条主干公路直达测区北部的江孜县，自江孜县城经康马、嘎拉、帕里到亚东有主干公路纵贯全区，从嘎拉至岗巴，由岗巴经查果拉到亚东有两条公路与之相连。此外，由各县城至乡镇多有简易公路相通，在干旱季节可通行吉普类车型，交通尚属方便(图 1-1)。

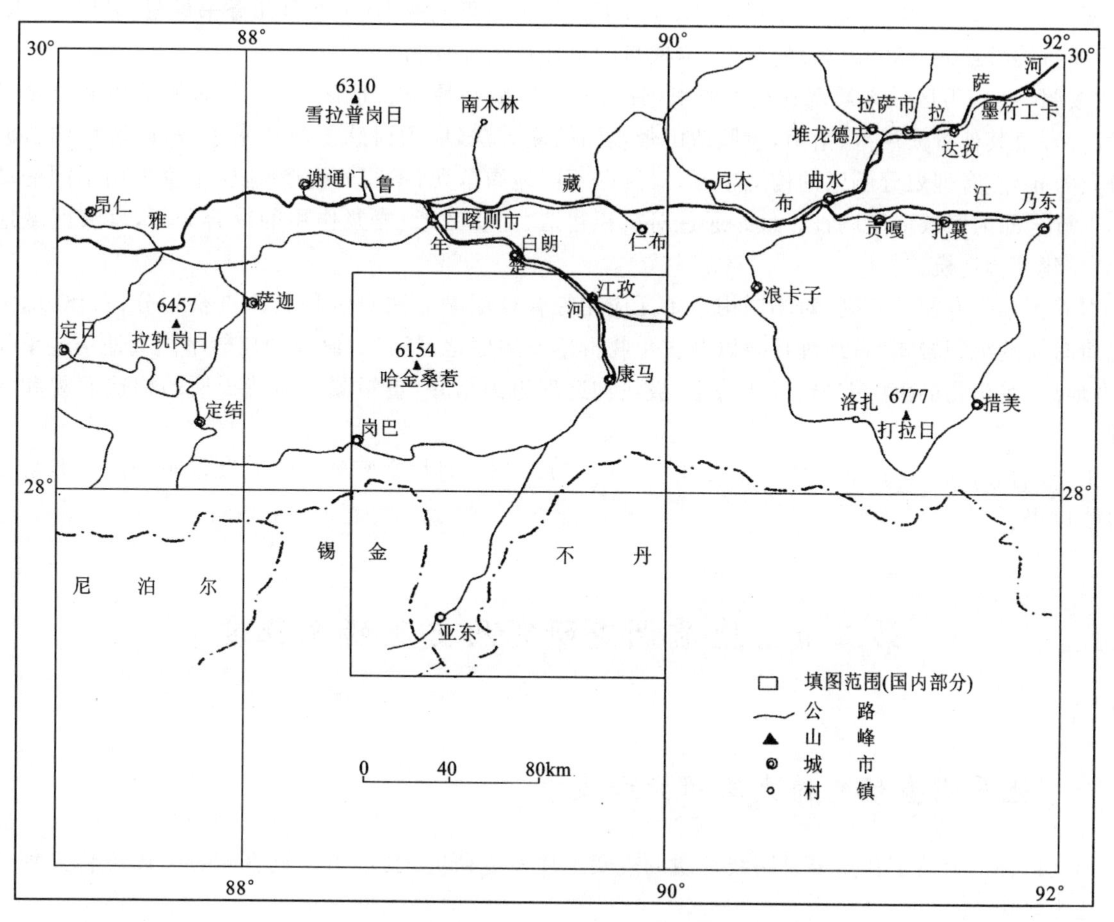

图 1-1 测区交通位置图(国境线不具有政治意义)

测区横跨喜马拉雅山脉主峰带的南、北两侧，山脉总体走向与区域主构造线方位大体一致，呈近东西向展布。测区海拔标高一般在 4000～6000m 之间，相对高差平均为 800～1200m。江孜县幅中部的康马-哈金桑惹隆起带山脉海拔标高平均为 5000～6000m，构成喜马拉雅主峰带北侧的低分水岭。在测区的东南边境一带，山脉海拔高度最高可达 7000m 以上，终年积雪，雪线为 5500～6000m 左右。区内地形坡度一般为 25°～30°，个别地区大于 30°，山势陡峻，穿越难度大。

区内水系主体呈近南北向。以康马-哈金桑惹低分水岭为界，低分水岭以北汇入雅鲁藏布江水系；低分水岭以南或流入多庆错，或流出国外汇入恒河水系。流经测区之东北部的年楚河为区内最大的河流。较大的淡水湖泊为多庆错，其次为嘎拉错，位于测区中部。

区内气候具明显分带性。以喜马拉雅山主脊线为界以南的亚东地区，由于受南亚暖湿气流的影响，气候湿润，降水丰沛，发育海洋性自然带谱，森林资源丰富；主脊线以北地区则气候干旱，年降水量仅为300mm，远小于年蒸发量。夏季白天平均气温为20℃，冬季白天平均气温为－20℃，每年的5—9月份适于野外工作。

第二节　任务与要求

根据中国地质调查局2000年2月下达的“1∶25万H45C004004（江孜县幅）、G45C001004（亚东县幅中国部分）区域地质调查”项目任务书（中地调函[2000]27号，任务书编号：0100209080；项目编号：20001300009111）、2001年1月18日下达的任务书（中地调函[2001]13号，任务书编号：70100209004；项目编号：200013000134）及2002年4月28日下达的子项目任务书（子项目任务书编号：基[2002]002-16；子项目编号：200013000134）的要求，本项目的总体目标任务为：

“按照《1∶25万区域地质调查技术要求（暂行）》、《青藏高原艰苦地区1∶25万区域地质调查技术要求（暂行）》及其他有关规范、指南，参照造山带填图的新方法，应用遥感等新技术手段，以区域构造调查与研究为先导，合理划分测区的构造单元，对测区不同地质单元、不同的构造-地层单位采用不同的填图方法进行全面的区域地质调查。最终通过对沉积建造、变质变形、岩浆作用的综合分析，反演区域地质演化史，建立构造模式。

本着图幅带专题的原则，对不同构造单元应用综合地层学方法对沉积岩系进行划分、对比，确定不同地质时期的沉积岩相、古地理环境以及古生物群落及层序地层格架，研究和比较不同大地构造单元地层、古地理、古生物群落的差异，以活动论、板块构造理论为指导，重塑藏南新特提斯的构造面貌和构造过程。

工作起止时间：2000年1月—2002年12月。2002年7月提交野外验收成果，2002年12月提交最终验收成果。

第三节　地质调查研究历史及研究程度

一、地质调查研究简史及研究程度

测区以往的地质工作主要是路线地质调查及地质专题研究，其历史已近百年。总体可将其划分为如下几个阶段。

（一）20世纪初—50年代以前

20世纪初，由英国学者Hayden（1903，1904，1907）等在亚东、岗巴等地对某些地层、古生物进行了零星地质调查工作。这些工作为区内部分地层的划分与时代确定初步奠定了基础。

（二）20 世纪 50 年代—60 年代初

20 世纪 50 年代中期，西藏煤田地质队(1957)将江孜县甲不拉的地层首次定为甲不拉岩系，时代定为白垩纪。中国登山队(1962)将 Hayden(1907)的“盖虫灰岩”以上的地层统称为“遮普惹群”，时代定为下第三纪(现称古近纪)，“盖虫灰岩”及其以下的地层时代定为白垩纪。孙云铸等(1962)将江孜地区的“甲不拉岩系”自下而上分为：甲不拉阶(J_3)、下宗卓阶(K_1)、中宗卓阶(K_1)和上宗卓阶(K_1)。杨遵仪等(1962,1963)将甲不拉阶改称“甲不拉组”，下、中、上宗卓阶改称“宗卓组”，将“宗卓组”的时代定为白垩纪。上述研究者对前人的地层划分和时代确定等作了必要的补充、修正，进一步提高了这些地层的研究程度。

（三）20 世纪 60 年代中后期—80 年代末

这一时期为大规模综合考察和深入研究阶段，同时开展了小比例尺的区域地质调查，取得了丰硕的成果。

1. 地层古生物方面

王义刚等(1974)将亚东县北的“多塔灰岩”修订为下奥陶统“甲村群下组”。穆恩之等(1973)、文世宣(1974)、王义刚(1980)、万晓樵等(1984)、郝诒纯等(1985)、徐钰林等(1989)均先后对岗巴地区白垩系—古近系地层古生物进行了划分与研究。章炳高(1974)、武汉地质学院(1979)、西藏区调队(1983)、梁定益等(1983)先后对康马地区的地层古生物进行了研究，并分别对地层进行了划分和对比。王义刚(1976)、吴浩若等(1977,1981,1982,1987)、西藏区调队(1983)、刘桂芳(1983)、徐钰林等(1989)先后对江孜地区的“维美组”“甲不拉组”和“宗卓组”进行了研究。

2. 区域构造地质方面

随着板块构造理论的兴起，对整个青藏高原的构造研究也取得了重要进展。常承法等(1973)认为青藏高原是约在二叠纪—中生代先后自冈瓦纳大陆分离出来的几个块体，经过漂移在不同的碰撞造山作用时期拼合增生到欧亚大陆边缘的拼合体。Hsu(1978)、Sengor(1979,1981,1985)等提出，约从二叠纪—三叠纪开始，自冈瓦纳大陆北缘分裂出一条狭窄的基墨利大陆，其向北漂移并作逆时针扭动，于晚三叠世—早白垩世先后与劳亚大陆拼合。王鸿祯等(1983)提出北喜马拉雅为华力西期褶皱带。郭铁鹰、梁定益等(1979,1984)提出北喜马拉雅-冈底斯“变质核杂岩带”中存在喜马拉雅期北东向构造。周详等(1979,1983)提出了青藏高原为一系列板片汇聚的构造观点。Molnar 和 Tapponnier(1975,1978)、Burg 和 Chen(1984)、Burchifiel 等(1992)等强调伸展构造变形在青藏高原构造演化中的作用，并对伸展机制进行了研究。

3. 岩浆岩方面

不同学者对喜马拉雅造山带的岩浆活动与岩浆岩进行了系统研究。如金成伟(1981)、Pinet C 等(1987)、Maluski H 等(1982)、Coulon L 等(1986)探讨了岩浆岩的形成时代。Xu R(1985)、中国科学院综合考察队(1984)、Heoggar J 等(1982)研究了岩浆岩活动与变质作用的关系及其动力学意义。上述内容的研究一直延续至 20 世纪 90 年代，如邓万明(1992)、Zhao W J(1993)、刘国惠等(1990)、莫宣学(1992,1994)、石耀林等(1992)、Zeng R(1995)、常承法(1992)等均做了不少研究工作。

4. 地球物理及深部探测方面

涉及到本测区的地球物理及深部探测工作主要有：中国科学院地球物理研究所(1977)完成了当雄-亚东地震纵剖面。中法喜马拉雅联合考察队(1981—1982)完成了以昂仁为炮点的嘎拉-那曲扇形地震剖面(崔作舟等,1992)。中国地质科学院岩石圈研究中心(1986)在前人工作的基础上,完成了亚东-格尔木地学断面综合研究。上述工作虽因技术与工作环境等方面的原因探测的精度不高,但毕竟为人们了解本区乃至整个青藏高原的岩石圈深部结构打开了重要的窗口。

(四) 20 世纪 90 年代以来

进入 20 世纪 90 年代,随着一批国家重大研究项目和中外合作项目的实施,对整个喜马拉雅造山带及雅鲁藏布江(开合)带进行了新一轮研究,研究的重点集中在:①岗巴地区的地层划分、古生物学、层序地层学及古生态学研究(Willems,1993;Wan Xiaoqiao 等,1997);②亚东地区变质构造地层的划分、时代及演化;③康马隆起的构造变形及形成机制(Jeffrey Lee 和 Wang Yu 等,2000);④有关喜马拉雅乃至整个青藏高原的构造演化及隆升机制等。

本阶段中外合作研究达到了新的高度,取得了一系列高水平的新成果。20 世纪 90 年代初,德国布来梅大学与南京地质古生物研究所合作对岗巴—亚东一带进行了地质调查,在地层及沉积相方面作出了新成果(Willems,1993)。中国地质大学(北京)与西班牙巴斯克大学合作,对岗巴盆地白垩纪中期缺氧事件进行了研究,确定了西藏特提斯缺氧事件的发生和发展,并进行了全球事件的对比(Wan Xiaoqiao 等,1997)。

特别是,中美合作项目(1994—1996)利用深反射地震方法对青藏高原的深部地壳结构进行了新一轮研究(探测剖面经过康马—亚东,Zhao Wenjin 等,1993;Hauck M L 等,1998;Douglas Alsdorf 等,1998;Cogan M J 等,1998)。中国地质大学(北京)与美国、加拿大合作对该剖面进行了大地电磁测深(魏文博等,1997)。长春科技大学与中国科学院岩石圈研究中心合作项目对该剖面进行了重力测量(孟令顺等,1995)。国土资源部航空物探遥感中心在青藏高原中西部进行了 1:20 万航空磁测(测量范围:30°以北,测线距国界 10～15km,东经 84°—92°),填补了大部分空白区,并于 2000 年 5 月完成了《青藏高原中西部航磁概查系列图》,但测区并未涵盖在内。

上述工作取得了许多重要成果,其中重要一点就是认为印度板块与青藏板块的俯冲碰撞带不在雅江带,而在江孜—浪卡子一线。这一认识对传统地质观点提出了挑战,需要通过详细的地质调查加以验证。

二、以往不同比例尺的地质填图工作

自 20 世纪 80 年代以来,西藏自治区地质矿产局区调队、西藏自治区地质矿产局地质二队及陕西省地质矿产局区调队在测区及邻区进行过小、中比例尺的地质填图工作,先后完成了 1:100 万日喀则幅(H-45)和亚东幅(G-45)区域地质调查(1983)、1:20 万西藏自治区日喀则-曲水地区路线地质调查(1982—1984)、1:20 万浪卡子幅(8-46-25)和泽当幅(8-46-26)区域地质及矿产地质调查(1994)。其中,1:100万日喀则幅(H-45)和亚东幅(G-45)区域地质调查涵盖本区全区;1:20 万浪卡子幅(8-46-25)和泽当幅(8-46-26)区域地质调查位于测区东侧;1:20 万日喀则-曲水地区路线地质调查范围涵盖测区北部,坐标为:北纬 28°40′—29°00′,东经 88°52′—90°00′,面积约 4200km^2,但资料未正式出版。此外,武汉地质学院、西藏自治区地质矿产局地质二队(1983)在康马岩体及周边草测了 1:10 万地质草图,面积约为 300km^2。

在 1:100 万区域地质调查的基础上,西藏自治区地质矿产局于 1993 年出版了《西藏自治区区域地质志》及 1:150 万地质图、构造图等系列图件。1988 年,中国地质科学院成都地质矿产研究所编制并出版了《1:150 万青藏高原及邻区地质图及其说明书》。这些成果大大提高了我国青藏高原地质研究工作的水平,同时也成为国内地质科研工作的重要基础。

就测区而言,前人完成的填图工作主要包括以下几个方面(地质调查、科研及面积性填图工作见图 1-2)。

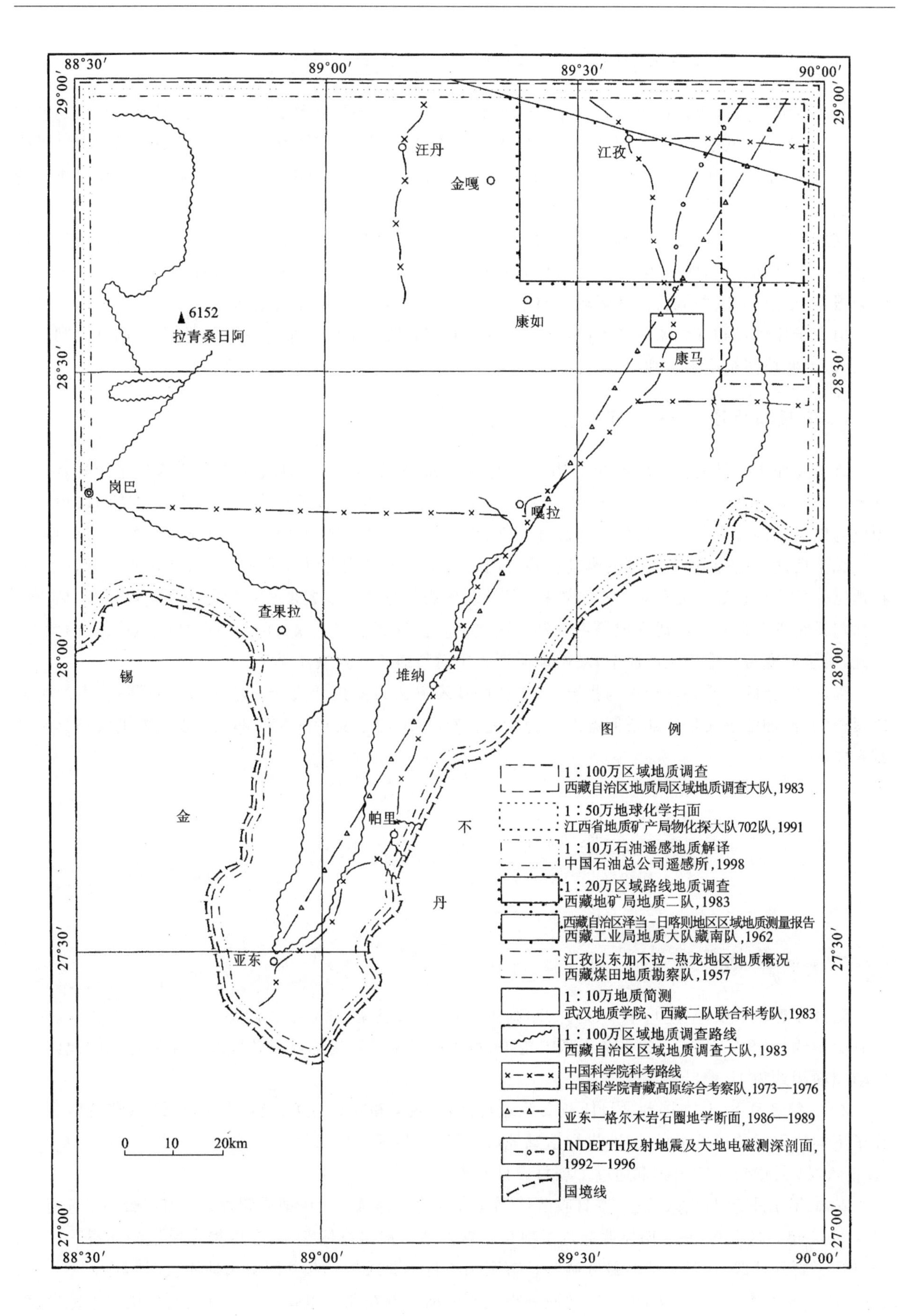

图 1-2 测区地质研究程度图

(一) 1∶100 万日喀则幅(H-45)、亚东幅(G-45)区域地质调查

该次区域地质调查是迄今为止涵盖本区的唯一一次正式区调填图工作。在全区对比与划分的基础上,初步建立了区域地层系统;圈定了各类侵入岩体的界线,确定了其时代;研究了区域变质岩及区域变质作用,划分了区域变质带。在上述资料的基础上,划分了区域构造带,并分别用地质力学和板块构造的观点,探讨了区域构造发展和演化历史。

其后,西藏自治区地质矿产局(1993)在上述 1∶100 万区调工作的基础上,结合不同学者和单位的科研成果,对本区的基础地质作了进一步归纳与总结,编写了《西藏自治区区域地质志》。因此,1∶100 万区调报告、地质图及《西藏自治区区域地质志》是本次 1∶25 万区调工作的基础。

但由于比例尺和穿越条件的限制,该次区域地质调查路线主要分布于主干公路附近,而其间则多为空白区,因此填图精度未达到应有的要求。

(二) 康马地区的 1∶10 万地质草图

该项工作主要是为科研服务的,缺少实测地层剖面,填图范围小。但地质草图中圈出了康马岩体及其围岩的空间展布范围,对 C—P 地层进行了划分,并首次提出在该地区存在 NNE 向构造的认识。该图成为以后国内外研究康马岩体的基础性图件,也可作为康马地区的变质地层详细划分的参考资料。

综上所述,尽管对涵盖本区的喜马拉雅造山带乃至整个青藏高原基础地质研究的历史已近百年,并在地层、岩石、构造等方面积累了丰富资料,但是以往的研究绝大多数是某一学科的专题性研究,缺乏综合性与系统性。而且这些研究成果主要是在路线地质调查的基础上取得的,往往存在以点代面的倾向。此外,科学研究常与地质生产脱节,基础地质调查中对科研工作重视不够。

因此,以新的地质科学理论为指导,以先进的技术方法为依托开展新一轮区域地质调查,生产与科研紧密结合,加强重大基础地质问题的综合研究很有必要,对于支持国家西部大开发战略的实施具有非常重要的意义。

第四节 完成任务情况

一、工作概况

测区靠近藏南中印(度)、中不(丹)边境附近,涉及江孜县幅、亚东县幅两幅 1∶250 000 图幅,国内部分总面积约为 18 978km^2。除去常年积雪覆盖、边境遗留雷区和局部地形条件恶劣无法穿越的地区,实际填图面积约为 17 848km^2。

2000 年 2 月下旬,在接到项目任务书后开始组队,购买和收集有关资料、TM 及 ETM 遥感数据,制作了不同比例尺的遥感卫星照片,进行遥感地质解译,初步编写项目设计书。同年 5 月 25 日出队,9 月 20 收队,11 月中旬在四川成都通过了项目设计审查。

2001 年 4 月 20 日出队,9 月 20 日收队,7 月上旬在野外通过了中国地质调查局专家组野外质量检查。

2002 年 3 月上旬,在云南昆明通过了项目中期评估。根据评估意见,在取得专家组的同意后,5—6 月进行了野外补课,在野外与西藏区调队日喀则幅项目主要成员一起共同解决地质接图问题。

2002 年 8 月底—9 月初,由中国地质调查局西南项目办在北京组织召开了项目野外资料验收会议,与会专家对项目提交的各项原始资料和取得的成果进行了全面审查,对本项目所取得的成绩给予了充分肯定,项目被评为优秀级,同时还提出了宝贵意见。

2002年9月，项目转入紧张的成果报告编写阶段。2003年4月5—19日，中国地质调查局西南地区项目管理办公室组织了项目成功报告验收，评定为优秀级。

项目实施以来，出版了两部研究专著，同时已公开发表多篇研究成果论文。

二、主要实物工作量

本次区域地质调查在严格按照项目设计要求完成各项实物工作量的同时，结合本区复杂的地质情况，针对有关的重要地质问题，如生物地层划分、康马岩体和亚东结晶岩系等增加了大量的鉴定、分析和测试工作，并对一些原来设计的测试和分析项目进行了必要的及适当的调整，以提高测试、分析的有效性。

本项目设计实物工作量和完成的主要实物工作量对比见表1-1。本项目完成的大多数实物工作量超过了设计的要求，在化石鉴定、岩石化学和地球化学及不同方法的同位素测年方面尤为突出，从而为解决一些重要基础地质问题提供了丰富和可靠的实际资料。

表1-1　测区设计实物工作量和完成的主要实物工作量对比表

项目	单位	设计工作量	实际工作量	项目	单位	设计工作量	实际工作量
填图面积	km^2	17 848	17 848	稀土分析	件	80	124
观测路线	km	3500	4618	微量分析	件	80	124
观测点	个		2850(未计剖面观测点)	光谱分析	件	200	600
实测剖面	km	70	100	金属量分析	件		20
草测剖面	km	60	40	探针分析	点	100	500
卫片制作	幅		13幅5套(1:10万);2幅4套(1:25万);4幅1套(1:5万)	粒度分析	件	100	89
卫片解释	km^2	18 978	18 978(1:10万)	孢粉分析	件		30
岩石标本	块	3000	3200	包裹体测温	件	20	9
岩石薄片	片	1200	1230	Rb-Sr年龄	点	30	31
薄片鉴定	片	1200	1230	Sm-Nd年龄	件	4	
定向标本	块	50	95	U-Pb年龄	点	30	45
岩组测定	片	50	50	离子探针年龄	件		11
光片鉴定	片		5	Ar-Ar年龄	件	5	33
矿化薄片鉴定	片		6	K-Ar年龄	件		3
大化石鉴定	件	500	638	热释光	件		19
微古化石鉴定	件	50	采425;鉴定86	透射电镜	时	9	9
人工重砂	件	10	10	稳定同位素	件	250	60
化学分析	件	80	124	图文处理	时	960	960

报告编写人员分工如下：第一章绪论和第七章结论由刘文灿编写；第二章地层由梁定益、周志广编写前寒武系—侏罗系部分，李国彪编写白垩系—古近系部分，高德臻编写第四系部分；第三章岩浆岩由王克友、周志广编写；第四章变质岩由赵兴国、周志广编写；第五章地质构造及构造演化史由李文庆、刘文灿编写；第六章江孜地区土地资源类型由王克友、刘文灿编写。

编图和统稿由刘文灿、周志广、李国彪完成。张祥信、周志广、赵兴国等完成了大部分测试数据、实测剖面整理和编辑工作。大部分图件的清绘由张祥信、孙昌斌、和海霞、毛晓长、丁伟华等完成。

参加野外工作的还有辛洪波、徐兴永、陈丛林、岳建伟、李尚林、陈俊兵及西藏地质二队贡布等同志。

本项目是在中国地质大学(北京)地质调查院、中国地质调查局和西南地区项目办公室的直接领导下完成的，在项目的实施过程中始终得到了各级领导部门和有关专家的指导、支持和帮助。在此深表谢意！

野外工作期间得到了西藏各级地方政府、有关兄弟单位和广大地质同仁们的亲切关怀和大力支持。特别是西藏自治区地质矿产局、西藏地质二队、拉萨工作站，日喀则地区、江孜县、康马县、亚东县、岗巴县人民政府，康马、嘎拉武警边防大队，岗巴县、亚东边防部队，嘎拉兵站，以及汪丹、赛区、苦玛、康如等乡政府，给予了我们大力支持和无私的帮助，在此表示衷心感谢！

本项目得以顺利完成，是与老一辈青藏高原专家的关心和指导分不开的。在此要特别感谢肖序常院士，潘桂棠、董树文研究员，王义昭、夏代祥、廖光宇、王大可、王全海、刘鸿飞等教授级高级工程师，李才教授和中国地质大学(北京)莫宣学、邓军、郭铁鹰、聂泽同、赵崇贺、游振东、顾德林等教授。他们或亲临现场指导，或提出宝贵的意见和建议，对提高项目的研究水平起到了关键的作用。

国家地质测试中心、天津地质矿产研究所、国家离子探针中心、国家地震局、中国科学院地质研究所、河北区调队、武汉地质矿产研究所、中国地质大学(北京)测试中心和化石鉴定中心等单位承担了本项目的分析、测试和鉴定工作。

第二章　地　层

第一节　地层分区、地层概况及主要进展

测区自南向北横跨高喜马拉雅带、北喜马拉雅特提斯南带、北喜马拉特提斯北带和雅鲁藏布江带4个构造单元（参见图5-1），其间分别以“藏南拆离系”（拆离断层）（STD）、岗巴-多庆错断裂（也称北喜马拉雅断裂）（F_2）及汪丹-江孜北逆掩断层（F_1）为界，分别对应高喜马拉雅地层分区、北喜马拉雅地层分区、康马-隆子地层分区和雅鲁藏布江拉孜-曲松地层小区。各地层分区（小区）岩石地层发育简况如表2-1所示。

表2-1　1∶25万江孜县幅、亚东县幅岩石地层单元简表

<table>
<tr><th>时代</th><th>高喜马拉雅及北喜马拉雅分区</th><th>康马-隆子分区</th><th>雅鲁藏布江拉孜-曲松小区</th></tr>
<tr><td>Qh</td><td colspan="3">冲积（Qh^{al}）、洪积（Qh^{pl}）、洪冲积（Qh^{pal}）、冲积加沼积（Qh^{al+f}）、湖积加沼积（Qh^{l+f}）、湖积（Qh^{l}）、冰积（Qh^{gl}）、风积（Qh^{eol}）</td></tr>
<tr><td>Qp</td><td colspan="3">冲积（Qp^{al}）、洪冲积（Qp^{pal}）、湖积（Qp^{l}）、冰积（Qp^{gl}）</td></tr>
<tr><td>N_2</td><td>沃马组（N_2w）</td><td rowspan="5"></td><td rowspan="14"></td></tr>
<tr><td>N_1</td><td rowspan="2"></td></tr>
<tr><td>E_3</td></tr>
<tr><td>E_2</td><td>遮普惹组（E_2z）</td></tr>
<tr><td rowspan="2">E_1</td><td>宗浦组（E_1z）</td></tr>
<tr><td>基堵拉组（E_1j）</td><td>甲查拉组（E_1jc）</td></tr>
<tr><td rowspan="2">K_2</td><td>宗山组（K_2zs）</td><td rowspan="2">宗卓组（K_2z）</td></tr>
<tr><td>岗巴村口组（K_2g）</td></tr>
<tr><td rowspan="3">K_1</td><td>察且拉组（K_1c）</td><td rowspan="3">甲不拉组（K_1j）</td></tr>
<tr><td>东山组（K_1d）</td></tr>
<tr><td>古错村组（K_1g）</td></tr>
<tr><td rowspan="3">J</td><td>门卡墩组（J_3m）</td><td>维美组（J_3w）</td></tr>
<tr><td rowspan="2"></td><td>遮拉组（$J_{2-3}z$）</td></tr>
<tr><td>日当组（J_1r）</td></tr>
<tr><td rowspan="3">T</td><td>德日荣组（T_3dr）</td><td rowspan="2">涅如组（T_3n）</td><td rowspan="2">朗杰学群（T_3L）</td></tr>
<tr><td>曲龙共巴组（T_3q）</td></tr>
<tr><td>土龙隆群（$T_{1+2}T$）</td><td>吕村组（$T_{1+2}lc$）</td><td>穷果群（$T_{1+2}Q$）</td></tr>
</table>

续表 2-1

时代	高喜马拉雅及北喜马拉雅分区	康马-隆子分区	雅鲁藏布江拉孜-曲松小区
P	色龙组($P_{2-3}s$)	白定浦组(P_3b)	
		康马组(P_2k)	
	基龙组(P_1j)	比聋组(P_1b)	
		破林浦组(P_1p)	
C_2			
C_1	纳兴组(C_1n)	雇孜组(C_1g)	
$D_3—C_1$	亚里组($D_3—C_1y$)		
D	波曲组($D_{2+3}b$)		
	凉泉组(D_1l)		
S	普鲁组($S_{2+4}p$)		
	石器坡组(S_1sh)		
O	红山头组(O_3h)		
	沟陇日组($O_{2-3}g$)	奥淘系(O)	
	甲村组($O_{1-2}j$)		
∈	北坳组(∈b)		
An∈	聂拉木岩群(An∈N)	拉轨岗日岩群(An∈L)	
	亚东岩群(An∈Y)		

一、高喜马拉雅地层分区

高喜马拉雅地层分区指位于亚东及康马两县东南边陲地带的前寒武系基底结晶岩系分布区，包括亚东岩群、聂拉木岩群。亚东岩群是本次工作从原“聂拉木群”分解出来的新建构造地层单位，是比聂拉木岩群变质程度更高、层位更低的“中央结晶轴”之典型岩系。

二、北喜马拉雅地层分区

20世纪80年代以前，此带曾与高喜马拉雅基底岩系合称为“高喜马拉雅地层分区”。1983年以后，西藏自治区地质矿产局区调队(1983)等称之为北喜马拉雅地层分区。该地层分区指的是寒武系—古近系始新统全部的浅海陆棚相盖层分布区。与定日-聂拉木地区相比，测区范围内的盖层研究程度较低，以往大部分地层单元(组)缺少生物化石依据。

本次工作首次发现中、晚奥陶世两个鹦鹉螺组合(化石带)，早泥盆世植物化石，早石炭世大塘—德坞期杂砾岩及菊石、有孔虫和腕足类，早二叠世基龙组杂砾岩，晚二叠世吴家坪期菊石，中三叠统拉丁阶菊石和上三叠统鹦鹉螺及鱼龙化石，以及下白垩统贝里亚斯阶菊石的发现也很重要，由此对有关地层单元进行了重新定位。

三、康马-隆子地层分区

最早，此分区曾被称为“喜马拉雅北带”“北喜马拉雅地层分区”，以后又称为“拉轨岗日地层分区”或“康马-隆子地层分区”。根据中国地质调查局西南地区项目办公室《青藏高原及邻区地层划分与对比》

(2002)的划分方案,本次使用康马-隆子地层分区。此地层分区以康马-江孜地区的地层发育最为齐全,几乎所有地层的典型剖面都创建在本图幅之内。

本次工作新发现奥陶系和古近系,确认前寒武系的存在。对前人创建的石炭系—白垩系所有地层单元的沉积特征、古生物群、地层准确定位与地层界面类型的研究,也取得了一系列重要进展。江孜县幅内白垩系—古近系是我国发育最好的标准剖面之一,是中外学者研究的热点之一,本队在其剖面最高海相层位研究上也取得了新的重要进展。

四、雅鲁藏布江拉孜-曲松地层小区

雅鲁藏布江拉孜-曲松地层小区是指雅鲁藏布江蛇绿岩带以南原上三叠统“朗杰学群”(“修康群”)为主体的地层分布区。在江孜县幅北缘即汪丹-江孜北断裂以北,朗杰学群之下发现了下—中三叠统穷果群。

朗杰学群及穷果群自北向南逆冲推覆于江孜盆地中的侏罗系—白垩系甚至古近系之上,形成逆冲推覆构造。

第二节 前寒武系

一、亚东地区的前寒武系

(一) 亚东岩群(An∈Y)

亚东岩群是本次工作新从原“聂拉木群”中分解出的一套中、深变质岩系,在空间位置上处于聂拉木岩群之下,组成结晶基底中背形构造的核部,主要分布在亚东县幅的西部、南部及江孜县幅东南侧国境线附近。根据实测剖面,亚东岩群的岩性组合可划分为 3 部分:下部主要为条带状角闪黑云斜长片麻岩、含矽线石榴黑云斜长片麻岩,夹细粒石英岩及黑云母片岩;中部为眼球状、条带状含石榴黑云斜长混合岩;上部为黑云斜长片麻岩、含石榴黑云斜长片麻岩、黑云二长片麻岩、黑云斜长变粒岩、长石石英岩,局部夹云母石英片岩、黑云阳起石片岩等。

亚东岩群之上分布的地层为北坳组,两者未见直接接触,也未见相当于聂拉木岩群的地层出露,其间被喜马拉雅期电气石白云母二长花岗岩侵入。

测区内,在亚东岩群中均可以见到大小不一的暗色“包体”,岩石类型主要有辉石岩、角闪石岩和高压麻粒岩等,主要分布在亚东岩群的中、下部各类片麻岩、混合岩中,最大可达数米,这也是与聂拉木岩群的重要区别之一。

关于亚东岩群的时代,目前还未得到可靠的新的年龄数据。由于最初是将本区的变质结晶基底岩系与原聂拉木群对比的,所以多将其时代定为前震旦纪(张旗等,1986;西藏区调队,1983),后来改为前寒武纪(卫管一、茅燕石等,1989),并被广泛地引用。根据前人资料,亚东岩群的变质年龄大于1250Ma,其层位无疑比聂拉木岩群老,其与不丹境内的廷布岩系(片麻岩)、印度境内的达吉岭片麻岩系、尼泊尔境内的杜普片麻岩、我国阿里普兰地区的纳木那尼岩群下部片麻岩系(K-Ar 年龄为 21 亿年左右)以及印度库蒙的维克瑞塔群(Rb-Sr 年龄为 18 亿年)均可以对比。

值得一提的是,亚东岩群中混合岩化强烈,并有多期不同类型的花岗岩侵位,受到多期次构造热事件的影响和改造,不同地点和不同方法取得的年龄数据很可能代表不同构造岩浆热事件的时代,准确定位其地层时代比较困难。

（二）聂拉木岩群（An∈N）

聂拉木岩群源于聂拉木地区的“聂拉木群”。在聂拉木剖面上，原“聂拉木群”自下而上被划分为“达来玛桥组、丁仁布桥组、康山桥组和加曲桥组”（应思淮，1974；西藏自治区地质矿产局，1983），由于构造格架未搞清楚，所划分的地层层序难以正确反映实际情况。考虑到并排除构造影响，尹集祥（1974）将“聂拉木群”厘定为上、下两组，下部为“丁仁桥组”，上部为“康山桥组”。茅石燕等（1984，1985）进一步将“聂拉木群”自下而上（自南向北）划分为“友谊桥组、曲乡组和江东组”。《西藏自治区地质志》（1993）将“聂拉木群”划分为“下部结晶岩”和“上部结晶岩”，前者大致相当于茅石燕等划分的“友谊桥组和曲乡组”，后者相当于“江东组”。《西藏自治区岩石地层》（1997）又将“聂拉木群”两分，使用扩大了含义的曲乡组代替“下部结晶岩系”，以江东组代替“上部结晶岩系”。

不管如何划分，本测区内相当于聂拉木剖面上的原“聂拉木群”的一套变质岩石组合，主要分布在亚东县帕里镇北东侧的林西拉山口—久久拉山口一带，呈北北东向的条带状展布，西侧被第四系冰川堆积覆盖，东侧被绰莫拉日片麻状二长花岗岩岩体侵入，出露面积较小。西藏自治区地质矿产局（1983，1993）在亚东地区划分的“聂拉木群”大部分内容与其原义不符，故而本次新建立亚东岩群。

本区聂拉木岩群总厚度大于960m。相当于曲乡岩组的岩石组合主要为黑云母片岩、黑云母石英片岩、石英岩、黑云变粒岩、黑云母片岩夹绿泥石黑云母片岩、片麻岩等，局部夹条带状大理岩，韧性变形强烈，越向下混合岩化越强，在接近亚东岩群的部位，各类浅色脉体的体积可达50%左右。江东岩组主要为石英大理岩、透辉大理岩、黑云变粒岩、石榴黑云斜长变粒岩、石榴黑云二长变粒岩、黑云母石英片岩、石英岩等。其中褐黄色的巨厚层状的石英大理岩突出地表，形成悬崖峭壁，独具特色。

由于强烈的构造变形作用，曲乡岩组和江东岩组在空间上形成一系列紧闭同斜倒转褶皱，地层多次重复，在露头尺度上很难将它们分开。因此，在地质图面上将两个岩组合并表示。

测区内，聂拉木岩群与下伏亚东岩群未见直接接触。从区域上看，两者更有可能为构造接触关系。聂拉木岩群的变质年龄也即基底岩系最后形成的年龄应为640～660Ma（相当于“泛非运动”或“兴凯运动”），这已被绝大多数学者认可，也是区分聂拉木岩群与亚东岩群的重要依据。

二、康马地区的前寒武系

在江孜县幅康马岩体周围分布有强烈变质变形的基底结晶岩系，主要为一套副变质岩组合，最早李璞等（1953）将其描述为前寒武系，并与念青唐古拉片麻岩进行对比。以后，中国科学院西藏科学考察队（1966—1968）、陈炳蔚等（1975）、武汉地质学院及西藏二队（1979—1980）、王玉净等（1980）等均作过调查研究，提出了不同的划分方案，多定为石炭系—二叠系。

梁定益等（1983）将该区的变质地层划为“石炭系少岗群”，自下而上划分为朗巴组（C*l*）、雇孜组（C*g*）、破林浦组（C*p*）。

西藏区调队（1983）在康马地区变质岩系底部及西部的哈金桑惹隆起周围单独划出前石炭系，把出现大理岩及其以上的地层分别划为“下石炭统少岗群”和“上石炭统破林浦群”。

《西藏自治区区域地质志》（1993）沿用“少岗群”，但改变了其含义，将“前石炭系”或“朗巴组”划为时代不明的“变质杂岩（M）”。

康马地区的前寒武系称为拉轨岗日岩群。刘世坤等（1994，1997）和西藏自治区地质矿产局（1997）建立“拉轨岗日群”，沿用至今，并多与聂拉木岩群进行对比。但从其命名剖面上看，“拉轨岗日群”的内容基本上等同于“石炭系少岗群朗巴组（C*l*）”、“前石炭系”或时代不明的“变质杂岩（M）”，而将相当于“雇孜组”的地层划分为“亚里组”。

分析前人的资料不难看出，虽然前人多次对本区的变质地层进行划分，但由于缺少古生物化石依据，不同研究者的划分标准和内容并不完全相同，因此对不同的划分方案进行对比非常困难。

本次工作在查明变质地层空间分布的基础上，加强生物地层和同位素年代学研究，发现了一些重要的古生物化石，特别是奥陶纪化石的首次发现，为本区变质地层的划分和对比奠定了扎实的基础。

现已查明，拉轨岗日岩群主要围绕康马岩体周围分布，在西部的哈金桑惹隆起周围少有出露，其下与康马岩体以伸展拆离断层接触，上部主要与奥陶系、二叠系破林浦组呈伸展拆离断层接触，其间因构造缺失不同时代的地层。

通过不同部位实测剖面发现，由于伸展拆离断层作用的影响，不同部位的拉轨岗日岩群厚度差别较大，北侧最薄，约460m，南侧最厚，约810m，但岩性组合相似，下部主要为含石榴石二云母片岩、石榴石蓝晶石二云母片岩、含石榴石二云母石英片岩等，中部为石榴石二云母片岩、石英大理岩，局部夹透镜状斜长角闪片岩，上部为石榴石黑云变粒岩、二云母片岩、二云母石英片岩等，内部构造置换强烈。

根据岩石组合、变质变形特征以及其上覆奥陶系的发现，拉轨岗日岩群可与聂拉木岩群进行对比，总体上相当于聂拉木岩群的中、上部。

侵入于拉轨岗日岩群中的康马岩体、哈金桑惹岩体及波东拉岩体均遭受了变形变质作用，其与拉轨岗日岩群呈拆离断层接触关系。从已获得的同位素年龄数据看，该类岩体的形成年龄约为500Ma，拉轨岗日岩群的地层时代应早于康马岩体的侵位时代，因此将拉轨岗日岩群定为前寒武纪是合理的。

值得指出的是，由于本区变质岩系及康马岩体均经历了喜马拉雅期伸展变形的改造，因此目前所取得的岩石和造岩矿物的Ar-Ar年龄绝大多数在14～26Ma之间，要获得早期(或主期)区域变质作用的年龄是非常困难的。

第三节 古生界

一、寒武系北坳组($\in b$)

除克什米尔及盐岭地区外，在喜马拉雅地区及西藏境内，至今未发现确切的寒武纪化石依据，“寒武系”的存在过去只是根据被视为“Z—∈”或“∈—O”的“肉切村群”或“北坳组”及相当地层进行推测的。

“肉切村群”最初由穆恩之等(1973)创名于聂拉木县亚里乡肉切(如吉)村附近，推测地层时代为寒武系—奥陶系。虽然当时误认为与下伏地层“聂拉木群”是过渡的，但仍被许多中外学者视为喜马拉雅地区的“第一盖层”，沿用至今。当时“肉切村群”已划为下组和上组，但未命名。下组指灰黑色条带状透辉石石英片岩，夹细粒二云母片岩及大理岩；上组为黄灰色结晶灰岩，也称“黄带层”。1983年以来，西藏区调队等将“肉切村群”上组(也称“黄带层”)并入“甲村组”之中，将原“肉切村群”下组重新厘定为“肉切村群”。

实际上，肉切村附近的原“肉切村群”下组包容在宏大的属于“藏南拆离系”的韧性剪切带之中，西藏区调队(1983)重新厘定的“肉切村群”(Z—$\in rq$)仍是聂拉木岩群“韧性剪切带”中的残存部分，与后来称为“肉切村群”下组的北坳组差别很大。因此，西藏自治区地质矿产局区调队(以下简称“西藏区调队”)(1983，1993)修订的“肉切村群”，实际上已成“乌有”，原“肉切村群”也已成为历史。

1. 划分沿革

最早由尹集祥等(1978)命名于珠峰北坡北坳等地，用来代替“肉切村群”下组，推测其时代为震旦纪—寒武纪。根据在珠峰的考察情况，梁定益等(1981)认为北坳组与下伏绒布组为整合关系，推测为震旦系。本次工作暂将其划为寒武系。

2. 岩性及沉积环境

测区内北坳组主要分布在亚东县幅(国内部分)中部的杠嘎、多塔一带，出露比较零星。其下部由灰—灰绿色绢云黑云石英片岩、绿泥石黑云石英片岩及含硬绿泥石、黑云母石英片岩夹钙质绢云母片岩、黑云母钙质片岩等组成；上部为灰白—灰绿色钙质黑云母片岩、钙质绢云母片岩及含硬绿泥石绢云母片岩夹绿泥石黑云母石英片岩等。

由于构造变形的影响，在本区北坳组与下伏地层均呈伸展拆离断层接触，未见底。上部与相当于"黄带层"的奥陶系甲村组下段呈整合过渡关系，但也叠加有强烈的韧性剪切变形，发育绿片岩和钙质构造片岩。总厚度大于749m。

北坳组原岩基本层序为：砂岩及钙质泥岩组成的韵律层，厚几十厘米，属浊积岩复理石，代表地台早期活动类型的沉积。

3. 时代讨论

关于北坳组的时代曾有过Z、Z—∈、∈—O等不同意见。不少学者根据刘国惠等(1988，1990)在亚东县幅多塔至上亚东的"肉切村群"(北坳组)中获得U-Pb等时线年龄为640Ma和686Ma，认为"肉切村群"(北坳组)属于震旦系。《青藏高原地层》(赵政璋等，2001)提供"肉切村群"(北坳组)的U-Pb年龄为410～515Ma，并认为属于上寒武统的可能性大。可见，同位素年代学数据存在着明显的矛盾。

1980年，武汉地质学院与西藏地质二队曾在本区多塔附近的"肉切村群"(北坳组)绿泥石片岩中，镜下找到少量海百合茎化石，将其时代定为∈？—O_1。本队在同一地点钙质绿泥石片岩中，又找到可疑的"小壳"化石。因此，北坳组的时代可能为寒武系。

4. 区域对比

除亚东地区及定日地区北坳组有零星分布外，在聂拉木县至吉隆沟，未见出露。向西到普兰玛旁雍错西岸，相当北坳组的地层称丘共巴组(即西藏区调队1983年划分的"齐吾棍巴组")(郭铁鹰等，1990)，其层位及岩性特征与北坳组最为接近。

在库蒙、斯匹提及克什米尔，与北坳组层位及岩性最接近的岩系分别称为Budhi岩系、Parahio岩系、Haimanta岩系上部以及三叶虫板岩-Dogra板岩上部。斯匹提的Haimanta岩系上部及克什米尔Dogra板岩之上的板岩中，均含寒武纪三叶虫，Dogra板岩中所含的绿泥石千枚岩与北坳组最为相像。Gansser A(1964)曾经认为，Dogra板岩的岩性特征与印度半岛基底岩系上部的Vindhyan岩系最为接近。

二、奥陶系

测区内奥陶系主要分布在亚东县幅(国内部分)中部的杠嘎东侧、多塔东侧及帕里东侧，江孜县幅康马隆起的南西侧及东南边境附近的通巴寺一带。分属北喜马拉雅地层分区和康马-隆子地层分区。其中江孜县幅康马隆起周围奥陶系的首次发现，为康马隆起带上前寒武系的地层划分和对比提供了重要依据。

(一) 北喜马拉雅地层分区

本地层分区奥陶系的划分采用三分，自下而上划分为下中奥陶统甲村组($O_{1-2}j$)、中上奥陶统沟陇日组($O_{2-3}g$)和上奥陶统红山头组(O_3h)。

1. 甲村组($O_{1-2}j$)

甲村组源于"甲村群"。"甲村群"由穆恩之等(1973)命名，指聂拉木县北侧甲村一带的一套碳酸盐岩及少量碎屑岩，并分为下组和上组。汪啸风等(1980)进一步进行划分，将"肉切村群上组"(黄带层)划入下奥陶统。西藏自治区地质矿产局(1983)将"肉切村群上组"并入甲村组，将"甲村群上组"改称"沟陇日组"。陈挺恩(1984)又将藏南奥陶系下统自下而上划分为"'黄带层'、珠穆朗玛峰组、甲村组、阿来组和泉上组"。《西藏自治区区域地质志》(1993)也将"黄带层"并入甲村组底部，引入"阿来组"代替"甲村群下组”的上部，“沟陇日组”代替“泉上组”。《西藏自治区岩石地层》(1997)恢复“甲村群”，底界与《西藏自治区区域地质志》的划分相同，但包含了“阿来组”和“沟陇日组”的内容。

本队采用的甲村组相当于西藏区调队(1983)1∶100万日喀则幅、亚东幅区域地质调查报告的含义，可大致划分为上、下两段。下段($O_{1-2}j^1$)相当于原“肉切村群上组”(黄带层)，或称“绒沙组”(梁定益等，1981)；上段($O_{1-2}j^2$)即原来“甲村群”的下组(穆恩之等，1973)，或西藏区调队(1983)甲村组的上部。

野外填图表明，本区甲村组上、下两段呈渐变过渡关系，无截然的界线，主要差别表现在构造置换程度的强弱不同，岩石组合差异并不明显，有些地方很难将两者分出，因此遇到这种情况，在图面上将两者合并表示。根据实测剖面，甲村组厚度大于811m。

1) 甲村组下段($O_{1-2}j^1$)

(1) 岩性与沉积特征

本区甲村组下段岩性为浅灰、黄灰色条带、薄—中层状含砂大理岩夹少量钙质二云母变质石英砂岩、绿泥石千枚岩。岩石风化后呈灰黄色，特征明显，是喜马拉雅地区较特殊的一个岩石地层单元，在珠峰最早称为“黄带层”。东起亚东，西经吉隆沟、普兰玛旁雍错以及尼泊尔境内，都有分布。

本区甲村组下段的下部泥质成分较多，形成绿泥石千枚岩—含砂大理岩的基本层序，上部夹钙质二云母变质石英砂岩，形成含砂大理岩—石英砂岩基本层序。总体上为向上变粗的进积序列。表现海侵至海退的海平面变化过程。横向上，自东向西陆源碎屑成分逐渐减少。与活动类型的北坳组明显不同，已开始转为正常的浅海陆棚相盖层沉积。

(2) 时代讨论

相当于甲村组下段(“黄带层”)的地层，最早由中国登山队科考组(1962)定为元古界(PT)，尹集祥等(1997)发现其中含棘皮类碎屑，改为下奥陶统。在此之前，郭铁鹰、梁定益等(1974)在珠峰考察时，在“黄带层”中采到微古植物化石 *Lingum* sp.，*Polyporata* sp.，*Taeniatum* sp. 等，推测其层位为震旦系，并将其称为“绒沙组”。武汉地质学院与西藏地质二队(1979)在亚东“多塔灰岩”最下部(相当于甲村组下段或“绒沙组”)中采到腕足类 A*porfhophyla* sp. 和？*Tritoechia* sp.，将“绒沙组”(“黄带层”)更正为下奥陶统。

上述两种腕足类，与甲村组上段中的腕足类都称为 *Aporthophyla* 动物群，其地质历程不早于 *Arenig*(O_1^2)，即我国的道保湾期(全国地层委员会，2001)。

(3) 甲村组底界及地层的接触关系

在亚东县幅内，甲村组的底界与北坳组接触，在接触带附近虽然岩性组合表现为过渡关系，但由于受伸展拆离构造作用的影响，表现出强烈的顺层韧性剪切变形特征，构造置换明显，很难保存正常的沉积接触关系。

据目前所知，报道过沉积接触关系的，只见于珠峰地区的北坳与前进沟两处。早期，中国登山队科考组(1962)认为是平行不整合关系。后来，尹集祥等(1979)、梁定益等(1981)曾认为属整合关系，并且都以黄灰色薄层一中厚层状含砂大理岩的出现作为甲村组的底界。本书暂定为整合接触关系。

2) 甲村组上段($O_{1-2}j^2$)

(1) 岩性与沉积特征

测区内甲村组上段由浅灰—深灰色中厚层状结晶灰岩、白云质灰岩、砂屑及骨屑灰岩组成，下部夹薄层细砂岩或粉砂岩。甲村组上段的基本层序为单层灰岩或灰岩夹细—粉砂岩构成。基本层序厚十几厘米至几十厘米不等。根据甲村组上段所含生物群特征、骨屑灰岩(聂拉木地区还有鲕粒灰岩)以及普遍含原生白云质灰岩等情况，甲村组上段代表气候较温暖的潮坪—陆棚碳酸盐岩及陆源细碎屑岩混积相。

(2) 地层时代讨论

本测区甲村组上段中发现的化石较少，少量化石见于多塔曲南北两侧。多塔曲南侧为甲村组下部，含腕足类 *Pomatotrema*？*hispa* Liu(即 *Aporthophyla hispa* Liu)(西藏区调队，1983)，“古杯海绵类”

(“Archacocyatha”)。前一种时代不早于早奥陶世 Arenig 期(即我国道保湾期)。“古杯海绵类”始于寒武纪,而终于早奥陶世。1979 年,武汉地质学院及西藏地质二队考察时,在亚东顶嘎公路康布麦的甲村组(未分段)最下部灰岩中也记录有此类化石。在聂拉木地区,相当于甲村组上段下部的地层中含鹦鹉螺类 *Manchuro ceras-Hepeioceras* 组合(陈挺恩,1984)和牙形石 *Juanognathus variabis* Serpagli 等(林宝玉,1989)。因此,将甲村组上段下部限于 Arenig(我国道保湾)阶之内是合理的。

多塔曲北侧为甲村组(未分段)上部,产腕足类 *Aporthophyllina* sp. 及 *Aporthophyla hispa* Liu 两种,林宝玉等(1989,1994)还报道有牙形石 *Protopanderodus varicostatus* (Sweet & Bergstroem), *Amorphognathus* sp. 等化石,属中奥陶统下部。当前所称的甲村组上部也即陈挺恩(1984)所称的“阿来组”下部,含鹦鹉螺 *Wutinoceras-Pomphoceras* 带化石,是我国北方马家沟组等相当地层中的代表分子,以前曾划为下奥陶统,根据其中的牙形石 *Amorphognathus variabilis* 为首的组合带化石(林宝玉等,1989),现已统一划为中奥陶统下部大湾阶。

(3) 与下伏地层的接触关系

本区甲村组上段与下伏地层表现为递变过渡关系,无明显的划分界限,野外划分主要以出现浅灰色中厚层夹厚层状灰岩或生屑灰岩,韧性剪切变形或构造置换减弱为准。根据上述情况,甲村组上段与下段之间应当属于整合接触关系。

相当甲村组上段的地层,在珠峰北坡,尹集祥等(1978)也曾称为“珠峰组”,认为与“黄带层”的关系是整合的。但还存在不同意见,如中国登山队科考组(1962)以及梁定益等(1981)曾发现“珠峰组”底部有“灰岩角砾岩”,认为属平行不整合,并将此视为盖层与基底之间的重要界面,视为“珠穆朗玛运动”的表现。

2. 沟陇日组($O_{2-3}g$)

沟陇日组为西藏区调队(1983)使用,代替原“甲村群上组”和“甲村群下组”上部第 8 层的内容。测区内的沟陇日组,过去知道得很少,仅有西藏区调队(1983)在帕里浦松曲记述不足 100m 的浅灰色夹紫红色的结晶灰岩,无化石依据。

本队在帕里东南及通巴寺一带新发现大片的沟陇日组,并首次在本区发现了中奥陶统与上奥陶统鹦鹉螺等化石,提高了本图幅奥陶系研究的精度。

(1) 岩性及沉积特征

沟陇日组下部为浅紫红色微晶灰岩和泥质灰岩、灰色和灰绿色白云质灰岩、浅灰—深灰色钙质泥质板岩及生物碎屑灰岩;上部深灰色—灰黑色钙质泥质板岩、泥质粉砂质板岩等。厚约 1000m。沟陇日组以各种单层厚层状灰岩和薄层状泥质粉砂质板岩为基本层序。

白云质灰岩中见有鸟眼构造和鸡笼网格构造,属潮坪相。灰岩中还发育液化泥晶脉,是同沉积期地壳震动的产物。

(2) 生物群及时代讨论

本区沟陇日组下部产鹦鹉螺 *Dideroceras* cf. *nyalamense* Chen, *Paradnatoceras* cf. *yaliense* Chen 及腹足类 *Donaldiella* sp.;上部产鹦鹉螺 *Michelinoceras paraelongatum* Chang, *M. paraelongatum subcentrale* Lei et Tsi, *M.* sp. 等(表 2-2)。

本区及聂拉木地区的沟陇日组下部,都含鹦鹉螺 *Dideroceras-Paradnatoceras* 带,在我国西南见于牯牛潭组,现归入中奥陶统上部 Darriwilian 阶(浙江阶)。沟陇日组上部所产的 *Michelinoceras paraelongatum* 一种和亚种,与 *Sinoceras chinense* 同处一化石带中,是我国南方“宝塔组”的代表分子,此带中,林宝玉等(1982)找到过牙形石 *Eoplacongathus suecicus*, *E. folioceus* 等化石,以前划为中奥陶统上部卡拉道克阶,现划为上奥陶统下部艾家山阶。这样,沟陇日组实属跨中、上奥陶统的岩石地层单元。

表 2-2　测区奥陶纪生物群特征表

<table>
<tr><th>门类
时代</th><th>鹦鹉螺类</th><th>腕足类、腹足类</th><th>牙形石</th><th>棘皮类</th><th>古杯类</th></tr>
<tr><td>O_3^1艾家山期</td><td>Michelinoceras.
Paraelongatum subeentrale
* M. paraelongatum
M. sp.</td><td>腹足类：
*? Ecculiomphallus sp.</td><td></td><td>海百合茎：
* Pentagonopentagonalis nyalamensis, Pentagonocyclicus sp.</td><td rowspan="3">"Archaeocya-tha"</td></tr>
<tr><td>O_2^2浙江期</td><td>Dideroceras cf. nyalamense, paradnotoceras cf. yaliense</td><td>腹足类：Donaldiella sp.
腕足类：Aporthophyllina sp.</td><td></td><td rowspan="2">海百合茎(大量)</td></tr>
<tr><td>O_2^1大湾期</td><td>* Actinoceratida</td><td>Pomatotrema? hispa Liu(Aporthophyla hispa Liu)</td><td>Protopanderodus varicostatus, Amorphognathus</td></tr>
<tr><td>O_1^2道保湾期</td><td></td><td>Aporthophyla sp.
? Tritoechia sp.</td><td></td><td></td><td></td></tr>
<tr><td>O_1^1新厂期</td><td></td><td></td><td></td><td></td><td></td></tr>
</table>

注：* 产于康马。

(3) 沟陇日组的下界

早期穆恩之等(1973)及王义刚等(1974)将"甲村群上组"的底界置于 *Sinoceras-Michelinoceras* 带之底(当时的中奥陶统底界)，这一界线实际上是年代地层的界线，并不是岩石地层的界线。西藏区调队(1983)根据奥陶系二分的方案，将甲村群下组第 8 层含扬子区系的 *Dideroceras-Paradnotoceras* 带的浅灰色中厚层灰岩与其上的第 9 层(甲村群上组)合并，称沟陇日组，这一界线不仅是生物地层和生物区系特征的界线，实际上也是岩性特征、地层结构特征的转换界线，也即本图幅采用的沟陇日组岩石地层和生物地层的底界。此界线与许多学者的沟陇日组(实际是原"甲村群上组")界线并不一致。

3. 红山头组(O_3h)

测区内红山头组出露范围同沟陇日组，比较局限。在岩石组合上，本区的红山头组与定日地区的情况类似而与聂拉木以西的红山头组有明显差别，仅是在地层层位上及海平面变化等方面相当。

(1) 红山头组岩性组合特征为浅灰—灰色中厚层状泥质灰岩、白云质灰岩及生屑泥晶灰岩，厚度大于 287m。西藏区调队(1983)的"红山头组"仅指一层厚约 20m 的灰黑色粉砂质板岩，回避了其上厚达近 300m 的灰岩。

(2) 本区红山头组的灰岩以及含鹦鹉螺的情况，与沟陇日组关系密切，应为整合接触关系。聂拉木地区的红山头组也产有 *Michelinoceras* sp.，近来又在附近的红山头组发现有 *Sinoceras chinense*，其层位也应为艾家山阶(O_3^1)。由此推测，喜马拉雅除库蒙 Yong 灰岩和扎达达巴劳下拉孜保存有晚奥陶世晚期(O_3^2)的沉积外，扎达北部、普兰及藏南地区，缺失晚奥陶世晚期生物记录的可能性较大。

(二) 康马-隆子地层分区

测区内属于康马-隆子地层分区的奥陶系(O)，仅出露于康马岩体南西侧，以往将其误认为石炭系"雇孜组"，或与亚里组对比(西藏自治区地质矿产局，1997；刘世坤，1997)。通过本次工作，查明其为新的岩石地层单元，位于真正的石炭系雇孜组与变质基底拉轨岗日岩群之间，与上下地层之间均呈拆离断层接触关系，原始沉积接触关系被彻底改造，其内部也经历了强烈的韧性剪切变形。

1. 岩性及沉积环境

奥陶系(O)为一套以钙质、泥质成分为主的浅变质岩系，主要岩石类型包括：下部主要为灰—深灰色中薄层状(含白云母)石英大理岩，上部主要为中薄层状含石英大理岩、中厚层石英大理岩、条带状大理岩、片状大理岩、深灰—灰绿色含生屑炭质钙质板岩，夹深灰色炭质绢云板岩、千枚状板岩，局部顺层产出斜长角闪岩透镜体。整套岩石组合经历了强烈的韧性剪切变形。总厚度大于2205m。恢复其原岩，下部为含泥质砂屑灰岩，上部以灰岩、生屑灰岩为主，夹灰黑色页岩和钙质砂岩等，钙质砂岩中含大型腹足类、海百合茎碎屑，灰岩中含少量鹦鹉螺化石。推测其为滨海及浅海环境的产物。

2. 化石及地层时代讨论

能鉴定的化石产于该套地层的上部，包含棘皮类 *Pentagonopentagonalis nyalamensis* Mu & Wu, *Pentagonocyclicus* sp.，鹦鹉螺 *Actinoceratida*(? *Ormoceras* sp.)，*Michelinoceras* cf. *elongatum*(Yu)，*M.* sp.等。

鹦鹉螺类 *M.* cf. *elongatum* 一种是上述聂拉木沟陇日组上部以及我国南方宝塔组中 *M. elongatum-Sinoceras chinense* 带的首要分子，其层位为上奥陶统下部艾家山阶。

棘皮类 *Pentagonopentagonalis* 和 *Pentagonocyclicus* 两种，目前仅见于聂拉木沟陇日组下部，其层位相当于中奥陶统上部 Darriwilian 阶(即我国浙江阶)。

鹦鹉螺类 *Actinoceras*(? *Ormoceras* sp.)见于甲村组上部和我国华北马家沟组中，过去划为下奥陶统上部，现已改为中奥陶统下部 Llavian 阶(相当我国大湾阶)。

这套地层下部厚达两千多米，因伸展构造变形的影响，其内部韧性变形较强，地层进一步划分比较困难。此外，实测剖面上化石点位于这套地层的中上部，所以其下部有可能下延至下奥陶统。因此，地质图中使用奥陶系未分(O)表示这套地层。

3. 奥陶系与下伏地层关系

奥陶系与下伏拉轨岗日岩群为伸展拆离断层接触关系。顺拆离断层面，断续还见有透镜状斜长角闪岩。局部地方，奥陶系底部尚保存部分可疑的“底砾岩”，“砾石”有大理岩、石英岩和斜长角闪片岩等，向上为二云石英片岩、二云片岩组成的“正粒序”。下伏拉轨岗日岩群大理岩顶面上除保存有小型“帐篷构造”外，还有“风化壳”等现象，可能代表原始“平行不整合”沉积界面。

三、志留系

测区范围内，志留系仅分布于北喜马拉雅地层分区，而康马-隆子地层小区则未见出露。北喜马拉雅地层分区志留系划分为石器坡组(S_1sh)和普鲁组($S_{2+4}p$)，沿用至今。

测区内的志留系，主要分布在帕里阿康日山北测，西藏区调队(1983)首先发现露头点，在路线剖面中被划分为石器坡群上组，但描述不详，是本区地层中研究程度较低的一个地层单元。本次工作对其进行了进一步划分。

(一) 石器坡组(S_1sh)

1. 岩性及沉积特征

石器坡组岩性为浅灰—深灰色中薄层状条带状钙质砂岩、粉砂质板岩、细砂岩，夹灰—灰黄色砂屑灰岩，与下伏地层为断层接触，未见底，厚度大于192m。基本层序由砂岩、粉砂质页岩及灰岩组成。

本区石器坡组由于遭受浅变质，未见任何化石，其层位和年代是根据其岩性特征及与周围地层关系判断的。与定日-聂拉木地区同组地层相比，本区石器坡组中陆源碎屑成分明显增多，反映本区相对靠近滨岸的古地理环境，而定日-聂拉木地区的石器坡组仅底部有2～30m的浅灰色砂岩(偶含砾石)，其上的黑色页岩中，富含深水相笔石和牙形石，这是喜马拉雅地区盖层形成以来明显的缺氧沉积层。这也与喜马拉雅地区早加里东阶段浅海盆地中局部发生的非补偿型深陷沉积作用有关。

2. 与下伏地层的接触关系

本区石器坡组底部被断缺，未见与下伏地层沉积接触关系。在定日-聂拉木以及广大的喜马拉雅地区，过去受"全部地层都是连续的"观点影响，大多数学者主张志留系与奥陶系也是连续的。前一节已经指出，红山头组之上缺失上奥陶统上部(O_3^2)的可能性很大。

聂拉木和定日地区石器坡组最底部的石英砂岩(偶合砾石)，代表底砂(砾)岩沉积，其上页岩中的笔石群，大致相当*Orthograptus vesiculosus-Streptograptus crispus*带(林宝玉等，1989)，并不代表志留系的最低层位。喜马拉雅其他地区的情况亦然。因此，石器坡组与红山头组之间，无疑存在一平行不整合面，相当层序地层学所称的Ⅰ类层序界面。

(二) 普鲁组($S_{2+4}p$)

在本区普鲁组出露于由奥陶系—志留系组成的向斜核部，未见顶。下部岩性为浅灰—灰黄、灰白色薄层状条带状结晶灰岩、大理岩夹少量钙质砂岩；上部岩性为深灰色钙质砂岩、砂质板岩等。本组厚度大于113m。

本组以薄层灰岩的出现为底界，以单层灰岩或灰岩—砂质页岩的简单组合组成基本层序，每一基本层序厚20～30m。与定日、聂拉木地区相比，本区的普鲁组仍然以碎屑物质来源较丰富为特征。

四、泥盆系

测区的泥盆系分布在北喜马拉雅地层分区，主要见于亚东县幅帕里镇阿康日山以西折龙拉及帕里东南侧，地表出露零星。本区泥盆系与聂拉木地区划分方案一致，下统称凉泉组(D_1l)，中上统称波曲组($D_{2+3}b$)。

(一) 凉泉组(D_1l)

1. 岩性及沉积特征

据西藏自治区地质矿产局(1983)实测剖面资料，凉泉组下部为灰绿色中粗粒砂岩夹石英砂岩；中部为灰色中厚层状含砂及生屑纹带状灰岩夹钙质粉砂岩；上部为浅灰色钙质页岩、泥灰岩夹薄层灰岩。下部含头足类化石，本队推测为*Kopanioceras* sp.；上部含竹节石和植物碎片，本队采到竹节石*Viriatellina* sp.一种。本区凉泉组厚度大于175m，为一向上变细(海平面上升)的退积序列，属滨岸-浅海相沉积。

凉泉组基本层序较为复杂：下部以粗中粒砂岩与中细粒砂岩(韵律层)构成基本层序(副层序)；中部以单层中厚层生屑灰岩(含粉砂、泥质纹带)组成基本层序；上部以薄层灰岩及页岩组成基本层序，基本层序厚度为几厘米至50cm不等。与定日-聂拉木地区相比，本区凉泉组陆源碎屑岩的粒度以及所占比例较大，表明本区更加接近陆源区。

2. 凉泉组的地层时代

根据聂拉木创名地的凉泉组中的竹节石、单笔石和牙形石的研究，一致认为属早泥盆世中晚期(即Pragian—Emsian，相当我国的郁江期—四排期)。在定日地区，凉泉组上部还包含有林宝玉等(1982，

1983)所称的“可德拉组”,其时代还可延至中泥盆世早期。

本区凉泉组上部,岩性与“可德拉组”相近,其中我队找到竹节石 *Viriatellina* sp.,该种地质历程为早—中泥盆世。因此,本组属早泥盆世中晚期至中泥盆世早期的可能性最大。值得提到的是,在帕里附近,西藏区调队(1983)疑为凉泉组(D_1l ?)的泥质条带灰岩中,本队采到有苔藓虫 *Rhombopora meek* 一种,是泥盆纪才开始出现的属种,应将其划归凉泉组下部。凉泉组上部含早—中晚泥盆世竹节石 *Viriatellina* 的粉砂岩中,还混有植物化石,虽然属种未能确定,但这是西藏境内迄今为止最低地层层位中的植物化石。以往仅在斯匹狄 Muth 石英砂岩之下下泥盆统地层中,报道过裸蕨类 *Psilophyton princeps* 一种(Chateyi G C et al,1974;王义刚,1967)。本区凉泉组的植物化石具有粗壮的平行叶脉(?)可能是比裸蕨植物更为进化的原始石松类或有节类,是早泥盆世晚期才开始出现的类型(王鸿祯等,1986)。这也表明本区凉泉组属下泥盆统中上部。

3. 与下伏地层的接触关系

据西藏区调队(1983)资料,本区凉泉组下部为一层中粗粒砂岩,覆盖于普鲁组灰岩之上。这种岩性、岩相的突变,加上上述凉泉组缺乏早泥盆世最早期的沉积,将凉泉组粗粒砂岩之下的界面,定为平行不整合是合理的。

相同的情况也见于定日县帕卓区和聂拉木肉切村西沟,帕卓区的凉泉组底部砂岩(西藏自治区地质矿产局,1983)与下伏先穷组(D_1x)硅质页岩之间应为平行不整合关系。在聂拉木肉切村西沟,厚度颇大的凉泉组底部砂岩明显不整合覆盖于中志留统普鲁组灰岩之上,遗憾的是被误当做“顺层逆冲断层”(林宝玉等,1989)。

在喜马拉雅西部地区,这一不整合现象更为明显,在西藏境内扎达达巴劳地区,下中泥盆统的石英砂岩,直接覆盖在厚不足 100m 的下、中志留统杂色板岩及泥灰岩之上,其间有严重的地层缺失。在相邻的库蒙-克什米尔地区,Shahsk 等(1974)及 Heim A 和 Gansser A (1939)也早已指出,那里的 Muth 石英岩与下伏“杂色岩系”为角度不整合关系(郭铁鹰等,1991)。由此,郭铁鹰等(1990)明确提出“喜马拉雅存在加里东运动”。喜马拉雅发生于早泥盆世最早期的不整合,也应属于传统地质学的“加里东运动”。同样在藏东、藏北等许多地区也有明显反映。喜马拉雅此期“加里东运动”主要表现为造陆运动。

(二) 波曲组($D_{2+3}b$)

波曲组见于亚东县幅阿康以西折龙拉等地。根据西藏自治区地质矿产局区调队(1977,1983)有关资料,可将测区内波曲组的主要特征简述如下。

(1) 本区仅见波曲组下部层位。其底部为灰白色或粉红色厚层—块状变质中粗粒石英砂岩,共厚 70m,以单一砂岩构成基本层序,属滨岸相。向西经聂拉木至吉隆沟,波曲组砂岩具有层厚变薄,粒度变细的明显变化。

(2) 波曲组含植物、孢粉等化石,地质时代为中晚泥盆世,与上覆亚里组(D_3—C_1y)、下伏凉泉组(D_1l)均为整合接触。

(三) 亚里组(D_3—C_1y)

亚里组与波曲组是密切相关的两个岩石地层单元,与其下的泥盆系一样,仅分别见于北喜马拉雅特提斯南带。

本测区的亚里组是西藏区调队(1983)于亚东县阿嘎拉最早发现的,是根据其所在地位置确认的(西藏自治区地质矿产局,1983)。本队在亚东县帕里镇南公路东侧也见有小块露头,但在地质图上无法表示。

本区亚里组为厚约 50m 的浅灰色中厚层—薄层状灰岩及泥灰岩。与聂拉木地区含牙形石及菊石相的亚里组相比,仍表现为自西向东海水变深的趋势。该组的含义及地层时代是根据聂拉木剖面(林宝玉等,1983)资料厘定的,其包含了林宝玉等(1989)的“章东组”和“亚里组”,底界是以黑色页岩、薄层状粉砂岩或灰岩的出现为准。

五、石炭系

测区内所涉及的石炭系,与喜马拉雅及冈瓦纳北缘其他地区的情况一样,仅见有下石炭统,上石炭统几乎全部缺失。过去定为中上石炭统的地层,实属历史误会。

本节所述下石炭统也不包括前节所述亚里组(D_3—C_1y)上部相当岩关阶的地层。与前面所述的志留系和泥盆系分布情况不同的是,区内的下石炭统,不仅见于北喜马拉雅地层分区,而且在康马-隆子地层分区也占有重要位置。

(一) 北喜马拉雅地层分区

本地层分区内的下石炭统称纳兴组,最早是西藏自治区地质矿产局(1983)确认的,但未能提供有效的化石名单。本次沿用此划分方案。

纳兴组(C_1n)

纳兴组分布于亚东县帕里镇顶嘎北苏鲁鄂博及帕里镇阿康日山一带。

(1) 岩性特征及沉积特征

根据本队工作及西藏自治区地质矿产局(1983)资料,纳兴组自下而上由浅灰色中厚层状石英砂岩、含砾石英砂岩—灰黑色粉砂质绢云板岩—灰黑色板岩夹薄层状泥质灰岩等组成两个旋回,总厚度大于725m。灰黑色粉砂质板岩是纳兴组的主体地层,其底部及上部砂岩中出现的砾岩和杂砾岩,是识别本组的标志之一。

纳兴组“杂砾岩”在上旋回中更为典型,砾石稀疏地散布于具水平纹层的细粒石英砂岩之中。砾石含量不足5%,砾石成分以石英岩、石英砂岩为主,磨圆度较好。最大砾径可达10cm以上。偶见灰岩、板岩砾石及泥砾,后者磨圆度极差。

喜马拉雅地区含杂砾岩的纳兴组或相当的地层,仅见于聂拉木港门穹及克什米尔等少数地点。本区纳兴组总体属潮坪相,包括砾岩、含砾中—粗砂岩的水道沉积以及具潮汐层理的潮间带沉积和灰黑色板岩代表的潮下带沉积等。尹集祥等(1979)描述的纳兴组(“曲宗组”)的纹层扭曲紊乱现象,正是潮坪相冻融现象之一。其上部的杂砾岩与通常所述的重力流的成因无关,而应属于季节冰(岸冰)的沉积。这与国内、外一些学者认为属冰川-冰筏相的观点也是有区别的。

(2) 生物群及时代讨论

本区纳兴组,西藏区调队(1983)仅提到含有腕足类和珊瑚(单体)化石,定为下石炭统是推测的。本队首次在本组中采到菊石 *Eumorphoceras*(*Edmooroceras*) sp.,腕足类 *Ovatia elongata* Muir Wood et Cooper,*Megachonetes* cf. *zimmermanni*(Paeckelman),*Tornquistia*(*Paeckelmannia*) sp.,*Plicochonetes* sp.,*Camarotrichia* sp.,Chonetidae 等以及双壳类 *Parallelodon* sp.。

菊石 *Eumorphoceras* sp. 产于本组下旋回下部灰黑色板岩中,是早石炭世晚期(维宪期)代表分子,在喜马拉雅为首次发现。

腕足类是一个以戟贝类与正形贝类为主的组合,产于旋回上部细砂岩及泥灰岩中,*O. elongata* 原种首见于北美洲 L. Mississippian 的 Chester 期地层中,也是聂拉木纳兴组的重要化石;Chonetidae 科的几种分子,在纳兴组中很少出现,但也是世界各地早石炭世晚期常见分子,*Magchonetes* 曾见于西藏多玛及克什米尔同期地层中。本区纳兴组时代属早石炭世晚期维宪期—缪纳尔期,相当于我国大塘期—德坞期,与聂拉木地区的纳兴组相当。

我国境内喜马拉雅的纳兴组,与库蒙-克什米尔的 P_o 群(组)的层位相等,也大体属维宪期—缪纳尔期。根据近来 Garjanti E 等(1989)的研究,不排除那里的 P_o群上部含部分"中石炭统"(Moscovian)的可能性。

值得指出,本队还在纳兴组与上覆基龙组不整合面之上杂砾岩的灰岩砾石中发现有孔虫 *Plectogyra* sp.,*Endothyra* sp. 和 *Archaesphaera* sp. 三种,它们均是世界各地早石炭世晚期最繁盛的分子。含化石的薄层状泥质灰岩与纳兴组也很相像,说明灰岩砾石应来自下伏地层纳兴组。该化石组合代表纳兴组中的有孔虫组合,它是目前所知喜马拉雅有孔虫的最低层位。

(3) 与下伏地层的接触关系

测区纳兴组底部为含砾石英砂岩,与下伏亚里组灰岩之间,有明显的沉积间断面。在聂拉木地区,纳兴组底部为中厚层状中粗粒石英砂岩,局部地区为砾岩,有些学者疑为河流相,可见与下伏亚里组灰岩之间,存在明显的不整合关系。这一不整合,Sciunnach D 等(1996)和 Garjanti E 等(1999)称为裂谷不整合(Rift unconformity)。相当这一不整合面,西藏自治区地质矿产局(1983)也认为在冈底斯、藏东是普遍存在的。这一不整合是早期伸展运动的产物,是冈瓦纳北缘裂解的前奏。

(二) 康马-隆子地层分区

在整个康马-隆子地层区内,石炭系仅见于康马岩体西南侧楼浦沟一带。康马地区的下石炭统称为雇孜组(C_1g)。以前雇孜组中未找到化石,其时代也是推测的。本次工作不仅找到腕足类化石,并且首次在西藏境内找到这一时期的植物化石,意义重大。

雇孜组(C_1g)

(1) 岩石组合特征

雇孜组下部为深灰色中—薄层状粉砂质炭质绢云板岩、千枚岩及绢云石英岩;上部为灰色厚层大理岩化灰岩、含石英大理岩夹少量深灰色含炭质绢云板岩。本组厚度大于 899m。

本组下部由砂岩及粉砂质板岩组成韵律型基本层序,属潮间带,中部砂质板岩含植物叶片化石及海百合茎化石,属潮下带,上部灰岩含海百合茎及腕足类化石,为碳酸盐岩台地相。

(2) 化石及时代分析

雇孜组所含化石分别为植物化石 cf. *Cardiopteris* sp.,海百合茎 *Cyclocyclicus kaungtungensis* Dubatolowa et Shao,菊石 *Eumorphoceras* sp. 及腕足类 *Productus productus* Matin。海百合茎化石一种,在西藏首见于定日"曲宗组"(即纳兴组)中,与广东下石炭统的标本相似。腕足类 *Proauctus productus* 和菊石 *Eumorphoceras* 是欧亚大陆维宪期的常见分子。相当于雇孜组含植物化石的地层,在西藏喜马拉雅境内也属首次发现,与其相当的层位过去仅见于斯匹提地区的 Thaba Stage (其上为"Fenestella"页岩)及克什米尔的 Gund 组中,时代为晚杜内(Tournaisian)—维宪期(Visean)(Pal A K,1978)。植物化石 *Cardiopteris* 在我国分布很广,曾见于甘肃臭牛沟组,我国南方测水煤系以及藏东昌都地区杂多群下部的含煤碎屑岩中,属华夏植物群(刘广大,1988)。因此,雇孜组属大塘阶是毫无疑问的。上述 3 种化石表明,当时喜马拉雅地区仍与扬子地区保持着一定的联系。

(3) 与下伏地层的接触关系

康马地区雇孜组直接覆盖于奥陶系之上,表现为伸展拆离断层接触关系,其间缺失志留系、泥盆系和下石炭统下部(相当岩关阶)等诸多地层。从原始沉积角度来看,也可能存在与华北地台相似的情况,即存在平行不整合,但其显然不是一次构造运动的产物,可能代表奥陶纪—志留纪之间、志留纪—泥盆纪之间(加里东运动)和早石炭世岩关期与大塘期之间(早期海西伸展运动)的多次不整合复合叠加的结果。

六、二叠系

二叠系是冈瓦纳北缘喜马拉雅地区古生界出露最广的地层单元,也是冈瓦纳相沉积最典型的代表。

在亚东县幅北喜马拉雅地层分区内，二叠系出露比较零星，主要见于帕里南西侧的阿康日山和顶嘎以北的苏鲁鄂搏一带。在江孜县幅内，二叠系主要围绕着康马隆起、哈金桑惹隆起呈不规则环带状分布，地层发育较为齐全，出露良好。此外，在涅如盆地东侧和南侧的通巴寺一带也有大面积分布。

（一）北喜马拉雅地层分区

北喜马拉雅地层分区的二叠系，最早在聂拉木色龙区统称为色龙群（尹集祥，1976），在珠峰北坡自下而上被划为基龙组、曲布组和曲布日嘎组。

曲布组是喜马拉雅西藏境内含舌羊齿植物群的少数“煤系”地层露头点，由于其特殊意义，独称为“组”已被国内外学者接受，但在本区并未见出露。

测区内仅有基龙组和色龙组（大致相当于曲布日嘎组），其时代几经变更，现按二叠系三分方案。

1. 基龙组（P_1j）

基龙组由尹集祥等（1976）首次在北喜马拉雅带定日县境内（珠峰北坡）创建，由于其中存在冰海相杂砾岩（Diamictite）而闻名于世。

（1）沉积特征及形成环境

测区内的基龙组主要分布于阿康山及顶嘎乡吉汝一带，主要岩性为：下部为灰色厚层块状（含砾）石英砂岩夹含砾灰岩透镜体；上部为含砾页岩、粉砂岩夹砾岩。下部偶含“杂砾岩”，成分为浅灰色石英砂岩中稀疏分布有大小不一的“落石”，砾石最大直径大于15cm，砾石主要为石英岩、石英砂岩和少量灰岩，总量不足8%，砾石磨圆度及球度好，具有滨海砾石的特征。国内外学者多将其视为冰海相或冰筏相，而少量灰岩或页岩的砾石，常呈撕裂状产出，证明这些砾石搬运不远，基本上代表来自下伏地层的产物。本组杂砾岩的底部还发现不规则的“砂包泥”和“泥包砂”的团块，这种现象有时在冲积相底部也能看到，在这里被解释为“冻融滑动”沉积，是季节冰沉积的常见类型。磨圆度好的砂岩砾石，是海岸冰或岛冰的产物。基龙组中上部主要由中—厚层状细粒砂岩夹粉砂岩组成，砂岩中层理、层面构造少见，可能与冻融的作用有关。本区基龙组上部还见有一层含砾灰岩（西藏自治区地质矿产局，1983）、砾石为磨圆较好的砂岩，稀疏地撒落在碳酸盐岩沉积物中，是冷水碳酸盐岩及浮冰落石产物，是典型的季节冰沉积。

（2）时代讨论

区内基龙组缺少化石，仅在下部杂砾岩的灰岩砾石中见到少量有孔虫，属下伏地层产物。基龙组的时代，据金玉玕（1976）对其中所产腕足类 *Stepanoviella-Trigonotreta* 组合研究，定为萨克马尔期—阿丁斯克期。

按当前国内外的二叠系三分方案，基龙组属下二叠统。最早将基龙组定为上石炭统，源于对其中的珊瑚 *Empodesma* 的认识。根据近来研究，*Empodesma-Tachylasma* 带位于下二叠统上部 Sakmarian—Artinskian，与腕足类的定位完全一致。我国过去习惯于将栖霞阶之下的下二叠统地层都称为上石炭统，导致基龙组及相当的地层一直错误地被当成 C_3—P_1、C_3 甚至 C_{2+3}，这与国际上通用方案相差甚远，至今还未完全统一。

（3）与下伏地层的接触关系

基龙组与下伏地层纳兴组的接触关系，过去一直误认为是连续整合的。其实，在基龙组与纳兴组有直接接触的剖面上，其不整合界面是清楚的。在本图幅阿康山，基龙组底部为浅白色厚层状含砾石英砂岩，与下伏纳兴组薄层砂岩、板岩之间界面清楚。灰岩砾石含早石炭世有孔虫化石，也证实不整合面的存在。其间缺失上石炭统地层，也是不容置疑的。

在吉隆沟、阿里扎达以及库蒙等地，相当基龙组的杂砾岩，更多地覆盖于灰黑色页岩之上，不整合面更为清晰，但下伏地层最高层位可达中石炭统莫斯科阶（Moscovian）（Garzanti E et al，1996），依然缺失上石炭统的 Kazimovian 及 Gzhelian（相当于我国达拉阶和逍遥阶等地层）。这一平行不整合（见后文），也是层序地层中的Ⅰ类不整合。

（4）区域对比

相当于基龙组的地层在印巴次大陆北缘和藏-滇地区分布很广，在亚东县幅紧连的不丹、印度境内，也有多处出露。与岗巴县毗邻的印度北部，相当的地层称拉契岩系（Lachi Gr），在印度南部称克姆贡（Khemgon）、韦克（Wak）和兰吉特（Ramgit）层序，含有卵石层（Pebble），含砾板岩或漂砾岩，被公认与印度半岛塔契尔（Talchir）冰川有关，属冰海相沉积。其中印度兰吉特杂砾岩中还产有最著名的冷水动物群 *Eurydesma*，兰吉特杂砾岩的形成时代为早二叠世早期（Asselian），比基龙组杂砾岩层位稍低。

（5）其他

测区内基龙组上部，见有一层"辉绿岩"，应属于此期火山活动的产物，相当于基龙组中的火山岩，在印巴次大陆北缘、阿里地区、雅鲁藏布江及以北西藏广大地区，甚至在我国滇西地区，几乎无处不有。藏南喜马拉雅地区此期火山岩，直到 1998 年，才被董文彤、梁定益等在吉隆沟发现（《青藏高原地层》，2001）。随后 Garzanti E 等（1997）、朱同兴等（2002）才分别在吉隆沟和色龙区发现此期基性火山岩。冈瓦纳北缘此期火山岩分布范围广、规模宏大，最大厚度达 500～800m，普遍认为是冈瓦纳陆壳裂解（郭铁鹰等，1991）和冈瓦纳北缘普遍裂解（梁定益，1994）、裂谷（Garjanti E et al，1997）的象征。地层中存在的不整合被认为是伸展不整合（Zunyi Yang et al，1999；Sciunnach D et al，1996；Garzanti E et al，1999）。

2. 色龙组（$P_{2\text{-}3}s$）

（1）划分沿革

色龙组由希夏邦玛峰科学考察队施雅风等（1964）创名于聂拉木色龙区的"色龙群"沿革而来。其后经珠峰地区综考队（1974）进一步研究后，广泛被采用。《珠穆朗玛峰科学考察报告》（1974）所列定日、聂拉木、吉隆三地区全部的"色龙群"剖面，其岩性组合特征、地层位置、生物群特征，都与尹集祥等（1979）在定日珠峰北坡所称的"曲布日嘎组"相当，甚至其下界都不超越"曲布日嘎组"之底。根据命名的"优先法则"以及层型剖面"定义"的原则，特别是在《希夏邦玛峰地区科学考察报告》（刘东生等，1982）重新将其厘定为"色隆（龙）组"之后。"曲布日嘎组"不宜再继续使用，"色龙群"也应改称为色龙组。

（2）岩石地层特征及沉积环境

测区内的色龙组主要分布于亚东县幅帕里镇阿康日山及顶嘎乡吉汝等地。

本区色龙组一般露头不佳，地层出露不全。根据本队实测剖面，并参照西藏自治区地质矿产局（1983）资料，简要归纳如下。

色龙组可分为下、上两部分，下部由浅灰色中厚层状岩屑砂岩夹深灰色粉砂质页岩组成；上部由灰绿色薄层状粉砂岩夹粉砂质页岩、泥灰岩、生屑、核形石（假鲕状）灰岩组成。厚 550～607m。下部基本层序为单层砂岩或由砂岩—粉砂质页岩（正粒序）组成，厚 10～40cm 不等；上部基本层序多由泥灰岩—粉砂质页岩—粉砂岩组成的向上变粗反粒序，厚几厘米至 20cm。

测区内色龙组与邻区情况类似，但相变较大，砂岩中长石、岩屑成分也较多。值得提出的是，本区色龙组中也见有层状蚀变基性火山岩（辉绿岩 ?），这在北喜马拉雅南带除二叠系之外，其他地层中从未见到。这与朱同兴等（2002）于色龙地区同组中发现的基性火山岩，应属同期裂谷作用的产物。因此，本区色龙组与基龙组一样，也代表裂谷盆地的活动陆棚相。

（3）生物组合特征及时代讨论

测区内色龙组中采到腕足类 *Uncinunellina* sp.，*U. galiensis*（Waagen），*Stenoscisma timorensis*（Hayasaka & Gam），*Spirisferella qubuensis* Chang，*S.* cf. *qubuensis* Chang，*Martinia glabra*（Martin），*M.* sp.，*Squmularia* sp.，*Marginifera* cf. *himalayensis* Diener，*Neospirifer* cf. *striatiformis* Chang，*N. kubeiensis* Jing，*Streptorhychus* cf. *tibetensis* Chang 等，以及菊石 *Neoshummardites* sp.，*Paragastrioceras* sp.。

西藏区调队（1983）采到腕足类 *Orthotetes* cf. *guppyi*（Thomas），*Waagenites sureshanensis* Chang，*Marginifera himalayensis* Diener，*Costiferina* aff. *alata* Waterhouse，*Spiriferella* sp. 等。

上述腕足类，以 *Spiriferella qubuensis*，*Marginifera himalayensis* 较为常见，可称为"*Spiriferella qubensis-Marginifera himalayensis* 组合”，该组合大部分成员均见于聂拉木、定日地区色龙组上部，库蒙的Kingkrong灰岩、斯匹提的长身贝页岩以及巴基斯坦的Kalabag组等地层中，其中*Uncinunellina zabiensis*(Waagen)与西藏奇底宗灰岩、内蒙哲斯群中的成员很相似。*Martinia glabra*(Martin)见于我国贵州、云南及奇底宗灰岩中。在色龙组顶部，还产有菊石*Altudoceras* sp.，*Paraceltites xizangensis*等(西藏地质矿产局，1983)。菊石*Altudoceras-Paraceltites*带，是我国南方茅口亚统下部孤峰阶的带化石，但在喜马拉雅地区，很有可能上延至茅口亚统上部冷坞阶。

区内色龙组中还发现有菊石*Neoshummardites* sp.和*Paragastrioceras* sp.两种，腕足类*Wagenites* sp.一种，说明色龙组上部含有上二叠统吴家坪阶之下部层位。

藏南喜马拉雅(聂拉木和定日)二叠系中是否存在上二叠统，分歧已久。最早尹集祥等(1976)根据“曲布组”中舌羊齿植物群被定为上二叠统(徐仁，1976)而将其上的“曲布日嘎组”(色龙组)也划入上二叠统，遭到众多地层古生物学家的坚决反对。经过对色龙组以及相当于地层中大量菊石(包括*Uraloceras*在内)、腕足类、珊瑚等动物群的长期研究之后，可以看出色龙组的主体属茅口亚统是不可动摇的。其上含有吴家坪阶下部地层，在一些地区也符合实际。

(4) 顶、底接触关系

色龙组包含有全部的上二叠统吴家坪阶和长兴阶的观念，来源于下三叠统“康沙热组”(王义刚，1974)白云质灰岩底部20～30cm的“过渡层”中含有长兴阶上部的牙形石带化石*Neogondolella subcainata changingensis*，*Clarkina changxingensis*以及一些二叠纪型腕足类(Shuzhong S et al，1999a，1999b，2001)。不少学者已指出，“康沙热组”*Otoceras-Ophiceras*带中的二叠纪型腕足类化石与牙形刺化石，要么是孑遗分子，要么是再沉积现象，目前尚不能证明色龙组上部含有全部吴家坪阶及长兴阶。

色龙组与基龙组的关系，过去也一直认为是连续的。本区色龙组底部含砾石英砂岩直接覆盖在基龙组灰岩或含砾灰岩之上，其间未见曲布组(P_1q)出露，其间可能存在平行不整合面。朱同兴等(2002)认为色龙区色龙组与基龙组之间也为平行不整合。

(二) 康马-隆子地层分区

以江孜县幅康马地区发育最全、最好，是康马-隆子地层小区的经典剖面所在地。本次进一步调查研究之后，又取得重要进展，其成果为喜马拉雅下冈瓦纳岩系研究增添了光彩。

康马地区二叠系自下而上划分为破林浦组(P_1p)、比聋组(P_1b)、康马组(P_2k)和白定浦组(P_3b)。

1. 破林浦组(P_1p)

(1) 岩性特征及沉积环境

破林浦组底部为岩屑砂岩、含砾砂岩或中厚层状含砾结晶灰岩，本组主体为灰绿色粉砂质板岩夹多层中—薄层状粉—细砂岩，偶见含砾砂岩或含砾砂质板岩，顶部为中厚层生屑灰岩偶夹含砾板岩。该组厚度大于738m。

该组中部以粉砂岩或细砂岩—粉砂质板岩组成基本层序，正粒序，两者比例为1∶4。基本层序厚几十厘米至1m左右。

本组底部的含砾砂岩、含砾灰岩分布极不稳定，时隐时现，其中含砾灰岩与前述基龙组中的含砾灰岩相似，砾石与灰岩基质呈极不调协关系，其中砾石主要是浮冰落石造成的。

砂岩中有不清晰的异向交错层理和断续的带状平行层理。含砾砂质板岩中砾石随机分布，砾石含量有时不足5%，砾径一般不足10cm，具有典型“落石”刺破层理现象。基质(粉砂质板岩)中，也常伴随冻融-液化滑动构造。在康马县城附近，本组顶部含砾板岩所夹的薄层灰岩透镜体中，也具有冻融滑动-撕裂构造。

上述各种沉积现象，显示了潮坪环境下近岸的季节冰及浮冰落石的综合沉积特征。与前述基龙组基本相似。

（2）生物群特征及时代讨论

本组所含的古生物化石以腕足类与单体珊瑚两门类为主。腕足类中以石燕类、长身贝类占主导地位，其中也出现不少光面石燕类分子。该组合中 *Trigonotreta* 是印度半岛 Umaria 动物群和定日地区基龙组中的首要分子，很少出现在中、上二叠统的地层中，*Punctospirifer jilongirca*，*Spiriferella jilongensis* 首见于基龙组中，在本组中占有绝对优势，也是本区地方性特色分子；*Chonetinella lissarensis* 也是基龙组的代表分子，因此，本组完全可以与基龙组对比，时代为萨克马尔期—阿丁斯克期，相当我国隆林期，属早二叠世。本组以 *Calliomarginatia* 为代表的其他分子，与张守信等(1976)所述的 *Taeniothareus* 动物群 *Calliomarginatia* 组合并无差别。这也表明，*Taeniothaerus* 动物群并不是色龙组的专属，它与克什米尔地区一样，至少在萨克马尔期就开始出现。

本组中以 *Lytvolasma circularium* 为代表的无鳞板单体珊瑚 *Lytvolsma* 动物群，与滇西丁家寨组的同名动物群完全可以对比，但在本区，在整个喜马拉雅和整个西藏地区，*Lytvolasma* 一属在萨克马尔—阿丁斯克地层中，尚未报道过，本区此期地层中属首次发现，它的意义在于说明 *Lytvolasma* 动物群与 *Taeniothaerus* 动物群一样，从早二叠世萨克马尔期就已经存在。

还需指出，破林浦组也发现了有孔虫化石 *Geinitzina primitva* Poto，*Pseudoglandulina* cf. *piymeaformis* Maclay K M，*Nodosaria* sp. 等，与前述基龙组灰岩砾石中的有孔虫面貌不同，在西藏境内此期有孔虫也属首次发现，但在库蒙地区，相当于层位(Blani Boulder Beds)中也发现此期有孔虫化石 *Proteonina* sp. 等(尹集祥等，1979)。这也说明萨克马尔—阿丁斯克期含有孔虫的地层比含冷水型 *Eurydesma* 动物群的古气候(古水温)要偏暖些，属冷-温型。

（3）与下伏地层的接触关系

“破林浦组”最早建立于康马县城东侧破林浦沟，未见底。此后，前人根据破林浦组与雇孜组之间存在严重的地层缺失推测其间为“伸展不整合”关系(梁定益等，1991；董文彤等，1998)。本次查明破林浦组与雇孜组之间主要表现为伸展拆离断层接触关系，其原始沉积接触关系被强烈改造，推测为平行不整合。

相当于这一不整合面，在冈瓦纳北缘分布很广。在北喜马拉雅地层分区即基龙组与纳兴组之间的不整合；在冈底斯带即昂杰组(拉嘎组)与斯所组(永珠群上部)之间的不整合；在喀喇昆仑南部即擦蒙组与“那札组”之间的不整合；在滇西保山即丁家寨组与铺门前组之间的不整合。近来，Garzanti E 等(1994，1996，1998，1999)、Sciunnach D 等(1996)也指出，包括克什米尔、斯匹提、库蒙、尼泊尔及西藏境内的冈瓦纳北缘普遍存在此期的不整合，也称为“裂解不整合”(Break-up unconformity)。因此，冈瓦纳北缘这一不整合，是冈瓦纳北缘开始普遍裂解的重要标志。

2. 比聋组(P_1b)

比聋组岩性单一，分布稳定，为浅灰色厚层状中粒长石石英砂岩，具交错层理，厚度最大达 179m，野外为重要的标志层。比聋组中，化石稀少，仅保存有腕足类及单体珊瑚化石 *Stepanoviell* sp. 及 *Pleramplexus* sp. 各一种(梁定益等，1993)。如前所述，*Stepanoviella*(*Bandoproductus*)一属地质历程为 Sakmarian—Artinskiam(期)，但含化石的砂岩，沉积时间则极其短暂，从地层层序判断，可能是阿丁期克期内“瞬间”的沉积。

3. 康马组(P_2k)

（1）岩性特征与沉积环境

康马组可分为 3 段：下段为杂砾岩，即章炳高(1974)所称的“柯窝西嘎组砾岩”，将其置于比聋组(P_1b)之下。后经野外调查，实为地层的局部倒转引起的误会。康马组下段杂砾岩仅在康马县城比聋村附近最为醒目，是众多研究者必访之地，实际上此段杂砾岩分布很不稳定，沿走向追索断续分布，难于称“组”；中段为黑灰色粉砂质板岩分别夹一层细砾岩和一层石英砂岩(透镜体)；上段为灰黑色粉砂质板岩顶部偶夹薄层生屑灰岩。康马组最大厚度达 1826m。

康马组下段的杂砾岩，尹集祥等（1997）、王东安等（1981）、梁定益等（1983）进行过研究，均认为与冈瓦纳北缘各地杂砾岩的特征及成因并无多大差别，同样也是细砂—粉砂质板岩中稀疏、随机、不协调地分布大小不等、磨圆度不等的砾石，最大的砾石达 50cm 以上，小的不足几毫米，磨圆度以次棱角至次圆级为主，但圆度、球度极好的为数也不少，经本队研究认为后者具有滨海-河流相砾石特征。砾石成分以石英岩、石英砂岩为主，次为花岗岩、片麻状花岗岩，偶有大理岩、生屑灰岩和暗色板岩。本队认为上述不同成分砾石的来源，均可在康马-亚东地区前二叠纪地层或岩体中查到，与印度半岛 Talchir 冰碛岩中的砾石成分明显不同。康马地区杂砾岩下部平均砾径较粗，平均砾径 5～8cm，含量可达 10%～15%，不显层理，呈块状构造，代表冰岸或水道冻融块体流的沉积。

康马地区杂砾岩仅见于康马县城东比聋、柯窝西嘎附近向西至楼浦一线，水道近东西向。杂砾岩上部砾径变细，平均粒度小于 3cm，含量为 5%～8%。其基质（粉砂质板岩）中，可见有水平纹层，明暗相间，具季节层理特征，并有"落石"（砾石长轴型直层理）现象，属季节冰浮冰沉积。

康马地区的杂砾岩与札达马阳的中忙宗荣组杂砾岩相当，是冈瓦纳北缘最高层位的气候冰沉积，在澳大利亚和扬子地区，这一时期气候也相对偏冷。

康马组中部所夹一层砂岩层面上，普遍见有两组浪成波痕，水动力较强的一组波痕走向北东，另一组走向近东西，属砂坝相砂体。推测当时岸线近北东向。康马组上段灰黑色板岩含炭质和黄铁矿，属缺氧泻湖相；顶部夹薄层灰岩，含腕足类和苔藓虫化石，属正常浅海相。

（2）生物群特征及时代讨论

康马组所含化石相对较少，这与上述不正常环境有关。但所含化石内容，仍以腕足类为主，苔藓虫次之。此外，还发现菊石。

本组中腕足类成员常见于前述的色龙组中，其中的特殊分子为 *Attenuatus* cf. *convexa*（Amstong）和 *Leptodus vichthofini* Kaysre，前一种曾见于基龙组中，后一种为我国南方上二叠统（乐平统）的代表分子。菊石保存不好，仅能大致定为 Cyclolobidae（科），该科分子在喜马拉雅也主要见于中二叠世晚期至晚二叠世早期地层中。总体看来，康马组与色龙组大致相当。根据其地层位置，可确定其为中二叠统中上部，主体相当我国南方祥播阶和孤峰阶。

（3）与下伏地层的接触关系

康马组底部为含漂砾的杂砾岩，与比聋组之间界线截然，属岩性突变界面。这一界面属层序地层学中的Ⅰ类界面，代表海平面强烈下降、河流回春作用明显。

4. 白定浦组（P_3b）

白定浦组分布于康马穹隆周围白定浦、江浦、满则、楼浦等地。

原白定浦组指下二叠统大理岩化或结晶生屑灰岩的地层，由章炳高（1974）创名后，沿用至今。本区白定浦组最大厚度为 360m，局部由于伸展拆离断层的影响而成为透镜状或缺失。

（1）岩性及沉积环境

白定浦组主要由浅灰色—深灰色中厚层状大理岩化海百合茎及生屑灰岩、白云质灰岩组成，底部局部有白云质灰岩团块或同生角砾，其下部与顶部，有时各还夹一层深灰色板岩。该套地层野外为一重要标志层，分布稳定，化石丰富，极易识别。基本层序为单层生屑灰岩或夹板岩，一般为 20～25cm。

白定浦组中灰岩以含海百合茎碎屑为特征，此外还有苔藓虫、单体珊瑚、腕足类及腹足类等，化石多保存不完整，属碳酸盐岩台地缓坡相。上段含菊石及腕足类化石，属浅海相。

（2）生物群特征及时代讨论

以往白定浦组化石采集不够，对其生物群面貌认识并不全面。通过本队工作后，补充采集大量化石（图版Ⅳ—Ⅴ），提高了对生物群特征的进一步认识。白定浦组生物群以腕足类为主体，次为单体珊瑚，辅之以腹足类与菊石。生物碎屑为海百合茎、苔藓虫及钙藻类。腕足类由大型厚壳类、石燕类、长身贝类及部分光面石燕类混合组成，属近岸冷-温水动物群组合，其中以 *Neospirifer kubeiensis*，*Costiferina alata* 及 *Athyris*，*Martinia*，*Marginifera* cf. *himalayensis* 分子较多，接近色龙组的 *Chonetella* 组合

(张守信等,1974),与内蒙哲斯群的腕足类面貌也很接近。此外,产于白定浦组上部的 *Leptodus nobilis*,*Nariniopsis inflata*,*Callispisina* cf. *ornata* 三种,曾见于印巴次大陆北缘克什米尔、斯匹提等地上二叠统中。白定浦组中还发现菊石 *Paraceltites* sp.。

(3) 与下伏地层的接触关系

白定浦组与下伏康马组为整合接触关系。

第四节　中生界

一、三叠系

北喜马拉雅地区,三叠系是分布范围最广的地层单元,代表冈瓦纳大陆北缘最大的海侵时期,是喜马拉雅被动大陆边缘形成、发展的重要阶段。我国西藏境内三叠系地层研究,过去仅侧重于定日县以西直至阿里扎达地区地层古生物的研究,本图幅范围内,包括北喜马拉雅北带唯一的三叠系建群(组)剖面在内,研究程度都相当低。通过本队工作后,取得某些进展,但仍有许多课题,有待今后继续研究。

(一) 北喜马拉雅地层分区

本图幅内三叠系分布零星,20 世纪 70 年代以前,人们对其一无所知。王义刚(1974)首次在亚东县多塔北称为"奥陶系 Dothak Series"(Hayden H H,1907)的地层中识别出大片的上三叠统。随后,西藏区调队(1983)在亚东县帕里阿康日山、堆纳吉汝和九龙拉一带发现有化石的上三叠统。本队在顶嘎乡和帕里南又相继发现了三叠系。综合上述有关资料,将亚东县幅内的三叠系归纳如下。

1. 土隆群($T_{1+2}T$)

土隆群仅见于顶嘎北侧的门打和苏鲁鄂搏一带,地层呈近东西向展布。

(1) 岩性特征

本组岩性单一,主要为灰黑色厚层状生物泥质灰岩,厚度大于 72m。以厚层灰岩为基本层序,厚 30~50cm,为浅海陆棚相。

(2) 古生物特征及时代

本组所发现的化石以菊石为主,另有少量双壳类及腹足类。含菊石 *Israelites kagongensis* Wang et He,*Rimkinites nitiensis* (Mojsisovi C S),*Velebites spinosus* Wang et He 等;双壳类 *Daonella* sp.,*Entolium* sp.;腹足类 *Eoviviana pulchra* Yu,*Sisenia* sp.。

菊石 3 种全属喜马拉雅地方性分子,*I. kagongensis* 与 *V. spinosus* 首见于定日与聂拉木地区赖布西组,*R. nitiensis* 首见于库蒙 Niti 山口,从属一级来看,均是特提斯海区中三叠统上部拉丁阶的产物。双壳类 *Daonella* 在喜马拉雅也主要产于中三叠统拉丁阶,腹足类 *E. pulchra* 一种也见于聂拉木地区中三叠统赖布西组中。因此,本区土隆群中含拉丁阶地层,下限不清,推测下延续至下三叠统。

(3) 与下伏地层的接触关系

本图幅的土隆组与色龙组直接接触,由于覆盖严重,接触关系不明,推测为整合接触关系。从大区域上看,它与中三叠统下部(安尼阶)菊石灰岩是连续过渡的。

2. 曲龙共巴组(T_3q)

曲龙共巴组见于亚东县帕里镇南、多塔北、堆纳吉汝与九龙拉等地,剖面都不完整。根据本队及前人调查的资料,将该组岩性特征及层序综合如下。

(1) 岩性特征及沉积环境

曲龙共巴组底部为暗灰色厚层状变钙质细砂岩和粉砂质板岩,厚约35m。向上为含粉砂质岩夹生物碎屑灰岩,厚度约133m,含菊石 *Tibetites* sp. 和 *Cyrtopleurites* sp.。

中部为深灰色生屑灰岩、豆状结核灰岩、泥灰岩夹钙质粉砂岩或粉砂质页岩,厚度大于71m,富含腕足类化石,本队采到 *Oxycolopella guseriplica* Dagys, *Guseriplia multicostata* Dagys, *Neoretzia asiatica*(Bittner), *Laballa* cf. *slavini* Dagys 等。在相当于这套结晶灰岩中,本队在通巴寺附近北喜马拉雅南、北两带结合部转石中采到鹦鹉螺类 *Germanonautllus* cf. *salinaris* Moj. 一种。前人还采到菊石 *Hoplotropites* sp., *H.* cf. *circumspinatus*, *H.* cf. *lyelli*, *Tibelites* sp.,? *Paratropites* sp., *Discotroplites* sp., *Cyrtopleurites* sp.;双壳类 *Halobia* cf. *superbescens* Kittl, *H.* cf. *xizangensis* Chen;腕足类 *Tibetothyris depressa* Ching et Sun, *Oxycolopella* sp. 等(西藏自治区地质矿产局,1983)。

上部为深灰色粉砂质页岩夹砂岩,向上为炭质页岩夹黑灰色薄层状泥质灰岩等,厚度大于157m。本段含双壳类 *Halobia* sp., *Entolium* sp., *Elegantinia* cf. *inflata*, *Pteria* cf. *cassiana*(Bittner), *Nuculana perlonga*(Mansuy), *Unionites griesbachi*, *Cassianella nyanangensis*, *Limatula* cf. *angulata opulenta*, *Palaeocardita langnongensis*, *Burmesia lirata* Healey, *Chlamys* sp. 等(西藏自治区地质矿产局,1983)。在相当于此部分的粉砂岩中,本队在通巴寺附近北喜马拉雅南、北两带交界处转石中采到鱼龙 *Ichthyosauvia* 脊椎骨多节。上述鹦鹉螺及鱼龙化石,为本区首次发现。

上述中部及上部,西藏自治区地质矿产局(1983)分别称为"土隆群上组"与"曲龙共巴组"。相当于下部的地层,西藏自治区地质矿产局(1983)定为上三叠统,由于对所含菊石层位的迷惑不解,不便明确将其称为"土隆群上组"之下部和底部。本报告根据野外调查情况,明确将1∶100万亚东县幅区调报告(西藏自治区地质矿产局,1983)中图Ⅲ-76第1—3层剖面置于曲龙共巴组(T_3q)底部和下部。因而,上述吉汝两个剖面的上、下排列,与喜马拉雅地区的实际情况比较,完全是正确的。

本区相当"土隆群上组"的地层(即将1∶100万亚东县幅区调报告中图Ⅲ-76与图Ⅲ-75第1—3层剖面),即王义刚等(1984)所称的"札木热组(T_3z)",或饶荣标等(1989)的"康沙热组"(T_3k)。本队根据《青藏高原及邻区地层划分与对比》(2002)提出的划分方案,统一称为曲龙共巴组(T_3q),原"曲龙共巴组"之下的上三叠统,不再称为"达沙隆组""札木热组"或"卡岗拉组"。

曲龙共巴组除底部15m的含砾石英砂岩代表滨海相外,其上地层为一浅海碳酸盐和潮坪相泥-砂质沉积,为向上海水变浅的海退层序。基本层序分别由生屑灰岩—泥灰岩、泥质灰岩—粉砂质页岩及页岩—粉砂岩组成,厚20cm～1.5m不等。

与聂拉木地区不同的是:①本区本组底部有一厚15m的含砾石英砂岩;②未见聂拉木地区的小型生物礁;③本区生物组合中,底栖型腕足类占明显优势,表明本区近岸相特征更加明显。

(2) 生物群特征及时代讨论

相当原"札木热组"或"卡岗拉组"的地层,由于含有菊石 *Hoplotropites jokelyi*,被认为是上三叠统下部卡尼阶的标准带化石。实际上,无论是本区还是聂拉木土隆剖面和聂聂雄拉等地剖面(梁定益等,2000), *Hoplotropites jokelyi* 不仅与诺利期的菊石 *Cyrtopleurites*, *Anatomites* 等共生,而且也与腕足类 *Oxycolopella guseriplica-Neoretzia asiatiaca* 组合同层产出,甚至出现在原"达沙隆组"等更高的层位中,这种现象无论是从"再沉积"观点或"孑遗分子"来解释,本区原"土隆群上组"及聂拉木地区的原"札木热组",都应以 *Cyrtopleurites*, *Tibetites*, *Anatomites* 等及大量诺利期的腕足类、双壳类为准,属于诺利阶(T_3^2)。

(3) 与下伏地层的接触关系

本区曲龙共巴组底部为一厚层含砾砂岩直接覆盖于土隆群之上。

3. 德日荣组(T_3dr)

德日荣组仅见于亚东县帕里镇东南少数地点,岩性为灰白色厚层—块状中粗粒石英砂岩,下部偶见砾岩,厚约70m,由单层石英砂岩组成单个基本层序,每层序厚50cm～1.5m不等,偶见植物化石碎屑,西藏区调队(1983)采到腕足类 *Holcorhynchia sambosanensis* 一种,属滨海砂坝相。时代可能为晚三叠世晚期瑞替期(Rhetian)。德日荣组石英砂岩,区域上并不稳定,在聂聂雄拉北坡消失于曲龙共巴组与各米各组(J_1g)之中。

(二) 康马-隆子地层分区

三叠系大面积分布于康马-拉轨岗日隆起带南北两侧。西藏自治区地质矿产局(1983)最早称为涅如群,并相应划分为吕村组和涅如组,沿用至今。涅如群为一套浊积岩系,厚度巨大,化石稀少,虽有不少学者沿原建群(组)剖面进行过考察,但均未取得有效进展。本队在前人工作的基础上,重测了三叠系下部的部分剖地层面。由于强烈的褶皱构造变形,内部的地层层序很难恢复,因此本次也未测到其顶部。

1. 吕村组($T_{1+2}lc$)

(1) 岩性特征及沉积环境

本组岩性单调,由深灰色—银灰色炭质板岩、粉砂质板岩及含硬绿泥石粉砂质绢云母板岩组成,富含黄铁矿假晶,并含深海相遗迹化石 *Phycosiohpn incertum* Fischer(图版Ⅲ)。厚度大于1312m。基本层序由粉砂质板岩—炭质板岩组成,两者比例约4∶1。基本层序厚10～30cm不等,属鲍马层序c-d段或c-d-e段,缺少a-b段,c段中偶见波纹层理及小型底模,属海底扇(外扇)沉积。本组岩层中顺层分布有变辉绿(玢)岩脉。

(2) 生物群及时代

梁定益等(1983)最早在本组下部找到菊石? *Protrachyceras* sp.,将其定为中三叠统。同年西藏区调队(1983)找到双壳类 *Halobia* cf. *rugosoides* Hsu, *Daonell* cf. *quizhouensis* Gam 等和菊石 *Trachysagenites* sp.,将其定为下—中三叠统,被后来众多学者沿用。2000年,本队又在本组采到菊石 *Juvavites* sp.一种。上述菊石 *Protrachyceras* sp.为喜马拉雅中三叠统上部拉丁阶常见化石;双壳类 *D. quizhouensis*, *H. rugrosoides* 原种为云南、贵州中三叠统法朗组上部常见分子,其上菊石 *Trachysagenites* 为喜马拉雅上三叠统下部卡尼阶分子,*Juvavites* 广布于喜马拉雅上三叠统中。至今为止,在拉轨岗日带吕村组中未能找到下三叠统的生物化石。

(3) 与下伏地层的接触关系

在康马及哈金桑惹隆起周围,涅如盆地东侧以及通巴寺一带,可见吕村组直接覆盖于白定浦组之上,在野外露头上两者产状一致,岩性由结晶灰岩过渡到钙质粉砂岩夹薄层泥灰岩,再向上为粉砂质板岩、板岩等,并产有丰富的双壳类等化石,表明两者为整合接触关系。值得说明的是,在局部地区由于构造变形的影响,涅如组与下伏地层的关系变得比较复杂,有的地方甚至断失了部分地层,致使涅如组直接与白定浦组之下的不同地层单元接触。前人认为的"风化壳"或"古喀斯特"等多是构造变形影响所致。

2. 涅如组(T_3n)

本组广布于康马岩体、哈金桑惹岩体周围以及两个岩体穹隆带南、北两侧广大地区。

(1) 岩性特征及形成环境

涅如组底部由中薄变质细砂岩(局部为透镜体)及粉砂质板岩组成,厚20～200m不等,风化后呈褐黄色,较为特征,但不稳定。向上,本组主体由灰黑色粉砂质板岩、炭质绢云板岩(有时为千枚岩)韵律层组成,岩性单调,富含黄铁矿假晶,厚度巨大。地层中顺层分布有变辉绿(玢)岩脉。底部细砂岩及粉砂质板岩组成b-c段或b-c-d段,代表浊积岩中扇沉积。涅如组主体粉砂质板岩及炭质板岩组成c-d-e段外扇浊积岩,其中含遗迹化石 *Chondrites*-*Heicorhaphe ksiazhiewich* 组合(图版Ⅰ),种类十分贫乏单调,为贫氧深海复理石相。

(2) 生物群及时代讨论

涅如组中化石十分单调,本队在本组底部采到菊石 *Indojuvavites angulathus* Diener. ,*Anatomites* 两种,前人在上部采到双壳类 *Indopecten* sp. , *Monotis*(*M.*) cf. *salinaria* Bronn(陈金华,1983)等,其中还混杂有个别异地埋藏的腕足类 *Septaliphoria* sp. 。上述分子均见于北喜马拉雅地层分区曲龙共巴组(T_3q)中。除 *Anatomites* 和 *Septaliphoria* 外,上述菊石与双壳类也见于雅江带朗杰学群(T_3)中,时代为晚三叠世诺利期。

(3) 与下伏地层的接触关系

涅如组与下伏地层吕村组之间,没有沉积间断和地层的明显缺失,但涅如组底部由细砂岩透镜体组成的水道中扇沉积,下超覆盖于吕村组外扇浊积岩之上,是一明显的“结构转换面”,属Ⅱ类不整合。沿此面有两期辉绿(玢)岩脉及基性岩床侵入,早期辉绿(玢)岩脉顺层产出,已变形变质,可能为印支期产物。涅如组与青藏高原大部分地区同期的岩石地层单元一样,沉积厚度骤然加大,表明诺利期特提斯海区发生过大规模的裂陷作用。

(三) 雅鲁藏布江拉孜-曲松地层小区

江孜县幅北缘属于雅江带(南缘)三叠系的确认,无疑是本次地层工作的重要进展之一。虽然西藏自治区地质矿产局(1983,1993)和西藏地质二队(1987)都曾分别认为本区存在大片修康群(T_3X)和朗杰学群(T_3L),但无化石根据。通过本队工作,证明这里原划为大片的上三叠统中,包容了大量侏罗系—白垩系,甚至可能有古近系。三叠系自北向南逆冲推覆在上述侏罗系—白垩系之上。由于构造变形十分强烈而复杂,彻底搞清此处的地层与构造关系,仍待继续工作。

1. 穷果群($T_{1+2}Q$)

下部以岩块或断片包裹或夹持于上白垩统“混杂岩”中。见于白朗县桑康及赛区坡都等地。岩性以灰色—粉红色厚层状富含菊石的生物结晶灰岩为特征,与喜马拉雅西部菊石灰岩、红菊石灰岩较为接近。在拉孜修康以及仲巴地区,穷果群下部也有薄层深灰色菊石灰岩夹绿色页岩,反映水体较深的半深海沉积环境。本区内,菊石灰岩含有 *Gyronites* sp. ,*Ophiceras* sp. ,*Xenodiscoides* sp. 及? *Celtites* sp. 四种,前两种为早三叠世早期(Induan)分子,*Xenodiscoides* sp. 为早三叠世晚期分子;? *Celtites* sp. 一种属中三叠世早期(Anisisn)分子,与喜马拉雅地区(相当于“康沙热组”)情况相似,一层不足 10m 的菊石灰岩,时代包含早三叠世早期、晚期及中三叠世早期的沉积。

上部为含鱼鳞蛤层,见于汪丹乡北桑康一带。其下部为深灰色细—中粒变质石英砂岩及粉砂质板岩,其上部为两层浅灰—深灰色薄—中厚层状泥质结晶灰岩夹变质砂岩、板岩(页岩)、硅质岩及安山岩、凝灰岩、凝灰质砾岩等,厚度大于 274m,是一套代表活动类型(? 岛弧型)的半深海相沉积,其中广泛发育石香肠构造,可能与区域性的伸展作用有关。中薄层状灰岩中鱼鳞蛤(*Daonella indica*)密集成层,“鱼鳞蛤层”在喜马拉雅地区分布十分广泛,代表三叠纪最大的海侵阶段产物。*Daonella indica* 也是中三叠世晚期(拉丁期)的带化石,在雅江带地层分区中,“鱼鳞蛤”层并不常见。因此朗杰学群之下,鱼鳞蛤层与上述菊石灰岩的发现,意义重大。

2. 朗杰学群(T_3L)

朗杰学群只在局部地点直接覆盖于穷果群之上,在土故西嘎附近江孜县城北等地单独出露,但地层不完整。

(1) 岩性组合特征及形成环境

底部为灰白色块状粗粒变质石英砂岩,见大型不规则“风暴”波痕,向上为中—细粒变石英砂岩夹少量黑色板岩(页岩),属滨岸至潮下带沉积,并常有“风暴”干扰,厚约 50m。朗杰学群中上部为深灰色薄层状变质砂岩、粉砂质板岩(页岩)夹紫红—灰绿色变凝灰质粉砂岩及薄层结晶灰岩,其中不协调地混杂有灰白色结晶灰岩岩块(疑为下伏中二叠统或下三叠统地层的产物)。这种浊积岩中包裹早期地层的滑塌块体的现象，与拉孜中贝地区“修康群(T_3X)”可以类比。由此可以说明，雅江带的朗杰学群与“修康群(T_3X)”为同期异相产物。

江孜县城附近和桑康附近，朗杰学群下部还见有中基性火山岩与同成分的脉岩侵入，与穷果群所述的情况类似，朗杰学群(修康群)也属于弧前裂陷盆地的沉积。

(2) 生物群特征及时代讨论

朗杰学群化石比较稀少。2002年本队与专家组成员在白朗县城南的朗杰学群上部发现 *Halobia* sp.。在本测区内，朗杰学群下部发现双壳类 *Monotis* sp. 及珊瑚 *Monteivaltia* cf. *tenuise* Deng et Zhang；上部也含 *Monotis* sp.，*Halobia* sp. 及? *Posidonia* sp. 等。珊瑚 *M.* cf. *tenuise* 原种曾见于藏东、川西波里拉组，为晚三叠世诺利期分子；*Monotis* 也是喜马拉雅、康马地区晚三叠世晚诺利期典型分子。

(3) 与下伏地层的接触关系

朗杰学群首创于山南地区，分布广、厚度大，但未见顶底，与下伏地层的接触关系一直存疑。本区朗杰学群底部为粉砂质板岩及变质粉砂岩，直接覆于穷果群之上，其间无明显的不整合界面，说明两者为整合接触。

(4) 雅江带朗杰学群盆地性质与“亲属”性

以往，大多数学者认为“雅鲁藏布江缝合带”是喜马拉雅板块与冈底斯板块的“结合带”，该“结合带”南缘的三叠系穷果群、修康群/朗杰学群均被当成喜马拉雅被动大陆边缘的一部分。本队的调查进一步明确，朗杰学群下部所含的石英砂岩以及上部砂岩所占比重很大，是涅如盆地三叠系无法相比的。朗杰学群陆源碎屑物质来源不可能是来自喜马拉雅古陆。朗杰学群中含有中基性火山岩，与涅如被动边缘裂陷盆地性质不同。

1∶20万羊卓雍地区的区调资料(1994)也指出，那里的朗杰学群物源来自北方，朗杰学群与羊卓雍盆地的侏罗系—白垩系之间，陆续发现有少量超镁铁岩露头。新的地球物理探测资料(赵文津及INDEPTH项目组，2001)也表明，雅江带地壳厚度最大的区段，不在原“雅江缝合带”之下，而在其南部20～30km地段之下，暗示着朗杰学群盆地南缘存在另一“结合带”。这与本队设想的以朗杰学群为代表的“三叠纪盆地”可能属于冈底斯南缘“弧前裂陷盆地”的观点相吻合。

二、侏罗系

区内北喜马拉雅地层分区的侏罗系出露十分零星，地层不全，仅有上侏罗统门卡墩组部分地层，江孜县幅岗巴南侧有少量分布，亚东县幅西北扎虎觉以北也有分布。而在康马-隆子地层分区中，侏罗系发育较全，分布广泛，多组成近东西向复式背斜的核部。

(一) 北喜马拉雅地层分区

门卡墩组(J_3m)

(1) 划分沿革

门卡墩组由穆恩之等(1973)创名，创名时没有明确指定命名地点，王义刚等(1974)指定剖面地点位于定日-聂拉木公路的11道班—5道班间的门卡墩。原义指出露于聂聂雄拉以北，定日-聂拉木公路6至5道班之间，门卡墩附近的晚侏罗世地层，即定日-聂拉木公路沿线剖面的第11层，主要以砂质页岩、结核页岩为主，夹有砂岩层，厚约360m，富含菊石类。门卡墩组与上覆地层古错组和下伏地层聂聂雄拉群为连续沉积(?)。其后，王义刚(1980)将其含义扩大，把原剖面的第12层古错组灰岩归入门卡墩组。

西藏区调队(1983)在1∶100万日喀则幅区调报告中继续沿用此扩大了含义的门卡墩组，前后两种含义的门卡墩组时代都为晚侏罗世。《西藏自治区岩石地层》(1997)采用了王义刚(1971)门卡墩组含义，时代总体为中—晚侏罗世，与下伏地层聂聂雄拉组及上覆地层岗巴群均为整合接触关系。本次仍采用门卡墩组一名，其含义与《西藏自治区岩石地层》(1997)基本一致。

(2) 岩性特征

测区门卡墩组分布极为有限，仅见于岗巴县城东南部的强东一带和亚东幅西北部的扎虎觉以北，多组成背斜的核部，岩性为一套灰白色厚层块状含砾石英砂岩，未获任何化石。相当于《西藏自治区岩石地层》(1997)所用门卡墩组的上部地层，其下部地层在测区未出露。

(3) 与上覆地层的接触关系及时代讨论

测区门卡墩组与上覆地层古错组界线处掩盖，故只能根据区域资料推测其为整合接触。此次在门卡墩组中未见到任何化石，只是根据前人资料及其与上覆地层的层序关系将其时代定为晚侏罗世。

(二) 康马-隆子地层分区

测区内属于康马-隆子地层分区的侏罗系主要分布在江孜县幅内，最早由西藏自治区地质矿产局(1983)称为“田巴群($J_{1-2}Tn$)和维美组(J_3w)”，创立于江孜县幅康马县田巴乡，其中“田巴群($J_{1-2}Tn$)被划分为“下组($J_{1-2}Tn^1$)”和“上组($J_{1-2}Tn^2$)”。

实际上，在此之前西藏综合队(1976)发现了隆子县日当地区的下侏罗统。随后，王义刚(1976，1980)对隆子县日当地区的下侏罗统进行划分，建立了“田巴群($J_{1+2}Tn$)”。王乃文等(1983)对洛扎县羊卓雍附近的侏罗系进行划分，建立了“打隆群(J_1D)”和“遮拉群(J_2Z)”，“打隆群”自下而上被划分为“扎日组(J_1z)、陆热组(J_1lu)和浪久组(J_1l)”，“遮拉群自下而上被划分为“滨湖组(J_2bn)、夏西组(J_2x)和巴纠淌组(J_2b)”。西藏自治区地质矿产局(1993，1997)采用了“田巴群($J_{1+2}T$)”，下分“日当组($J_{1-2}r$)”“遮拉组($J_{2-3}z$)”。

本区侏罗系与东部邻区洛扎一带的侏罗系主要区别在于，田巴群中基性火山岩较少，三分性质不明显，因此采用西藏自治区地质矿产局(1997)的划分方案，自下而上分为日当组(J_1r)和遮拉组($J_{2-3}z$)，向上为维美组(J_3w)。现分述如下。

1. 日当组(J_1r)

日当组广泛分布于江孜县幅北部和岗巴县塔杰—苦玛一带，在侏罗系—古近系沉积盆地中多组成近东西向同斜倒转背斜的核部，在康马-哈金桑惹隆起带附近则环绕隆起分布。

本次重测了田巴乡地层剖面，与西藏自治区地质矿产局(1983)所测剖面相比，实际构造情况比较复杂，而且在西藏自治区地质矿产局所测的剖面中，遮拉组及日当组部分地层被划入了维美组。

(1) 岩性特征及沉积环境

日当组厚500～1400m，其岩性组合以灰色—深灰色(风化后为灰黄—灰白色)钙质板岩(页岩)为主，夹灰绿色(风化后呈灰黄—褐黄色)薄层状钙质粉砂岩、砂质结晶灰岩及薄层状生屑灰岩，地层褶皱强烈，增厚明显。前人认为具类复理石特点，多将其视为浊积岩，当成深海相。本组富含遗迹化石(图版Ⅰ—Ⅲ)，多为 *Chondrites* isp.，*Planolites* isp.，*Cladi-chnus* ? isp.，*Gyrophyllites* isp. 以及? *Skolithos* isp.，*Schaubcylindrichnus coronus* Frey & Ho- ward 等，上述遗迹化石大部分是广相类型，但后两种 ? *Skolithos* isp. 和 *Sch. coronus* 分别呈柱状和细管刺状，是穿过岩层的内生迹，属潮下带或陆棚上部环境。这与东邻图幅日当组砂岩层面上见有大量面积多方向波痕，定为潮坪环境的认识一致。

(2) 日当组的化石及时代讨论

日当组下部实体化石稀少，本队仅采到有菊石 *Arniocreas* sp.，*Psiloceratid* 两种，时代为早侏罗世早期(Sinemurian)。联系到本区、洛扎、日当地区，前人还采到有早侏罗世早期(Hettangian)的菊石 *Psiloceras* sp.，*Primarietites* sp. 等，可以证明，本区的日当组也应含有 Hettangian(期)沉积。日当组与涅如组之间，应当是连续的。属于涅如组盆地的延续，是盆地容纳空间减少，盆地填满、海水变浅的大层序中的高水位(?)沉积。

日当组上部所含化石以箭石为主，见有小型长锥型的 *Hastites* sp.，*Dicoelithes* sp. 和常见类型

Belemnopsis lalonglensis Wu 等，前两种箭石一般属下—中侏罗统，产于浅红色白云质灰岩及邻近的薄层灰岩中，属早侏罗世可能性大。*Belemnopsis lalonglensis* 与前两种箭石采自不同地点和层位，*B. lalonglensis* 最早发现于聂拉木县聂聂雄拉北坡"拉弄拉组"中，时代为巴通期(即中侏罗世中晚期)。

日当组中有大量不同期次辉绿岩侵入。

2. 遮拉组($J_{2-3}z$)

(1) 岩性特征及沉积环境

由灰色—灰绿—深灰色薄层状—中厚层状细砂岩、粉砂质页(板)岩偶夹薄层灰岩组成，一般厚数十米至80m，最大达435m。基本层序由粉砂质页岩—粉砂岩—细砂岩组成，厚0.5～3m。其中细砂岩有时成水道砂体产出，粉砂质页岩中含遗迹化石 *Rhabdoglyphus grossheini* Vassoeivich，*Chondrites furcatus*(Brongniart)等(图版Ⅱ)，是潮下至浅海较深水浑浊环境产物。遮拉组总体上为向上变浅沉积序列。

(2) 生物群及时代讨论

在遮拉组中，本队分别于不同层位采到有菊石 Macrocephalitid，? *Windhauseniceras* sp.，*Virgatosphinctes* sp.，*Haplophylloceras pingue*，*H.* sp. 等。此外还采到箭石 *Belemnopsis gerardi* (Oppel)等。

菊石 Macrocephalitid 一般为中侏罗世，*Macrocephalites* 为中侏罗统上部卡洛阶常见分子，*Virgatosphinctes* sp.，? *Windhauseniceras* 为特提斯喜马拉雅中东部晚侏罗世早提塘期(Tithonian)的分子，*H. pingue* 地质历程较长，晚侏罗世至早白垩世早期均有代表。因此，遮拉组代表中侏罗世晚期至晚侏罗世的沉积。

3. 维美组(J_3w)

维美组最早由王义刚(1980)在江孜县幅北缘江孜县维美(咏咩)乡建立，当时是以时代(化石)为根据建组的，将上侏罗统均称"维美组"，建组剖面处无下界。但最早划定维美组的下部为石英砂岩，上部为含"上侏罗统"化石的黑色页岩，与含"早白垩世"化石的黑色页岩岩性一致。由于不同学者对喜马拉雅地区晚侏罗世—早白垩世化石认识并不一致，因此"维美组"与"甲不拉组(K_1j)的界线，一直含糊不清。西藏自治区地质矿产局(1983)也依从这一标准划分"维美组"与"甲不拉组"，加上维美组空间上的相变较大，许多地区的"维美组"实际上包含了遮拉组($J_{2-3}z$)和甲不拉组(K_1j)下部。本次将维美组(J_3w)限制在一套以灰白色厚—巨厚层石英砂岩为主体的岩石组合中，并成为一区域性标志层。

(1) 岩性特征与沉积环境

维美组在江孜地区，由一大层浅灰色厚层状粗粒—细粒石英砂岩组成，向西逐渐变为以石英砂岩为主偶夹深灰色砂质页岩，最大厚度约130m。在江孜地区，砂岩成分单纯，分选较好，普遍有交错层理，属滨海相；在嘎拉附近，见有巨型不规则丘状波痕，属风暴流产物。

本图幅西部，维美组砂岩中的夹层——深灰色粉砂质页岩中，见有遗迹化石 *Megagrapton irregulare* Kzias，*Cladichnus* isp.，*Chondrites furcatus*(Brongniart)等(图版Ⅱ)，为深水相遗迹组合，反映潮下或泻湖环境。

(2) 化石及时代

维美组中，实体化石很少，除汪丹已见有植物化石外，粉砂质页岩中，还见有少量菊石 *Haplophylloceras* sp.，*Himalayites* sp. 等，前一属地质历程较长，一般为晚侏罗世至早白垩世早期，*Himalayites* 为一地区性属，以晚侏罗世为主。

维美组夹于遮拉组($J_{2-3}z$)及甲不拉组之间，无疑属于提塘阶，而且以上提塘阶为主。

(3) 与下伏地层的接触关系

维美组滨海相石英砂岩，与下伏遮拉组之间呈整合接触。在苦玛以西，砂岩粒度变细，并夹有粉砂质页岩。

三、白垩系

（一）岩石地层

1. 北喜马拉雅地层分区

测区岗巴—嘎拉一带海相白垩纪—古近纪始新世地层出露连续，露头良好，是我国境内白垩纪—古近纪地层出露较为齐全，也是研究程度最高的地区之一。前人在本区所做的工作主要有：Hayden（1903—1907）、文世宣（1974，1984）、王义刚（1980）、万晓樵等（1985，2000）、徐钰林等（1989）和西藏自治区地质矿产局（1983，1993，1997）等。

Hayden H（1903，1907）在藏南岗巴地区建立了白垩纪—古近纪岩石地层单元，自下而上分别为：吉里灰岩、岗巴页岩、半星海胆（*Hemiaster*）页岩、第一峭壁灰岩、第二峭壁灰岩、堆纳灰岩、铁质砂岩、腹足类灰岩、盖虫灰岩、海菊蛤页岩、圆板虫灰岩、砂质页岩、蜂巢虫灰岩、宗布克页岩。

自 Hayden（1903）以来，前人关于本区海相白垩纪—古近纪地层的划分有着不同的方案。本队通过野外填图和地层剖面的实测工作，结合前人的研究资料，将测区内海相白垩纪—古近纪地层自下而上划分为古错村组（K_1g）、东山组（K_1d）、察且拉组（K_1c）、岗巴村口组（K_2g）、宗山组（K_2zs）5 个岩石地层单位。

（1）古错村组（K_1g）

该组由余光明等（1983）创名。测区古错村组主要出露于岗巴县城-塔克逊公路以南、亚东顶嘎北部一带，以岗巴吉鲁一带出露最为齐全。岩性总体为一套深灰—灰黑色长石岩屑杂砂岩、长石石英杂砂岩夹黑色页岩。产丰富的双壳类、菊石等。其上与东山组含菱铁矿及菊石结核的黑色页岩、下与门卡墩组灰白色厚层块状中粗粒石英砂岩呈整合接触。时代为早白垩世早期—贝利亚斯（Berriasian）期。厚约 128m。

（2）东山组（K_1d）

王义刚等（1980）创“岗巴东山组”一名，创名地点位于岗巴县岗巴村东山。原义指以页岩为主夹灰岩、泥灰岩的地层。文世宣（1984）将岗巴东山组底部的一段结核页岩夹灰岩层划归下伏门卡墩组。徐钰林等（1989）将其创名为“下部休莫组”和“上部东山组”。《西藏自治区岩石地层》（1997）沿用岗巴东山组。本书从岩石地层的含义出发，启用东山组，含义与徐钰林等（1989）的东山组基本一致。

测区东山组主要出露于岗巴县城-塔杰公路两侧、岗巴北（塔杰）-多庆错断裂南侧、顶嘎北部等地。岩性总体上为一套灰黑色页岩夹少量粉砂岩、细砂岩等。产丰富的菊石（图版Ⅵ）如 *Protanisoceras moreanum*，*Paraholites* sp.，*Acanthohoplites besairei*，*Hapacanthoplites* sp.，*Dimorphoplitis tethydis* 等；双壳类 *Palaeoneilo subouiformis*，*Pseudavicula ouata*，*Indotrigonia smeei*，*Astartoides gambaensis*，*Astarte subextensa*，*Peuromya* cf. *alduini*，*P. spitiensis*，*Grammatodon yurianas*，*G.*（*Nanonavis*）*yakoyami*，*Mesosaccella subelliptica*，*Camptonectes curvatus*，*Entolium kimurai* 等。

东山组上与察且拉组黄灰色粉砂质页岩夹薄层泥灰岩、下与古错村组深灰色杂砂岩整合接触。时代为早白垩世凡兰吟期（Valanginian）—阿普特期（Aption）。厚度为 430～1074m。

区域上，东山组分布于岗巴—定日一线。在岗巴县城东南至察且拉一带，东山组主要为一套灰黑色页岩夹少量粉砂岩，含大量菱铁矿及菊石结核，局部夹灰岩透镜体，厚约 430m。向东至堆纳之南的热烈青姆山，厚度可达 944m。向西碎屑渐多，颗粒变粗。至定日古错一带，东山组变为粉砂岩、页岩夹薄层细砂岩。

（3）察且拉组（K_1c）

王义刚等（1980）将岗巴群中部以页岩为主夹砂岩的岩性段单独分出来创名察且拉组。命名地点位于岗巴县察且拉。原义指一套以黑、灰色页岩为主的地层。徐钰林等（1989）将察且拉组上部创名为冷青热组，下部仍保留原名。《西藏自治区区域地质志》(1993)、《西藏自治区岩石地层》(1997)相继沿用察且拉组一名。本书沿用其名，含义与徐钰林等(1989)的察且拉组基本相同。

测区察且拉组一般与东山组相伴产出，亦主要见于岗巴县城-塔杰公路两侧、岗巴-多庆错断裂南侧、顶嘎北部等地。岩性总体上为一套灰黄色粉砂岩、粉砂质页岩夹薄层状或透镜状泥灰岩等。产有孔虫①*Hedbergella trocoidea* Total Range Zone(螺旋海德伯格虫完全延限带)(下)；②*Ticinella roberti* Interval zone(罗伯特腹孔虫间隔带)(上)，以及菊石 *Hypacanthoplites xizangensis*，*Aconecoras tulongense*，*Oxytropidoceras rolssganus*，*Acanthoceras* sp. 等。其底以黄灰色粉砂质页岩与下伏东山组灰黑色页岩、顶以黄灰色粉砂岩或粉砂质页岩与上覆岗巴村口组灰黑色页岩分野，上下均为整合接触。时代为早白垩世阿尔布期(Albian)。厚 150～320m。

区域上，察且拉组主要分布于岗巴—定日一带。其岩性和厚度较为稳定，但东部堆纳一带的察且拉组所含碳酸盐岩夹层较多，而往西至定日地区碎屑成分渐多且颗粒变粗，粉砂岩及砂岩成分增多。

(4) 岗巴村口组(K_2g)

王义刚等(1980)将岗巴群顶部的页岩为主夹泥灰岩的地层划分出来，创名岗巴村口组，创名地点在岗巴县宗山。原义指以灰色页岩为主夹多层泥灰岩的地层体。徐钰林等(1989)将岗巴村口组肢解为夏吾除波组(下部)、旧堡组(上部)。文世宣(1986)、《西藏自治区区域地质志》(1993)、《西藏自治区岩石地层》(1997)沿用岗巴村口组一名，含义与原始定义相同。本书沿用岗巴村口组一名，并将其划分为上、下两段，分别相当于徐钰林等(1989)的冷青热组、夏吾除波组加旧堡组。

测区岗巴村口组出露部位与察且拉组基本相同，据其岩性可分上、下两部分。总厚度约 226 m。

下部：总体为一套深灰色—黑色页岩夹灰岩透镜体及钙质页岩、粉砂岩，底部以黑色页岩与下伏察且拉组黄灰色粉砂岩或粉砂质页岩分野，两者整合接触。含有孔虫：①*Rotalipora appenninica* Intrval zone(亚平宁轮虫间隔带)(下)，②*Rotalipora greenhorensis* Zone(中)，③*Rotalipora cushmani* Total Range Zone(库什曼轮虫完全延限带)(上)，④*Whiteinella archaeocretacea* Interval Zone(间隔带)(顶)；菊石 *Calycoceras newboldi*，*Acanthoceras* sp.，*Oxytropidoceras roissyanum*，*Mortoniceras* (*Pervinqieria*) sp.，*Spiticeras* sp. 及双壳类等。时代为晚白垩世赛诺曼期(Cenomanian)。

上部：总体为一套灰色中薄层状微晶灰岩夹黄绿色页岩。厚 72～209m。顶部以灰色中薄层状灰岩夹黄绿色页岩与上覆宗山组灰色厚层块状生物碎屑灰岩整合接触。产有孔虫(自下而上)：①*Hedbergella murphi* Assemblage Zone(摩菲赫德伯格虫组合带)，②*Helvetoglobotruncana* (*Praeglobotruncana*) *helvetica* Total Range Zone(海尔威海尔威截球虫完全延限带)，③*Marginotruncana* (*Globotruncana*) *renzi* Interval Zone(间隔带)；双壳类 *Clavipholas triangularis-Inoceramus* (s. 1) *flatus* Zone；海胆 *Cardiaster* sp.，*Hemipneustus striatoradiatus*；菊石 *Mantelliceras laticlavium* 等。时代属晚白垩世土伦期(Turonian)—三冬期(Santonian)。

区域上，岗巴村口组主要分布于岗巴—定日一带。其岩性较为稳定，各地均可分为上、下两个特征明显的岩性段，即下部页岩段和上部灰岩段。

(5) 宗山组(K_2zs)

该组由文世宣(1974)创名，创名地点位于岗巴县宗山，原义指一套石灰岩。相当于海登(1907)岗巴岩系的峭壁灰岩加堆纳灰岩。王义刚(1980)、《西藏自治区区域地质志》(1993)、徐钰林等(1989)、《西藏自治区岩石地层》(1997)等相继沿用宗山组一名，含义基本无变化。本书亦从之，含义同其原义。

测区宗山组主要出露于岗巴县城—塔克逊—曲摩岭—堆纳一线及顶嘎北部。地形特点十分显著，构成"峭壁灰岩"。其岩性总体上为一套灰色厚层块状生物碎屑灰岩夹少量薄层泥灰岩。产有孔虫：①*Globotrunita* (*Globotruncana*) *elevata* Interval Zone(间隔带)(底)，②*Globotruncana ventricosa* Interval-zone(间隔带)(下部)，③*Globotruncanita stuarti* Total Range Zone(完全延限带)(中下部)；双壳类 *Bournonia tibetica-Inoceramus* (*Cataceramus*) *grandiformis* Zone(固着蛤)；介形虫 *Cytherelloidea biloculata*，*Cytherella tuberculifera*，*Xestoleberis* sp. 及菊石、海胆 *Conulus sinensis* 等。时代属晚白垩世坎潘期(Campanian)—马斯特里赫特期(Maastrichtian)。其底以厚层块状灰岩与下伏岗巴村口组中薄层灰岩夹页岩整合接触，顶

以厚层块状灰岩或粉砂质页岩与上覆基堵拉组(E_1j)铁质砂岩平行不整合接触,厚度约393m。

区域上,宗山组主要分布于岗巴、定日及扎达县波林地区。在岗巴-定日地区,宗山组岩性稳定,厚200～400m。到扎达县波林地区,为较纯的微晶灰岩或厚层块状灰岩,中部夹泥灰岩、砂质灰岩、钙质砂岩或岩屑砂岩,相当于该组的下段,厚180～485m;产有孔虫、双壳类、海胆、介形虫等,其化石面貌与岗巴地区基本一致。

2. 康马-隆子地层分区

测区江孜东部及赛区等地海相白垩纪地层出露连续,露头较好。其中,甲不拉剖面是研究江孜中生代地层的经典剖面。前人在本区所做的工作主要有:西藏煤田地质队(1957)、孙云铸和刘贵芳(1962)、杨遵仪和吴顺宝(1962)、王义刚等(1976)、徐钰林等(1989)、西藏自治区地质矿产局(1983,1993,1997)等。

自王义刚(1976)以来,前人关于本区海相白垩纪地层的划分方案基本相同,即将其划分为早白垩世甲不拉组与晚白垩世宗卓组。

(1) 甲不拉组(K_1j)

西藏煤田地质队(1957)在江孜县甲不拉北沟创名"上甲不拉岩系""下甲不拉岩系"。原义指以灰黑色页岩为主含较多的硅质和钙质的地层,厚度约1382m。

孙云铸和刘贵芳(1962)将其改称为"加不拉阶"。杨遵仪和吴顺宝(1962)正式命名为"加不拉组"。王义刚等(1976)重新厘定其定义,改称为"甲不拉组"。西藏区调队(1983)和《西藏自治区区域地质志》(1993)沿用王义刚等(1976)厘定的定义,并略修改了两组的界线。《西藏自治区岩石地层》(1997)沿用甲不拉组一名,含义与原始定义相当。

测区甲不拉组的分布限于岗巴-多庆错以北地区,主要出露于江孜—汪丹—赛区一线及嘎拉—苦玛一带。岩性以黑色页岩、硅质泥页岩为主夹灰岩、砂岩,下部含大量粉砂质、硅质及灰岩团块、结核。具滑塌堆积和浊流沉积。

本组下部化石丰富,有两个化石层:(1)下化石层有菊石、箭石和双壳类,其中的菊石和箭石为早白垩世贝利阿斯阶(Berriasian)的常见分子,或仅见于该阶。双壳类 *Oxytoma*(*Hypoxytoma*)是白垩纪的属,*Inoceramus*(*Mytiloides*) *everesti* 是一个分布广泛的属种,在田巴、羊卓雍错地区均与早白垩世贝里阿斯至凡兰吟期的菊石共生,在澳大利亚西北部、喜马拉雅西段也常出现于早白垩世。因此,下化石层可作为侏罗系、白垩系的分界层。(2)上化石层中的箭石主要出现于凡兰吟期,菊石中的一些属种可延续到阿普特期,因此,上化石层基本上可代表凡兰吟期至阿普特期。

上部产少量箭石、菊石及双壳类等。与下伏维美组厚层块状石英砂岩及上覆宗卓组富含大量岩块的灰色钙质、硅质页岩之间均为整合接触(然皆具水下冲刷侵蚀冲刷面)。

甲不拉组产菊石(图版Ⅵ) *Calliptychoceras* sp., *Berriasella* sp., *Neohaploceras* sp., *Pterolytoceras exoticum*, *Thurmanniceras* sp., *Subthurmannia* sp., *Sarasinella* sp., *Kilianella* sp., *Blanfordiceras* sp., *Spiticeras* sp., *Eulytoceras* sp., *Pseudoploceras* sp., *Oxytropidoceras* sp., *Beudanticeras* sp., *Douvilleiceras* cf. *mammilatum*;双壳类 *Inoceramus* (*Mytiloides*) *everesti*;腕足类 *Peregrinella multicarinata*;箭石 *Belemnopsis uhligi* Stevens, *B. regularis* Yin, *B. sinensis*, *B. tenuisulcata*, *B. elongata*, *B. sinensis*, *Hibolithes jiabulaensis* Yin, *H. jiabulaensis tenuihastatus*, *H. mirificus*, *H. xizangensis*, *H. verbeeki*, *H.* sp. 等。时代归属为早白垩世。

区域上,甲不拉组主要分布于仲巴-江孜,东起哲古湖,西至扎达县香扎等地,为深水碎屑岩、钙硅质复理石沉积。在江孜东北部的维美等地,甲不拉组下部含有呈层状分布的枕状安山质玄武岩及中薄层状灰岩。在测区以东羊卓雍错地区,该组下部亦含安山岩、火山角砾岩、凝灰质砂岩等,且出现砂岩、砂砾岩、砾状硅质灰岩等,厚约1215m。火山岩的普遍存在,说明该时期附近地区曾有火山活动。向西至仲巴县巴巴扎东,甲不拉组为一套石英砂岩、钙质页岩夹灰岩、硅质岩及玄武岩,厚度大于4100m,其碎屑成分增多。至扎达县香扎一带,甲不拉组主要由灰绿色—紫红色粉砂岩、页岩夹海绿石砂岩组成,厚约500m。

(2) 宗卓组(K_2z)

西藏煤田地质队(1957)在江孜县宗卓创名"宗卓岩系"。创名剖面为江孜县甲不拉北沟剖面。原义指岩性为含砂、钙硅质页岩、砂岩、页岩夹火山岩及灰岩透镜体,与下伏地层甲不拉组、上覆地层"基堵拉组"石英砂岩均为整合接触。

孙云铸和刘贵芳(1962)将其改称为"下宗卓阶""中宗卓阶"。杨遵仪和吴顺宝(1962)将其正式命名为"宗卓组"。王义刚等(1976)将"宗卓组"归入上白垩统。西藏区调队(1983)沿用王义刚(1976)的划分,并略修改了两个组的界线。《西藏自治区岩石地层》(1997)沿用宗卓组一名,含义与原始定义相当。

本书仍采用宗卓组一名,其岩性组合特征与原始定义基本一致。但其与下伏地层甲不拉组之间存在一个冲刷侵蚀面,其上覆地层不是所谓的"基堵拉组",而是另一个新的岩石地层单元——甲查拉组,两者之间为整合接触。

测区宗卓组的分布情况与甲不拉组基本一致。岩性为灰、黑、深灰色钙、硅质页岩、页岩、砂岩夹大量灰岩、砂岩、粉砂岩及硅质岩岩块,厚度为1719m。上部夹层位相对稳定的呈似层状、透镜状分布的灰岩、硅质岩透镜体。灰岩中产大量浮游有孔虫,硅质岩中产大量放射虫。其下与下伏地层甲不拉组、上与上覆地层甲查拉组之间整合接触。

区域上,宗卓组在江孜地区的滑塌堆积规模宏大,层位稳定。在江孜以东的穷堆村,出露有深灰色硅质岩透镜体,其中产放射虫,从而为滑塌堆积的时代提供了有力的证据(吴浩若、李红生,1982)。向东至羊卓雍错地区,火山物质增多。上部夹有火山碎屑岩和玄武岩,含有孔虫等,厚逾1000余米。下部为钙质页岩、泥灰岩夹硅质页岩、灰岩,含菊石和双壳类、腕足类等,厚200～300m。向西至萨迦以西,石英砂岩增多,硅质岩减少。在香扎—江曲藏布一带,宗卓组由放射虫硅质岩、砂页岩、中基性火山岩夹灰岩组成,含放射虫和有孔虫等,厚约1000m。

宗卓组泥砂质混杂体(泥砾岩)主要分布在以江孜—赛区为轴线的复式大向斜中,除了受构造作用(如褶皱、断裂、挤压剪切等)形成大量的原地岩块(与基质时代相同)外,还混杂有从北部朗杰学-加加复式大背斜核部和北翼推覆、滑塌进来的外来岩块,但看不到蛇绿岩成分的外来岩块。原地岩块主要是似层状、透镜状分布的灰岩、砂岩、硅质岩等。以砂岩岩块为主。岩块大小不一,所见最大者块径在20m以上。岩块具有一定的层位,层厚20～200m。在同滑塌堆积共生的岩层中:泥晶灰岩呈灰红、灰白色,含大量浮游有孔虫(最高达20%)、放射虫,并夹有含放射虫的燧石结核;黑色、灰黑色泥页岩夹硅质岩,含较多的放射虫及浮游有孔虫。这些泥晶灰岩和黑色泥页岩属深海沉积,为前复理石相。砂质浊积岩具有完整的鲍马层序,最常见的是a-e-c-e组合。从上述岩石的共生组合来看,这套滑塌建造应为深海环境的产物,具有向上变细的特征。其沉积特征及层序表明这套滑塌建造形成时的古水下地貌应具有断崖式的特点,大地构造背景则应与前复理石期的转换—拉张有关(刘增乾等,1990)。外来岩块主要是二叠系—三叠系和侏罗纪—早白垩世的杂色放射虫硅质岩、火山碎屑岩、杂砂岩、灰岩、砂砾岩等成分的岩块。如吴浩若等(1982)曾在宗卓组的一块直径约3m的浅绿色硅质岩中发现侏罗纪末或早白垩世初的放射虫组合:*Orbiculiforma tuberlata* Wu et Li,*Praecocaryomma regularis* Wu et Li,*P. jiangzeensis* Wu et Li,*Petanellium riedeli* Passagno,*Gongylothorax favosus* Dumitrca,*Williriedellum* (?) *venustum* Wu et Li,*Thanarla* aff. *conica*(Aliev)等。混杂体主要形成在印度板块向亚洲板块的俯冲阶段,受后期碰撞阶段构造作用影响较小(高延林等,1984)。但宗卓组中所含岩块在区域上似乎呈现出这样的一种趋势:自南而北,愈靠近雅江缝合带,岩块的数量就愈多,规模就愈大,成分亦愈杂。这又似乎反映后期碰撞作用某种程度的影响。

值得指出的是:宗卓组上部的红色灰岩透镜体在测区内产出层位稳定、岩性特征明显,是野外填图中一个易于识别的良好标志层。经与图区外乃至国外资料进行对比,该红色灰岩层——通称"红层",不仅存在于江孜—赛区一带,而且在东至羊卓雍错、西至仲巴沿雅江带南缘的广大地区均有分布。与其相似的红层广泛存在于印度Zanskar地区的Lamayuru-Karamba构造带内乃至整个特提斯域及包括北大西洋在内的广大陆地和海洋地区。故该"红层"的区域对比意义十分重大,正在引起中外地质学者的重视(胡修棉,2002)。

宗卓组红灰岩中产浮游有孔虫 *Globotruncana*(截球虫)动物群:*Globotruncana* sp.,*Globotruncana* cf. *vertricosa* White,*G. globigerinoides* Brotzen,*G. linneiana tricarinata* (Quereau),*G. bulloides* Vogler,*G.* cf. *vertricosa* White,*Globotruncanita stuartiformis* Dalbiez,*Gl. stuarti*,*Rosita fornicata* Plummer, *Heterhelix globulosa*, *H. striata*;硅质岩中产放射虫 *Gongylothorax verbeeki* (Tan Sin Hok), *Hemicriyptocapsa* cf. *tuberosa* Dumitrica, *Dictyomitra leptocostata* Wu et Li, *Novixitus normalis* Wu et Li, *N. tuberculatus* Wu et Li, *Sethocapsa* (?) *lagenaria* Wu et Li, *Halesium* sp., *Pseudodictyomitra* sp., *Pseudomacrocephala* sp. 等。故其时代应为晚白垩世。

(二) 生物地层

测区(尤其是喜马拉雅特提斯沉积南带)白垩系至始新统的化石十分丰富,有双壳类、菊石、有孔虫、腹足类、藻类、棘皮类、珊瑚、介形虫、钙质超微、沟鞭藻、孢粉、植物、疑源类等。

1. 有孔虫

白垩纪时,藏南地区处于正常浅海至半深海环境,出现浮游有孔虫和底栖有孔虫的混合型动物群。前人对该区有孔虫所做的研究工作主要有:何炎等(1976)、郝诒纯等(1985)、万晓樵(1985,1990)、徐钰林等(1989)、赵文金等(2002)。在前人资料的基础上,结合本次工作所研究的成果,本书初步建立如下的有孔虫化石带。

浮游有孔虫演化迅速、地理分布广、特征清楚,与钙质超微化石一样,它是中新生代海相地层划分及洲际对比的重要依据之一。在世界上很多地区已建立了浮游有孔虫的化石分带。藏南白垩纪地层中的浮游有孔虫(图版Ⅶ)较为丰富,它是该区海相白垩纪地层划分对比及地质时代厘定的最为重要的手段之一。在前人研究工作的基础之上,参照国际浮游有孔虫化石带的划分标准(Blow,1969,1979;Berggren & Van Couvering,1974;Berggren & Kent,1995)及邻区有孔虫化石分带的情况(Kureshy A A,1975a,1975b,1977,1979),本书将藏南白垩纪浮游有孔虫(部分为底栖有孔虫)划分为如下化石带。

(1) *Hedbergella trocoidea* Total Range Zone (螺旋海德伯格虫完全延限带)

本带为命名属种 *Hedbergella trocoidea* 全部延续时限内的地层。其他浮游有孔虫分子主要有 *Ticinella roberti*,*Globigerinelloides eaglefordensis* 等。其中 *Ticinella roberti* 主要出现于本带的中上部。该带主要分布于藏南地区察且拉组下部,时代为 L. Aptian—E. Albian(晚阿普特期—早阿尔布期)。

(2) *Ticinella roberti* Interval-zone(罗伯特腹孔虫间隔带)

本带是位于 *Hedbergella trocoidea* 末现面与 *Ticinella roberti* 末现面之间的生物地层间隔带。命名属种 *Ticinella roberti* 在本带最为常见,其他常见的浮游有孔虫分子尚有 *Globigerinelloides algeriana*,*G. eaglefordensis*,*G. bentonensis*,*Hedbergella planispira* 等。该带主要分布于藏南地区察且拉组上部,时代为 M.—L. Albian(中—晚阿尔布期)。

(3) *Rotalipora appenninica* Intrval-zone(亚平宁轮虫间隔带)

本带是位于 *Ticinella roberti* 末现面与 *Rotalipora greenhorensis* 始现面之间的生物地层间隔带。命名属种 *Rotalipora appenninica* 为本带的标志化石,其始现面只比本带的底界略低一些,而其末现面只比本带的顶界略高一些。其他常见分子有 *R. evoluta*,*Globigerinelloides eaglefordensis*,*G. bentonensis*,*Hedbergella planispira* 等。本带分布于岗巴村口组下段下部,位于 *T. roberti* 间隔带之上,时代为 F. Albian—M. Cenomanian(阿尔布末期—赛诺曼中期)。

(4) *Rotalipora cushmani* Total Range Zone(库什曼轮虫完全延限带)

本带为命名属种 *Rotalipora cushmani* 全部延续时限内的地层。它以 *R. cushmani* 与 *R. greenhorensis* 的共同始现面作为其底界,而以 *R. cushmani* 的末现面作为其顶界。*R. greenhorensis* 的末现面只比本带的顶界略低一些。*Rotalipora* 在本带达到繁盛,*R. cushmani* 及 *R. greenhorensis* 为该带的优势和标志分子。其他主要分子有 *R. appenninica*,*R. evoluta*,*R. rechi*,*Praeglobotruncana stephani*，*P. turbinate*，*Globigerinelloides eaglefordensis*，*G. bentonensis*，*Hedbergella planispira*，*H. portsdownensis*，*Clavihedbergella simplex* 等。本带分布于岗巴村口组下段中上部，时代为 L. Cenomanian（赛诺曼晚期）。

（5）*Whiteinella archaeocretacea* Interval Zone（间隔带）

本带以 *Rotalipora cushmani* 的末现面及 *Whiteinella archaeocretacea* 的始现面为其底界，而以 *Helvetoglobotruncana helvetica* 的始现面作为其顶界。作为 Cenomanian/Turonian 界线的标志分子 *Helvetoglobotruncana praehelvetica* 在本带中部开始出现。本带分布于岗巴村口组下段顶部—上段底部，时代为 F. Cenomanian—E. Turonian（赛诺曼末期—土伦初期）。

（6）*Hedbergella murphi* Assemblage Zone（摩菲赫德伯格虫组合带）

本带以 *Rotalipora cushmani* 的末现面和 *Hedbergella murphi* 的始现面作为底界。以带化石的存在为本带的识别标志。*H. portsdownensis* 在本带继续存在。分布于岗巴村口组上段下部，时代为 E. Turonian（土伦早期）。

（7）*Helvetoglobotruncana*（*Praeglobotruncana*）*helvetica* Total Range Zone（海尔威海尔威截球虫完全延限带）

本带是命名属种 *Helvetoglobotruncana*（*Praeglobotruncana*）*helvetica* 全部延续时限内的地层。其以 *Helvetoglobotruncana*（*Praeglobotruncana*）*helvetica* 的始现面与末现面分别作为其底、顶界线。除带化石外，其他主要分子有 *Praeglobotruncana anomala*，*Heterohelix globulosa*，*Hedbergella crassa*，*H. orectus* 等。分布于岗巴村口组上段中下部，时代为 M. Turonian（土伦中期）。

（8）*Marginotruncana*（*Globotruncana*）*renzi* Interval Zone（间隔带）

本带是位于 *H. helvetica* 末现面与 *Dicarinella primitiva* 始现面之间的生物地层间隔带。除命名属种外，其他主要分子有 *Dicarinella imbricata*，*Marginotruncana*（*G.*）*coronata*，*Hedbergella orectus* 等。本带分布于岗巴村口组上段上部，时代为 L. Turonian（土伦晚期）。

（9）*Dicarinella primitiva* Interval Zone（间隔带）

本带是位于 *Dicarinella primitiva* 始现面与 *Dicarinella concavata* 始现面之间的生物地层间隔带。除命名属种外，其他主要分子有 *Dicarinella imbricata*，*Marginotruncana pseudolinneiana*，*M.*（*G.*）*schneegansi* 等。本带分布于岗巴村口组上段中部，时代为 E. Coniacian（康尼亚克早期）。

（10）*Dicarinella concavata* Interval Zone（间隔带）

本带是位于 *Dicarinella concavata* 始现面与 *Dicarinella asymetrica* 始现面之间的生物地层间隔带。除命名属种外，其他主要分子有 *Dicarinella imbricata*（下部），*Marginotruncana*（*Globotruncana*）*schneegansi*，*M. pseudolinneiana* 等。本带分布于岗巴村口组上段上部，时代为 L. Coniacian—E. Santonian（康尼亚克晚期—三冬早期）。

（11）*Dicarinella asymetrica* Total Range Zone（完全延限带）

本带是命名属种 *Dicarinella asymetrica* 全部延续时限内的地层。其以 *Dicarinella asymetrica* 的始现面与末现面分别作为其底、顶界线。除带化石外，其他主要分子有 *Rosita*（*Globotruncana*）*fornicata*，*Marginotruncana*（*Globotruncana*）*schneegansi*。本带分布于岗巴村口组上段顶部，时代为 L. Santonian（三冬晚期）。

（12）*Globotrunita*（*Globotruncana*）*elevata* Interval Zone（间隔带）

本带是位于 *Dicarinella asymetrica* 的末现面与 *Globotruncana ventricosa* 始现面之间的生物地层间隔。除带化石外，其他主要分子有 *Rosita*（*Globotruncana*）*fornicata*，*Margino-truncana*（*G.*）*coronata*，*G. bulloides*，*G. linneiana*，*G. linneiana tricarinata*，*Heterohelix globulosa* 等。本带分布于宗山组底部，时代为 E. Campanian（坎潘早期）。

（13）*Globotruncana ventricosa* Interval-zone（间隔带）

本带是位于 *Globotruncana ventricosa* 始现面与 *Globotruncanita stuarti* 始现面之间的生物地层间隔带。除带化石外，其他主要分子有 *Globotruncana bulloides*，*G. linneiana* 等。本带分布于宗山组下

段下部,时代为 M.—L. Campanian(坎潘中—晚期)。

(14) *Globotruncanita stuarti* Total Range Zone(完全延限带)

本带为命名属种 *Globotruncanita stuarti* 全部延续时限内的地层。其底界以命名属种的出现为标志,顶界以命名属种的消失及 *Globigerina* 的出现为标志。除命名属种外,主要分子有 *Globotruncana linneiana*,*G. bulloides*, *G. ventricosa*,*Globotruncanita stuatiformis*,*Ompalocyclus* sp. 等。本带分布于宗山组下段上部及宗卓组上部("红层"),时代为 Masstrichtian(马斯特里赫特期)。

2. 菊石

对喜马拉雅特提斯沉积南带白垩纪菊石研究得较早。印度人海登(Hayden H,1903)对岗巴地区白垩系作了较为详细的调查,对白垩纪地层进行了划分。杜维叶(Douville H)在 1916 年发表了海登所采集的白垩纪菊石化石。赵金科(1976)通过对由中国科学院西藏综合考察队及有关单位所采集的菊石的研究认为,这些菊石主要属凡兰吟期(Valangiginian)和阿尔布期(Albian),少数属赛诺曼期(Cenomanian)。张启华(1985)研究了岗巴地区的坎潘期(Campanian)菊石化石。徐钰林等(1989)曾对西藏地区白垩纪菊石动物群作了阶段性的总结。本书在总结前人资料的基础之上,结合本次区调工作所获得的资料,初步建立如下菊石类化石带。

(1) *Spiticeras indicus-Haplophylloceras strigille* Zone

本带以带化石的产出为特征。除带化石外,其他主要分子有 *Neocomites* sp.,*Euthymiceras* sp.,*Himalayites* cf. *breceli*,*Subthurmanniceras* sp.,*Himalayites* spp. 等。本带主要分布于甲不拉组底部,时代属早白垩世贝里阿斯期(Berriasian)。

(2) *Sarasinella cautleyi-Neocomites indicus* Zone

本带以带化石的产出为特征。除带化石外,其他主要分子有 *Calliptychoceras pycnoptychus*,*Neocomites indicus*,*Thurmanniceras* sp.,*Kilianella* sp.,*Euthymiceras* sp.,*Acanthodiscus* sp. 等。本带主要分布于甲不拉组下部,时代属早白垩世贝里凡兰吟期(Valanginian)。

(3) *Parahoplites-Acanthohoplites* Zone

本带以带化石 *Parahoplites*, *Acanthohoplites* 两属种分子的集中产出为特征。主要分子有 *Parahoplites* sp.,*Acanthohoplites besairiei*,*Hapacanthoplites* sp. 等。本带主要分布于东山组,时代属早白垩世阿普特期(Aptian)。

(4) *Hypacanthoplites xizangensis-Aconeceras tulongense* Zone

本带以带化石 *Hypacanthoplites xizangensis*,*Aconeceras tulongens* 的产出为特征。除带化石外,其他主要分子有 *Cleoniceras* sp. 等。*Hypacanthoplites* 一属多见于欧亚、墨西哥等地早阿尔布期(Albian)地层中;*Aconecera* 一属分布于西欧、南非、澳大利亚、前苏联等地区的巴雷姆期(Barremian)—早阿尔布期(Albian)地层中。本带主要分布于聂拉木、定日等地察且拉组,时代属早白垩世早阿尔布期(Albian)。

(5) *Oxytropidoceras* Zone

本带以带化石 *Oxytropidoceras* 的产出为特征。主要分子有 *Oxytropidoceras roissyanum*,*O. multifidum*, *O. crassicostalum*, *Dipoloceras cristatum*, *D. subdelaruel*, *D. attenuatum*, *D. vivicostatum*, *D. xizangense*, *Cleoniceras* sp., *Mortoniceras* sp., *Turrilites* cf. *mayorianus* 等。*Oxytropidoceras* 一属广布于欧洲、东非、南非、巴基斯坦、印度及美洲等地。其中 *Oxytropidoceras roissyanum* 是英国中阿尔布期(Albian)的主要分子。本带分布于岗巴、定日等地区的察且拉组,时代属早白垩世中阿尔布期(Albian)。

(6) *Mortoniceras(Perviquieria) inflatum* Zone

本带是命名属种 *Mortoniceras(Perviquieria) inflatum* 全部延伸时限内的地层。以 *Mortoniceras* 一属的集中产出为特征。其他主要分子有 *Mortoniceras(Cantabrigites) cantabrigense*,*Mortoniceras* sp.,*Diploceras remotum* 等。本带中大部分属种是英国 Gault 组中的常见分子,其中 *Mortoniceras (Perviquieria) inflatum* 是西欧晚阿尔布期(Albian)的带化石。本带分布于岗巴、定日、聂拉木等地区

的察且拉组，时代属早白垩世晚阿尔布期(Albian)。

(7) *Calycoceras hewboldi-Mantelliceras laliclavium* Zone

本带以带化石 *Calycoceras hewboldi* 和 *Mantelliceras laliclavium* 的产出为特征。其他主要分子有 *Acanthoceras* sp.，*Calycoceras* spp. 等。它们是欧洲、非洲、印度、马达加斯加、美国等地赛诺曼期(Cenomanian)的重要分子。本带分布于岗巴等地区的岗巴村口组下段，时代属晚白垩世赛诺曼期(Cenomanian)。

(8) *Menabites paucituculatus-Baculites sparsinodosus* Zone

本带以带化石 *Menabites paucituculatus* 和 *Baculites sparsinodosus* 的产出为特征。其他主要分子有 *Menabites* (*Australiella*) *zongshanensis*, *M.* (*A.*) *minor*, *M.* (*Delawarella*) *jeanneti*, *M.* (*D.*) *subdelawarensis*, *Submorfoniceras xizangense*, *Baculites* sp.，*Pseudoschloenhachia angustas* 等。本带中所含的菊石动物群面貌与马达加斯加坎潘期(Campanian)菊石动物群极为相似。本带分布于岗巴等地区的宗山，时代属晚白垩世坎潘期(Campanian)。

(9) *Sphenodiscus* Zone

本带以带化石 *Sphenodiscus* 一属的产出为特征。该属是马斯特里赫特期(Maastrichtian)所特有的属，常见于荷兰、马达加斯加、巴基斯坦、美国等地。本带分布于仲巴、昂仁等地区的曲贝亚组，时代属晚白垩世马斯特里赫特期(Maastrichtian)。

3. 双壳类

藏南白垩纪具有正常的滨浅海相与深海相沉积，双壳类化石无论是丰度还是分异度均较高，这为我们进行双壳类生物地层的划分提供了良好的条件。

(1) *Inoceramus*(*Mytiloides*) *everesti-Oxytoma* (*Hypoxytoma*) *jianziensis* Zone

本带以 *Inoceramus*(*Mytiloides*) *everesti* 和 *Oxytoma* (*Hypoxytoma*) *jianziensis* 的产出为特征。主要分子有 *Inoceramus*(*Mytiloides*) *minorformis*, *I.* (? *Cremnoceramus*) sp.，*Sphenoceramus* sp.，*Oxytoma* (*O.*) cf. *laminatus*, *Entolium* sp.，*Panopea* sp. 等。本带主要分布于甲不拉组底部，时代属早白垩世贝里阿斯期(Berriasian)—凡兰吟期(Valangian)。

(2) *Inoceramus*(*Mytiloides*) *subovata-Astartoides gambaensis* Zone

本带以 *Inoceramus*(*Mytiloides*) *subovata* 和 *Astartoides gambaensis* 的产出为特征。主要分子有 *Inoceramus*(*Mytiloides*) *pararegularis*, *Indotrigonia smeei*, *Laevitrigonia* (*Mala-gastrigonia*) sp.，*Meleagrinella* cf. *ovalis*, *M. radiata*, *Yoidia* (*Y.*) cf. *hyperborca*, *Y.* (*Y.*) *asthenocostata*, *Y.* (*Y.*) *sublaevigata*, *Nucula* cf. *antiquata*, *N. ovata*, *Palaeoneilo suboviformis*, *Neilo monoplicatula*, *Nuculana subangulata*, *Panopea* (*Myopsis*) *plicata*, *Entolium kimurai*, *Camptonectes* (*C.*) *curvatus* 等。本带主要分布于东山组，时代属早白垩世阿普特期(Aptian)。

(3) *Inoceramus*(s. l.) *flatus-Clavipholas triangularis* Zone

本带以 *Inoceramus* (s. l.) *flatus* 和 *Clavipholas triangularis* 的产出为特征。主要分子有 *Inoceramus*(s. l.) cf. *concentricus*, *I.* (s. l.) cf. *crippsi*, *Entolium* sp.，*Camptonectes* (*C.*) *curvatus*, *Clavipholas triangularis*, *Pycnodonte* (*Phygraea*) cf. *vesiculosa*, *Pheloptera boeckhi*, *Bakevellia subpseudorostrata* 等。本带主要分布于岗巴村口组下段，时代属晚白垩世赛诺曼期(Cenomanian)—土伦期(Turonian)。

(4) *Neithea*(*Neithea*) *aequicotata-Bournonia tibetica* Zone

本带以 *Neithea* (*Neithea*) *aequicotata* 和 *Bournonia tibetica* 的产出为特征。主要分子有 *Pycnodonte* (*Phygraea*) cf. *pseudovesicularia*, *Aetostreon zongshanensis*, *Ceratostreon spinosum*, *Amphidonte ostracina*, *Gryphaeostrea* cf. *plicatella*, *Ostrea* (*O.*) cf. *cymoula*, *Neithea* (*N.*) *aequicostata*, *N.* (*N.*) *amanoi*, *Neithea* (*Neitheops*) *quadricostata*, *Protocardia hillanum*, *P. regularia*, *P. subtrigona*, *Limea* sp.，*Plicatula auressensis*, *Plagiostoma* cf. *strigillatum*,

Pseudolimea sp., *Bournonia haydeni*, *B.* cf. *haydeni*, *B. tibetica*, *Praeradiolites haydeni*, *Biradiolites sp.*, *Hippurites* cf. *bioculatus*, *Inoceramus* (*Inoceramus*) *grandiformis*, *I.* (*I.*) *perlonga* 等。本带主要分布于岗巴村口组上段—宗山组，时代属晚白垩世中晚期，即三冬期(Santonian)—马斯特里赫特期(Maastrichtian)。

4. 腕足类

本区所采集的腕足类化石较为零散，其在地层划分与对比中的意义不大，故目前建带的条件并不成熟。

亚东县北部堆纳剖面上白垩统宗山组上部采得腕足类 *Xenothyris tuilaensis*。共生的化石有双壳类 *Plicatula hiruta*，海胆 *Hemipneustes* cf. *striatoradiatus*，珊瑚 *Micrabacia disca*，有孔虫 *Omphalocyclus macroporus* 等。时代为晚白垩世马斯特里赫特期(Maastrichtian)。

测区白垩系对比情况见图 2-1。

西藏南部位于印度板块北缘，在构造古地理上属冈瓦纳古大陆的一部分。中、新生代期间，藏南地区的地质发展主要受控于新特提斯洋的演化及其两侧板块运动过程，表现为典型的被动大陆边缘的特征。沉积地层学清楚地记录了泛大陆拉伸破裂、板块漂移、大陆碰撞拼合，以及新特提斯洋从扩张到收缩以至最终闭合消亡的演化过程，构成一个完整的威尔逊旋回(Shi et al,1996)。

藏南中新生代海相沉积较为发育，地层出露连续，是我国中新生代海相地层研究的经典地区，亦是研究我国中新生代层序地层的优选地区。关于藏南地区中新生代层序地层的研究，前人(Shi et al,1996；王鸿祯等，2000)已在这方面做了一些有益的工作，本书在前人研究资料的基础上，结合本次区调填图过程中所获得的资料，对喜马拉雅特提斯沉积南带白垩纪的层序地层进行如下的划分与对比。

白垩纪是西藏特提斯洋壳盆地演化的重要时期，藏南地区白垩系分布广泛，发育良好，均为海相沉积。岗巴一带白垩纪地层发育完整、岩性稳定、化石丰富、出露良好，是建立该区白垩纪地层层序的标准地区，亦是我国海相白垩系发育最好、研究程度最高的地区之一。

据沉积层序和海平面变化旋回特征，白垩纪可划分为两个显著的中层序。下白垩统中层序(Ms1，Berriasian—E. Albian)以黑色页岩、粉砂质页岩及重力流成因的岩屑砂岩为主。层序界面大多表现为水下截切侵蚀面或海岸上超向下转移的岩相突变面。自下而上沉积相显示由外陆棚向陆架边缘经大陆斜坡再到陆架边缘的环境变迁，总体表现为海退的退积序列，反映了洋壳盆地的扩张阶段。上白垩统中层序(Ms2，L. Albian—Maastrichitian)下部以深灰—灰黑色页岩为主，上部以浅灰色碳酸盐岩为主。自下而上，层序界面由滑塌截切侵蚀面逐步转化为岩相突变面和陆上侵蚀面，显示沉积环境由陆架边缘、大陆斜坡、外陆棚到碳酸盐岩台地的变迁，反映了洋壳盆地的收缩阶段(王鸿祯等，2000)。

(三) 年代地层界线讨论

1. 白垩系底界

在藏南地区内，白垩系发育齐全，为露头连续的海相沉积，自下而上均产有较为丰富的古生物化石。其下与侏罗系整合(冲刷不整合)接触，上与第三系(古近系＋新近系)平行不整合(北喜马拉雅地层分区)或整合(康马-隆子地层分区)接触，是我国研究海相侏罗系与白垩系分界最为理想的地区之一。

江孜甲不拉地区，维美组顶部为中薄层状砂岩夹粉砂质页岩，产提塘期菊石 *Himalayites renticossus*，*H. seiseli*，*Blanfordiceras celebrant*，*Haplophylloceras strigille* 等分子，亦具一些贝里阿斯期分子，如 *Spiticeras* 等。*Himalayites* 一属仅限于提塘期。故维美组的时代应属晚侏罗世。而甲不拉组底部的菊石动物群与维美组有显著差异，出现一些贝里阿斯期—凡兰吟期的重要分子，如 *Euthymiceras asiaticum*，*Kilinella* cf. *leptosome*，*Calliptychoceras walkeri*，*C. pycnoptychus* 等。故维美组与甲不拉组的分界线即为侏罗系与白垩系的分界面。

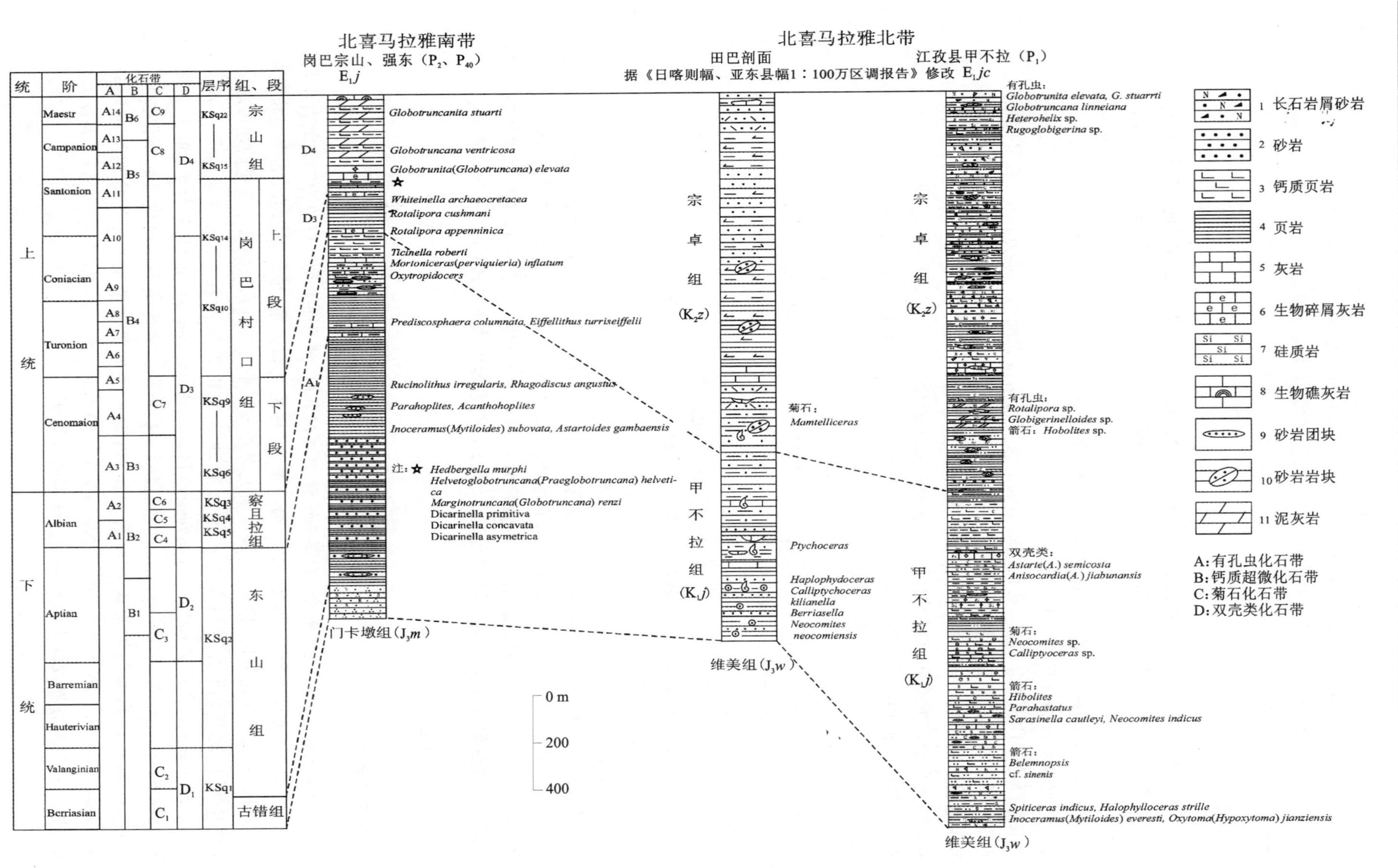

图2-1 测区白垩系对比柱状图

图 2-1 中的化石带：

A:有孔虫化石带

A_1:*Hedbergella trocoidea* Total Range Zone（螺旋海德伯格虫完全延限带）

A_2:*Ticinella roberti* Interval-zone(罗伯特腹孔虫间隔带)

A_3:*Rotalipora appenninica* Intrval-zone(亚平宁轮虫间隔带)

A_4:*Rotalipora cushmani* Total Range Zone(库什曼轮虫完全延限带)

A_5:*Whiteinella archaeocretacea* Interval Zone（间隔带）

A_6:*Hedbergella murphi* Assemblage Zone（摩菲赫德伯格虫组合带）

A_7:*Helvetoglobotruncana*(*Praeglobotruncana*) *helvetica* Total Range Zone

A_8:*Marginotruncana* (*Globotruncana*)*renzi* Interval Zone（间隔带）

A_9:*Dicarinella primitiva* Interval Zone（间隔带）

A_{10}:*Dicarinella concavata* Interval Zone（间隔带）

A_{11}:*Dicarinella asymetrica* Total Range Zone（完全延限带）

A_{12}:*Globotrunita* (*Globotruncana*) *elevata* Interval Zone（间隔带）

A_{13}:*Globotruncana ventricosa* Interval-zone（间隔带）

A_{14}:*Globotruncanita stuarti* Total Range Zone（完全延限带）

B:钙质超微化石带(徐钰林等,1992;徐钰林,2000)

B_1:*Rucinolithus irregularis-Rhagodiscus angustus* 带

B_2:*Prediscosphaera columnata-Eiffellithus turriseiffelii* 联合带

B_3:*Microrhabdulus decoratus-Cretarhabdus crenulatus* 联合带

B_4:*Eiffellithus eximius-Micula decussata* 联合带

B_5:*Lucianolithus cayeuxii-Quadrum gothicum* 联合带

C:菊石化石带

C_1:*Spiticeras indicus-Haplophylloceras strigille* Zone

C_2:*Sarasinella cautleyi-Neocomites indicus* Zone

C_3:*Parahoplites-Acanthohoplites* Zone

C_4:*Hypacanthoplites xizangensis-Aconeceras tulongense* Zone

C_5:*Oxytropidoceras* Zone

C_6:*Mortoniceras* (*Perviquieria*) *inflatum* Zone

C_7:*Calycoceras hewboldi-Mantelliceras laliclavium* Zone

C_8:*Menabites paucituculatus-Baculites sparsinodosus* Zone

C_9:*Sphenodiscus* Zone

D:双壳类化石带

D_1:*Inoceramus* (*Mytiloides*) *everesti-Oxytoma* (*Hypoxytoma*) *jianziensis* Zone

D_2:*Inoceramus* (*Mytiloides*) *subovata-Astartoides gambaensis* Zone

D_3:*Inoceramus* (s. 1.) *flatus-Clavipholas triangularis* Zone

D_4:*Neithea* (*Neithea*) *aequicotata-Bournonia tibetica* Zone

北喜马拉雅地层分区,白垩系的底界置于古错村组与门卡墩组的分界处。

2. 白垩系上、下统的划分

岗巴白垩纪海相地层露头连续,早白垩世晚期—晚白垩世地层中含有极为丰富的浮游有孔虫,由于浮游有孔虫是确定中新生代地层时代的最有效的手段之一,这就为我们确定白垩系上、下统的界线提供了良好的条件。

如前所述,该区白垩系上、下统界线附近上下地层中所含浮游有孔虫化石带分别为:①*Hedbergella trocoidea* Total Range Zone（螺旋海德伯格虫完全延限带),主要分布于藏南地区察且拉组下部,时代为 L. Aptian—E. Albian(早阿普特期—晚阿尔布期);②*Ticinella roberti* Interval-zone(罗伯特腹孔虫间隔带),主要分布于藏南地区察且拉组上部,时代为 M.—E. Albian(中—晚阿尔布期);③*Rotalipora appenninica* Intrval-zone(亚平宁轮虫间隔带),分布于岗巴村口组下段下部,位于 *T. roberti* 间隔带之上,时代为 F. Albian—M. Cenomanian(阿尔布末期—赛诺曼中期)。

由此可见，岗巴地区白垩系上、下统的界线应位于岗巴村口组下段近底部。这与前人通常认为该界线位于岗巴村口组下段（“冷青热组”）与察且拉组分界处的观点略有出入。

第五节 新生界

一、古近系

（一）岩石地层

1. 北喜马拉雅地层分区

区内古近系自下而上可划分为基堵拉组（E_1j）、宗浦组（E_1z）和遮普惹组（E_2z），分布范围与白垩系基本相同，多组成向斜的核部。

（1）基堵拉组（E_1j）

穆恩之等（1973）创名。创名地点位于岗巴县城东北角宗山基堵拉。原义指岗巴宗山（基堵拉）剖面第23—31层，其岩性以褐色、灰白色及灰绿色石英砂岩为主，中、下部夹砂质灰岩。

海登（1907）曾将与基堵拉组相当的地层体称为“铁质砂岩”。王义刚（1980）、《西藏自治区区域地质志》（1993）、徐钰林等（1989）、《西藏自治区岩石地层》（1997）等相继沿用基堵拉组一名，含义基本无变化。本书亦从之，含义同其原义。

测区基堵拉组的出露部位与宗山组基本一致，两者通常相伴产出。其岩性总体上为一套灰白色（风化呈棕褐色）厚层块状（含砾）不等粒纯石英砂岩夹深灰色泥晶生物灰岩透镜体，底部普遍含砾石，局部为砾岩，为一标志层。顶、底部富含褐铁矿。岩中见冲洗交错层理及大量虫管。产有孔虫 *Rotalia-Lockhartia* Zone，介形虫 *Urolederis inflata*，*Brachycythere xizangensis*，*Bairdia plana* 及遗迹化石 *Skolithos ichno* sp. 等，时代属古近纪古新世丹尼期（Danian），其底以含褐铁矿石英砂岩分别与下伏宗山组顶部厚层块状灰岩（或粉砂质页岩）呈整合接触。厚约133m。

区域上，测区内基堵拉组的分布限于岗巴-多庆错断裂以南的岗巴—亚东堆纳一带，向西可延续到定日、吉隆等地区，区域延伸稳定，为一套夹于宗浦组与宗山组之间的“铁质砂岩层”，顶底界线清楚。定日地区厚度稍大，向东向西均减薄。

（2）宗浦组（E_1z）

穆恩之等（1973）创名“宗浦群”。创名地点位于岗巴县城北宗浦溪。原义指整合于基堵拉组之上的一套石灰岩，富含有孔虫，时代为古新世。

海登（1907）将岗巴县岗巴村东北宗浦溪两侧的古近纪地层（自下而上）划分为“腹足类石灰岩”“*Operculina* 石灰岩”“*Spondylus* 页岩”“*Orbitolites* 石灰岩”“砂质页岩”“*Alveolina* 石灰岩”。杨遵仪等（1963）将其创名为遮不里群，代表古近系，并将其自下而上进一步划分为巨厚层灰岩段、下货币虫灰岩段、页岩段和上货币虫灰岩段。穆恩之等（1973）创名“宗浦群”后不久，降群为组。文世宣（1974）沿用“宗浦群”一名，并将其进一步自下而上划分为Ⅰ—Ⅴ段。章炳高等（1983）将文世宣（1974）“宗浦群”的Ⅰ—Ⅲ段与Ⅳ—Ⅴ段分别称为宗浦组与遮普惹组，徐钰林等（1989）沿用之。王义刚（1980）、西藏自治区地质矿产局（1993，1997）等均相继沿用宗浦组一名及其含义。本书沿用宗浦组一名，含义沿用章炳高等（1983）及徐钰林等（1989）的观点。

测区宗浦组出露地区与基堵拉组基本一致，其岩性总体上为一套灰色厚层块状生物碎屑灰岩、砾状灰岩夹薄层泥灰岩及砂屑灰岩等。自下而上产有孔虫：①*Rotalia-Lockhartia* Zone，②*Keramosphaera* Zone，③*Actinosiphon* Zone，④*Miscellanea-Operculina-Daviesina*；腹足类 *Confusiscala indica*，*Campanile brevius*

等；介形虫 *Bairdia* sp.，*B. angusta*，*B. dignata*，*Leptoconcha sinensis*，*Brachycythere xizangensis*，*Uroleberis sinensis*，*Quadracythere kangpaensis*，*Cytherelloidea secostata*；绿藻 *Dissocbadella deserta*，*Fucoporeladiplopora* 等。时代属古新世晚丹尼期(Danian)—坦尼特期(Thanetian)。宗浦组底部中厚层状砂屑灰岩与下伏基堵拉组顶部含铁质砂岩之间为一平行不整合，顶部厚层块状砾状灰岩与上覆遮普惹组底部含砾灰岩(底砾岩)之间有一冲刷面。厚约 436m。

区域上，宗浦组分布于定日—岗巴—亚东堆纳一线，岩性十分稳定，均为一套碳酸盐沉积，代表古新世藏南残留海盆的稳定型沉积。产丰富的底栖大有孔虫、藻类、腹足类、双壳类、介形虫等。

(3) 遮普惹组(E_2z)

中国登山队科学考察队(1962)创名遮普惹群，文世宣(1974)介绍时改称遮普惹组。创名地点位于定日县城 278°方向 42 km 遮普惹山贡扎。原义指分布于定日遮普惹山北坡的古近纪地层，上部为厚度大于 318m 的块状灰岩，化石较少，下部以深灰色页岩为主夹泥灰岩，化石极少，厚度为 967m。

杨遵仪等(1963)将其创名为遮不里群，代表古近系，并将其自下而上进一步划分为巨厚层灰岩段、下货币虫灰岩段、页岩段和上货币虫灰岩段。文世宣(1974)将上货币虫灰岩段和页岩段改称为遮普惹组，时代归属始新世。此后西藏区调队(1983)、徐钰林等(1989)、《西藏自治区区域地质志》(1993)、《西藏自治区岩石地层》(1997)等均相继沿用遮普惹组，含义大体相似，略有出入。本书亦沿用遮普惹组一名，含义与文世宣(1974)、徐钰林等(1989)的定义基本相同。

测区遮普惹组主要出露于岗巴宗浦溪北-玛牙、塔克逊曲摩岭以及堆纳西北部。可分为上、下两部分，厚度大于 358m。

下部主要为一套灰色厚层块状有孔虫微晶灰岩，厚约 25m，分布不稳定。岩石中产有孔虫 *Alveolina-Nummulites-Orbitolites* Zone 及介形虫 *Paracypris mayaensis-Bairdia zongpuxiensis* Zone。时代属始新世伊普里斯期(Ypresian)—鲁帝特(Lutetian)早期。底部与宗浦组顶部之间平行不整合。

上部主要为一套杂色(灰绿色、紫红色)粉砂质页岩、页岩夹中薄层状泥质灰岩。产浮游有孔虫 *Morozovella spinulosa-Acarinina bullbrooki* Zone 及介形虫 *Phlyctenophora zongpuensis-Semicytheru Subsymmetros* Zone。时代属始新世鲁帝特(Lutetian)晚期一普利亚本(Priabonian)早期，未见顶。

遮普惹组为测区乃至整个藏南地区层位最高的海相地层。其时代标志着特提斯在本区最终消亡的时间。

区域上，遮普惹组主要零星分布于岗巴—定日一带，在亚东堆纳一带亦有零星露头。可划分为两个特征明显的岩性段，即下部灰岩段和上部砂页岩段。灰岩段的岩性及生物面貌在各地基本一致。而砂页岩段则呈现异地同时异相：岗巴宗浦溪地区，灰岩夹层较多，页岩主要为灰绿色；而岗巴东部玛牙、亚东堆纳以及定日贡扎等地区，几乎不含灰岩夹层，砂页岩以红色调为主或全为红色调。反映该时期岗巴宗浦溪地区为沉积盆地中心。

2. 康马-隆子地层分区

甲查拉组(E_1jc)

长期以来，人们一直认为该地区海相沉积最年轻的时代限于晚白垩世，即认为宗卓组的时代——晚白垩世代表着新特提斯在本区的消亡时间。本次在江孜甲查拉山附近发现一套整合于宗卓组之上的海相地层，其中含有丰富的沟鞭藻及孢粉化石，时代应为古近纪。

由于这套地层的发现，新特提斯在本区的消亡时间将被推迟到古近纪。这对于我们重新认识新特提斯的演化历史及印度与亚洲板块之间的碰撞过程，具有十分重要的意义。

1) 地质特征及区域变化

本次新建岩石地层单元——甲查拉组的层型剖面位于江孜县城东北的甲查拉山一带。甲查拉组的岩性特征总体上为一套青灰色厚—巨厚层状含凝灰质粉细砂岩夹青灰色页岩，含较为丰富的沟鞭藻及孢粉化石等。与下伏地层上白垩统宗卓组之间为整合接触。厚度大于 2764m。

甲查拉组在江孜西边的白朗县江公—赛区一线以北亦有出露，总体岩性与层型剖面所见相似，唯前者夹含大量重力流沉积，发育较为丰富的鲍马序列等沉积构造。推测该期位于西部的江公—赛区一带的水体较江孜甲不拉山一带深，即海水应该是自东往西退出本区。

从宗卓组及甲查拉组在江孜—白朗一带的分布及沉积特征分析，在晚白垩世—古近纪早期，江孜盆地与白朗盆地应该连在一起，属同一个沉积盆地。

2）生物化石及地层时代

（1）藻类组合特征及其时代

本剖面沟鞭藻类较为丰富。兹对其分布时限作如下讨论。

甲查拉组所含沟鞭藻组合中的 *Cordosphaeridinium*（*Cordospaeridinium*）*inodes* subsp. *robustum*，*Canningia chinensis*，*Cymatiosphaera radiata*，*Palaeoperidinium sinense*，*Laciniadinium elongatum*，*Palaeocystodinium elegans*，*Tectitheca tianshanensis*，*Apteodinium helicoids*，*Kenleyia xinjiangensis*，*Rhombodinium elongatum* subsp. *spinale*，*R. tuberculatum*，*Fromea chytea*，*Palaeoperidinium striatum*，*Chytroeisphaeridia microgranulata*，*Phelodinium longicorne*，*Alterbia xinjiangensis*，*Cymatiosphaera reticulosa*，*Cyclopsiella* cf. *angusta* 等属种是新疆塔里木盆地西部古近纪（正常浅海—近岸浅水海湾—泻湖）海相环境中所产沟鞭藻组合中的常见分子。

Apectodinium homomorphum 曾产于澳大利亚维多利亚洲晚古新世，广泛分布于欧洲、澳大利亚、和北美等地晚古新世—中渐新世，常见于晚古新世—早始新世；*A. quinquelatum* 产于英国早始新世，分布于欧洲晚古新世—始新世，主要见于西欧晚古新世—早始新世，如比利时晚古新世—早始新世，西班牙、英国北海盆地晚古新世；*Cordosphaeridinium*（*C.*）*inodes* subsp. *inodes* 见于欧洲晚古新世—渐新世；*Ceratiopsis depress* 广布于西北欧始新世；*Cerebrocysta bartonensis* 产于英格兰南部晚期晚始新世早期；*Lejeunecysta hyaline* 广布于欧洲马斯特里赫特期—渐新世，常见于始新世—渐新世。

Palaeoperidinium pyrophorum 的分布时限为 M. Cenomania 期—Thanetian 期；*Alisocysta* sp. 1 of Heilmann-Clausen(1985)的分布时限为古新世 Thanetian 期；*Alisocysta* sp. 2 of Heilmann-Clausen（1985）的分布时限为晚古新世 Thanetian 期—早始新世 Ypresian 期；*Apectodinium* cf. *hyperacanthum*，*A. quinquelatum* 及 *A. parvum* 等的分布时限均为 Thanetian 期—Ypresian 期；*Samlandia chlamydophora* 的分布时限为早始新世 Ypresian 期—早渐新世 Rupelian 期；*Cordosphaeridinium fibrospinosum* 的分布时限为早始新世 Ypresian 期—中始新世 Lutetian 期。*Phthanoperidinium echinatum* 的分布时限为早始新世 Ypresian 期—晚始新世 Priabonian 期；*Palaeocystodinium gochtii* 见于西欧北海 pre-Danian—Serravallian；*Areligera* cf. *senonensis* 的分布时限为 Thanetian? —Lutetian；*Aireiana salictum* 为欧洲始新世的常见分子；*Kisselovia insolens* 的分布时限为 Ypresian(Power，1992)。

Homotryblium floripes 的分布时限为中始新世－早中新世末，相当于有孔虫分带的 P13—N8，钙质超微分带的 NP16—NN4；*Polysphaeridium subtile* 的分布时限为早始新世—中始新世末，相当于有孔虫分带的 P7—P14，钙质超微分带的 NP12—NP17；*Batiacasphaera compta* 属钙质超微分带的 NP16—NN4；*Polysphaeridium subtile* 的分布时限为中—晚始新世末，相当于有孔虫分带的 P14—P17，钙质超微分带的 NP17—NP20；*Diphyes colligerum* 的分布时限为始新世，相当于有孔虫分带的 P6—P16，钙质超微分带的 NP10—NP20(Bolli et al，1987)。

综上所述，从其所含沟鞭藻组合的情况分析，甲查拉组的时代应为古近纪古新世—始新世。

（2）孢粉组合特征及其时代

甲查拉组所含孢粉组合特征与岗巴宗浦溪剖面古近纪的孢粉组合面貌非常相似。以裸子植物花粉占绝对优势，主要为双束松粉（*Pinuspollenites*）、罗汉松粉（*Podocarpidites*）、雪松粉（*Cedripites*）、红杉粉（*Sequoipollenites*）、卷柏（*Selaginella*）、冷杉粉（*Abiespollenites*）等，与我国始新世北方区裸子植物花粉组合的特征极为相似。其次是被植物花粉，主要有拟榛粉（*Momipites*）、桦粉（*Betula*）、山毛榉粉（*Fagus*）、椴粉（*Tiliaepollenites*）、枫香粉（*Liquidambar*）等，均为我国古近纪孢粉组合中常见的被子植物花粉。与其共生的孢子主要有葡萄孢(*Staphlosporonites*)、双孔多胞孢(*Diporicellaesporites*)、双胞孢(*Diporisporites*)等。

由于所采样品中所含孢粉不太丰富,故难以据其对地层的时代加以准确的厘定,但从总体上看,甲查拉组所含孢粉的组合面貌呈现古近纪古新世—始新世的特征。

(3) 地层时代的讨论

区内甲查拉组叠覆在宗卓组之上,两者整合接触。宗卓组的时代据其所含有孔虫、放射虫及箭石等定为晚白垩世,其近顶部灰岩中含有有孔虫 *Globotruncana-Globotruncanita* 动物群,该动物群的时代分布限于晚白垩世 Santonian—Masstrichtian。根据地层叠覆律可初步判断甲查拉组的时代应为古新世及其以后。

由于甲查拉组中大化石极为贫乏,而通常作为古近纪地层时代确定有效手段的有孔虫、放射虫等微体化石亦极为罕见,这对确定甲查拉组的时代带来了极大的困难。

有幸的是,此次在甲查拉组的沉积中处理出较为丰富的沟鞭藻及孢粉化石,从而为甲查拉组时代的确定提供了较为充实可靠的古生物证据。甲查拉组所含沟鞭藻及孢粉组合总体呈现古近纪古新世—始新世的化石组合面貌。

综上所述,根据地层叠覆律与化石层序律,甲查拉组时代无疑应为古近纪古新世—始新世(?)。

3) 沉积环境探讨

沟鞭藻是一种原始的真核生物,营浮游。它是今日海洋中的重要微生物组成部分,淡水及半咸水的湖泊等水体中也存在。

在大洋中,沟鞭藻在相对较浅的地方,即在 18～90m 之间正常光照条件下达到它最大的富集(虽然在混浊水中这个深度可能小到 1～10m)。浮游生物可能从未在超过 200m 深度的地方生活。在 18～90m 这个深度,浮游生物显示一种特有的深度层理特征,某种限于浅水(例如 *Ceratium* 和 *Peridinium* 的某些种),而另外一些种从不分布于表层水(例如 *Heterodinium*, *Triposalenia* 和 *Ceratium* 的其他种)。

近 30 年来,化石沟鞭藻的古生态学的研究工作已获得迅速的进展。大量的报道表明,化石沟鞭藻类不仅产于海相沉积中,而且在半咸水或淡水沉积中也可找到,但以海相为最多。在海相地层中,它们已广泛应用于古沉积环境的深入研究之中,如化石沟鞭藻的分异度和丰度,孢囊的类型及其比例等均可以为探讨古深度、古温度、古盐度以及海水进退等沉积环境提供依据(何承全,1991)。

沟鞭藻孢囊已经成功地应用作为海相条件的标志,例如 G Von der Brelie(1963)能够用这个方法绘制德国渐新世和中新世时海水侵入到含煤一沼泽的界限。但是,非海相沟鞭藻植物群的存在指出这些微体化石作为海相的标志可能是危险的。

Vozzhenikova(1965)指出孢囊形态中一致的变异可能与水深和扰动的变化有联系,她认为具双层壁加厚的孢囊和动荡的近岸条件有关,而壁较薄并发育有精致突起的孢囊有利于漂浮,是开阔条件的特征,美国渐新世 Vicksburg 层的研究(Scull 等,1966)部分地支持了上述见解。这个研究表明,带细刺的孢囊存在于浅水沉积中,具有较大较复杂突起的孢囊存在于较深水的沉积中。Staplin F L(1961)从疑源类的研究中得出了类似的结论。

Downie 等(1971)描述了始新世的 4 个群组合,并认为这 4 个组合的产出受环境的变化所控制:分别由 *Spiniferites*(=*Hystrichosphaera* 属)和 *Areoligera* 属占优势的组合可能反映开阔海的条件,而疑源类的属 *Micrhystridium* 和 *Comaspharidium* 占优势的组合标志着海侵的开始和结束阶段,以空腔型孢囊 *Wetzeliella* 占优势的组合可能代表港湾的条件。

Kumar(1980)指出,形态复杂的沟鞭藻孢囊和疑源类代表较深的海水环境;外壁表面光滑或具细突起的孢囊应代表近岸浅海环境;具复杂而密集突起者指示较深的海水环境。Wall(1967)在研究了英国早侏罗世微体浮游生物后认为,具长刺的疑源类分子喜平静的海域,而具短刺者则适应水体动荡的环境;他还发现 *Micrhystridium* 和 *Baltisphaeridium* 喜爱沿海的部分封闭的环境,而 *Veryhachium* 似喜广海的条件。

Dounie 等(1971)在研究英格兰始新世几个沟鞭藻组合时认为这些组合是受不同环境控制的,其中

以 *Spiniferites* 和 *Areoligera* 为主的组合代表广海的沉积环境；以 *Micrhystridium* 和 *Comasphaeridium* 占优势的组合代表内浅海(近岸)环境，并且是海侵初期和末期的标志；以腔式 *Wetzeliella* 的种繁盛的组合可能代表海湾、泻湖或半咸水的环境。

Hulbert(1963)在北大西洋西部的浮游植物组合的比较研究中发现，沟鞭藻的个体大小也与环境有关。在开阔海中其个体一般较小，而在大陆架上的个体较大，在海湾(河口)区的个体最大。

Williams D B(1971)研究北大西洋现代沉积孢囊组合时，发现至少可以识别出 8 个不同的相。他的研究证实活动沟鞭藻的植物区系省确实可用孢囊组合来反映，而且相当精确。

何承全(1991)在研究"新疆塔里盆地西部晚白垩世—古近纪沟鞭藻及其他藻类"时认为，多甲藻科的一些贴近式囊孢(*Alterbia*，*Eurydinium*，*Geiselodinium*，*Lejeunecysta* 和 *Sinocysta*)的存在指示一种近岸浅海环境，而广布全球的典型海洋浮游种类(如 *Odontochitina operculata*)的出现则指示一种较为开阔的海水相对较深的温暖正常浅海环境。以为代表的绿藻的出现指示一种典型的海洋环境。

Rugosphaera 是渤海沿岸地区东营组二、三段的主要分子，代表半咸水或滨海相环境。*Bosea laevigata* (Jiabo)分布在渤海沿岸渐新统半咸水或滨海相沉积中。

Apectodinium 一般被认为是一个泻湖相的属，但其中的某些种(如 *A. augustum*)在泻湖相中没有见到，而且还有些种通常见于广海沉积中(Costa & Downie,1979)。何承全(1991)在研究"新疆塔里木盆地西部晚白垩世—古近纪沟鞭藻及其他藻类"时认为，*A. homomorphum* 很可能是一个广盐性的分子。

Rhombodinium 和 *Crassophaera* 两属是指示海湾特性的标志分子(何承全，1991)。

甲查拉组所含沟鞭藻组合中的 *Cordosphaeridinium* (*Cordospaeridinium*) *inodes* subsp. *robustum*，*Canningia chinensis*，*Cymatiosphaera radiata*，*Palaeoperidinium sinense*，*Laciniadinium elongatum*，*Palaeocystodinium elegans*，*Tectitheca tianshanensis*，*Apteodinium helicoids*，*Kenleyia xinjiangensis*，*Rhombodinium elongatum* subsp. *spinale*，*R. tuberculatum*，*Fromea chytea*，*Palaeoperidinium striatum*，*Chytroeisphaeridia microgranulata*，*Phelodinium longicorne*，*Alterbia xinjiangensis* 等属种是新疆塔里木盆地西部古近纪(正常浅海—近岸浅水海湾—泻湖)海相环境中所产沟鞭藻组合中的常见分子。故甲查拉组的沉积应发生于与新疆塔里木盆地西部古近纪相类似的海相沉积环境，即发生于浅海—近岸浅水海湾—泻湖环境。

值得指出的是：在江孜以西的白朗县江公公社西北一带，甲查拉组中重力流及复理石沉积十分发育，总体表现为陆棚斜坡相的沉积特征，推测古近纪时该地水体仍然较深，然需做进一步的工作。

(二) 生物地层

1. 北喜马拉雅地层分区

测区北喜马拉雅地层分区古近纪化石十分丰富，有双壳类、菊石、有孔虫、腹足类、藻类、棘皮类、珊瑚、介形虫、钙质超微、沟鞭藻、孢粉、植物、疑源类等。本书仅讨论主要化石门类的生物地层单位。

1) 有孔虫

(1) *Rotalia-Lockhartia* Assemblage Zone

本带以 *Rotalia*，*Lockhartia*，*Smoutina* 三属的集中产出为特征，前两属尤为常见。代表分子为 *Rotalia hensoni* 和 *Lockhartia altispira*。主要分子为 *Rotalia dukhani*，*R. connoidalis*，*R. orientalis*，*R. pinarensis*，*R. saxorum*，*R. trochidiformis*，*R. plana*，*Lockhartia altispira*，*L. conditi*，*L. hunti*，*L. cushmani*，*L. megapulata*，*L. tipperi*，*L. ovata*，*Smotina corpuscular*，*S. cruysi*，*S. grandis*，*Keramosphaera tergestina* 及 *Textularia dollfussi*，*Gomospira regularis*，*Psamminopelta bowsheri* 等。本带分布于岗巴、定日地区基堵拉组和宗浦组下段，时代为早古新世丹宁期(Danian)。

(2) *Miscellanea-Daviesina* Assemblage Zone

本带以 *Miscellanea*，*Daviesina*，*Operculina* 三属种分子的集中产出为特征。其中前两属只见于本带；*Operculina*(盖虫)一属数量尤为丰富，在地层中常形成"盖虫灰岩"。代表分子为 *Miscellanea miscella*, *Daviesina khatiyahi*, *Operculinayahi*, *Operculina*。主要分子有 *Miscellanea multiculumnata*, *M. minor*, *M. stampi*, *M. discoidalis*, *Daviesina langhami*, *Operculina jiwani*, *O. patalensis*, *O. subsalsa*, *O. complanata*, *Actinosiphon tibetica* 等。本带分布于岗巴、定日地区宗浦组上段,时代为古新世塞兰特期(Selandian)—坦尼特期(Thanetian)。

(3) *Alveolina-Orbitolites* Assemblage Zone(组合带)

该组合带分布于岗巴遮普惹组下部。该组合带以 *Alveolina*, *Orbitolites* 两属分子的高度富集为特征。其代表分子为 *Alveolina ellipsodalis* (Schwager), *Orbitolites complanatus* Lamarck。主要分子有 *Alveolina cremae* Checchia-Rispoli, *A. himalayensis* Sheng et Zhang, *A. cylindratus* Hottinger, *A. oliviformis* Sheng et Zhang, *A.* (*G.*) *subtis* (Hottinger), *Orbitolites* sp., *Rotalia urochidiformis* Lamarck, *Quinqueloculina fulgida* Todd, *Q. constans* Brandy, *Opertorbitolites gracilis* (Lehmann), 及 *S. cruysi* Droogei, *S. corpusula* Hu, *Fissoelphidium* sp., *Spiroloculina* sp. 等。

作为本组合带代表分子之一的 *A. ellipsodalis* 最早报道于埃及的始新统中,为欧洲 Lutetian 阶的标志分子。本组合另一重要分子 *A.* (*G.*) *subtilis* 是欧洲 Ilerdian 阶的分子,1968 年巴黎的始新统会议将此阶置于始新统下部。*O. complanatus* 常见于巴基斯坦早、中始新世地层中。*Opertorbitolites* 一属繁盛于始新世早期,在巴基斯坦、印度等地分布极广。

故本组合带的时代应归属于始新世早中期,即伊普惹期(Ypresian)—路坦丁期(Lutetian)。

(4) *Alveolina-Nummulites-Orbitolites* Assemblage Zone(组合带)

该组合带分布于定日曲密巴剖面的第 8—10 层,即遮普惹组灰岩段。它以 *Alveolina*, *Nummulites*, *Orbitolites* 三属分子的大量繁盛为特征。主要分子有 *Alveolina cremae*, *A. oviculus* (Nuttal), *A. ellipsodalis*, *A. nutalli* Davies, *A. himalayensis*, *A.* (*G.*) *ovaulatum* Stache, *A.* (*G.*) *subtilis*, *Nummulites megaloculus* Wan, *N. rhombicus* Wan, *N. laevigatus* (Bruguiere), *N. ampholorina* Micheloti, *N. rotularius* Deshayes, *Orbitolites cotentinensis* Lehmann, *O. complanatus* 等。

如上文所述,*A. ellipsodalis* 为欧洲 Lutetian 阶的标志分子。*A.* (*G.*) *subtilis* 是欧洲 Ilerdian 阶的分子。*N. laevigatus*, *N. rotularius* 等种在特提斯海区广泛分布,时代限于路坦丁期。*O. complanatus*, *O. ctentiensis* 常见于巴基斯坦早、中始新世地层中。可见本组合带的时代应归属于早、中始新世的伊普惹期至路坦丁期。

(5) *Assilina-Discocyclina* 组合带

本带位于定日遮普惹组灰岩段上部。以 *Assilina*, *Discocyclina* 两属分子的集中产出为特征。重要分子有 *Assilina subspinosa* Davies, *A. tingriensis* Wan, *A. dandotica* Davies, *A. crassa* Wan, *Discocyclina sowerbyri* Nuttall, *D. dispansa* (Sowerby), *Asterocyclina penonensis* Cole & Hravell, *Actinosiphon tibetica* (Douvella), *Orbitolites complanatus*, *Nummlites laevigatus* 等。

本属中的大部分种均可见于巴基斯坦始新统中下部的 Laki 组和 Khirthar 组中。在巴基斯坦有孔虫化石分带中,*A. granulosa* 一种被作为伊普惹期(Ypresian)的带化石。*D. sowerbyri* 广布于印度、巴基斯坦、印度尼西亚的中、上始新统。*As. penonensis* 见于古巴中、上始新统。*N. laevigatus* 常见于特提斯海区路坦丁期地层中。

综上所述,本组合带的时代应归属于早—中始新世的伊普惹期至路坦丁期。

(6) *Morozovella spinulosa-Acarinina bullbrooki* 共存延限带

本带位于遮普惹组砂页岩段中上部,即相当于岗巴宗浦溪剖面的第 15—18 层、玛牙剖面的第 2—11 层及定日曲密巴剖面的第 12—19 层。该带是命名属种共同延续时限内的生物地层延限带:以 *M. spinolosa* Cushman 与 *Ac. bullbrooki* Bolli 的共同始现面作为其底界,而以它们的共同末现面作为其顶界。除命名属种外,其他重要分子尚有 *G. boweri* Bolli, *G. ouachitaensis* Howe & Wallace, *G. eocana*, *G. yeguaensis* Weiniel & Appli, *Pl. renzi* Bolli, *Guembelitria* sp., *N. willcoxi* Helipori, *A. cremae*, *A. cylindratus*, *A. ellipsodalis*;与其共生的介形虫有 *Argilloecia* sp., *Cytheridea appendiculea* Ducasse, *Parakirthe* sp. 1,2 Ducasse, *Cushmanidea* sp. 等;钙质超微化石有 *B. sparsus* Bramlette &

Martini(1964),*Ch. expansus*(Bramlette & Sullivan,1961)Gartner(1970),*Ch. consuetus*(Bramlette & Sullivan,1961;Hay & Mohler(1967),*Ch. solitus*(Bramlette & Sullivan,1961)Locker(1968),*C. pelagicus*(Wallich,1877) Schiller(1930),*D. barbadiensis* Tan(1927),*N. fulgens*(Stradner,1960) Achuthan & Stradner(1969),*S. radians* Deflandre in Grasse(1925),*H. compacta* Bramlette & Wilcoxon(1967);钙藻有 *Indopolia* sp.等。

作为本组合主要成员的浮游有孔虫 *G.*,*Pl.*,*Ac.*,*M.* 等属分子广布于世界各地，为特提斯海区常见的分子。由于浮游有孔虫具有分布广、演化快等作为标志分子所应具备的特征,因此它已成为地层划分对比的重要依据。

作为本带命名属种的 *M. spinulosa* 与 *Ac. bullbrooki* 的生存延续时限均为 Blow(1969)、Berggren & Van Couvering(1974)、Blow(1979)及 Berggern 等(1995)的 P9—P14 带,即相当于中始新世 Lutetian—Bartonian 末期。作为本带重要分子之一的 *G. yeguaensis* 的始现面是被 Blow(1969)及 Bolli(1985)作为其 P12 带底界的准识辨标志,其生存延续时限较长,可延续至 P17 及其以后。由于区内本带的底部有 *G. yeguaensis* 的存在,故在研究区内,本带底界应相当于 Blow(1969)及 Bolli(1985)的 P12 带的底界,其时代不会早于 Lutetinian 晚期。*G. eocana* 的生存时限相当于 Blow(1969)及 Bolli(1985)的 P9—P17 带甚至更后。*Pl. renzi* 是 Bolli(1985)的 P13 带的常见分子。

本带底部的底栖有孔虫 *N. willcoxi* 与英国怀特岛(Isle Whight)白崖湾(Whitecliff Bay)始新统 Bracklesham 群 Selsey 砂岩组中所产的 *N. variolarius*(Lamark)的特征非常接近。*F. ellipsodalis* 最早报道于埃及的始新统中,为欧洲 Lutetian 阶的标志分子。

此外,与本带共生的钙质超微化石 *Ch. expanse* 或 *Ch. solitus* 的末现面被 Okada 和 Bukry(1973)作为其所定的 CP14a 亚带顶界的标志,而 Martini(1971)则将 *Ch. solitus* 的末现面作为其所建 NP16 带的顶界标志,其时代为中始新世 Lutetian 晚期—Bartonian 早期。*R. umbilica* 的始现面是 Okada 和 Bukry(1973)所定的 CP14a 亚带底界的标志,其时代为中始新世 Lutetian 晚期。而在定日曲密巴地区,位于本带下部的钙质超微化石带 *N. fulgens-Ch. gigas* 组合的时代属始新世 Lutetian 早期,大致相当于 Martini(1971)的 NP15 带(徐钰林,2000)。

综合上述,本带在藏南地区的分布时代可能只限于 Lutetian 晚期至 Bartonian 末期。在本组合带之上的页岩层中产零星底栖小有孔虫,这些有孔虫总的特征是个体小、丰度及分异度均低,其中未见标志分子,不具备建带的条件。仅据其产出层位在 *M. spinulosa-Ac. bullbrooki* 带之上,而推测其时代应归属于 Priabonian 期。

对于岗巴地区遮普惹组中紫红色页岩的时代,过去因其中未找到足够的化石依据而难以确定其归属。本次首次在玛牙剖面的紫红色页岩中发现大量的浮游有孔虫化石，即 *M. spinulosa -Ac. bullbrooki* 组合，从而对其时代归属进行了确定。正如上文所述,玛牙剖面的紫红色砂页岩段与宗浦溪乃至定日曲密巴剖面遮普惹组页岩段均属同期异相沉积,它们含有面貌基本一致的浮游有孔虫化石,时代应属 Lutetian 晚期至 Bartonian 末期。

2) 介形虫

本次对西藏岗巴盆地层位最高的海相地层——遮普惹组所含的介形虫化石进行了分析和研究,共鉴定出 22 属 33 种。通过与前人资料(黄宝仁,1975)及世界上其他地区的有关地层进行了对比,建立两个介形虫组合:*Paracypris mayaensis - Bairdia zonpuxiensis* 组合(下部)和 *Phlyctenophora zonpuensis-Semicytherura subsymmetros* 组合(上部)。

(1) *Paracypris mayaensis-Bairdia zongpuxiensis* 组合

该组合主要赋存于宗浦溪剖面的第 14 层。本组合中介形虫化石较为丰富,属种分异度亦较高,计有 17 属 28 种。其标志分子为 *Paracypris mayaensis*,*Bairdia zonpuxiensis*;重要分子有 *Bairdia montiformis*,*B. kangpaensis*,*B. dignata*,*B. lauta*,*Argilloecia cylindrica*,*A.* sp.,*Monsmiralilia* cf. *ovata*,*Cushmanidea* sp.,*Paracypris usualis*,*Leguaminocythreis compressa*,*Parakirthe* sp. 1 Duccasse,*P.* sp. 2 Ducasse,*P.* sp.,*Uroleberis* cf. *paraensis* 及 *Paracypris usualis*,*Argilloecia*? sp.,

Cushmanidea sp. , *Cytherelloidea* sp. 等;次要分子有 *Kirthe* sp. , *Chinocythere* ? sp. , *Echinocythe* sp. 等。

Alocopocythere 一属见于巴基斯坦始新统。*Bairdia lauta*, *B. montiformis*, *B. kangbaensis*, *Phlyctenophora zongpuensis* 等属种曾报道于本区原"宗浦群"第 V 段(黄宝仁,1975),相当于本书所称的遮普惹组灰岩段。*Cytheridea appendiculea* 见于法国巴黎盆地始新统 Lutetian 阶;*Urolebris* cf. *parnensis* 与法国巴黎盆地始新统 Lutetian 阶的 *Urolebris parnensis* 较为相似。*Parakirthe* sp. 1 Duccasse, *P.* sp. 2 Duccasse 亦见于巴黎盆地始新世地层中。

与本组合共生的有孔虫 *Alveolina-Orbitolites* 组合带的分布时限为始新世 Ypresian—Lutetian 期;而位于本组合之上的有孔虫 *Acarinian bullbrooki-Mrozovella spinulosa* 组合带的分布时限为 Lutetian 晚期—Bartonian 末期,位于本组合之下的有孔虫 *Miscellanea-Operculina* 组合带的分布时限为古新世 Thanetian 期(李国彪、万晓樵,2003)。

综合上述可以得出:*Alocopocythere curvata-Bairdia lauta* 组合带的分布时限可定为始新世 Ypresian—Lutetian 早期。

(2) *Phlyctenophora zonpuensis-Semicytherura subsymmetros* 组合

本组合赋存于宗浦溪剖面的第 15 层上部至第 19 层。其化石丰度较前一组合为低,而其化石属种分异度则较前一组合高,计有 7 属 7 种。该组合以标志分子 *Phlyctenophora zongpuensis*, *Semicytherura subsymmetros* 的产出为特征;主要属种有 *Cytherella obtusa*, *Paracypris usualis*, *Pokornyella limbata*, *Loxoconcha* sp. 等;次要分子有 *Bairdia lauta*, ? *Sinocypris* sp. 。

作为本组合标志分子之一的 *Semicytherura subsymmetros* 见于巴黎盆地始新统 Lutetian—Priabonian 阶。此外,位于本组合之下的有孔虫 *Acarinian bullbrooki-Mrozovella spinulosa* 组合带的分布时限为 Lutetian 晚期—Bartonian 末期(李国彪、万晓樵,2003)。故可认为:介形虫 *Phlyctenophora zonpuensis-Semicytherura subsymmetros* 组合带的分布时限为始新世 Priabonian 早期。

值得指出的是:岗巴地区的遮普惹组是本区迄今为止所发现的层位最高的海相地层,即通常所谓的最高海相层。最高海相层反映残留海盆的终结,即特提斯洋在该区的最终封闭。因此根据遮普惹组所含介形虫组合及有孔虫动物群(李国彪、万晓樵,2002)的时代,可以推测特提斯洋在该区的最终封闭时间应为始新世 Priabonian 早期。

3) 腕足类

本区所采集的腕足类化石较为零散,其在地层划分与对比中的意义并不大,目前建带的条件并不成熟。

在古近系宗浦组采得腕足类 *Gryphus yatungensis*, *Gryphus lentiformis*。共生化石有腹足类 *Conus* sp. ,海胆 *Echinalampas* sp. 。时代为古新世丹尼期(Danian)。

4) 双壳类

(1) *Pholadomya clathrata-Mytilus arrialoorensis* Zone

本带以 *Pholadomya clathrata* 和 *Mytilus arrialoorensis* 的产出为特征。主要分子有 *Laevitrigonia* (*Eselaevitrigonia*) cf. *meridiana*, ? *Cardium* sp. , ? *Vetericardiella* sp. , *Venericardia* sp. 等。本带分布于基堵拉组,时代属古新世早期。

(2) *Pseudomiltha* (*Zorrita*) *jidulaensis-Spondylus roualti* Zone

本带以 *Pseudomiltha* (*Zorrita*) *jidulaensis* 和 *Spondylus roualti* 的产出为特征。主要分子有 *Spondylus carmenensis*, *S. inflatus*, *S. alexandrae*, *Cardium* sp. , *Vepricard* (*Hedecardium*) sp. , *Venericardia* sp. , *Musculus* (*Undatimusculus*) *bellilus*, *Modiolus* sp. , *Plicatula* cf. *auressensis*, *Lima squamifera*, *Vulella* aff. *contracta*, *Ostrea tacalensis*, *O.* (*Turkostrea*) sp. , *Liostrea* sp. 等。本带分布于宗浦组,时代属古新世中晚期。

(3) *Venericardia-Crassatella* Zone

本带以 *Venericardia*, *crassatella* 及 *Vusella* 三属分子的集中产出为特征。主要分子有

Venericardia aff. *soriensis*, *V. quirosana*, *V. triletusa*, *V.* cf. *mutabilis*, *Vulsella* aff. *contracta*, *V. reflexsa*, *Crassatella* cf. *oinouyei*, *C. dieneri*, *Nuculana prisca*, *N. communis*, *Lucina* sp., *Dreissena dubiiforma*, *D.* cf. *bagensis*, *Plicatula* cf. *auressensis*, *Lima squamifera*, *Lithophaga*(*L.*)*tibetensis*, *Pholadomya* sp., *Protocardia* sp., *Corbula* (*Bicorbula*) *subexarata*, *C.* (*B.*) cf. *daltoni*, *Ostrea* (*Crassostrea*) *squarrosusa*, *O.* (*C.*) sp., *Ostrea tacalensis*, *Flemingostrea* cf. *flemingi*, *Lopha* sp., *Septifera* sp.等。大部分古新世常见的属种未见于本带，只有少数分子上延入本带。在本带与双壳类共生有大量有孔虫如*Globorotalia*, *Orbitolites*, *Nummulites*等始新世常见的属种及丰富的腹足类。本带分布于遮普惹组，时代属始新世早中期。

2. 康马-隆子地层分区

本带古近纪地层中化石极为贫乏，几乎未见任何大化石。本次在甲查拉组中处理出一批微体化石，计有沟鞭藻、孢粉及菌类孢子等。因研究程度较低，尚不足以建立任何化石带。

二、新近系

在江孜县幅的东南部通巴寺冲巴涌母错的西侧山坡发现一套砾岩，残留面积约2.5km^2，主要岩性为灰色—浅灰色厚层含砾杂砂岩、复成分砾岩等，砾石成分为片麻状花岗岩、灰岩与脉石英等，砾径为0.2～0.5cm，砾石呈次圆状，局部夹胶结松散的粗、细砂岩，分选性差。地层中未发现生物化石，与区域对比应为新近纪灰色磨拉石堆积，相当于沃马组(N_2w)。其四周被第四系冰川堆积覆盖，但从其空间分布位置来看，不整合在高喜马拉雅主峰带北坡结晶岩带上。

第六节　第四系

一、地形与地貌特征

测区地形、地貌受地质构造、新构造运动与外营力的影响，形成复杂的高原地貌景观，表现出明显的南北向的分带性，总体上可分成3个带。

喜马拉雅主峰带以北，包括喜马拉雅低分水岭——康马-拉轨岗日带，海拔一般为4000～6000m，地形破碎，重峦叠嶂。年楚河流经测区北部，呈近东西走向，其支流如涅如藏布、康如普曲等则呈近南北走向。这些河流河道较为平缓，河水丰沛，两岸的山麓洪冲积扇等提供了大量的物质补偿源，从而形成了南北宽5km的江孜盆地与东西宽10km的涅如盆地等，由于地壳的后期抬升与河流下切形成了多级河流冲积阶地地貌景观。

西部赛区—苦玛—岗巴一线，除河流冲积相外，洪积与坡积相十分发育，在山脚处往往发育坡积裙。在该带风积物亦十分发育，风成沙除在谷地可见外，在山脉的迎风坡上亦有覆盖，海拔标高可达4600～5000m。

喜马拉雅主峰带总体呈东西向，但在帕里北东侧转成北东—北北东向。其山体巨大，重峦叠嶂，冰川遍布。主脊线海拔多在6000m以上。卓莫拉日峰(7326m)即在区内。山地相对高差为2000～3000m，雪线在6000m以上，终年积雪覆盖，绚丽多姿。在主峰带南、北两侧，主要发育有河湖相、冰碛相。

喜马拉雅主峰带以南，地势急剧下降。在帕里一带保存有湖积阶地。在亚东县一带，山地海拔标高4500m±，但沟谷海拔标高小于3000m，二者相对高差达1500m。该地区表现为山峰林立、谷地深切的地形地貌景观。该地区由于受到南亚海洋性暖湿气流的影响，气候湿润，降水量大，植被发育，第四系沉积物以河流冲积相为主，但河流阶地保存极不完整。

二、第四系分布及其成因类型

关于西藏地区的第四系地质，自 20 世纪 60 年代起先后有许多单位做过不同程度的工作，如中国科学院综合考察队赵希涛等(1976)对珠穆朗玛峰地区第四系进行了划分，并建立了第四纪地层层序。李炳元等(1983)较全面地建立了西藏的第四系层序。西藏自治区地质矿产局区调队(1983)在进行日喀则幅、亚东幅 1∶100 万区域地质调查时，对藏南地区的第四系亦进行了调查。在上述工作基础上，《西藏自治区区域地质志》(1993)对西藏地区的第四系地质进行归纳和总结。上述工作为本区的第四系调查奠定了良好的基础。

测区第四系主要分布于喜马拉雅山主峰带及其南、北两侧。主峰带及其附近以冰碛相(Qp^{gl}、Qh^{gl})、湖积相(Qp^{l}、Qh^{l})为主；主峰带以北广大地区，则以河流冲积相(Qp^{al}、Qh^{al})、洪冲积相(Qp^{pal}、Qh^{pal})、湖积相(Qh^{l})、湖沼相(Qh^{l+f})为主，局部地区见冲积加沼相(Qh^{al+f})、风积相(Qh^{eol})，沿新构造活动带局部还可见热水泉华的化学沉积；主峰带以南则以河流冲积相(Qp^{al})、湖沼相(Qh^{l+f})为主。

本区不同成因类型的第四系发育程度和分布(保存)面积，从大到小依次为河流冲积、冲洪积相→湖积相→冰积相。

三、地层划分与对比

测区内第四系地层发育不全，主要见上更新统和全新统，未发现更老的地层。上更新统主要有河湖相与冰积相组成；全新统以河湖相、河流冲积和冲洪积相、冰积相与风成沙堆积为主，局部见复合成因类型。

测区内第四系各种成因类型以及它们所形成的地形、地貌在 TM、ETM 图像(1∶10 万、1∶5万)上有清楚的显示，且相互之间存在较明显的差异。故此，本次区调过程中，特别是野外调查阶段充分利用遥感技术手段，对不同第四系地质体的空间结构特征和相互叠加、切割关系进行系统解译，深入分析第四系地质体的时空分布特征和形成演化规律，极为有效地指导了野外地质填图。

通过遥感图像分析和解译、野外地质调查和室内测试结果，结合前人资料，对测区第四纪地层进行了系统的划分。地层划分与对比见表 2-3。

1. 更新统

1) 下更新统(?)

前人资料显示在亚东县幅分布有下更新统，被称为“贡巴砾岩”，最早由中国珠穆朗玛峰登山队科学考察队(1966)命名。后来，赵希涛(1976)在定日南 5km 的贡达莆村西侧测制了剖面，其主体岩性为：“顶部为胶结较好的灰色、黄色粗砾岩，砂泥质胶结，砾石磨圆好，砾石成分以花岗片麻岩为主；中部以灰、黄色砾岩为主夹细砾岩、粗砂岩、粉砂岩；底部为黄色较粗砾岩与细砾岩互层，胶结较好，许多砾石具冰川擦痕并含铁质结核。该套砾岩总厚度为 210.7m。”但在实际调查中，我队未能发现该套砾岩层存在，因此成为疑存问题。

2) 上更新统(Qp)

测区内主要发育上更新统上部，见有分布在喜马拉雅山主峰带附近及其南、北两侧的湖积、冰碛，以及江孜县附近年楚河两岸的Ⅲ、Ⅳ级河流阶地，局部见洪冲积。此外，在亚东北侧的杠嘎一带沿麻曲两岸局部残存有很少的上更新统河流冲积。区内上更新统以冰碛分布面积最大，其次是湖积。

表 2-3　喜马拉雅地区第四系划分沿革表

<table>
<tr><td colspan="3" rowspan="2">划分者
地层单元</td><td colspan="4">喜马拉雅区</td></tr>
<tr><td>赵希涛等(1976)</td><td>李炳元等(1983)</td><td>《西藏自治区区域地质志》(1993)</td><td>本书</td></tr>
<tr><td rowspan="15">第四系</td><td rowspan="3">全新统</td><td rowspan="3">冰后期</td><td>现代冰碛、冲积、湖积</td><td>新冰期冰碛</td><td rowspan="3">沉错组</td><td rowspan="3">现代冰碛、冲洪积、湖积、湖沼沉积</td></tr>
<tr><td>绒布寺小冰期冰碛</td><td>湖沼沉积</td></tr>
<tr><td>亚里石灰华</td><td>转暖期冲洪积、泥炭</td></tr>
<tr><td rowspan="4">上更新统</td><td rowspan="4">珠穆朗玛冰期</td><td>绒布寺终碛</td><td>绒布寺终碛</td><td>挪捉普冰碛</td><td>绒布寺终碛</td></tr>
<tr><td rowspan="2"></td><td rowspan="2">暗棕色与褐色埋藏古土壤</td><td rowspan="2">碳酸盐岩风化壳</td><td>河流相冲洪积</td></tr>
<tr><td>帕里间冰期河湖相沉积</td></tr>
<tr><td>基龙寺终碛</td><td>基龙寺终碛</td><td>凯尔戈冰碛</td><td rowspan="11"></td></tr>
<tr><td rowspan="4">中更新统</td><td rowspan="4"></td><td rowspan="2">加不拉间冰期湖相沉积</td><td rowspan="2">棕红色古土壤、加不拉湖相层</td><td>高岭石风化壳</td></tr>
<tr><td>沙爪弄冰碛</td></tr>
<tr><td rowspan="2">聂聂雄拉冰期冰碛</td><td rowspan="2">聂聂雄拉冰期冰碛</td><td>高岭石风化壳</td></tr>
<tr><td>阿伊拉冰积</td></tr>
<tr><td rowspan="4">下更新统</td><td rowspan="4"></td><td rowspan="3">帕里间冰期河湖相沉积</td><td rowspan="3">红土与钙质角砾互层</td><td></td></tr>
<tr><td>涝玛切冰碛</td></tr>
<tr><td></td></tr>
<tr><td>希夏邦马冰碛 / 贡巴砾岩</td><td>希夏邦马冰碛 / 贡巴砾岩</td><td>香孜组 / 香巴冰碛</td><td>希夏邦马冰碛 / 贡巴砾岩(?)</td></tr>
<tr><td>新近系</td><td colspan="2">上新统</td><td>野博康加拉层</td><td>沃马组 / 达涕组</td><td></td><td>沃马组</td></tr>
</table>

(1) 帕里湖相沉积(Qp^{l})

其主要残留于喜马拉雅山主峰带南、北两侧，呈北东向条带状展布，其顶部被冰碛(Qp^{gl})所压盖，底部被湖沼积(Qh^{l+f})所掩盖。该套湖相沉积层的典型剖面位于帕里镇 315°方位 5km 处。

岩相特点：依据剖面，其基本层序可以划分为 3 部分。下部(P_{27}1—3)为较深湖相沉积，其特点是含钙质亚粘土层，夹有黑褐色炭泥质层。中部(P_{27}4—20)为浅湖相沉积，以砂层与亚粘土层互层为其特点，下部砂层颗粒较细，向上变粗至细砾石层。亚粘土层下部沉积较厚，向上变薄。该段从下向上可以划分出 7 个由粗—细的沉积韵律。上部(P_{27}21—23)为湖滨相砾石层。砾石成分以灰岩、砂岩、板岩、石英岩为主夹少量花岗岩，砾径小于 10cm，磨圆度及分选性均较好。其中夹有含砾粗砂层的透镜体。

上述基本层序表明，该剖面表现了此处湖盆由于地壳的抬升而逐渐消亡的过程。

地层时代：赵希涛等(1976)、李炳元(1983)均曾依据区域地层对比确定过该湖相层的时代，并引起争论。赵希涛认为帕里湖相层上覆于早更新世“贡巴砾岩”之上，属于早更新世晚期的间冰期沉积。李炳元认为帕里湖相层位于“贡巴砾岩”之下(其将该剖面顶部的砾岩当成贡巴砾岩)，属于上新世沉积。显然存在较大争议。

本队通过 TM、ETM 图像解译及地面调查，在帕里及周边地区，在该湖相层之上除冰碛物外，再未发现其他新生代地层的古夷平面。本次在测制剖面的同时，自下而上系统地采集了热释光测年样品，分析结果见表 2-4。

表 2-4 第四系热释光测年结果表

样品号	位置	坐标 1	层位	代号	岩性	年龄(万年)
RS1	江孜 D5420 南	28°52.42′N 89°40.90′E	年楚河Ⅲ阶地上部单元	(Qp^{al})	冲积粘土层	1.50±0.11
RS2	强旺电站	28°50.49′N 89°46.85′E	年楚河Ⅳ阶地上部单元	(Qp^{al})	冲积粘土层	5.17±0.36
RS3	江孜日当桥南	28°50.43′N 89°45.85′E	年楚河Ⅱ阶地上部单元	(Qh^{al})	冲积粘土层	0.684±0.050
RS4		28°50.52′N 89°45.71′E			冲积粘土层	0.691±0.050
RS5	江孜粮食局招待所东侧	28°54.91′N 89°36.14′E			冲积粘土层	0.695±0.051
RS6	嘎拉南侧	28°15.34′N 89°23.31′E	嘎拉-多庆错湖积Ⅰ阶地	(Qh^{l})	粘土层	0.393±0.028
RS7	嘎拉西侧	28°15.68′N 89°22.30′E			粘土层	0.402±0.029
RS8	苦玛	28°22.99′N 88°35.16′E	湖积之上风积	(Qh^{eol})	风成沙	0.295±0.022
RS9		28°20.49′N 88°35.53′E	湖积	(Qh^{l})	粘土层	0.256±0.019
RS10	亚东北	27°29.75′N 88°56.05′E	亚东麻曲Ⅲ阶地以上	(Qh^{al})	冲积含砂亚粘土	4.80±0.36
RS12	帕里北西	27°45.29′N 89°06.77′E	帕里湖积阶地	(Qp^{l})	$P_{27}1$ 钙质粘土层	8.87±0.67
RS13					$P_{27}3$ 钙质粘土层	8.67±0.63
RS14					$P_{27}5$ 钙质粘土层	7.80±0.57
RS15					$P_{27}7$ 亚粘土层	7.39±0.54
RS16					$P_{27}11$ 钙质粘土层	6.93±0.50
RS17					$P_{27}20$ 亚粘土层	5.80±0.43
RS18	帕里北	27°58.32′N 89°13.27′E	大型洪冲积扇砂层	(Qh^{pal})	砂土层	0.570±0.044
RS19	嘎拉北	28°19.51′N 89°30.14′E	大型洪冲积扇砂层		砂土层	0.515±0.041

测试单位:国家地震局地质研究所热释光实验室。完成日期:2002-09-17。

从表 2-4 中可以看出,帕里湖相层中各样品的热释光测年结果与其所处的层位完全一致,整个剖面地层厚度为 26m,从底部(RS12)到顶部(RS17)(约差 0.5m 未到顶)年龄从 8.87±0.67 万年到 5.80±0.43万年,且呈规律性变化。其时代为晚更新世中期。

根据部分孢粉样品的测试结果(图 2-2),帕里湖相层所得孢粉的组合特征为:①乔木植物花粉居多数,占总数的 57.9%。其中又以松、桦较多,约占总数的 35.4%。②灌木及草本植物花粉较少,占总数的 34.1%。③蕨类植物孢粉少,占总数的 7.9%。其中以水龙骨科孢子较多,占总数的 3.7%。

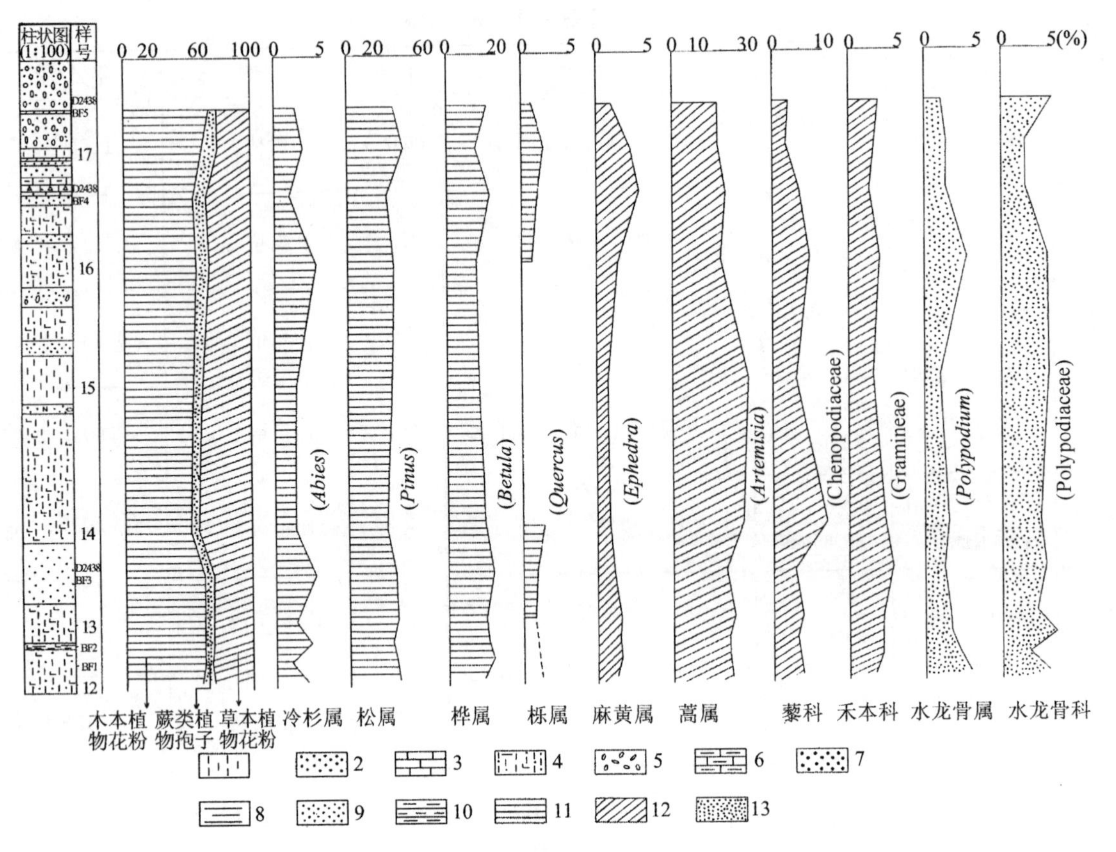

图 2-2 帕里湖积阶地孢粉图谱

1. 粘土；2. 石英砂；3. 灰岩；4. 钙质亚粘土；5. 细砂岩；6. 泥质灰岩；7. 中粗砂；8. 炭质页岩；9. 中细砂；10. 泥岩；11. 木本植物花粉；12. 草本植物花粉；13. 蕨类植物孢子

据地震局地质所孢粉测试室对第四纪植物孢粉的研究，一般全新世的孢粉立体程度较强，压扁程度较轻，且时代越老立体性越差，压扁程度越深。本剖面的孢粉形态立体性较差，且具有一定程度的压扁，推论其时代为更新世(Q_3)。

经与我国西北与西南一些地区的第四纪孢粉分析资料对比，该两地区早更新世与中更新世的孢粉组合中，一般均有一定量或少量的山核桃及枫香等第三纪(古近纪＋新近纪)亚热带植物花粉的残余，而在晚更新世及全新世孢粉组合中则无。本剖面孢粉组合中无上述两种花粉，时代应为晚更新世—全新世。

此外，将本剖面的孢粉组合特征与藏南一些地区晚更新世及全新世湖相沉积层的孢粉组合特征相对比，则与其晚更新世的孢粉组合性质更为相似。

综上所述，帕里湖相沉积层时代属晚更新世中期(Qp_3)。

(2) 河流冲积层(Qp^{al})

河流冲积层主要沿年楚河主河道的两岸分布，集中残留于江孜县城与年堆区，属于年楚河两岸的第Ⅲ、Ⅳ级阶地。自Ⅰ级阶地至Ⅳ级阶地高差为55～60m。每一阶地的结构特点均为下部为灰色卵石、砾石、块石、沙土等粗碎屑河流冲积物，上部为土黄色局部含砾亚粘土，具典型的二元结构。在测制剖面的同时，采集了热释光与孢粉样品。在Ⅲ级阶地与Ⅳ级阶地上部(含砾)亚粘土层中热释光样品的测试结果为：Ⅲ级阶地上部单元(RS1)为1.50±0.11万年，Ⅳ级阶地上部单元(RS2)为5.17±0.36万年(表2-4)。时代均为晚更新世中晚期。

晚更新世河流冲洪积相沉积物除江孜盆地与涅如盆地外，在亚东县嘎林岗拉亚公路大拐弯处还见有该时期的河流冲洪积相的残余露头(地质图中无法表示)。该露头点海拔标高为3244m，具现代河流高差约150m(图2-3)。

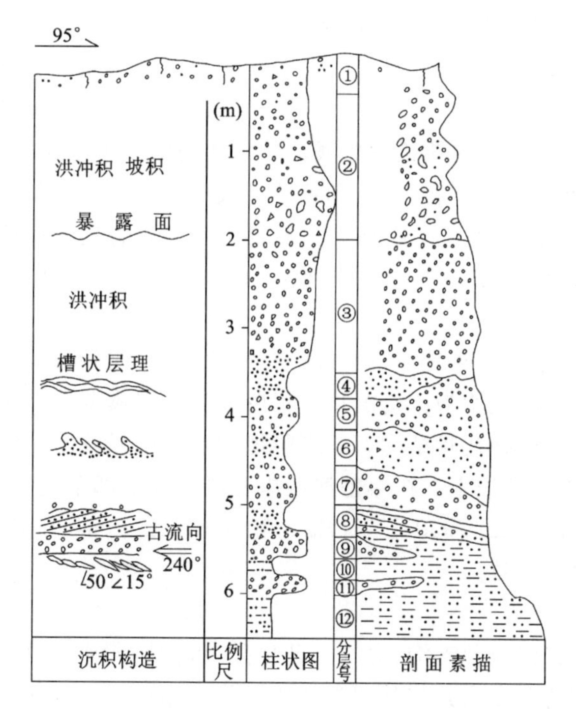

图 2-3 西藏亚东县嘎林岗公路旁上更新统冲积(Qp^{al})实测剖面图

从剖面沉积物的成分、结构、构造分析,该剖面显示的是古河道+河漫滩相沉积。热释光样品(RS10)测试结果为 4.80±0.36 万年,晚于帕里湖积阶地,与江孜地区年楚河的Ⅳ级阶地年龄较为接近或稍晚,这与其所处的高度较为吻合,也属晚更新世中期。如以此年龄值为参考值,则在距今 5 万年的时间段里,在亚东地区,河流下切、地壳抬升的平均速率约为 3mm/a。

康马县涅如乡怒姐贡巴晚更新世河流冲积阶地顶部为一长约 800m、宽约 400m,呈北西向延伸的残余平台(地质图中无法表示),海拔高程为 4577m。

(3) 冰碛(Qp^{gl})

更新世冰碛层主要分布于喜马拉雅山主峰带的西侧及南侧。该套冰碛层在 TM、ETM 图像上特征明显,总体上呈棕褐色扇状体,内部隐约存在深浅不同的斑点。该套冰碛层位于现代冰川冰碛物的外围。在帕里地区其压盖在帕里湖积阶地之上,总体呈一倾斜平台状的山地,其末端直抵荡拉山口(海拔 4400m),而其外缘被现代湖沼沉积层所掩盖。

在冲巴涌母错北的冰碛垄岗较为典型。垄岗长大于 300m,比下部晚更新世冰碛层高 8～15m 不等。在垄岗上可分出 4～5 个叠覆体。岩性以浅黄、黄褐色(新鲜面为灰白色)二云母斜长片麻岩为主组成碛体砾石与漂砾。漂砾最大可达 1.5m×1.8m;砾石砾径一般为 15～30cm,大小悬殊,砾石多呈次圆—次棱角状。砾石于漂砾间夹杂有小块石与少量浅黄色石英质沙土。整体结构松散。垄岗前缘坡角约为 35°,岗上较为平坦,无土壤层。

(4) 洪冲积(Qp^{pal})

在顶嘎北扎虎觉(5347m)的北侧,发育大型洪冲积扇,东西两侧均被后期全新统冲积和冰积侵蚀、切割,残缺不全。从其空间位置来看,应为上更新统。

2. 全新统

测区内全新统沉积物广泛发育,沉积类型主要有湖相及湖沼相、河流冲积相及冲洪积相、冰碛相与风成沙相等。现将几个主要成因类型分述如下。

(1) 湖相沉积(Qh^{l})

湖相沉积主要分布于区内嘎拉错与多庆错湖盆周边狭窄的范围内,组成Ⅰ级湖积阶地(大部地区图面上无法表示)。此外,在岗巴县北部亦有小面积出露。其海拔标高 4400m±。主要由浅灰色—灰白色含砂粘土夹含砾砂层组成，局部夹薄层的褐色或暗色粘土层。在嘎拉南侧和西侧分别取热释光年龄样，测试结果近于一致，分别为0.393±0.028万年(RS6)和0.402±0.029万年(RS7)(表2-4)。

(2) 湖沼相沉积(Qh^{lf})

湖沼相沉积主要分布于多庆错、嘎拉错现今残留的水体与沼泽中。通过对上述沼泽地的冲沟(深度小于2m)剖面调查，该湖沼相顶部沉积特点为：顶部为厚度小于0.5m的黑色腐殖土层，含大量植物根系；中部为1m±的灰褐色湖泥(亚沙土+亚粘土)；底部为0.5m的灰—灰黄色含砾(主要是石英岩砾石)亚粘土层。在岗巴县北苦玛一带，采样分析其年龄为0.256±0.019万年(RS9)。

(3) 河流冲积相(Qh^{al})

该套沉积地层广布全区，主要沿年楚河、涅如藏布、麻曲河等主要河道两岸堆积。其中年楚河的Ⅰ、Ⅱ级阶地以及涅如藏布的Ⅰ级阶地均为该套沉积。每阶地均具有典型的二元结构，上部为含砾、砂亚粘土，下部主要为含砂砾石层，具有叠瓦状结构。Ⅱ级阶地的上部单元较厚，分布宽广，多为农田覆盖，Ⅰ、Ⅱ级阶地的上部单元较薄，多生长灌木。在年楚河两岸Ⅱ级阶地上部单元采样分析其年龄，结果分别为0.684±0.050万年(RS3)、0.691±0.050万年(RS4)和0.695±0.051万年(RS5)，结果非常接近。与野外阶地所处的时空关系完全一致。

(4) 河流洪冲积相(Qh^{pal})

河流洪冲积相主要分布在河流及支沟、宽谷的开口处，近山脚附近。在帕里北、嘎拉北还形成大型洪冲积扇体。从该类沉积体的分布及其与其他不同成因类型第四系地质体的关系来看，其形成时代具有明显的多阶段性。堆积厚度巨大，往往大于数十米不等。主要由灰色含砂砾石层、含砾砂土层组成，具有分带性，砾石分选性差，砾石磨圆度中等，在近山体的上扇部位多夹杂有较大的砾石、块石。在帕里北及嘎拉北发育大型洪冲积扇，在其中的砂土层中分别取样分析，它们的形成年龄非常接近，分别为0.570±0.044万年(RS18)和0.515±0.041万年(RS19)。其形成时间晚于区内河流的Ⅱ级阶地，但早于嘎拉错、多庆错的Ⅰ级湖积阶地。

(5) 冰碛相(Qh^{gl})

冰碛相主要分布于喜马拉雅山主峰带的北、北西侧。其与现代冰川作用有关，在U形谷中呈侧碛与终碛，呈垄岗状并在主峰带的根部堵塞水体成堰塞湖。在主峰带山坡上整体呈扇状向外展布，压盖在晚更新世冰碛层之上并高出其10～20m不等。在遥感图像上有非常清楚的反映，其表面具有粗糙的麻点状纹理，边部突出。野外调查表明，其表面多为裸露的大小不一的漂石、砾石，该套冰碛物的下限在海拔4600m±。

(6) 风成沙(Qh^{eol})

风成沙主要分布于岗巴县—苦玛乡一带的湖沼积之上，以及河流Ⅰ级阶地及山前坡地处，但亦可见于山脊的迎风坡地处(海拔约5000m)堆积，成分以灰白色—土黄色细沙、粉沙为主，多形成沙丘，厚度不大于5m。取自风成沙层底部的热释光样品的年龄为0.295±0.022万年，接近于该处湖沼积的年龄值。

四、古气候与古地理概述

测区属青藏高原藏南的一部分，与青藏高原的形成、发展相联系。根据本次区调所获得的资料，本区经历多期构造运动的影响，特别是伴随强烈的喜马拉雅期构造运动，在青藏高原逐渐总体隆升与各地差异性升降的同时，第四纪时的古气候、沉积环境及生物群落均发生了剧烈而频繁的波动。

1. 更新世

(1) 早更新世

进入早更新世后，上新世那种温暖潮湿、河湖交织、乔木林立的景观被大陆冰川与荒漠草甸之寒冷的气候所代替。该时期以冰碛砾石堆积与融冻的河流相沉积为主。前人所据的“贡巴砾岩”即代表了该时期的沉积物。根据前人的资料，其后气候又开始转暖、降水量增多，以圆柏、藜科和菊科植物为主的灌木草甸为当时的气候环境，而此时的沉积环境为间冰期沉积。至早更新世晚期，气候又开始恶化，冰川广泛发育。

(2) 中更新世

测区内未获得中更新世地层资料。根据前人的区域性资料认为，在中更新世时青藏高原继续抬升，但喜马拉雅山还未能阻止来自印度洋的暖湿气流，因而在高原内部仍有较丰富的降水，使高原山地处于有利于冰川发育的环境，发育着聂拉木冰期和加不拉间冰期的沉积。

(3) 晚更新世

本区隶属于晚更新世的冰碛、河湖相沉积较多。从这些沉积物的孢粉分析，在晚更新世早、中期，当时的植被以松、桦等乔木(占总数的50%～60%)与蒿、藜等(占总数的30%～35%)灌木草本植物为主，属于温暖、潮湿的森林草原性气候条件。当时在本区断陷湖泊仍遍布全区，地壳的抬升速率较低(平均约1mm/a)，喜马拉雅山主峰带也还未达到完全阻隔来自印度洋的暖湿气流，故降水量仍较丰富，冰川与湖相沉积发育。

在距今5万年左右，地壳迅速抬升，使早、中更新世断陷湖盆迅速消亡，代之以河流的冲洪积为主。在晚更新世晚期的河流冲积相地层中所采孢粉分析结果表明，草本植物多于乔木植物，其气候条件应以干凉的草原性气候为主。

2. 全新世

全新世以来，进入冰后期，由于青藏高原的强烈抬升，喜马拉雅山主峰带已完全阻隔了印度洋的暖湿气流，总体变为干寒的荒漠性气候。但其间亦呈现冷暖交替的波动性变化特征。据中国科学院对浪卡子沉错组湖区孢粉分析(黄锡璇等，1983)，其组合反映植被在历史上经历了3个阶段：第一阶段为以松属、桦木科植物为主的蒿属草原；第二阶段为桦属、桦木科、松属、铁杉属组成的森林灌丛草原；第三阶段为散生松属、桦木科植物组成的蒿属草原。该3个阶段分别反映了全新世气候的变化：早期气候转暖，中期气候温暖，晚期气候寒冷、干旱，现代冰川退缩至5500m以上的冰斗、冰槽谷内。

总之，本区第四纪古地理的总演化趋势是以地势的不断升高、断陷湖泊的不断消亡与多级河流阶地的形成为特点。气候呈冷暖间的波动变化，随地壳抬升速率的加大，气候逐渐变得干冷。随着更新世湖盆的萎缩消亡，代之以河流相冲洪积、残坡积及风积为主要类型沉积物。

第三章　岩浆岩

测区内岩浆岩的研究工作始于20世纪70年代，中国科学院青藏高原综合考察队首先对区内的康马岩体和告乌岩体进行了考察和初步研究。

80年代初，中法合作喜马拉雅地质考察队对测区部分岩体进行了研究。Burg J P(1984)，Maluski等(1982，1988)，Loulon L等(1986)和Pinet C等(1987)探讨了拉轨岗日隆起带和高喜马拉雅带北侧淡色花岗岩带中个别岩体的形成时代。Heoggar J等(1982)、中国科学院综合考察队(1984)和Xu R(1985)等研究了岩浆活动与变质作用的关系及其动力学意义。1983年西藏自治区地质矿产局区调队提交了1∶100万日喀则幅和亚东县幅区域地质调查报告，对拉轨岗日隆起带的康马岩体、哈金桑惹岩体和高喜马拉雅北侧的告乌岩体进行了粗略的圈定，初步确定了岩体的形成时代。另外，武汉地质学院和西藏自治区地质矿产局地质二队(1983)对康马岩体及周围300km^2进行1∶10万草测，首次确定康马岩体的展布为南北向。

90年代以来，邓万明(1992)、Zhao W J(1993)、刘国惠等(1990)、莫宣学(1992，1994)、石耀林等(1992)、Zeng R(1995)、常承法(1992)等均作了不少研究。

前人的研究工作主要集中在康马岩体和告乌岩体，对其余岩体很少涉及。本次工作在前人工作的基础上系统地圈定了测区内的各类侵入体，并根据其所处的区域构造位置进行了岩带划分。在拉轨岗日隆起带(Ⅰ岩带)中新圈定岩体5个；在高喜马拉雅北侧的淡色花岗岩带中(Ⅱ岩带)，重新厘定了告乌岩体的边界，新圈定侵入体2个；在前寒武系结晶岩系中新识别出变形变质侵入体3个，归为Ⅲ岩带。对各岩带和岩体的岩石学、岩相学、岩石化学和地球化学特征进行了系统的分析，详细研究了岩体的年代学特征，对岩体的形成时代、构造环境、形成机制和岩浆来源作了初步探讨。

测区地处印度被动大陆边缘，岩浆活动强度总体上来看较弱。岩浆活动方式以侵入为主，并伴有喷出。岩浆活动持续时间长，从加里东期至喜马拉雅期均有不同的表现形式。各时期岩浆活动强度和方式有所差异，岩浆侵入活动以加里东期和喜马拉雅期最为强烈，喷出活动以燕山期和喜马拉雅期较为明显。

区内侵入岩出露总面积约771km^2，占测区总面积的4.1%左右。主要分布在拉轨岗日隆起带和高喜马拉雅构造分区。主要岩石类型有基性的辉长辉绿岩、中酸性的片麻状黑云二长花岗岩、片麻状黑云钾长花岗岩、白云母二长花岗岩、电气石白云母二长花岗岩和片麻状花岗闪长岩等。

区内火山岩出露较为零星，多为沉积岩中的夹层或透镜体。主要岩石类型有熔岩类和沉凝灰岩类。熔岩类主要分布在北喜马拉雅北带江孜盆地的侏罗系—白垩系和雅鲁藏布江带南缘的三叠系中，产出层位为$T_{1+2}Q$、T_3L、K_1j和K_2z。沉凝灰岩类分布范围较熔岩类广，主要在北喜马拉雅带中，分布层位主要为K_2z和E_1jc、E_2z。

第一节　基性侵入岩

测区内的基性侵入岩以岩株和岩脉形式产出，岩脉分布较广，主要分布在北喜马拉雅带和雅鲁藏布江带的南缘。

区内发育一岩株，为分布在拉轨岗日隆起带东段的卢村辉长辉绿岩体，岩体出露于康马县南东卢村一带，呈椭圆形，边界极不规则，长轴总体呈北东向，出露面积约44km^2，产状为一岩株。占测区总面积的0.2%，占侵入岩出露面积的5.7%。其围岩时代为晚三叠世。

一、岩石类型及岩相学特征

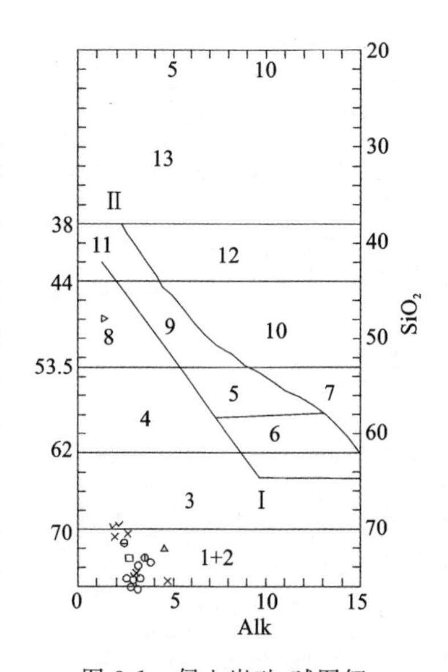

图 3-1　侵入岩硅-碱图解

(据王德滋等,1982)

△哈金桑惹岩体(5);□波东拉岩体(6);×康马岩体(7);▷卢村岩体(8);⊖通巴寺岩体(9);⦶顶嘎岩体(10);√汤嘎西木岩体(13);○告乌岩体(14)

岩石呈灰绿色,辉长-辉绿结构,块状构造。主要矿物为辉石(45%~50%)和斜长石(45%~50%)。次要矿物为钾长石(<5%)、石英(<5%)和少量角闪石及黑云母。副矿物主要为钛铁矿。矿物粒径多小于2mm。岩石蚀变现象普遍,以绿泥石化、绢云母化为主,见碳酸盐化。根据实际矿物含量岩石应属辉长岩类,考虑到矿物结构定名为辉长辉绿岩。根据硅-碱图(图3-1),落入8区为拉斑玄武岩,考虑产状和结构应定为辉长辉绿岩,两者结果吻合。其矿物特征如下。

斜长石:呈自形—半自形板状,具环带结构,不规则分布,构成格架,其间充填辉石。根据斜长石电子探针结果,投于斜长石分类图解[图3-2(a)],均落入An=30~50的区域,属中长石类。

辉石:呈淡绿色,他形—半自形柱状,少量内嵌小的斜长石晶体,根据辉石电子探针分析结果,投于辉石分类图解(图3-3)均落入3区,属普通辉石类。

钾长石:呈他形粒状,常与石英呈文象状交生。

石英:为他形粒状,充填在斜长石板条组成的格架中。

副矿物:主要为钛铁矿和磁铁矿,磁铁矿呈自形晶,不透明。

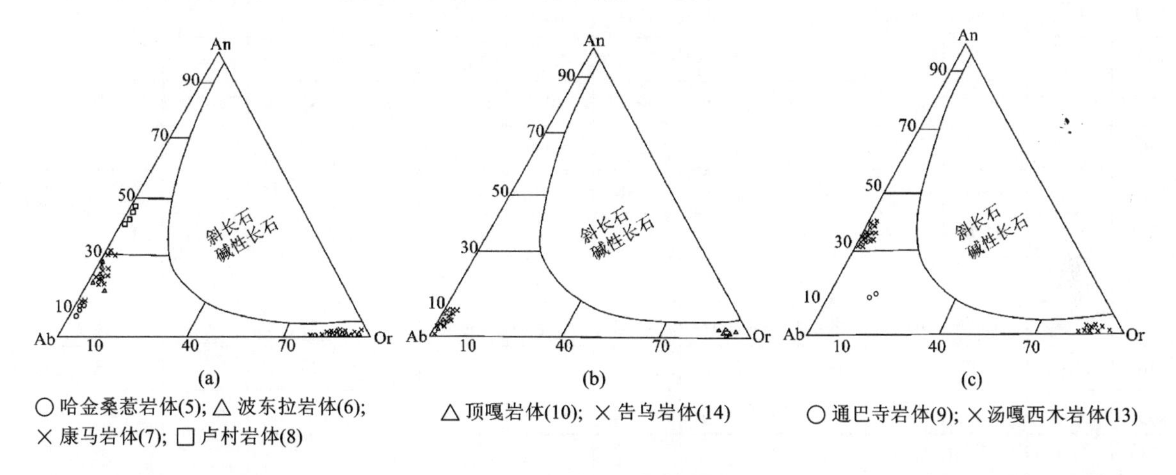

图 3-2　长石分类命名图解

(据 Smith,1974)

二、岩石化学特征

从表3-1中可以看出,该侵入体的岩石化学成分与世界辉长岩平均值相比较,其TiO_2、FeO、MnO、CaO、Na_2O、CO_2和H_2O^+含量偏高,其中CO_2、H_2O^+含量高出数倍,可能与岩石蚀变有关;SiO_2、Al_2O_3、Fe_2O_3、K_2O、MgO、P_2O_5的含量偏低,其中K_2O含量为其1/14。

与中国辉长岩平均值相比较,SiO_2、TiO_2、Al_2O_3、FeO、MnO、MgO、Na_2O的含量相近,Fe_2O_3、K_2O、CaO、P_2O_5、CO_2的含量偏低,其中K_2O的含量为其1/30;H_2O^+的含量偏高。$Na_2O>K_2O$,$Na_2O+K_2O=2.82\%$,$MgO'+FeO'>SiO_2>1/2(MgO'+FeO')$(分子数),属于Al正常类型和$SiO_2$低度不饱和类型。

根据硅-碱图(图3-4),该侵入体属亚碱系列,用AFM图(图3-5)进一步区分,该侵入体应属于拉斑系列,在硅-钾图(图3-6)中反映为低钾型。

表 3-1　侵入岩和脉岩岩石化学分析结果(%)CIPW 标准矿物及相关参数表

侵入体	哈金桑惹	波东拉	康马										
样品号	D7136B1	D4210H	D5442B1	D5443DB1	P9-19H1	P9-20H1	D5440RZ1	P9-16H1	* YG-49	* YG-48	* YG-50	* YG-52	* YG-53
岩性	片麻状二长花岗岩	片麻状二云花岗岩	片麻状花岗岩	片麻状花岗岩	片麻状花岗岩	片麻状花岗岩	片麻状花岗岩	片麻状二长花岗岩	片麻状二云花岗岩	片麻状二云花岗岩	片麻状二云二长花岗岩	片麻状二云二长花岗岩	片麻状二云二长花岗岩
SiO_2	72.16	73.63	76.41	70.52	70.34	74.87	74.68	74.81	79.52	76.93	67.82	76.37	75.27
TiO_2	0.24	0.17	0.04	0.38	0.44	0.23	0.19	0.18	0.1	0.25	0.12	0.16	0.18
Al_2O_3	13.45	14.34	13.08	14.09	14.63	13.19	13.45	13.62	10.95	12.26	18.29	13.1	13.57
Fe_2O_3	1.23	0.25	0.01	1.38	0.83	0.66	0.45	0.29	1.47	1.56	0.72	0.77	0.74
FeO	2.26	0.95	0.23	1.49	2.32	1.1	0.99	0.95	0.55	0.6	0.64	0.97	1.06
MnO	0.11	0.03	0.02	0.07	0.06	0.05	0.03	0.03			0.02		
MgO	0.41	0.36	0.09	0.84	1.39	0.43	0.36	0.34	0.54	0.54	0.44	0.54	0.76
CaO	0.47	1.51	0.59	2.49	2.99	1.54	1.44	1.3	1.21	1.21	1.36	1.15	1.52
Na_2O	2.72	3.46	3.27	3.11	3.86	2.94	2.98	3.31	2.95	3.15	5.3	3	2.85
K_2O	6.31	3.93	5.77	4.15	1.8	4.53	4.94	4.32	2.15	3.05	5.4	4.55	4.45
P_2O_5	0.05	0.08	0.05	0.1	0.14	0.07	0.06	0.03	0.02	0.02	0.01		0.04
CO_2	0.09	0.17	0.09	0.17	0.09	0.26	0.17	0.17					
H_2O^+	0.56	0.66	0.22	0.52	0.76	0.44	0.36	0.68					
LOI	0.48	0.7	0.27	0.53	0.47	0.34	0.43	0.59					
总计	100.06	99.54	99.87	99.31	99.65	100.31	100.1	100.03	99.46	99.57	100.12	100.61	100.45
ap	0.34	0.34	0.34	0.34	0.34	0.34	0.34	—					
il	0.46	0.46	—	0.76	0.76	0.46	0.46	0.46	0.15	0.61	0.15	0.46	0.46
mt	1.62	0.46	—	2.08	1.16	0.93	0.69	0.46	1.62	0.93	0.93	1.16	0.93
q	29.77	35.23	33.91	30.16	31.39	37.51	35.59	35.98	51.05	43	12.85	37.83	36.16
or	37.29	22.82	34.5	25.04	10.57	26.71	28.94	25.6	12.24	18.36	31.72	27.27	26.71
ab	23.07	29.36	27.79	26.21	33.03	24.64	25.17	27.79	25.17	27.26	44.56	25.17	24.64
an	1.03	5.2	1.59	10.21	13.55	4.64	4.64	5.01	5.84	5.84	6.95	5.84	7.51
di													
c	1.76	2.48	0.74	0.64	1.25	1.76	1.56	1.63	1.73	1.53	1.23	1.02	1.12
hy	4.03	2.19	0.7	3.07	6.54	2.19	2.06	1.89	1.2	1.2	1.4	1.99	3.07
ol													
σ	2.8	1.78	2.45	1.92	1.17	1.75	1.98	1.83	0.71	1.13	4.61	1.71	1.65
FL	95.05	83.03	93.87	74.46	65.43	82.91	84.62	85.44	80.82	83.67	88.72	86.78	82.77
SI	3.17	4.02	0.96	7.66	13.63	4.45	3.7	3.69	7.05	6.06	3.52	5.49	7.71
AR	4.69	2.75	4.9	2.56	1.95	3.06	3.27	3.09	2.44	2.71	3.39	3.25	2.87
NK	9.03	7.39	9.04	7.26	5.66	7.47	7.92	7.63	5.1	6.2	10.7	7.55	7.3
OX	0.52	0.56	0.51	0.57	0.62	0.56	0.55	0.55	0.62	0.59	0.48	0.55	0.56
LI	26.01	25.4	30.3	21.52	17.74	25.77	26.61	26.38	25.03	24.94	24.9	26.65	25.53
MF	89.49	76.92	72.73	77.36	69.38	80.37	80	78.48	78.91	80	75.56	76.32	70.31
DI	90.13	87.41	96.2	81.41	74.99	88.86	89.7	89.37	88.46	88.62	89.13	90.27	87.51

续表 3-1

侵入体	康马	卢村	通巴寺	顶嘎	汤嘎西木		告乌						
样品号	* YG-56	D2154XT1	D5343RZ1	D6421RZ1	P39-39H1	D5382B1	P35-38GP1	P35-28H1	P35-37H1	P35-35H1	D2448B1	D2465RZ1	D2465RZ2
岩性	片麻状黑云二长花岗岩	辉长辉绿岩	片麻状花岗岩	白云母电气石花岗岩	黑云斜长片麻岩	英云闪长岩	二云二长花岗岩	二云二长花岗岩	二云二长花岗岩	二长花岗岩	白云母花岗岩	白云母花岗岩	白云母花岗岩
SiO_2	74.32	48.28	71.58	73.62	68.81	69.72	75.47	74.8	75.54	76.4	73.63	73.42	74.3
TiO_2	0.16	1.45	0.34	0.07	0.37	0.41	0.14	0.06	0.04	0.1	0.08	0.07	0.07
Al_2O_3	15.13	14.41	14.18	14.69	14.76	14.02	13.15	14.27	13.96	12.53	15.44	14.8	14.55
Fe_2O_3	0.53	2.7	0.68	0.19	1.15	1.48	0.63	0.36	0.3	0.31	0.28	0.32	0.17
FeO	1.09	9.5	1.98	0.48	2.71	2.68	1.13	0.72	0.45	1.4	0.45	0.29	0.43
MnO		0.22	0.05	0.03	0.12	0.09	0.04	0.07	0.02	0.09	0.02	0.02	0.02
MgO	0.55	6.79	0.88	0.14	1.67	1.77	0.46	0.19	0.11	0.21	0.13	0.19	0.21
CaO	1.32	10.43	1.8	0.63	2.97	3.22	1.02	0.7	0.73	0.59	0.6	0.64	0.57
Na_2O	3.15	2.76	3.16	4.05	3.46	2.92	3.81	3.35	3.58	3.18	4.45	3.88	3.77
K_2O	4.3	0.07	4.23	4.65	2.83	2.53	3.12	4.65	4.38	4.55	4.62	5.13	5.01
P_2O_5	0.13	0.11	0.14	0.16	0.09	0.1	0.12	0.15	0.11	0.04	0.18	0.19	0.16
CO_2		0.18	0.09	0.09	0.17	0.05	0.12	0.14	0.03	0.03	0.09	0.17	0.03
H_2O^+		2.84	0.82	0.5	0.72	0.78	0.42	0.46	0.4	0.3	0.68	0.42	0.54
LOI		1.84	0.8	0.65	0.44	0.53	0.35	0.45	0.33	0.12	0.73	0.6	0.7
总计	100.68	99.74	99.93	99.3	99.83	99.77	99.63	99.92	99.65	99.73	100.65	99.54	99.83
ap	0.34	0.34	0.34	0.34	0.34	0.34	0.34	0.34	0.34	—	34	0.34	0.34
il	0.46	2.88	0.61	0.15	0.76	0.76	0.15	0.15	—	0.15	0.15	0.15	0.15
mt	0.69	3.94	0.93	0.23	1.62	2.08	0.93	0.69	0.46	0.46	0.46	0.46	0.23
q	35.14		30.85	30.61	28.14	32.6	38.77	35.29	36.01	37.36	28.5	30.55	31.75
or	25.6	0.56	25.04	27.83	16.7	15.03	18.36	27.83	26.16	27.27	27.27	30.05	29.49
ab	27.26	23.59	27.26	31.6	29.36	24.64	31.98	28.83	30.41	27.26	38.27	33.03	31.98
an	5.48	26.42	7.43	1.59	12.71	14.38	3.53	2.14	2.7	3.06	1.59	0.75	2.14
di		18.64											
c	1.09		1.56	2.27	1.36	1.15	2.27	2.78	2.27	1.12	2.27	2.58	2.17
hy	2.7	18.25	4.98	0.96	7.78	7.82	2.52	1.42	0.96	2.74	0.83	0.63	1.03
ol		1.92											
σ	1.77	1.52	1.91	2.47	1.53	1.11	1.48	2.01	1.95	1.79	2.69	2.67	2.46
FL	84.95	21.34	80.41	93.25	67.93	62.86	87.17	91.95	91.6	92.91	93.8	93.37	93.9
SI	5.71	31.12	8.05	1.47	14.13	15.55	5.03	2.05	1.25	2.18	1.31	1.94	2.19
AR	2.66	1.26	2.72	3.63	2.1	1.92	2.91	3.3	3.37	3.87	3.6	3.8	3.77
NK	7.45	2.83	7.39	8.7	6.29	5.45	6.93	8	7.96	7.73	9.07	9.01	8.78
OX	0.56	0.73	0.57	0.53	0.6	0.62	0.57	0.54	0.54	0.55	0.52	0.52	0.52
LI	25.64	−13.21	227.7	27.74	17.26	16.95	25.06	27.58	27.98	27.45	27.71	28.18	28.39
MF	74.65	64.24	75.14	82.72	69.8	70.15	79.28	85.04	87.21	89.06	84.88	76.25	74.07
DI	88	24.15	83.15	93.04	74.2	72.27	89.11	91.95	92.58	91.89	94.04	93.63	93.22

续表 3-1

侵入体	告乌					岩脉					
样品号	* YG-13	* YG-23	* YG-24	* YG-25	# YGS6	样品号	D4008XT1	D1379B1	D5460B1	D5437B2	D5443B1
岩性	白云母花岗岩	白云母花岗岩	白云母电气石花岗岩	电气石二云花岗岩	白云母二长混合花岗岩	岩性	辉绿岩	辉绿岩	花岗岩	花岗岩	黑云母花岗岩
SiO_2	74.77	75.69	74.87	72.27	73.56	SiO_2	48.16	49.82	76.15	76.71	76.54
TiO_2	0.05			0.14	0.08	TiO_2	2.02	4.32	0.05	0.06	0.04
Al_2O_3	13.95	15.65	13.95	15.36	15	Al_2O_3	13.64	14	13.18	12.62	12.57
Fe_2O_3	1.01	0.46	1.23	1.38	0.31	Fe_2O_3	2.02	2.27	0.19	0.31	0.08
FeO	0.45	0.31	0.33	0.63	0.73	FeO	10.33	8.32	0.47	0.43	0.23
MnO		0.05			0.01	MnO	0.23	0.16	0.08	0.05	0.01
MgO	0.33	0.44	0.54	0.54	0.94	MgO	6.49	4.83	0.08	0.11	0.12
CaO	0.45	0.76	0.45	0.9	0.02	CaO	8.45	8.49	0.57	0.65	1.08
Na_2O	4.65	3.8	4.05	4.45	3.73	Na_2O	3.92	3.08	3.54	3.28	2.55
K_2O	3.9	3.15	5.1	4.5	4.46	K_2O	0.08	1.76	5.13	5.05	5.79
P_2O_5	0.13	0.1	0.09	0.13	0.15	P_2O_5	0.16	0.6	0.02	0.02	0.04
CO_2						CO_2	0.46	0.17	0.09	0.17	0.17
H_2O^+					0.47	H_2O^+	3.64	2.02	0.28	0.24	0.3
LOI					0.1	LOI	2.86	1.48	0.38	0.32	0.29
总计	99.69	100.41	100.61	100.31	99.56	总计	99.6	99.84	99.83	99.7	99.52
ap	0.34	0.34	0.34	0.34		ap	0.34	1.35			
il	0.15			0.15	0.15	il	3.79	8.19	0.15	0.15	
mt	1.39	0.69	0.93	1.62	0.46	mt	2.78	3.24	0.23	0.46	0.2
q	23.1	40.16	30.25	26.46	32.91	q		8.67	34.95	36.76	36.6
or	22.82	18.92	30.05	26.71	26.71	or	0.56	10.57	30.05	30.05	34
ab	42.29	33.95	36.73	40.62	33.39	ab	33.03	26.21	29.36	27.79	24.1
an	1.59	2.98	1.59	3.53		an	19.19	18.91	2.5	2.23	4.4
di						di	15.75	15.71			
c	1.46	4.92	1.14	1.76	3.98	c			1.02	0.61	0.1
hy	0.71		1.2	1.2	3.13	hy	55.98	0.42	1.09	0.83	
ol						ol	9.59				
σ	2.3	1.48	2.62	2.74	2.19	ne					0.3
FL	95.53	90.14	95.31	90.86	99.76	fs					0.3
SI	3.19	5.39	4.8	8.7	9.53	σ	0.78	0.71	0.26	0.25	0.25
AR	3.92	2.47	4.49	3.45	3.4	FL	32.13	36.31	93.83	92.76	88.54
NK	8.55	6.95	9.15	8.95	8.19	SI	28.42	23.84	0.85	1.2	1.37
OX	0.53	0.57	0.57	0.52	0.54	AR	2.24	2.21	−1.15	−1.19	−1.31
LI	26.68	26.41	27.63	25.28	27	NK	4	4.84	8.67	8.33	8.34
MF	81.56	63.64	74.29	78.82	52.53	LI	−10.95	−5.32	29.22	29.15	29.8
DI	88.21	93.03	97.03	93.79	93.01	MF	65.55	68.68	89.19	87.06	72.09
						DI	33.59	45.45	94.36	94.60	95.00

测试单位:国家地质实验测试中心,2002 年。

注:“*”资料来自科考队《西藏山南地区的中酸性岩浆岩》,1975 年;“#”资料来自西藏区调队,1983 年。

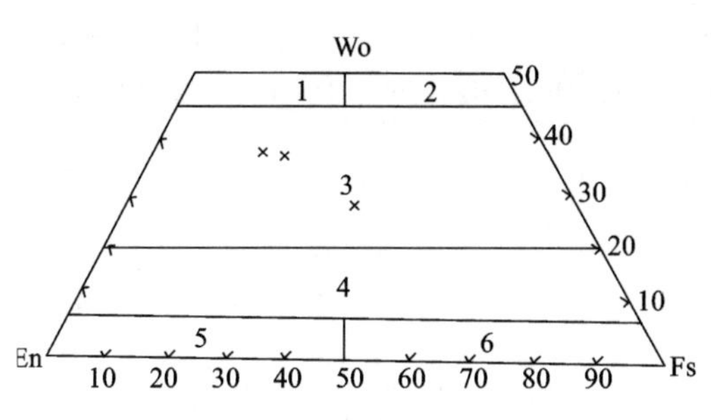

图 3-3　卢村岩体辉石分类图解

(据 Morimotoetal N,1988)

1.透辉石;2.钙铁辉石;3.普通辉石;4.易变辉石;

5.斜顽辉石;6.斜铁辉石

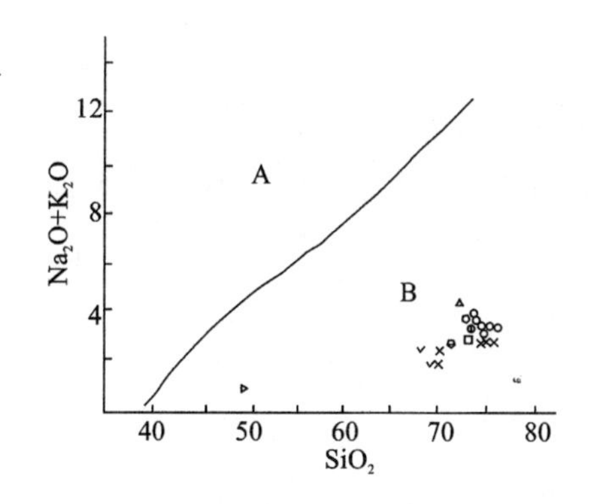

图 3-4　侵入岩硅-碱图解

(据 Irvine T N,1971)

△哈金桑惹岩体(5);□波东拉岩体(6);×康马岩体(7);

▷卢村岩体(8);√汤嘎西木岩体(13);⦶顶嘎岩体(10);

⊖通巴寺岩体(9);○告乌岩体(14)

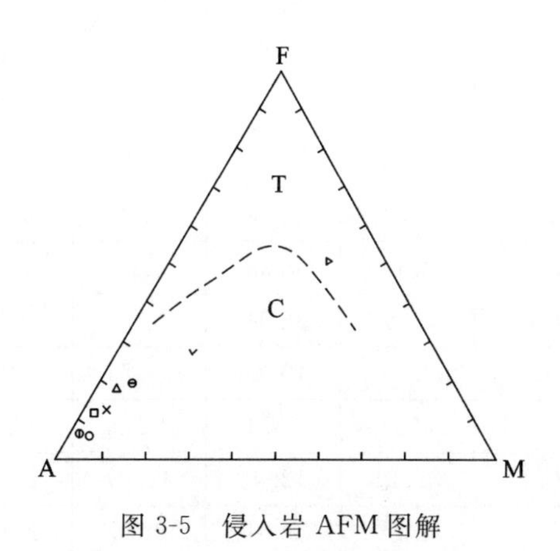

图 3-5　侵入岩 AFM 图解

(据 Irvine T N,1971)

T.粒斑玄武岩系列;C.钙碱性系列

△哈金桑惹岩体(5);□波东拉岩体(6);×康马岩体(7);

⊖通巴寺岩体(9);⦶顶嘎岩体(10);√汤嘎西木岩体(13);

○告乌岩体(14);▷卢村岩体(8)

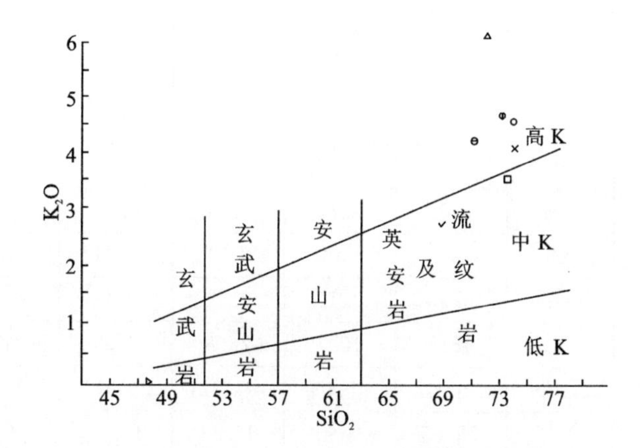

图 3-6　侵入岩硅-钾图解

(据 Pecerillo 等,1976;Ewart,1979;IUGS,1989)

△哈金桑惹岩体(5);□波东拉岩体(6);×康马岩体(7);▷卢村岩体(8);⊖通巴寺岩体(9);⦶顶嘎岩体(10);√汤嘎西木岩体(13);○告乌岩体(14)

三、稀土、微量元素地球化学特征

该侵入体稀土元素含量特征见表 3-2,$\sum$Ce$=27.29\times10^{-6}$,与世界辉长岩稀土元素平均值相比较低,为其 1/2,$\sum$Y 值相近,$\sum$Ce/$\sum$Y$=0.65$,La/Sm$=1.14$,Sm/Nd$=0.36$,δEu$=1.06$,δCe$=1.02$,轻、重稀土无明显分馏现象,表明形成岩石的岩浆结晶分异作用弱;无明显 Eu、Ce 异常。稀土配分曲线(图 3-7)大致水平,左端稍低,表明轻稀土微亏损。

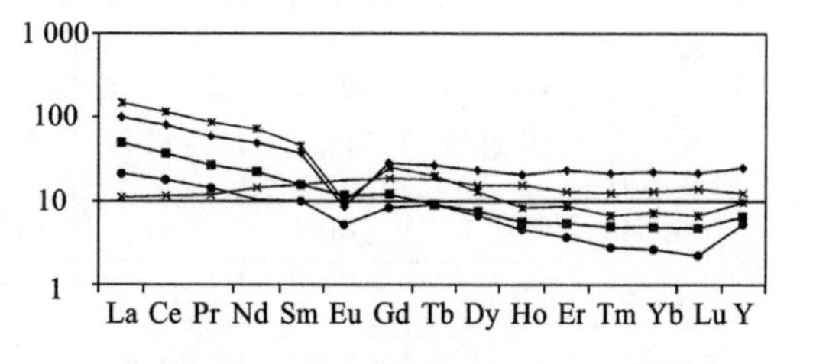

—◆—哈金桑惹岩体;　—■—波东拉岩体;　—▲—康马岩体;
—×—卢村岩体;　—✳—通巴寺岩体;　—●—顶嘎岩体;

图 3-7　侵入岩的稀土配分曲线图

微量元素含量特征见表 3-3。与世界辉长岩平均值比,其 Sc、Cr、V、Co、Cu、Zn、Nb、Rb、Mo、Sn、Cs、Ba、Hf、Ta、W 和 Th 均偏高,其中高出 10 倍以上的有 Sc、V、Zn、Nb、Sn 和 Ta,最高者为 Ta,高出 90 倍;而 Ga、Sr、Zr、Pb 偏低,最低者为 Zr,为其 1/28。Rb/Ba$=0.20$,Sr/Ba$=1.70$,Rb/Cs$=3.33$,Rb/Sr$=0.12$,K/Rb$=74.58$,K/Cs$=248.65$。

表 3-2　侵入岩稀土元素分析结果($\times10^{-6}$)及其相关参数表

侵入体	哈金桑惹	波东拉	康马						卢村	通巴寺
样品号	D7136B1	D4210H	D5442B1	D5443DB1	P9-19H1	P9-20H1	D5440RZ1	P6-16H1	D2154XT1	D5343RZ1
岩性	片麻状二长花岗岩	片麻状二云母花岗岩	片麻状花岗岩	片麻状花岗岩	片麻状花岗岩	片麻状花岗岩	片麻状花岗岩	片麻状二长花岗岩	辉长辉绿岩	片麻状花岗岩
La	31.3	15.3	11	50.9	45.3	45.9	35	19.62	3.47	45.4
Ce	65	29.4	22.2	96.8	82.4	84	66.1	30.75	9.5	94.8
Pr	7.06	3.24	2.44	10	8.18	8.71	6.77	3.18	1.45	10.4
Nd	29.7	13.3	8.96	36.5	29.7	32.2	25.7	10.43	8.51	43.2
Sm	7.19	3.01	2.68	6.63	5.29	6.26	5.05	1.77	3.04	8.81
Eu	0.62	0.84	0.14	1.06	1.1	0.74	0.57	0.35	1.32	0.74
Gd	7.45	3.1	3.3	5.19	4.43	5.31	4.48	0.35	4.75	6.45
Tb	1.27	0.43	0.6	0.92	0.73	0.84	0.72	0.71	0.83	0.93
Dy	7.3	2.4	4.18	4.77	3.7	4.73	3.97	0.18	4.93	4.08
Ho	1.46	0.41	0.83	0.9	0.7	0.87	0.73	0.18	1.12	0.61
Er	4.72	1.12	2.91	2.85	2.23	2.83	2.24	0.18	2.7	1.79
Tm	0.68	0.16	0.44	0.41	0.3	0.42	0.31	0.04	0.4	0.22
Yb	4.59	1.02	3.51	2.91	2.37	2.79	2.14	0.35	2.68	1.53
Lu	0.68	0.15	0.54	0.44	0.37	0.42	0.32	0.04	0.45	0.22
Y	48.8	12.7	28.8	27.4	21.3	27.9	22.3	10.43	24.41	19
∑Ce	140.87	65.09	47.42	201.89	171.97	177.81	139.19	66.1	27.29	203.35
∑Y	76.95	21.49	45.11	45.79	34.13	46.11	37.21	12.44	42.27	17.73
∑Ce/∑Y	1.83	3.03	1.05	4.41	5.04	3.86	3.74	5.31	0.65	11.47
Sm/Na	0.24	0.23	0.3	0.18	0.18	0.19	0.2	0.17	0.36	0.2
δEu	0.26	0.83	0.14	0.53	0.68	0.38	0.36	0.92	1.06	0.29
δCe	1.01	0.96	0.99	0.97	0.96	0.95	0.97	0.85	1.02	1.01
La/Sm	4.35	5.08	4.1	7.68	8.56	7.33	6.93	11.1	1.14	5.15
∑REE	217.82	86.58	92.53	247.68	206.1	223.92	176.4	78.54	69.56	221.08
侵入体	顶嘎	汤嘎西木		告乌						
样品号	D6421RZ1	P35-39H1	D5382B1	P35-38GP1	P35-28H1	P35-37H1	P35-35H1	D2448B1	D2465RZ1	D2465RZ2
岩性	白云母电气石花岗岩	黑云斜长片麻岩	英云闪长岩	二云二长花岗岩	二云二长花岗岩	二云二长花岗岩	二长花岗岩	白云母花岗岩	白云母花岗岩	白云母花岗岩
La	6.64	42.8	21.1	51	6.16	4.69	35.8	6.62	8.54	5.72
Ce	14.6	77.4	39.9	100	13.2	9.94	68.3	14.7	18.3	12.1
Pr	1.72	7.9	4.53	10.8	1.48	1.11	7.1	1.68	2.1	1.36
Nd	6.27	30.9	19.3	4.07	5.28	3.84	26.4	6.19	7.55	4.84
Sm	1.94	5.54	4.35	9.6	1.34	1.08	5.21	1.95	2.01	1.34
Eu	0.38	1.15	0.96	0.68	0.36	0.41	0.47	0.38	0.57	0.27
Gd	2.19	4.91	4.59	8.92	1.42	1.21	4.3	2.18	2.21	1.43
Tb	0.43	0.76	0.78	1.24	0.26	0.24	0.56	0.46	0.4	0.26
Dy	2.14	4.2	4.06	7.45	1.44	1.41	3.32	2.35	1.96	1.24

续表 3-2

侵入体	顶嘎	汤嘎西木		告乌						
样品号	D6421RZ1	P35-39H1	D5382B1	P35-38GP1	P35-28H1	P35-37H1	P35-35H1	D2448B1	D2465RZ1	D2465RZ2
岩性	白云母电气石花岗岩	黑云斜长片麻岩	英云闪长岩	二云二长花岗岩	二云二长花岗岩	二云二长花岗岩	二长花岗岩	白云母花岗岩	白云母花岗岩	白云母花岗岩
Ho	0.33	0.8	0.76	1.19	0.27	0.25	0.55	0.37	0.37	0.2
Er	0.78	2.67	2.55	3.25	0.76	0.69	1.75	0.89	0.81	0.47
Tm	0.09	0.36	0.35	0.36	0.12	0.11	0.17	0.11	0.1	0.06
Yb	0.55	2.76	2.59	2.72	0.8	0.74	1.58	0.63	0.62	0.35
Lu	0.07	0.44	0.4	0.39	0.11	0.1	0.23	0.08	0.09	0.05
Y	10.1	25.8	24.1	35.8	7.4	7.36	16.3	10.7	9.67	5.86
ΣCe	31.55	165.69	90.14	212.78	27.82	21.07	143.28	31.52	39.07	25.63
ΣY	16.68	42.7	40.18	61.32	12.58	12.11	28.76	17.77	16.23	9.92
ΣCe/ΣY	1.89	3.88	2.21	3.47	2.21	1.74	4.98	1.77	2.41	2.58
Sm/Na	0.31	0.18	0.23	0.24	0.25	0.28	0.2	0.32	0.27	0.28
δEu	0.56	0.66	0.65	0.22	0.79	1.09	0.3	0.56	0.82	0.59
δCe	1.02	0.94	0.94	0.98	1.02	1.02	0.97	1.04	1.01	1.01
La/Sm	3.42	8.17	4.85	5.31	4.6	4.34	6.87	3.39	4.25	4.27
ΣREE	48.23	208.39	130.32	274.1	40.4	33.18	172.04	49.29	55.3	35.55

测试单位:国家地质实验测试中心,2002 年。

表 3-3 侵入岩微量元素分析结果($\times10^{-6}$)及其相关参数表

侵入体	哈金桑惹	波东拉	康马						卢村	通巴寺	顶嘎
样品号	D7136B1	D4210H	D5442B1	D5443DB1	P9-19H1	P9-20GP1	D5440RZ1	P9-16H1	D2154XT1	D5343RZ1	D6421RZ1
岩性	片麻状二长花岗岩	片麻状二云花岗岩	片麻状花岗岩	片麻状花岗岩	片麻状花岗岩	片麻状花岗岩	片麻状花岗岩	片麻状二长花岗岩	辉长辉绿岩	片麻状花岗岩	白云母电气石花岗岩
Sc	10.76	24.45	25.18	20.72	46.17	78.06	35.32	34.82	63.16	37.52	69.29
Cr	56.78	70.04	46.92	59.41	80.85	486.6	75.71	52.32	309.74	83.57	59.22
V	4.83	34.76	0	163.77	260.15	41.26	83.79	3.71	2553.19	226.64	102.57
Co	0	0	0	0	0	213.05	0	0	87.99	0	0
Cu	0	0	0	23.06	323.01	0	0	196.01	336.53	0	0
Zn	369.46	190.39	38.34	647.25	1212.13	525.08	176.59	511.31	1778.26	228.54	62.9
Ga	53.07	48.73	42.34	56.87	47.84	64.11	41.33	99.51	12.12	49.84	25.16
Nb	273.89	34.06	0	50.81	31.34	28.67	41.14	30.75	428.24	85.09	70.06
Rb	433.66	225.85	196.45	200.51	140.92	50.36	277.66	238.42	7.82	233.47	469.33
Sr	0	71.27	5.53	81.3	128.13	193.3	0	82.54	67.46	14.97	0
Zr	0	0	0	0	0	84.64	0	0	3.72	0	0
Mo	0	0	0	0	0	75.73	0	0	3.52	0	0
Sn	17.63	2.97	0.57	4.69	4.45	73.02	6.01	4.07	25.81	10.42	13.55
Pb	12.8	22.36	24.6	15.63	12.05	409.06	15.03	28.1	4.69	17.81	32.32
Cs	12.06	4.37	0.57	3.13	2.04	13.17	5.44	6.36	2.35	2.84	13.55
Ba	227.5	191.09	128.36	262.85	152.61	666.28	161.19	318.66	39.7	213.76	73.93
Hf	0.74	0.35	0.57	0.59	1.11	61.2	0.19	1.06	3.32	0.19	0.58
Ta	1.67	0.35	0.57	1.56	0.93	25.37	0.38	0.88	43.22	0.57	1.16

续表 3-3

侵入体	哈金桑惹	波东拉	康马						卢村	通巴寺	顶嘎
样品号	D7136B1	D4210H	D5442B1	D5443DB1	P9-19H1	P9-20GP1	D5440RZ1	P9-16H1	D2154XT1	D5343RZ1	D6421RZ1
岩性	片麻状二长花岗岩	片麻状二云花岗岩	片麻状花岗岩	片麻状花岗岩	片麻状花岗岩	片麻状花岗岩	片麻状花岗岩	片麻状二长花岗岩	辉长辉绿岩	片麻状花岗岩	白云母电气石花岗岩
W	0.93	0.87	0.57	0.59	1.48	82.9	0.75	3.71	4.89	0.38	1.94
Th	94.27	37.56	61.8	121.36	87.34	116.6	103.51	78.47	24.25	130.76	17.42
U	0	0	0.38	0	0	18.59	0	0	0	0	0
Sr/Ba	0	0.37	0.04	0.31	0.84	0.29	0	0.26	1.7	0.07	0
Rb/Ba	1.91	1.18	1.53	0.76	0.92	0.08	1.72	0.75	0.2	1.09	6.35
Rb/Cs	35.95	51.72	343.45	64.12	69.08	3.82	51.04	37.47	3.33	82.12	34.64
Rb/Sr		3.17	35.52	2.47	1.1	0.26		2.89	0.12	15.59	
K/Rb	121.25	145.01	244.76	172.48	106.44	749.6	148.26	150.99	74.58	150.99	82.57
K/Cs	4359.42	7499.43	84 061.77	11 059.59	7352.94	2866.36	7567.4	5657.71	248.65	12 398.87	2860.2

侵入体	汤嘎西木		告乌							全球花岗岩类平均值
样品号	P35-39GP2	D5382B1	P35-38GP1	P35-28H1	P35-37H1	P35-35H1	D2448B1	D2465RZ1	D2465RZ2	
岩性	黑云斜长片麻岩	英云闪长岩	二云二长花岗岩	二云二长花岗岩	二云二长花岗岩	二长花岗岩	白云母花岗岩	白云母花岗岩	白云母花岗岩	
Sc	24.15	16.83	19.45	38.88	40.33	35.77	13.05	56.88	40.04	3
Cr	40.71	56.25	33.2	37.47	25.51	29.46	98.15	35.01	41.81	25
V	53.56	321.86	59.73	70.02	24.99	32.97	0	71.02	29.41	40
Co	0	0	0	0	0	0	0	0	0	5
Cu	0	0	0	0	0	0	0	0	0	20
Zn	139.46	609.12	156.78	33.25	62.05	99.25	80.52	29.96	60.42	60
Ga	58.24	52.38	22.2	16.54	15	39.63	19.12	25.58	19.67	20
Nb	55.12	51.82	80.94	25.51	27.23	70.67	58.64	13.8	36.32	46
Rb	333.07	129.16	197.84	276.57	221.65	291.77	409.93	339.79	313.25	200
Sr	0	0	0	0	0	0	130.67	0	0	300
Zr	0	0	0	0	0	0	0	0	0	200
Mo	0	0	0	0	0	0	0	0	0	1
Sn	13.05	3.03	7.86	8.27	5.69	7.54	21.14	9.09	9.57	3
Pb	20.45	15.7	17.09	29.91	27.4	16.48	32.17	51.33	36.85	20
Cs	4.87	2.65	5.5	6.16	3.62	6.31	32.54	14.47	10.45	5
Ba	247.76	176.25	78.59	46.09	42.74	155.18	46.14	65.23	56.34	830
Hf	1.17	0.38	1.18	0.35	0.17	0.53	0.18	0.34	0.35	1
Ta	0.72	0.76	0.98	0.88	0.52	0.7	1.29	0.67	0.71	3.5
W	3.31	0.57	2.75	0.57	3.28	2.28	1.29	1.35	1.95	1.5
Th	75.96	47.84	110.41	16.89	15	58.74	14.34	25.08	22.68	18
U	0	0	0	0	0	0	0	0	17.01	3.5
Sr/Ba	0	0	0	0	0	0	2.83	0	0	
Rb/Ba	1.34	0.73	2.52	6	5.19	1.88	8.88	5.21	5.56	
Rb/Cs	68.41	48.78	35.96	44.91	61.25	46.22	12.6	23.48	29.96	
Rb/Sr							3.14			
K/Rb	70.81	163.23	131.42	140.11	164.68	129.96	93.92	125.81	133.28	
K/Cs	4843.57	7961.98	4726.41	6292.63	10 085.66	6007.08	1183.27	2953.78	3993.69	

测试单位：中国地质大学（北京）测试中心，2002 年。

第二节　中酸性侵入岩

该类侵入岩是区内侵入岩的主要类型，共有侵入体14个，出露面积约727 km²，占调查区面积的3.8%，占侵入岩出露面积的94.3%，

按侵入体形成的时代可分为加里东期、印支期—海西期、喜马拉雅期和喜马拉雅期侵入体。

在空间上，测区内的侵入体具有显著的分带性，自北向南大致可划分出3个岩带：I岩带分布于苦玛至康马一带；Ⅱ岩带分布于顶嘎至告乌一带；Ⅲ岩带分布于汤嘎西木至通巴寺一带。这3个岩浆岩带在构造上分属不同的构造单元，I岩带分布在北喜马拉雅构造带，Ⅱ岩带沿高喜马拉雅与北喜马拉雅构造带的分界断层带分布，Ⅲ岩带分布在高喜马拉雅构造带。

在大区域上，这3个带均属喜马拉雅岩浆岩带。各岩带中的侵入体在岩石学、岩相学、岩石化学、地球化学等方面均存在明显差异，反映出区内岩浆活动与构造活动有密切的关系。现将各岩带中主要岩体的特征分述如下。

一、Ⅰ岩带

该岩带主要分布在北喜马拉雅带内，向东西两侧均延伸出图幅，大多数侵入体位于拉轨岗日隆起带上及其北侧。测区内共有7个岩体，主要岩石类型为片麻状黑云母二长花岗岩等。现将各岩体的特征分述如下。

（一）哈金桑惹片麻状黑云母二长花岗岩

该岩体为一变质变形侵入体，分布于江孜县幅岗巴县苦玛北东哈金桑惹周围，呈椭圆状，由于切割、剥蚀原因，边界极不规则，中部残留顶盖残留体，长轴总体呈近东西向展布，与围岩（主要为P_1p、P_1b、P_2k、P_3b及$T_{1+2}lc$，少量拉轨岗日岩群中的变质岩系）呈拆离断层接触关系，接触带附近发育长英质糜棱岩，岩体内部遭受了强烈的构造平行化作用，片麻理（和糜棱面理）发育，产状与围岩中的片理、板理产状一致。岩体出露面积约80km²，其产状为一岩株。

1. 岩石类型及岩相学特征

岩石呈灰白色，中粗粒粒状结构，片麻状构造。主要矿物为钾长石（45%±）、斜长石（30%±）和石英（20%～25%）。次要矿物为黑云母，含量5%～10%。副矿物主要为磁铁矿、磷灰石、石榴石和锆石，其次为电气石、褐帘石、独居石和锐钛矿。根据实际矿物含量和标准矿物计算结果换算值分别在QAP图（图3-8、图3-9）上投图，其结果分别落入3b区和3a区，分属钾长花岗岩和二长花岗岩。结合岩石的结构、构造和次要矿物特征综合定名为片麻状黑云母二长花岗岩。

其矿物特征如下所示。

钾长石：他形—半自形，粒径0.25～1mm，局部蠕英结构。

斜长石：他形—半自形，粒径1mm，最大2.5mm。其成分和晶体化学结构特征见表3-1，根据其结果投长石分类图[图3-2(a)]，大多落入An=10～30区域，属更长石类。

石英：他形粒状，具波状消光。

黑云母：棕色，片状，具多色性，定向排列，构成岩石的片麻理。

磷灰石：无色，透明。玻璃光泽，表面光亮，呈椭圆—浑圆粒状，少量晶内黑色固相包体多，定向排列，大小0.1～0.4mm。

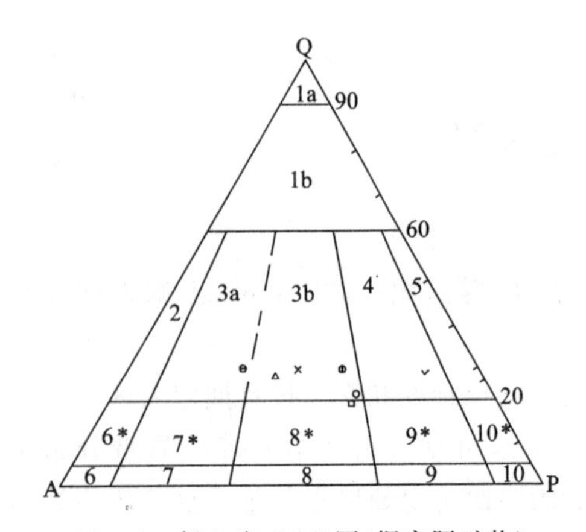

图 3-8　侵入岩 QAP 图(据实际矿物)

(据 IUGS,1972,1979)

△哈金桑惹岩体(5);□波东拉岩体(6);⊕顶嘎岩体(10);√汤嘎西木岩体(13)

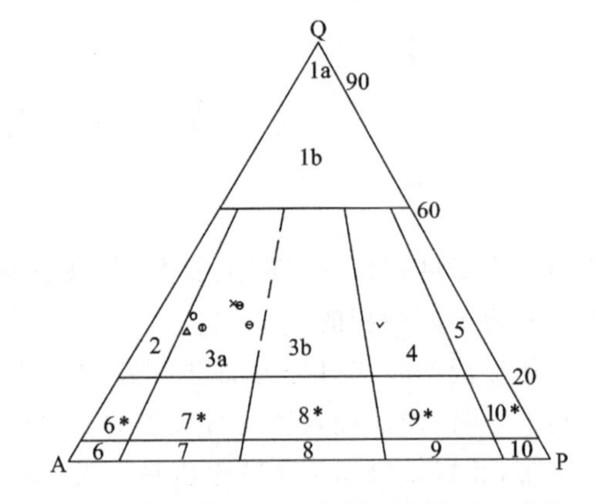

图 3-9　侵入岩 QAP 图(据 CIPW 标准矿物)

(据 IUGS,1972,1979)

×康马岩体(7);⊖通巴寺岩体(9);○告乌岩体(14)

石榴石:红色,等轴粒状,干净,大小 0.1～0.6mm。

锆石:粉色为主,淡黄色次之,金刚—油脂光泽,透明—半透明,气液及黑色固相包体发育;粒径0.06～0.2mm 为主,0.2～0.35mm 次之;伸长系数以 1.7～2.5 为主,2.5～3.3 少量;聚型由柱面{110}、{100}、锥面{111}组成,偏锥面{311}、{131}少见。锆石的标型矿物晶型特征见表 3-4。

2. 岩石化学特征

该侵入体的岩石化学特征(表 3-1)与世界花岗岩平均值相比,其 SiO_2、Al_2O_3、Fe_2O_3、FeO、CO_2 和 H_2O^+ 的含量相似,MnO、K_2O 偏高,TiO_2、MgO、CaO、NaO 和 P_2O_5 明显偏低。与中国花岗岩平均值相比,其 SiO_2、TiO_2、Al_2O_3、Fe_2O_3、MnO、H_2O^+ 的含量相近,FeO、K_2O 的含量偏高,MgO、CaO、Na_2O、P_2O_5 和 CO_2 的含量偏低。$Na_2O+K_2O=9.03\%$、$K_2O>Na_2O$、$Al_2O_3>CaO+Na_2O+K_2O$(分子数)、$SiO_2>FeO'+MgO'$(分子数)为铝过饱和和硅过饱和型。根据硅-碱图(图 3-4)判别为亚碱系列。用 AFM 图(图 3-5)进一步判别属钙碱系列。用硅-钾图(图 3-6)进行划分属高钾型。

3. 稀土、微量元素地球化学特征

该侵入体岩石稀土元素含量特征见表 3-2。$\Sigma Ce=140.87\times10^{-6}$、$\Sigma Y=76.95\times10^{-6}$;$\Sigma Ce/\Sigma Y=1.83$、Sm/Nd=0.24、$\Sigma REE=217.82\times10^{-6}$。与世界花岗岩的平均值相比,ΣCe、ΣREE 明显偏低,ΣY 偏高,La/Sm=4.35、$\delta Eu=0.26$、$\delta Ce=1.01$,显示轻稀土富集、具明显的 Eu 负异常及 Ce 正常的特征。从稀土元素球粒陨石标准化配分曲线图(图 3-7)看,曲线总体为右倾,中等倾斜,具明显的 Eu 负异常,轻稀土段曲线较陡,重稀土段总体平缓,说明稀土元素经历了分馏作用,轻稀土分馏作用强,重稀土弱。

微量元素含量特征见表 3-2,与世界花岗岩平均值相比,其 Pb、W 含量与其相近,Sc、Cr、Zn、Ga、Nb、Rb、Sn、Cs、Th 含量偏高,其中 Nb 高出 13 倍,V、Ba、Hf 含量偏低,其中 V 为其 1/9。Rb/Ba=1.91,Rb/Cs=35.95,K/Rb=121.25,K/Cs=4359.42。

4. 岩石成因类型及温压条件

根据 K_2O-Na_2O 成因类型判别图解(图 3-10)和 QAP 成因类型判别图解(图 3-11)的判别,其结果均属 A 型。$SiO_2=72.16\%$,$Na_2O=2.72\%$,CaO=0.47%, Ga、Nb、Sn 的值均偏高,$\Sigma Ce/\Sigma Y=1.83$。以上特征均与 A 型花岗岩特征相符合。其 K/Rb、K/Cs、Rb/Cs 的比值等显示改造型花岗岩的特征。

根据 Q-Ab-Or-H_2O 图解(图 3-12)判别,其形成的温度在 700～750℃之间,压力为 3000×10^5Pa 左右。H_2O^+ 的平均含量为 0.56%,成岩深度应为 10～12km(表 3-5)。

表 3-4 测区侵入岩锆石特征一览表

岩带	岩体名称	样品编号	颜色	光泽	透明度	包体	晶体特征	伸长系数	粒径(mm)	晶体特征		
										主要	次要	少量
哈金桑惹—康马带(Ⅰ岩带)	哈金桑惹片麻状黑云母二长花岗岩	D7136B1	粉色为主,淡黄色次之	金刚—油脂	透明—半透明	气液及黑色固相包体发育	由柱面{110}、{100},锥面{111}组成。偏锥面{311}、{131}少见	1.7~2.5为主,2.5~3.3少	0.06~0.2为主,0.2~0.35次之	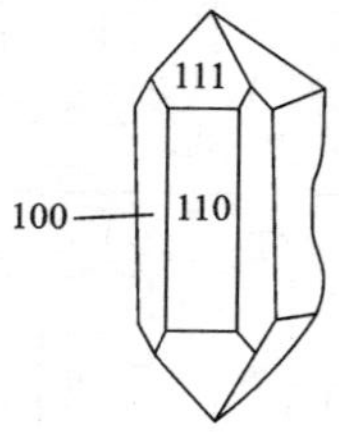	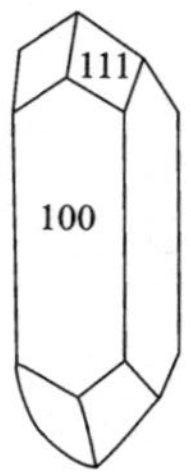	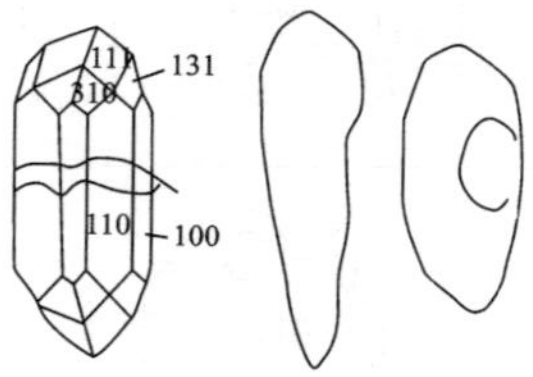
	波东拉弱片麻状黑云母二长花岗岩	D4210	黄色—无色	金刚	透明	气液包体普遍发育,固相少量	由柱面{100}、锥面{111}组成	1.8~2.3为主,2.3~3少	0.08~0.2为主,0.2~0.028少	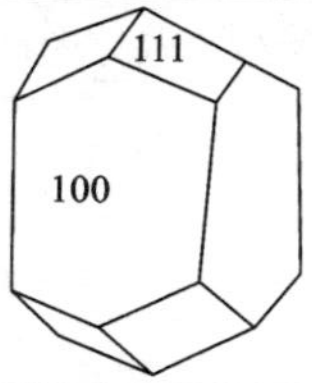		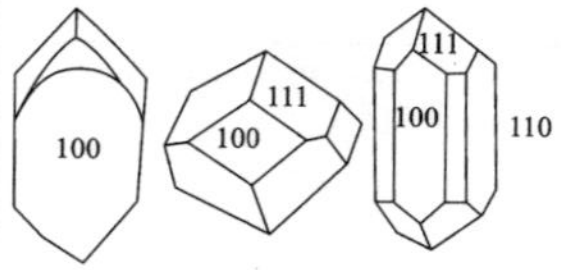
	康马片麻状黑云母二长花岗岩体	D5440RZ1	红粉色	金刚	透明	气液包体较多,固相包体次之	由柱面{100}、锥面{111}组成	1.5~2为主,2~2.5少	0.05~0.15为主,0.15~0.21少	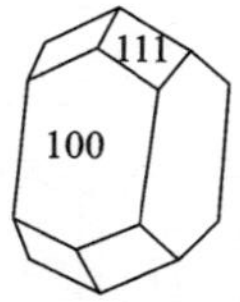		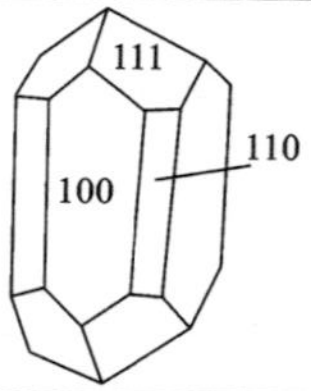
		D5442B1	淡黄色为主,粉色次之	金刚	透明	气液包体普遍发育	由柱面{110}、锥面{111}组成	1.5~2.5	0.03~0.1	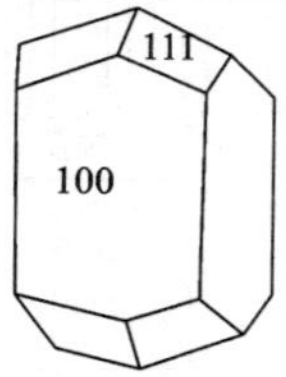		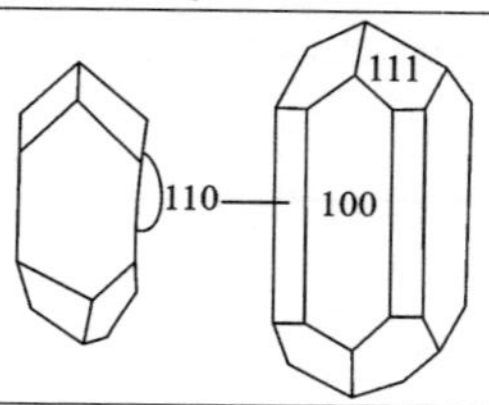
		P9(20)	粉色居多,淡黄色少量	金刚	透明	气液及黑色固相包体普遍发育	由柱面{110}、{100},锥面{111}组成	1.7~2.5为主,2.5~3.5少	0.05~0.2为主,0.2~0.3少	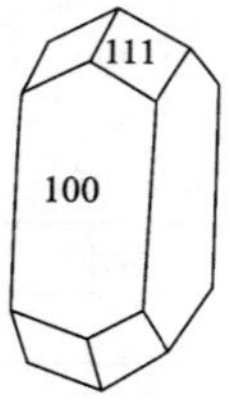	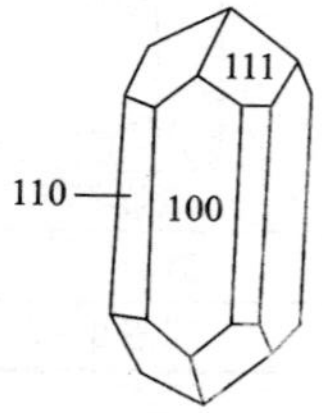	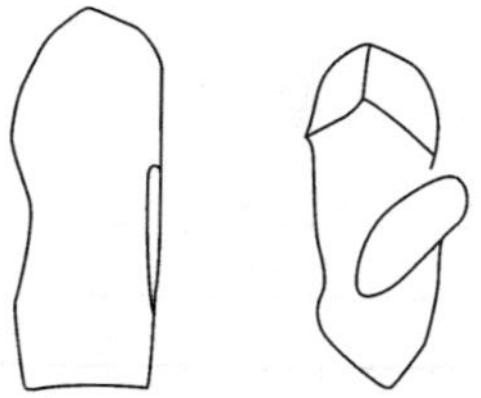

续表 3-4

岩带	岩体名称	样品编号	颜色	光泽	透明度	包体	晶体特征	伸长系数	粒径(mm)	晶体特征 主要	晶体特征 次要	晶体特征 少量
汤嘎西木—通巴寺带(Ⅲ岩带)	通巴寺片麻状黑云母钾长花岗岩	D5343RZ1	红粉色	金刚	透明	固相包体发育，气液包体次之	由柱面{110}、{100}，锥面{111}，偏锥面{131}、{311}组成	2～3为主，1～2少	0.15～0.3为主，0.05～0.15少	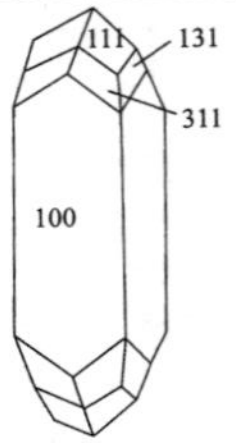	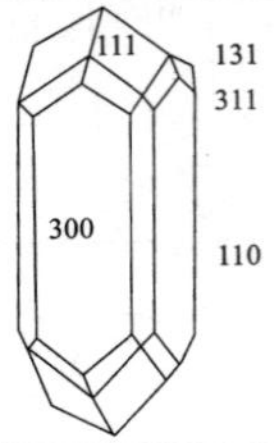	
	汤嘎西木片麻状花岗闪长岩	P35(39)	黄红色	金刚	透明	固相普遍，气液可见	由柱面{110}、{100}，锥面{111}、{311}、{131}、{331}组成	1.5～4为主，4～6少	0.05～0.45	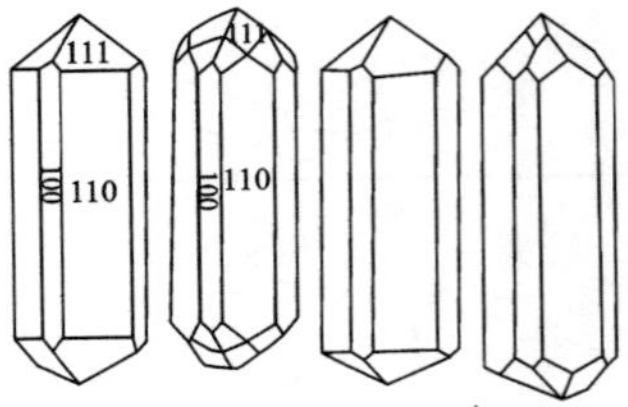	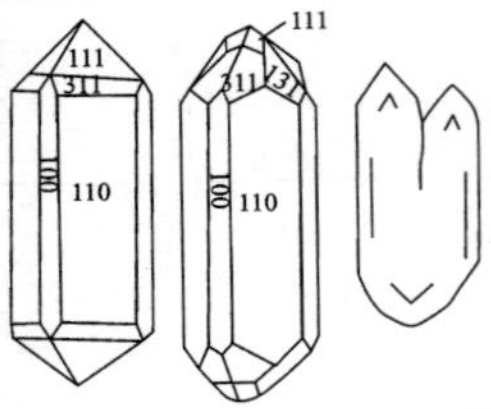	
顶嘎—告乌带(Ⅱ岩带)	顶嘎弱片麻状电气石白云母二长花岗岩	D6421RZ1	无色	金刚—弱金刚	透明—半透明	气液及黑色固相包体均发育	由柱面{110}、{100}组成	1.5～4为主，4～6少	0.05～0.3	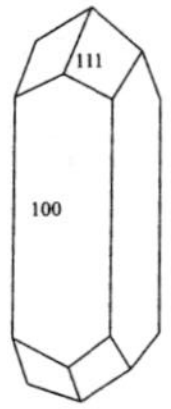	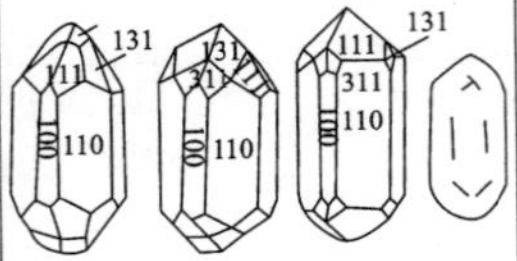	
	告乌电气石白云母二长花岗岩	D2465RZ1	无色—浅粉色	金刚	透明	气液包体普遍，偶见固相包体	由柱面{110}、{100}，锥面{111}、{311}、{131}组成	1.5～3为主，少数3～4或1～1.5	0.05～0.32	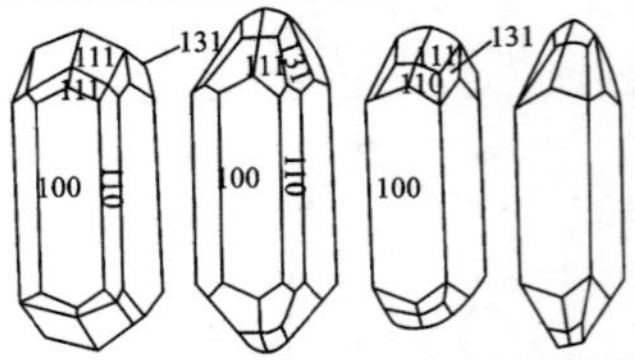		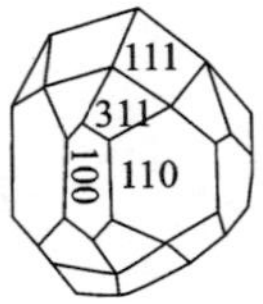
		D2465RZ2	无色—浅粉色	金刚	透明	见固相气液包体	由柱面{110}、{100}，锥面{111}、{311}、{131}组成	1.5～4为主，4～6少	0.05～0.35为主，个别0.6	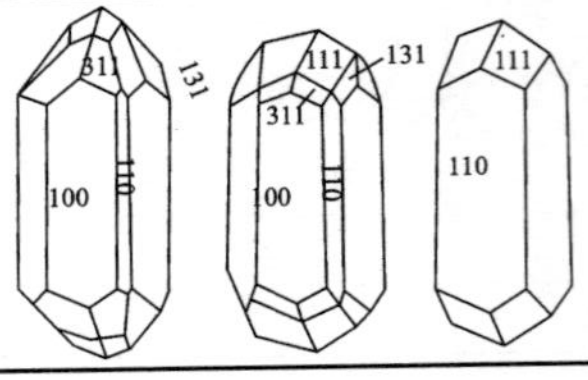		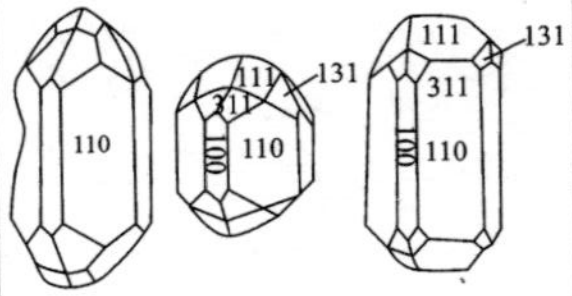

注：鉴定单位：河北省地质调查院地质实验室，2001年。

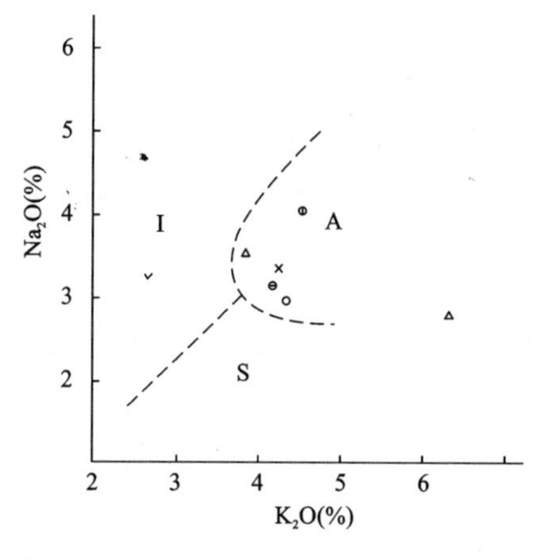

图 3-10　花岗岩成因类型 Na_2O-K_2O 图解

（据 Collins，1982）

△哈金桑惹岩体(5)；□波东拉岩体(6)；⊖通巴寺岩体(9)；⊕顶嘎岩体(10)；√汤嘎西木岩体(13)；○告乌岩体(14)；×康马岩体(7)

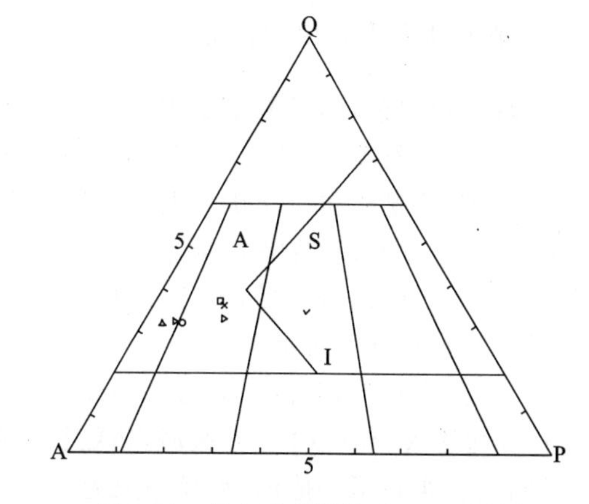

图 3-11　侵入岩成因类型 QAP 图解

（据 Bowden P 等，1982）

△哈金桑惹岩体(5)；□波东拉岩体(6)；×康马岩体(7)；⊖通巴寺岩体(9)；⊕顶嘎岩体(10)；√汤嘎西木岩体(13)；○告乌岩体(14)

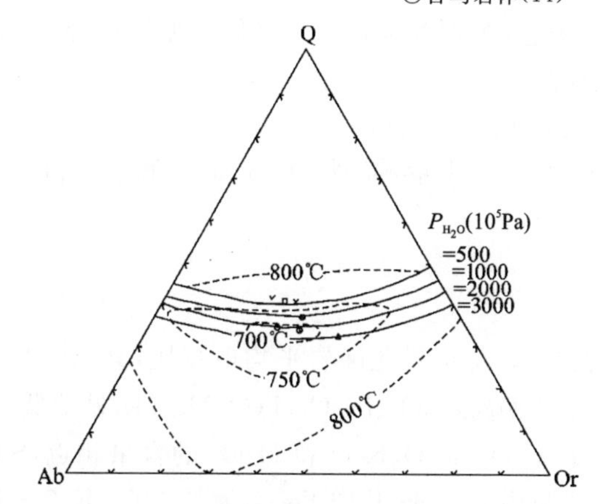

图 3-12　各类侵入岩平均化学成分的 Q-Ab-Or-H_2O 图解

△哈金桑惹岩体(5)；□波东拉岩体(6)；×康马岩体(7)；⊖通巴寺岩体(9)；⊕顶嘎岩体(10)；√汤嘎西木岩体(13)；○告乌岩体(14)

表 3-5　侵入岩形成温度、压力表

项目 / 岩体	二长石平衡温度(℃)	Ab-Or-Q 图解判别值	
		温度(℃)	压力(×10^5 Pa)
哈金桑惹岩体		720	3000
波东拉岩体	688～714	760	500
康马岩体	600～722	760	500
顶嘎岩体	602～662	690	2000
告乌岩体	651～680	690	2000
通巴寺岩体		730	1000
汤嘎西木岩体	647～786	770	500

（二）波东拉弱片麻状黑云母二长花岗岩

该岩体分布于白朗县东喜乡南西波东拉周围，呈椭圆状，边界不规则，长轴近南北向，出露面积约 70km²，为一岩株。其深部应与哈金桑惹岩体相连。与围岩呈伸展拆离断层接触，周围地层有 P_2k、P_3b 和 $T_{1+2}lc$ 等，局部为前寒武系拉轨岗日岩群。在与拉轨岗日岩群大理岩等接触的部分地段，有矽卡岩化现象，并伴有铜等多金属矿化。岩体出露面积约 70km²，为一岩株。其在深部应与哈金桑惹岩体相连，属于同一岩体。

1. 岩石类型及岩相学特征

岩石呈灰白色，细粒粒状结构，弱片麻状、块状构造。主要矿物为斜长石（40%～45%）、钾长石（25%～30%）、石英（15%～20%）、黑云母（15%±），少量白云母，副矿物以磷灰石、电气石和锆石为主，次为赤铁矿、磷钇矿和锐钛矿。根据实际矿物含量和标准矿物计算结果的换算值分别在 QAP 图（图 3-8、图 3-9）上投图，其结果分别落入 8 区与 3b 区分界线靠 8 区一侧和 3b 区，其岩性应为石英二长岩和二长花岗岩。结合岩石的结构、构造和次要矿物成分特征，综合定名为弱片麻状黑云母二长花岗岩。

其矿物特征如下所示。

斜长石：半自形，粒径一般为 1.2mm±，蠕英结构发育，根据电子探针分析结果投长石分类图解[图 3-2(a)]，均落入 An=10～30 区域，属更长石类。

钾长石：半自形—他形，粒径一般为 1.2mm±。

石英：他形粒状。

黑云母：片状，定向分布，局部绿泥石化。

磷灰石：无色，透明，玻璃光泽，六方柱状，部分浑圆状，大小为 0.1～0.45mm。

电气石：褐黑色，透明，玻璃光泽，柱状，大小为 0.1～0.65mm。

锆石：主要为淡黄色，趋近于无色，个别为肉粉色。晶体类型简单，晶棱平直，晶面清晰，呈自形柱状，晶内气液包体普遍发育，固相包体少量，表面光亮如镜。少部分晶体端部可见颜色发污，发浊，呈半透明状态。个别晶体破损，露出边部似皮壳包裹核部浑圆核晶的现象，粒径以 0.08～0.2mm 为主，0.2～0.28mm 少量，伸长系数以 1.8～2.8 为主，2.3～3 少量，聚型由柱面{100}和锥面{111}组成。锆石标型矿物特征及其他副矿物特征见表 3-4。

2. 岩石化学特征

该侵入体岩石化学特征见表 3-1。与世界花岗岩平均值相比，其 Al_2O_3、MnO、CaO、Na_2O、K_2O、P_2O_5 和 H_2O^+ 的含量与其相似，SiO_2、CO_2 偏高，TiO_2、Fe_2O_3、FeO、MgO 明显偏低，其中 Fe_2O_3 含量为其1/6。与中国花岗岩平均值相比，其 Al_2O_3、CaO、Na_2O、K_2O 和 H_2O^+ 的含量相近，SiO_2 的含量偏高，TiO_2、Fe_2O_3、FeO、MnO、MgO、P_2O_5 和 CO_2 的含量明显偏低，其中 Fe_2O_3 为其 1/6。$K_2O+Na_2O=7.39\%$，$K_2O>Na_2O$，$Al_2O_3>CaO+Na_2O+K_2O$（分子数），$SiO_2>MgO'+FeO'$（分子数），为铝过饱和硅过饱和型。根据硅-碱图（图 3-4）判别为亚碱系列。用 AFM 图（图 3-5）进一步判别属钙碱系列。用硅-钾图（图 3-6）投图判别，落入中钾区，靠近高钾与中钾界线，属中钾型。

3. 稀土、微量元素地球化学特征

该侵入体岩石的稀土含量特征见表 3-2。$\sum Ce=65.09\times10^{-6}$、$\sum Y=21.49\times10^{-6}$、$\sum REE=86.58\times10^{-6}$、$\sum Ce/\sum Y=3.03$、Sm/Nd=0.23。与世界花岗岩平均值相比，$\sum Ce$、$\sum Y$、$\sum REE$ 的值均低，但 $\sum Ce/\sum Y$ 的值相近，$\delta Eu=0.83$，$\delta Ce=0.96$，La/Sm=5.08，说明轻稀土明显富集，具不太明显的 Eu 负异常，Ce 异常不明显。从稀土元素球粒陨石标准化配分曲线图（图 3-7）看，曲线总体右倾，中等倾斜，具 Eu 负异常，轻稀土段较陡，重稀土段平缓，说明稀土元素总体经历了分馏作用，轻稀土明显富集。

微量元素含量特征见表 3-3。与世界花岗岩平均值相比，其 V、Rb、Sn、Pb、Cs 的含量与其相近，Sc、Cr、Zn、Ga、Nb、Th 的含量偏高，其中 Sc 的含量高 8 倍，Sr、Ba、Hf、Ta 的含量偏低，其中 Ta 的含量为其 1/11，Sr/Ba=0.37，Rb/Ba=1.18，Rb/Cs=51.72，Rb/Sr=3.17，K/Rb=145.01，K/Cs=7499.43。

4. 岩石成因类型及温压条件

根据 K_2O-Na_2O 成因类型判别图解（图 3-10）和 QAP 成因类型判别图解（图 3-11）的判别，其结果均属 A 型，$SiO_2=73.63\%$，$Na_2O=3.46\%$，CaO=1.51%，Ga、Nb、Sn 的值均偏高，$\sum Ce/\sum Y=3.03$。以上特征均与 A 型花岗岩特征相符合。根据 K/Rb、K/Cs、Rb/Cs、Rb/Sr 的比值特征，其具改造型花岗岩的特征。

根据探针资料，利用二长石矿物对法计算出的二长石形成时的平衡温度（表 3-5）为 688～714℃。根据 Q-Ab-Or-H_2O 图解（图 3-12）判别，其形成温度为 750～800℃，较二长石形成时的平衡温度稍高。压力为 500×10^5 Pa 左右，H_2O^+ 的平均含量为 0.66%，其成岩深度应为 1～3km（表 3-5）。

（三）康马片麻状黑云母二长花岗岩体

康马岩体是前人研究最多，也是在国际上最引起关注的一个花岗岩岩体。该侵入体位于康马县城北，呈近南北向长圆状分布，边界不规则，出露面积约 $36km^2$。岩体与围岩呈伸展拆离断层接触关系，围岩为拉轨岗日岩群。岩体经历了强烈的韧性剪切变形，片麻理发育，产状与围岩片理产状完全一致，向四周倾斜，倾角一般为 19°～40°。

岩体边部和中部见有晚期的不同类型的花岗岩脉侵入，同时可见暗色辉绿岩（辉绿玢岩）脉（已变质变形为斜长角闪岩），均已片麻理化，产状与康马岩体中的片麻理产状一致。复杂的内部岩石组成，肯定是多期岩浆热事件的产物，这也是不同方法取得相互矛盾的同位素年龄结果，引起对其侵位时代有不同认识的重要原因。

1. 岩石类型及岩相学特征

岩石呈灰白色，细中粒花岗结构，片麻状构造。主要矿物为斜长石（30%±）、钾长石（35%±）、石英（25%±）。次要矿物为黑云母，含量 5%～10%，少量的云母。副矿物以磷灰石、电气石和锆石为主，次为磁铁矿。根据实际矿物含量和标准矿物计算结果的换算值分别在 QAP 图（图 3-8、图 3-9）上投图，其结果分别落入 3b 和 3a 区，岩石类型应为二长花岗岩和钾长花岗岩。结合岩石的结构、构造和次要矿物特征，综合定名为片麻状黑云母二长花岗岩。

其矿物特征如下所示。

钾长石：他形—半自形，可见格子双晶，条纹构造，交代斜长石，粒径 0.1～0.5mm。

斜长石：他形—半自形，为酸性长石，聚片双晶发育，双晶纹细而密，被钾长石交代，粒径 0.1～0.5mm，长石集合体呈似条纹—条带状定向分布。根据其电子探针分析结果投图[图 3-2(a)]，大多数点落入 An=10～35 区域，个别点落入 An=30～50 区域，所以该长石种类应以更长石为主。

石英：他形粒状，充填在长石颗粒之间，粒径 0.5～1.2mm，重结晶现象明显，具波状消光。

黑云母：片状，片径 0.1～0.5mm，集合体呈似条痕、条纹状定向分布。

磷灰石：无色、透明，玻璃光泽，椭圆—浑圆粒状为主，六方柱状少见，少部分晶内包有黑色固相包体，大小 0.05～0.5mm。

电气石：褐色，透明；玻璃光泽，不规则粒状居多，柱状少，大小 0.05～0.20mm。

锆石：红粉色，金刚光泽，透明。晶体类型简单，呈自形柱状，晶内气液包体较多，固相包体次之，表面光亮如镜，熔蚀凹坑等少见，少部分棱角略显圆钝。粒径以 0.05～0.15mm 为主，少量 0.15～0.21mm，伸长系数以 1.5～2 为主，少数 2～2.5mm。聚形由柱面{100}和锥面{111}组成。标型矿物晶型及其他副矿物特征见表 3-4。

2. 岩石化学特征

该侵入体岩石化学特征见表 3-1。与世界花岗岩平均值相比，该侵入体岩石 Al_2O_3、CaO、Na_2O、K_2O、CO_2 的含量与其相近，SiO_2 的含量明显偏高，TiO_2、FeO、Fe_2O_3、Mno、MgO、P_2O_5、H_2O^+ 的含量明显偏低。与中国花岗岩平均值相比较，TiO_2、CaO 的含量与其相近，SiO_2 和 K_2O 的含量偏高，Al_2O_3、Fe_2O_3、FeO、MnO、MgO、Na_2O、P_2O_5、CO_2 和 H_2O^+ 的含量明显偏低，其中 MnO 和 CO_2 含量为其 1/5。$K_2O+Na_2O=7.44\%$，$K_2O>Na_2O$，$Al_2O_3>CaO+Na_2O+K_2O$（分子数），$SiO_2>MgO'+FeO'$（分子数），为铝过饱和和硅过饱和型。根据硅-碱图（图 3-4）判别属亚系列。用 AFM 图（图 3-5）进一步判别属钙碱系列。用硅-钾图（图 3-6）划分属高钾型。

3. 稀土、微量元素地球化学特征

该侵入体岩石的稀土含量特征见表 3-2。$\sum Ce=134.06\times10^{-6}$，$\sum Y=36.80\times10^{-6}$，$\sum Ce/\sum Y=3.90$，Sm/Nd=0.20，$\sum REE=170.86\times10^{-6}$。与世界花岗岩平均值相比$\sum Ce$、$\sum Y$、$\sum REE$均偏低，$\sum Ce/\sum Y$略偏高，$\delta Eu=0.5$，$\delta Ce=0.95$，La/Sm=7.62，反映轻稀土明显富集，具明显 Eu 负异常，Ce 属正常。从稀土元素球粒陨石标准化配分曲线图（图 3-7）看，曲线总体右倾，中等倾斜，具明显 Eu 负异常，轻稀土段曲线陡，重稀土段平缓，说明稀土元素经历了分馏作用，轻稀土分馏较强，重稀土较弱。

微量元素的含量特征见表 3-3。与世界花岗岩平均值相比，其 Nb、Rb、Cs、Tb、U 的含量与其相近，Sc、Cr、V、Zn、Ga、Sn、Pb、Hf、W、Th 的含量偏高，其中 W 高 10 倍，Sc 高 13 倍。Sr 和 Ba 的含量偏低。Sr/Ba=0.29，Rb/Ba=0.65，Rb/Cs=35.96，Rb/Sr=2.26，K/Rb=192.50，K/Cs=6 921.83。

4. 岩石成因类型及温压条件

根据 K_2O-Na_2O 成因类型判别图解（图 3-10）和 QAP 成因类型判别图解（图 3-11）的判别，其结果均属 A 型。$SiO_2=74.32\%$，$Na_2O=3.32\%$，$CaO=0.47\%$，Ga、Nb、Sn 的值均偏高，$\sum Ce/\sum Y=3.90$，$(^{87}Sr/^{86}Sr)_{初始}=0.7186\pm0.0018$（王俊文等，1981）～$0.7140\pm0.0012$（德蓬 F 等，1980）。以上特征均与 A 型花岗岩特征相符合。根据 K/Rb、K/Cs、Rb/Cs、Rb/Sr 的比值特征，其具同熔型花岗岩的特征。根据探针资料，运用二长石矿物对法计算得二长石形成时的平衡温度（表 3-5）在 600～722℃之间。根据Q-Ab-Or-H_2O 图解（图 3-12）判别，其形成温度为 750～860℃，较二长石形成时的平衡温度明显偏高。压力为 500×10^5 Pa 左右，H_2O^+ 为 0.25%，成岩深度应为 1～3km。

（四）同位素年代学讨论

该岩带中的康马岩体有不同的年龄数据，存在不同的解释（表 3-6）。本次工作对哈金桑惹-康马隆起带中变质变形侵入体及侵入其中的不同类型的脉体进行系统采样，运用锆石 U-Pb 法和 Ar-Ar 法测试，取得大量年代数据（图 3-13～图 3-20）。

从表 3-6 中可见，对于不同的测试方法和测试对象，可取得不同的年龄数据。如云母 K-Ar 法与 ^{39}Ar-^{40}Ar 法年龄变化在 12.5～36Ma 之间，多数集中在 14～26Ma 之间，代表与伸展拆离作用有关的热事件年龄。

表 3-6　Ⅰ岩带中酸性侵入体同位素年龄统计结果表

<table>
<tr><th>序号</th><th>岩体及岩石类型</th><th>测试方法</th><th>测试对象</th><th>年龄(Ma)</th><th>资料来源</th><th>时间</th></tr>
<tr><td>1</td><td>康马岩体眼球状片麻状二长花岗岩(P9-20)</td><td>$^{206}Pb/^{238}U$ 表面年龄(1～4 号点);6 号点 $^{207}Pb/^{206}Pb$ 表面年龄</td><td>锆石</td><td>478.1±1.6
1144±12</td><td rowspan="5">本队</td><td rowspan="5">2002</td></tr>
<tr><td>2</td><td rowspan="2">康马岩体片麻状二长花岗岩(D5440RZ1)</td><td>$^{206}Pb/^{238}U$ 表面年龄(1～5 号点);8 号点 $^{207}Pb/^{206}Pb$ 表面年龄</td><td>锆石</td><td>461.2±1.6
1117±13</td></tr>
<tr><td>3</td><td>^{39}Ar-^{40}Ar</td><td>黑云母</td><td>18.52±0.11(坪)
18.63±0.63(等时线)</td></tr>
<tr><td>4</td><td>侵入于康马岩体中的弱片麻状二云母二长花岗岩脉(D5442B1)</td><td>U-Pb(1～8 号点上交点年龄);1 号点 $^{206}Pb/^{238}U$ 表面年龄</td><td>锆石</td><td>486±59
471.1±1.0</td></tr>
<tr><td>5</td><td>侵入于康马岩体中的弱片麻状细粒黑云二长花岗岩脉(D5437B2)</td><td>U-Pb(1～4 号点上交点/下交点年龄);U-Pb(1～5 号点上交点/下交点年龄);1 号点 $^{206}Pb/^{238}U$ 表面年龄</td><td>锆石</td><td>736±136/331±37
766±131/340±29
339.0±1.2</td></tr>
</table>

续表 3-6

序号	岩体及岩石类型	测试方法	测试对象	年龄/Ma	资料来源	时间
6	康马岩体	$^{207}Pb/^{206}Pb$ 比值年龄	锆石	451	王俊文等，地球化学，1981(3):242-246；张玉泉等，地球化学，1981(3):8-18	1981
7		Rb-Sr 等时线(6个岩石样品)	全岩	484.55±6.34		
8		$^{206}U/^{238}Pb$	锆石	266		
9		K-Ar	黑云母	31.8		
10	康马岩体	U-Pb	锆石	521±38 558±16	德蓬F等，中法喜马拉雅考察成果，地质出版社，292-304	1980
11		Rb-Sr 等时线(5个岩石样品)	全岩	484±14		
12		K-Ar	黑云母	12.5～19	Debon	1986
13	花岗质片麻岩(XGS-101)	$^{206}U/^{238}Pb$(上交点年龄)	锆石	562±4	Urs Scharer 等	1986
14	康马隆起中片麻岩	K-Ar	云母	36～22	周云生等，科学出版社	1981
15	康马岩体正片麻岩(KD100、KD101)	$^{206}U/^{238}Pb$(上交点年龄)	锆石	509±6 509±18	Jeffrey Lee 等	2000
16	康马岩体正片麻岩	$^{40}Ar/^{39}Ar$ 冷却年龄	云母	15～11		
17	康马岩体	Rb-Sr 法	锆石	484	邓万明	1981,7
18	康马岩体	K-Ar	黑云母	17.5	成都地质学院	?
19	康马岩体	K-Ar	白云母	22.9	《地质科学》	1979,1
20	康马岩体片麻岩花岗岩(XMT42)	$^{39}Ar-^{40}Ar$	黑云母 白云母	20.4±0.6 17.6±0.6	Maluski H 等	1988
21	哈金桑惹片麻状二长花岗岩(D7136B1)	U-Pb 法(1～8号点上交点/下交点年龄)；10号点 $^{207}Pb/^{206}Pb$ 表面年龄	锆石	490±12/30±40 1064±19	本队	2002，11
22	波东拉弱片麻状二长花岗岩(D4210H)	U-Pb 法(1～8号点上交点/下交点年龄)；U-Pb 法(2～6、8号点上交点/下交点年龄)；U-Pb 法(2～8号点上交点/下交点年龄)	锆石	515±98/33±21 504±69/29±16 494±70/27±18		
23		$^{39}Ar-^{40}Ar$	白云母	13.88±0.13(坪) 13.86±0.57(等时线)		
24		$^{39}Ar-^{40}Ar$	黑云母	14.25±0.07(坪) 13.5±1.5(等时线)		

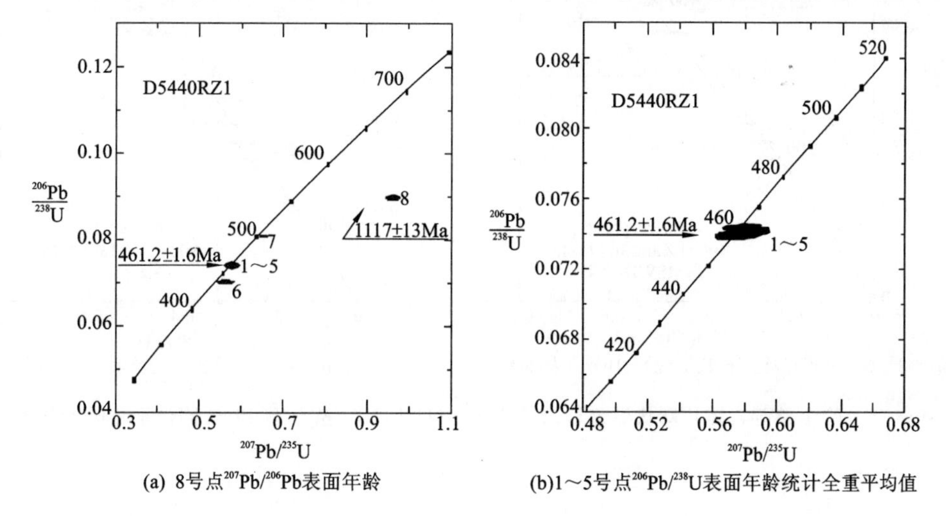

(a) 8号点 $^{207}Pb/^{206}Pb$ 表面年龄　　(b) 1～5号点 $^{206}Pb/^{238}U$ 表面年龄统计全重平均值

图 3-13　康马岩体中部片麻状黑云母二长花岗岩(D5440RZ1)锆石 U-Pb 法同位素年龄谐和图

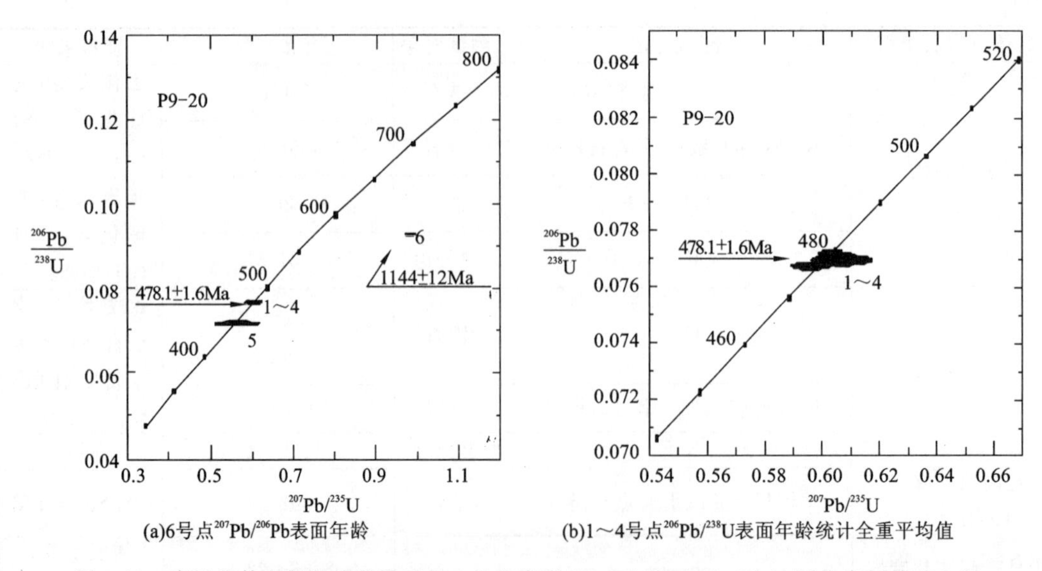

(a)6号点$^{207}Pb/^{206}Pb$表面年龄　　(b)1～4号点$^{206}Pb/^{238}U$表面年龄统计全重平均值

图 3-14　康马岩体中部眼球状黑云母二长花岗岩(P9-20)锆石 U－Pb 法同位素年龄谐和图

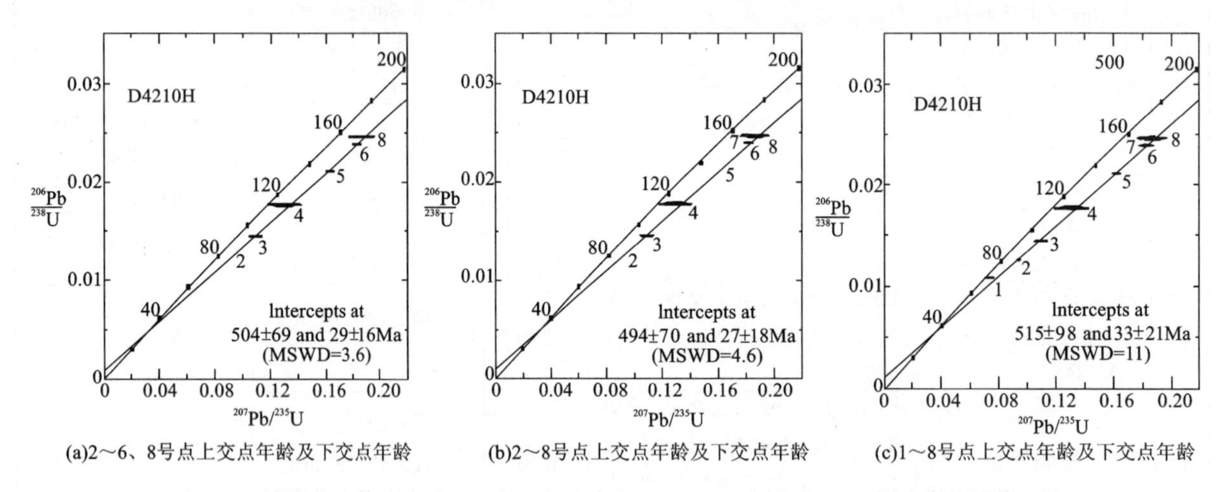

(a)2～6、8号点上交点年龄及下交点年龄　(b)2～8号点上交点年龄及下交点年龄　(c)1～8号点上交点年龄及下交点年龄

图 3-15　波东拉岩体片麻状黑云母二长花岗岩(D4210H)锆石 U-Pb 法同位素年龄谐和图

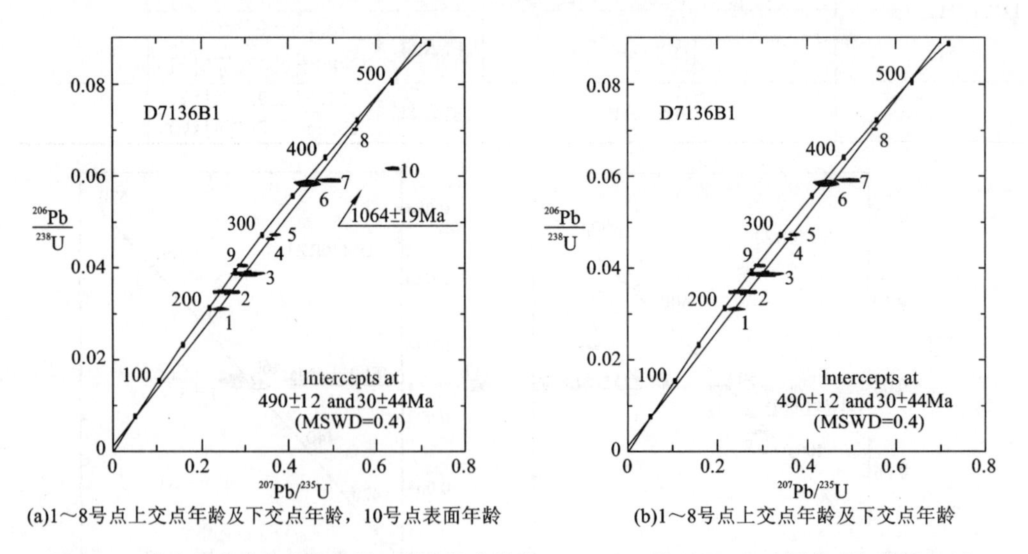

(a)1～8号点上交点年龄及下交点年龄，10号点表面年龄　　(b)1～8号点上交点年龄及下交点年龄

图 3-16　哈金桑惹岩体片麻状黑云母二长花岗岩(D7136B1)锆石 U-Pb 法同位素年龄谐和图

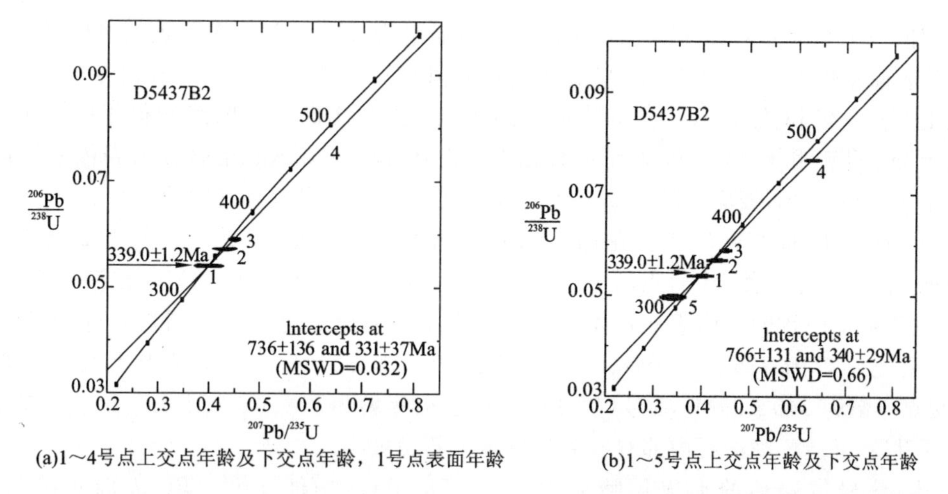

(a)1～4号点上交点年龄及下交点年龄，1号点表面年龄　　(b)1～5号点上交点年龄及下交点年龄

图 3-17　康马岩体北部西侧弱片麻状细粒黑云母二长花岗岩脉(D5437B1)锆石 U-Pb 法同位素年龄谐和图

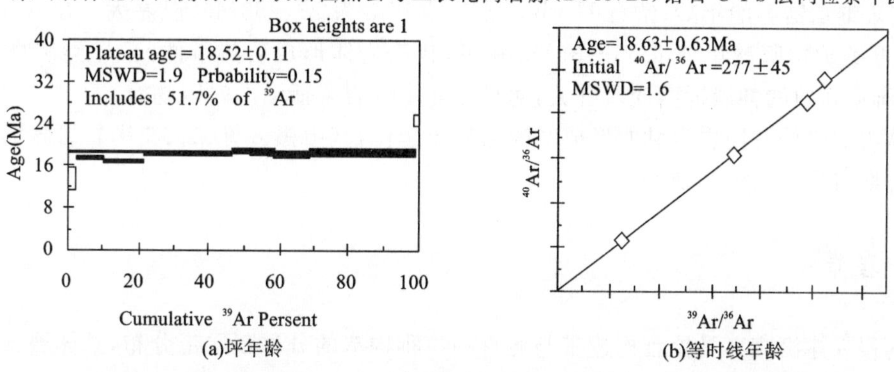

(a)坪年龄　　(b)等时线年龄

图 3-18　康马岩体中部片麻状二长花岗岩(D5440RZ1)黑云母 Ar-Ar 法同位素年龄图

(总平均年龄=17.63Ma)

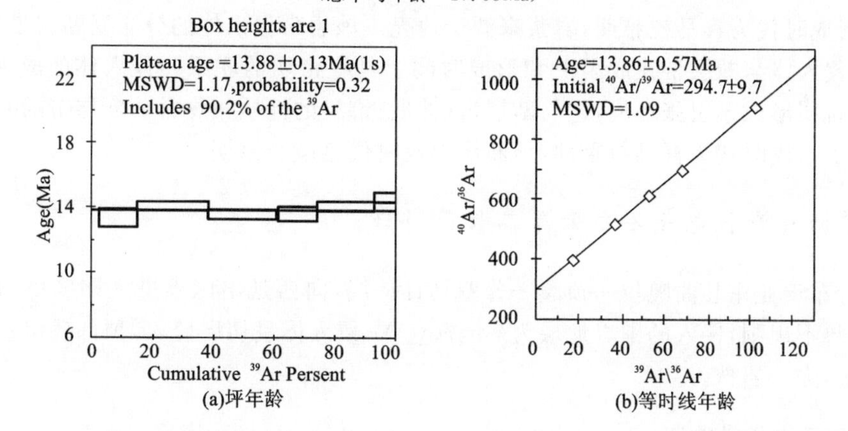

(a)坪年龄　　(b)等时线年龄

图 3-19　波东拉岩体片麻状黑云母二长花岗岩(D4210H)白云母 Ar-Ar 法同位素年龄图

(总平均年龄=13.17Ma)

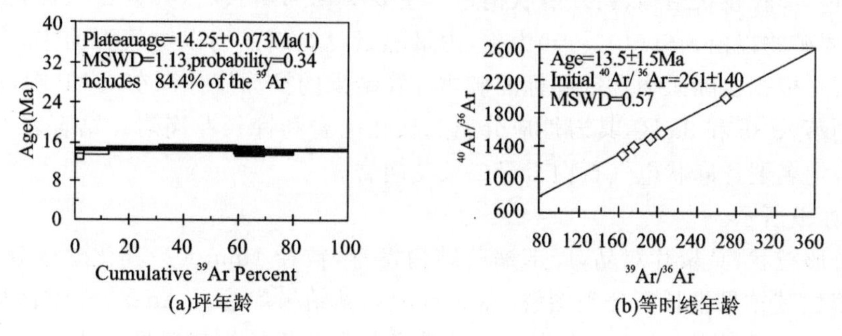

(a)坪年龄　　(b)等时线年龄

图 3-20　波东拉岩体片麻状黑云母二长花岗岩(D4210H)黑云母 Ar-Ar 法同位素年龄图

(总平均年龄=14.07Ma)

锆石 U-Pb 法上交点年龄为 490～558Ma，下交点年龄为 27～33Ma(误差较大，仅可作为参考)。锆石$^{206}Pb/^{238}U$ 表面年龄为 461～478Ma，与上交点年龄值相近。锆石$^{207}Pb/^{206}Pb$ 比年龄为 451Ma，与锆石 U-Pb 法上交点年龄和锆石$^{206}U/^{238}Pb$ 表面年龄相近。全岩 Rb-Sr 等时线测得年龄 484 Ma，这与锆石 U-Pb 法上交点年龄和$^{206}Pb/^{238}U$ 表面年龄相近。上述 451～558Ma 年龄应为岩体的形成时代。此外，还获得锆石$^{207}Pb/^{206}Pb$ 表面年龄 1064～1144Ma，无疑与基底岩系有密切的关系。

康马岩体西侧片麻状二云母二长花岗岩岩脉的锆石 U-Pb 法 1～8 号点的上交点年龄为 486±49Ma，误差较大，可作为参考。1 号点的$^{206}Pb/^{238}U$ 表面年龄为 471.1±1.0Ma，在误差范围内与 1～8 号点的上交点年龄是一致的。而康马岩体中的弱片麻状细粒黑云母二长花岗岩岩脉，其锆石 U-Pb 法 1～4 号点上交点年龄为 736±136Ma、下交点年龄为 331±37Ma，1～5 号点上交点年龄为 766±131Ma、下交点年龄为 340±29Ma，1 号点$^{206}Pb/^{238}U$ 表面年龄为 339.0±1.2Ma。上述上交点年龄误差很大，意义不明确，可能反映锆石内部有较老的继承锆石内核。

综上所述，该岩带岩体的形成年龄应为 451～558Ma；锆石$^{207}Pb/^{206}Pb$ 表面年龄值为 1064～1144Ma，应代表继承锆石的年龄；锆石 U-Pb 法下交点年龄为 27～33Ma(误差大)，反映了后期构造改造信息，与云母类矿物所测年龄 12.5～36Ma 相近，代表岩体形成后热事件(云母类矿物重结晶)的年龄，与喜马拉雅期强烈的伸展拆离变形有关，而且与Ⅱ岩带岩浆活动的时限吻合。

康马岩体内的两种花岗岩岩脉的形成时间滞后于岩体，其中黑云母二长花岗岩岩脉形成更晚些，为海西期—印支期岩浆活动的产物。

二、Ⅱ岩带

该岩带的侵入体沿高喜马拉雅构造带与北喜马拉雅构造的分界断层带分布，总体展布呈近东西向，西延出国境进入印度境内，测区内该带包括 3 个侵入体。

中国科学院综合科考队(1996)、张玉泉等(1981)和王俊文(1981)等都对该岩带进行过研究，认为该岩带的侵入体形成时代为喜马拉雅期，岩浆来源于地壳。该岩带侵入体的分布受断层带控制，并部分吞蚀断层带，说明侵入体与断层带在成因上和形成时间上具有密切的联系。侵入体的成因类型为 A 型，并具弱片麻理，说明形成于引张环境，这与断层带(伸展拆离)的性质相吻合。断层带的减压产生形成岩体的岩浆，岩体的形成时代为喜马拉雅期，该断层形成时代也应为该期。

(一) 顶嘎弱片麻状电气石白云母二长花岗岩

该侵入体分布于亚东县曲嘎拉—顶嘎—普罗马日一线，向西延出国界进入印度境内。侵入体呈近东西向带状，边界不规则，侵入的围岩地层为∈*b*、An∈Y，侵入体呈切层侵入，顶部残留顶盖残留体。出露面积约 80km²，为一岩株。

1. 岩石类型及岩相学特征

岩石呈灰白色，细粒粒状结构，弱片麻状构造。主要矿物为斜长石(40%±)、钾长石(25%±)和石英(25%±)。次要矿物以白云母(10%±)为主，少量黑云母。副矿物以电气石为主，次为石榴石、磷灰石、独居石和锆石。根据实际矿物含量和标准矿物计算结果的换算值分别在 QAP 图(图 3-8、图 3-9)上投图，其结果分别落入 3b 和 3a 区，其岩性应分属二长花岗岩和钾长花岗岩。结合岩石结构、构造和次要矿物特征，综合定名弱片麻状电气石白云母二长花岗岩。

其矿物特征如下所示。

斜长石：半自形粒状，具聚片双晶，局部蠕英结构发育，粒径 1mm±。其化学成分和晶体化学结构特征见表 3-4。根据其结果投长石分类图解[图 3-2(b)]，其结果均落入 An=0～10 区域，应属钠长石。

钾长石：半自形粒状，粒径 1mm±。其化学成分和晶体化学结构特征见表 3-4。

石英：他形粒状，充填在长石孔隙中。

白云母：片状，微定向，其化学成分和晶体化学结构特征见表 3-4。

电气石：棕褐色，半透明，玻璃光泽。以棱角块状为主，少量自形柱状。高硬度。粒径 0.1～0.8mm。

石榴石：黄红色、粉色，透明，玻璃光泽。以棱角状为主，少量自形—半自形粒状。高硬度。粒径 0.1～0.8mm。

锆石：无色为主，自形—半自形柱状，断柱状，晶内均含气液相及固相包体，表面不光洁。少量粉色，自形—半自形为主、次浑圆柱状、粒状，透明，金刚光泽，表面光亮如镜，高硬度，伸长系数 1.5～2.5mm；粒径 0.1～0.2mm。无色晶型的聚型由柱面{100}、锥面{111}组成，锆石标型矿物特征见表 3-4。

2. 岩石化学特征

该侵入体的岩石化学特征见表 3-1。与世界花岗岩平均值相比，该侵入体岩石的 Al_2O_3、MnO、H_2O^+、P_2O_5、CO_2的含量与其相近，SiO_2、Na_2O、K_2O 的含量偏高，TiO_2、Fe_2O_3、FeO、MgO、CaO 的含量明显偏低，其中 Fe_2O_3的含量为其 1/7，MgO 的含量为其 1/6。与中国花岗岩类平均值比较，Al_2O_3、P_2O_5和 H_2O^+ 的含量与其相近，SiO_2、Na_2O、K_2O 的含量明显偏高，TiO_2、Fe_2O_3、FeO、MgO、MnO、CaO 及 CO_2的含量偏低。$Na_2O+K_2O=8.70\%$，$K_2O>Na_2O$，$Al_2O_3>CaO+Na_2O+K_2O$(分子数)，$SiO_2>MgO'+FeO'$(分子数)，属铝过饱和、硅过饱和型。根据硅-碱图(见图 3-4)判别，属亚碱系列。用 AFM 图解(见图 3-5)进一步判别属钙碱系列。用硅-钾图(见图 3-6)划分，属高钾型。

3. 稀土、微量元素地球化学特征

该侵入体岩石的稀土含量特征见表 3-2。$\sum Ce=31.55\times10^{-6}$，$\sum Y=16.68\times10^{-6}$，$\sum Ce/\sum Y=1.89$，Sm/Nd=0.31 $\sum REE=48.23\times10^{-6}$。与世界花岗岩平均值相比，$\sum Ce$、$\sum Y$、$\sum REE$ 的值明显偏低。$\delta Eu=0.56$，$\delta Ce=1.02$，La/Sm=3.42，说明轻稀土明显富集，具明显的 Eu 负异常。从稀土元素球粒陨石标准化配分曲线图(图 3-7)看，曲线总体右倾，中等倾斜具明显 Eu 负异常。轻稀土段曲线较陡，重稀土段较平缓，说明稀土元素经受了分馏作用，轻稀土经受分馏作用强，重稀土经受分馏作用弱。

微量元素含量的特征见表 3-3。与世界花岗岩平均值相比，其 Zn、Ga、W、Th 的含量与其相近，Sc、Cr、V、Nb、Rb、Sn、Pb、Cs 的含量偏高，其中 Sc 的含量偏高 23 倍，Ba、Hf、Ta 的含量偏低，其中 Ba 的含量为其 1/12。Rb/Ba=6.35，Rb/Cs=34.64，K/Rb=82.57，K/Cs=2860.20。

4. 岩石成因类型及温压条件

根据 K_2O-Na_2O 成因判别图解(图 3-10)和 QAP 成因类型判别图解(见图 3-11)的判别，其结果均属 A 型。$SiO_2=73.62\%$，$Na_2O=4.05\%$。Ga、Nb、Sn 的值均偏高，$\sum Ce/\sum Y=1.89$，以上特征均与 A 型花岗岩特征相符；其 K/Cs、Rb/Cs、Rb/Sr 比值显示出改造型花岗岩的特征。$^{87}Sr/^{86}Sr(2\delta)=0.7614\pm0.00009$。

根据二长石矿物对探针资料的计算，二长石形成时的平衡温度(表 3-5)为 602～662℃。根据Q-Ab-Or-H_2O 图解(图 3-12)判别，其形成温度为 700℃±，压力为 2000×10^5 Pa。H_2O^+ 的平均含量 0.50%，其成岩深度应为 6～8km。

(二) 告乌电气石白云母二长花岗岩

该侵入体分布于亚东县嘎林岗—告乌一带，总体为一长轴北西西向的椭圆形，边界不规则，呈枝叉状，侵入围岩层位为 An∈*Y* 和∈*b*。岩体接触带产状变化较大，倾角 31°～62°。出露面积约 $172km^2$。

1. 岩石类型及岩相学特征

岩石呈灰白色，中细粒结构，块状构造。主要矿物成分为斜长石(45%～50%)、钾长石(25%～30%)和石英(20%±)。次要矿物为白云母和黑云母，含量 5%～10%，以白云母为主。副矿物以电气

石为主，次为磷灰石和锆石。根据实际矿物含量和标准矿物计算结果的换算值分别在 QAP 图（图 3-8、图 3-9）中投影，其结果分别落入 3b 和 3a 区，其岩性应属二长花岗岩和钾长花岗岩。结合岩石的结构、构造和次要矿物特征，综合定名为白云母二长花岗岩。

其矿物特征如下所示。

斜长石：半自形板状，定向排列，常见卡钠双晶，可见环带，其化学成分和晶体化学结构特征详见表 3-4。根据探针结果投长石分类图解[图 3-2(b)]，其结果均落入 An=0～10 区域，属钠长石类。

钾长石：半自形—他形粒状，内见钠质条纹与卡氏双晶，定向，局部交代斜长石。

石英：他形粒状，填隙状分布。

白云母：片状，定向。

黑云母：片状，定向，常被绿泥石交代。

电气石：棕褐色，半透明，玻璃光泽。自形柱状，棱角状。高硬度。粒径 0.1～0.8mm。

磷灰石：无色透明，玻璃光泽。次圆粒状、碎块状、半自形柱状。中硬度。粒径 0.05～0.3mm。

锆石：无色—浅粉色为主，自形—半自形柱状，多数表面较光洁，少数表面粗糙，可见凹坑，个别歪晶，见固相，气液相包体。伸长系数以 1.5～4 为主，少数为 4～6。聚型由柱面{100}、{110}、锥面{111}及偏锥面{131}、{311}组成。高硬度。粒径 0.05～0.35mm。

个别为玫瑰紫色，透明—半透明，弱金刚光泽。次浑圆柱状、粒状、碎块状。伸长系数 1.5～2。粒径 0.1～0.2mm。锆石标型矿物特征见表 3-4。

2. 岩石化学特征

该侵入体的岩石化学特征见表 3-1。与世界花岗岩的平均值相比，该侵入体岩石的 Al_2O_3、MnO、Na_2O、P_2O_5 和 CO_2 的含量与其相近，SiO_2、K_2O 的含量明显偏高，TiO_2、Fe_2O_3、FeO、MgO、CaO 和 H_2O^+ 的含量明显偏低。$Na_2O+K_2O=8.27\%$，$K_2O>Na_2O$，$SiO_2>MgO'+FeO'$（分子数），$Al_2O_3>CaO+Na_2O+K_2O$（分子数），属铝过饱和、硅过饱和型。其硅-碱图解（图 3-4）属亚碱系列。用 AFM 图解（图3-5）进一步划分属钙碱系列。用硅-钾图（见图 3-6）划分，属高钾型。

3. 稀土、微量元素地球化学特征

该侵入体岩石的稀土元素含量特征见表 3-2。$\sum Ce=71.60\times10^{-6}$，$\sum Y=22.67\times10^{-6}$，$\sum Ce/\sum Y=2.74$，Sm/Nd=0.26，$\sum REE=94.26\times10^{-6}$。与世界花岗岩平均值相比，$\sum Ce$、$\sum Y$、$\sum REE$、$\sum Ce/\sum Y$ 的值均偏低。$\delta Eu=0.63$，$\delta Ce=1.01$，La/Sm=4.72，说明轻稀土明显富集，具明显的 Eu 负异常，Ce 无异常。从稀土元素球粒陨石标准化配分曲线图（图 3-7）看，曲线总体右倾，中等倾斜，具明显 Eu 负异常。轻稀土段曲线较陡、重稀土段曲线平缓，说明稀土元素经受了分馏作用，轻稀土分馏作用较强，重稀土分馏作用较弱。

微量元素含量特征见表 3-3。与世界花岗岩微量元素平均值相比，其 V、Zn、Ga、W 的含量与其相近，Sc、Cr、Nb、Rb、Sn、Pb、Cs、Th 的含量明显偏高，其中 Sc 的含量高 12 倍，Sr、Ba、Hf、Ta、V 的含量偏低，其中 Ba 的含量为其 1/2，Sr 为其 1/16。Sr/Ba=0.27，Rb/Ba=0.42，Rb/Cs=25.94，Rb/Sr=15.69，K/Rb=127.84，K/Cs=3316.30。

4. 岩石成因类型及温压条件

根据 Na_2O-K_2O 成因类型判别图解（图 3-10）和 QAP 成因类型判别图解（图 3-11）的判别，其结果均属 A 型花岗岩。$SiO_2=74.56\%$，CaO=0.62%，$Na_2O=3.89\%$，Ga、Nb、Sn 的值均偏高，$\sum Ce/\sum Y=2.74$。$(^{87}Sr/^{86}Sr)_{初始}=0.7478\pm0.00097$（王俊文等，1981），为典型的壳生型花岗岩。以上特征均与 A 型花岗岩特征相符合。根据 K/Rb、K/Cs、Rb/Cs、Rb/Sr 的比值特征，其具改造型花岗岩的特征。

根据二长石矿物对探针资料的计算，二长石形成时的平衡温度（表 3-5）为 651～680℃。根据 Q-Ab-Or-H_2O 图解（图 3-12）的判别，其形成温度为 700℃左右，较二长石形成时的平衡温度稍高。压力为 2000×10^5Pa，其成岩深度应为 6～8km。

（三）同位素年代学讨论

前人有关该岩带的同位素年龄数据主要是在告乌岩体取得的（表 3-7），将顶嘎岩体的侵入时代定为海西期是推测的。野外调查表明，两者岩石类型一致，变形不明显，局部表现为弱片麻状，其他特征也极为相似，应为同期侵入体。

表 3-7　Ⅱ岩带中酸性侵入体同位素年龄统计表

序号	岩体名称及岩石类型	测试方法	测试对象	年龄（Ma）	资料来源	时间
1	顶嘎岩体弱片麻状电气石白云母花岗岩（D6421RZ1）	^{39}Ar-^{40}Ar	白云母	14.93±0.11（坪） 15.30±0.77（等时线）	本队	2002
2	告乌岩体村西电气石白云母花岗岩	K-Ar （体积法）	白云母	14.7±1 20.1 18.4	张玉泉等，地球化学，1981(1)：8-18， 科考队	1981 1976，3
3	告乌岩体电气石白云母花岗岩	Rb-Sr 等时线 （7 个样品）	全岩	42.95±2.6	王俊文等，地球化学，1981(3)：242－246	1981
4	告乌岩体电气石白云母花岗岩（嘎林岗，D2465RZ1）	^{39}Ar-^{40}Ar	白云母	13.46±0.27（坪） 13.6±4.2（等时线）	本队	2002

本次工作，运用 ^{39}Ar-^{40}Ar 法对告乌岩体和顶嘎岩体中的白云母同时进行了测试，所得年龄结果相近，表明野外认识是正确的（图 3-21、图 3-22）。

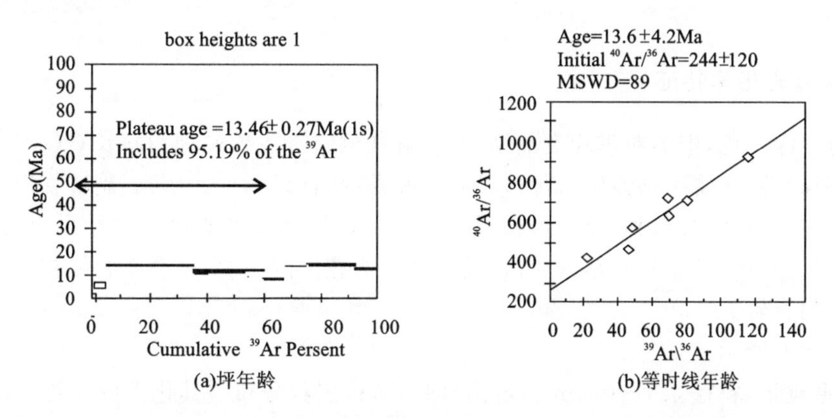

图 3-21　告乌岩体电气石白云母花岗岩（D2465RZ1）白云母 Ar-Ar 法同位素年龄图

（总平均年龄＝12.60Ma）

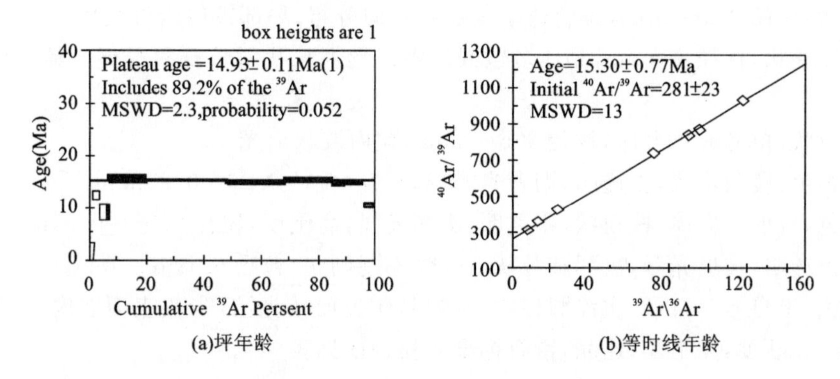

图 3-22　顶嘎岩体电气石白云母花岗岩（D6421RZ）白云母 Ar-Ar 法同位素年龄图

（总平均年龄＝14.61Ma）

^{39}Ar-^{40}Ar 法与 K-Ar(体积法)法测试对象主要为白云母。^{39}Ar-^{40}Ar 法测得告乌岩体的坪年龄为 13.46±0.45 Ma,等时线年龄为 13.6±4.2 Ma;顶嘎岩体的坪年龄为 14.93±0.11 Ma,等时线年龄为 15.30±0.77 Ma。

前人获得的岩体 K-Ar 法年龄值介于 14.7～20.1Ma 之间,略较 Ar-Ar 法年龄值偏大。Rb-Sr 等时线法测试对象为全岩,测得年龄为 42.95Ma,年龄值明显偏大,这可能与形成该带岩体的岩浆来源有关(岩浆为壳源)。

综上所述,结合控制该岩带构造的活动时限,该岩带中岩体的侵位时代定为 13.5～20Ma 较为适宜,为中新世早期,顶嘎岩体的侵位时代可能稍早于告乌岩体。这与 Urs Scharer 等(1986)在聂拉木一带测得的独居石 $^{206}Pb/^{238}U$ 年龄值 16.8～17.2Ma 相吻合。与康马隆起带上晚期伸展拆离构造变形的时代也是可以对比的,表明其形成与伸展作用有关。

三、Ⅲ岩带

该岩带由本次工作从前寒武系结晶岩系中新识别出来的变质变形侵入体构成,分布于高喜马拉雅带中,总体展布方向近东西向,东西端延出国境。前人未对该带的变形变质侵入体进行过专门研究。本次工作在该带识别出变形变质侵入体 4 个。

(一) 汤嘎西木片麻状花岗闪长岩

该侵入体分布于汤嘎西木—索过浦一带,西延至印度境内,区内呈带状,长轴北西西向展布。侵入围岩为 An∈Y,岩体中片麻理产状与其两侧片麻岩产状一致,倾角变化于 24°～88°之间。出露面积 $32km^2$,为一岩株。

1. 岩石类型及岩相学特征

岩石呈灰色—深灰色,中细粒鳞片变晶结构,片麻状构造。主要矿物为斜长石(30%±)、石英(15%±)和钾长石(25%±),次要矿物为黑云母(15%±)和角闪石(15%～20%)。副矿物以褐帘石、磁铁矿、磷灰石和锆石为主,少量绿帘石和石榴石;根据实际矿物含量和标准矿物计算结果换算值分别在 QAP 图(图 3-8、图 3-9)上投图,其结果均落入 4 区,其岩性应为花岗闪长岩,结合矿物结构、构造特征,综合定名为片麻状花岗闪长岩。

其矿物特征如下所示。

斜长石:他形粒状,粒径 0.1～0.5mm,定向排列,多镶嵌状分布。其化学成分和晶体化学结构特征见表 3-1,根据探针结果投长石分类图解[图 3-2(c)],均落入 An=30～50 区域,应属中长石。

钾长石:他形粒状,粒径 0.5～1.5mm,具格子双晶与钠质反条纹,交代斜长石。定向排列。

黑云母:片状,片径 0.3～2mm,集合体呈条痕状定向分布,局部被白云母交代。

角闪石:他形柱状,柱径 4.5mm,晶体多包嵌许多他形细粒状斜长石和石英。具多色性,Np—绿黄色,Ng—绿色。

石英:他形粒状,单晶或集合体,粒径 0.5～2mm,粒内波状消光。

褐帘石:棕褐色,棱角块状,半透明,沥青光泽,高硬度,粒径 0.06～0.85mm。

磁铁矿:黑色,自形八面体、棱角状,不透明,金属光泽,高硬度,粒径 0.03～0.25mm。

磷灰石:无色透明,玻璃光泽,次浑圆粒状、柱状、不规则状,粒径 0.1～0.4mm。

锆石:黄红色,半自形—自形,次浑圆柱状,多数晶体表面较光洁,少数表面有度坑、凹坑及沟槽,偶见赘生物及铁染,高硬度,见歪晶、连晶,锆石标型矿物特征见表 3-4。

2. 岩石化学特征

该侵入体的岩石化学特征见表 3-1。与世界花岗岩平均值相比,该侵入体岩石的 TiO_2、Al_2O_3、

Fe_2O_3、H_2O^+、P_2O_5的含量与其相近，SiO_2、Na_2O、K_2O 的含量明显偏低，FeO、MgO、MnO 和 CO_2的含量明显偏高。与中国花岗岩类平均值相比较，Al_2O_3、Fe_2O_3、MnO 的含量与其相近，SiO_2、Na_2O、K_2O、P_2O_5、CO_2的含量偏低，TiO_2、FeO、MgO、CaO、和 H_2O^+ 的含量偏高。$Na_2O+K_2O=5.87\%$、$Na_2O>K_2O$、$Al_2O_3>CaO+Na_2O+K_2O$(分子数)、$SiO_2>MgO'+FeO'$(分子数)，属铝过饱和、硅过饱和型。根据硅-碱图(图 3-4)判别属亚碱系列。用 AFM 图解(图 3-5)进一步判别，属于钙碱系列。用硅-钾图(图 3-6)划分，属高钾型。

3. 稀土、微量元素地球化学特征

该侵入体岩石的稀土元素含量特征见表 3-2。$\sum Ce=127.92\times10^{-6}$，$\sum Y=41.44\times10^{-6}$，$\sum Ce/\sum Y=3.05$，Sm/Nd=0.21，$\sum REE=169.36\times10^{-6}$。与世界花岗岩平均值相比，$\sum Ce$、$\sum Y$、$\sum REE$ 的值均偏低，$\sum Ce/\sum Y$ 的值与其相近。$\delta Eu=0.66$，$\delta Ce=0.94$，La/Sm=6.51，说明轻稀土明显富集，具明显 Eu 负异常，Ce 的异常不明显。从稀土元素球粒陨石标准化配分曲线图(图 3-7)看，曲线总体上右倾，中等倾斜，轻稀土段陡，重稀土段平缓，具明显的 Eu 负异常，说明稀土元素经受了分馏作用，轻稀土经受的分馏作用较强，重稀土经受的分馏作用较弱。

微量元素含量的特征见表 3-3。与世界花岗岩平均值相比，其 Pb、Cs、Hf、W 的含量与其相近，Sc、Cr、V、Zn、Ga、Nb、Rb、Sn、Th 的含量偏高，其中 Zn 的含量高 6 倍。Ba、Ta 的含量偏低，其中 Ta 的含量为其 1/6。Rb/Ba=1.09，Rb/Cs=61.49，K/Rb=96.63，K/Cs=5942.09。

4. 岩石成因类型及温压条件

根据 K_2O-Na_2O 成因类型判别图解(图 3-10)和 QAP 成因类型判别图解(图 3-11)判别，其结果均属 I 型。用 SiO_2-TiO_2成因类型判别图解进行判别仍为 I 型。$SiO_2=69.27\%$，CaO=3.10%，$Na_2O=3.19\%$，Ga、Nb、Sn 的值均偏高。$\sum Ce/\sum Y=3.05$。以上特征均与 I 型花岗岩特征相符合。根据K/Rb、K/Cs、Rb/Cs、Rb/Sr 的比值特征，其具改造型花岗岩的特征。$^{87}Sr/^{86}Sr(2\delta)=0.72705\pm0.00009$。

根据二长石矿物对探针资料的计算，二长石形成时的平衡温度(表 3-5)为 647～786℃。根据 Q-Ab-Or-H_2O 图解判别(图 3-12)，其形成温度为 750～800℃，较二长石形成时的平衡温度偏高。压力为 500×10^5 Pa 左右，其成岩深度应为 1～3km。

(二) 通巴寺片麻状黑云母钾长花岗岩

该侵入体为一变质变形花岗岩，沿瓦姐拉山口—冲母涌错—列则勇山一线分布，向东延伸至不丹境内，境内呈带状分布边界不规则，长轴呈北东—北北东向展布，境内出露面积约 210km²。侵入围岩主要为 An∈Y 及 An∈j、An∈q。侵入体中片麻理倾角 25°～36°。

1. 岩石类型及岩相学特征

岩石呈浅灰色，变余中粒花岗岩结构，片麻状构造。主要矿物为石英(25%～30%)、钾长石(45%～50%)和斜长石(20%±)。次要矿物为黑云母，含量 5%±。副矿物主要为磷灰石、独居石和锆石，次为石榴石。根据实际矿物含量和标准矿物结果换算值，分别在 QAP 图(图 3-8、图 3-9)中投图，其结果均落入 3a 区，其岩性为钾长花岗岩，结合岩石的结构、构造和次要矿物特征，综合定名为片麻状黑云母钾长花岗岩。

其矿物特征如下所示。

钾长石：灰白色，他形粒状及半自形板块，由正长石和条纹长石构成，粒径 0.5～1mm。

斜长石：灰白色，呈半自形板状，具聚片双晶，双晶纹较细而密，主要由更长石组成，有轻微的绢云母化。粒径 1～2.5mm。根据其结果投长石分类图解[图 3-2(c)]，其结果均落入 An=10～30 区域，应属更长石类，与镜下鉴定结果吻合。

石英：他形粒状，充填于长石的空隙中，具波状消光，粒径0.4～1mm。

黑云母：呈片状及条带状，具浅棕—棕色多色性和浅绿—浅褐色多色性，大致呈定向分布，条带状黑云母大部分发生了绿泥石化或被白云母交代。

磷灰石：无色，透明，玻璃光泽，短柱状、熔圆粒状，表面光亮，大小0.1～0.5mm。

独居石：绿黄色，透明，金刚玻璃光泽。扁椭圆—扁圆粒状，大小0.1～0.45mm。

锆石：红粉色，透明，金刚光泽。晶体呈自形柱状，外形米粒状。固相包体发育，气液包体次之。表面熔蚀凹坑、凹槽等较常见，少量有熔圆迹象。粒径以0.15～0.3mm为主，次为0.05～0.15mm。伸长系数以2～3为主，1.2～2少量。聚型由柱面{100}、{110}、锥面{111}和偏锥面{131}、{311}组成。标型矿物晶型见表3-4。

2. 岩石化学特征

该侵入体的岩石化学特征见表3-1。与世界花岗岩平均值相比，侵入体岩石的SiO_2、TiO_2、Al_2O_3、FeO、MnO、MgO、CaO、K_2O、P_2O_5、CO_2、H_2O^+的含量相近，Fe_2O_3、Na_2O的含量偏低。与中国花岗岩平均值相比，其SiO_2、Al_2O_3、MgO、CaO和P_2O_5的含量相近，TiO_2、FeO、K_2O、和H_2O^+的含量偏高，Fe_2O_3、MnO、Na_2O和CO_2的含量偏低。$K_2O+Na_2O=7.39\%$，$K_2O>Na_2O$，$Al_2O_3>CaO+Na_2O+K_2O$(分子数)，$SiO_2>MgO'+FeO'$(分子数)，属于铝过饱和硅过饱和型。根据硅-碱图(图3-4)判别，属于亚碱系列。用AFM图(图3-5)进一步判别，属钙碱系列。用硅-钾图(图3-6)划分属高钾型。

3. 稀土、微量元素地球化学特征

该侵入体岩石的稀土含量特征见表3-2。$\sum Ce=203.35\times10^{-6}$，$\sum Y=17.73\times10^{-6}$，$\sum Ce/\sum Y=11.47$，$\sum REE=221.08\times10^{-6}$。与世界花岗岩平均值相比，$\sum Ce$、$\sum Y$、$\sum REE$的值均低，其中$\sum Y$的值为其1/5。$\delta Eu=0.29$，$\delta Ce=1.01$，La/Sm=5.15，说明轻稀土强烈富集，Eu具明显的负异常，Ce属正常。从稀土元素球粒陨石标准化配分曲线图(图3-7)看，曲线总体右倾，中等倾斜，具明显的Eu负异常，轻稀土段曲线较陡，重稀土段平缓，说明稀土元素总体经受了分馏作用，轻稀土分馏作用较强，重稀土分馏作用弱。

微量元素的含量特征见表3-3。与世界花岗岩平均值相比，其Pb的含量相近，Sc、Cr、V、Zn、Ga、Nb、Rb、Sn和Th的含量偏高，其中Sc的含量高12倍，Sr、Cs、Ba、Hf、Ta和W的含量偏低，其中Sr的含量为其1/21。Sr/Ba=0.07，Rb/Ba=1.09，Rb/Cs=82.12，Rb/Sr=15.60，K/Rb=150.99，K/Cs=12 398.87。

4. 岩石成因类型及温压条件

根据K_2O-Na_2O成因类型判别图解(图3-10)和QAP成因类型判别图解(图3-11)的判别，其结果均属A型。$SiO_2=71.58\%$，CaO=1.8%，$Na_2O=3.16\%$，Ga、Nb、Sn的值均偏高，$\sum Ce/\sum Y=11.47$。以上特征均与A型花岗岩特征相符合。根据K/Rb、R/Cs、Rb/Cs、Rb/Sr的比值特征，其具同熔花岗岩的特征。

根据Q-Ab-Or-H_2O图解(图3-12)判别，其形成温度为700～750℃，压力为1000×10^5Pa左右。H_2O^+的平均含量0.82%，其成岩深度应为3～4km。

(三) 同位素年代讨论

该岩带中的侵入体，为本次工作新识别出的变形、变质侵入体，主要侵入于亚东岩群和聂拉木岩群中，以前被认为属区域变质岩，未单独作为岩体进行过研究。

本次对该岩带各岩体进行了系统的采样工作，进行不同方法的同位素测年工作。汤嘎西木岩体片麻状花岗闪长岩锆石SHRIMP年龄为502±9Ma(MSWD=1.6)；通巴寺岩体片麻状黑云母钾长花岗岩锆石SHRIMP年龄为513±10Ma(MSWD=0.57)。两者形成时间一致。

岩体均已变质、变形，其黑云母和角闪石的^{39}Ar-^{40}Ar年龄数据反映了后期热事件的时代(图 3-23～图 3-25)。其中汤嘎西木岩体片麻状花岗闪长岩的黑云母等时线年龄为 13.58±0.47Ma，坪年龄为 13.85±0.13Ma，角闪石的坪年龄为 29.43±0.34Ma；通巴寺岩体片麻状黑云母钾长花岗岩黑云母等时线年龄为 22.70±0.63，坪年龄为 22.53±0.17。

根据岩体变质变形特征和其所处构造环境，推断该带侵入体的形成时代为加里东期，与康马岩体的时代大致相同或稍早。而上述变质变形矿物的^{39}Ar-^{40}Ar年龄，所代表的是岩体形成后的不同阶段的构造热事件年龄，从年龄数据来看也与喜马拉雅期的伸展拆离构造作用有关。

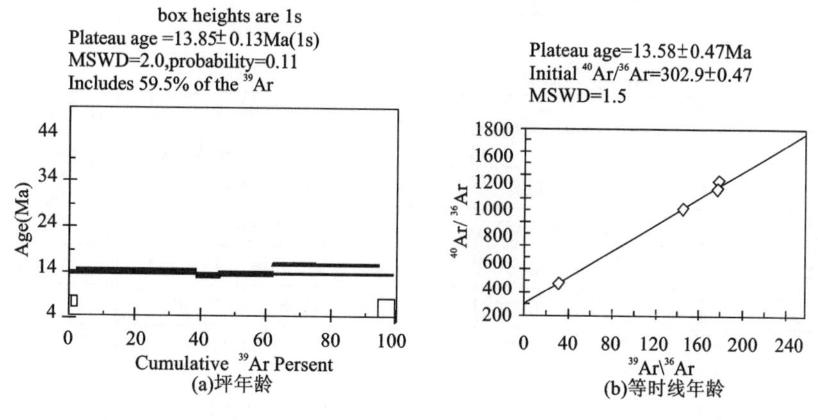

图 3-23 汤嘎西木岩体片麻状花岗闪长岩(P35(39)H1)黑云母 Ar-Ar 法同位素年龄图

(总平均年龄=14.35Ma)

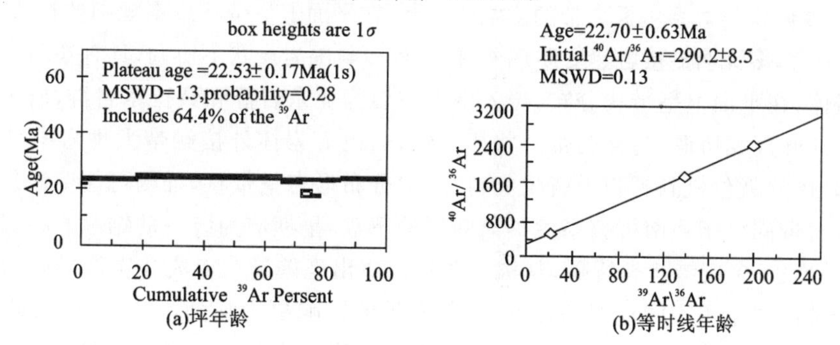

图 3-24 通巴寺岩体片麻状黑云母钾长花岗岩(D5343RZ1)黑云母 Ar-Ar 法同位素年龄图

(总平均年龄=21.72Ma)

四、各岩带中侵入岩特征对比

各岩带侵入岩特征对比见表 3-8。

Ⅰ岩带中的花岗岩岩类侵入体普遍遭受构造平行化，片麻理发育，其产状与围岩和接触带产状近一致。岩体内部有多期不同岩石类型的岩脉侵入，常见二云母二长花岗岩脉、黑云母二长花岗岩脉和暗色辉绿(玢)岩脉，也多变质变形，多具片麻理状构造。几个规模较大的侵入体分布在康马-哈金桑惹隆起带上，岩体在平面上呈椭圆状，与围岩呈伸展拆离断层接触关系，接触带向四周倾斜，构成片麻状花岗岩“穹隆”，岩体最老围岩为前寒武系拉轨岗日岩群，外接触带有热蚀变矿化现象。由于拆离断层的影响，片麻状花岗岩可与二叠系，甚至与三叠系直接接触。

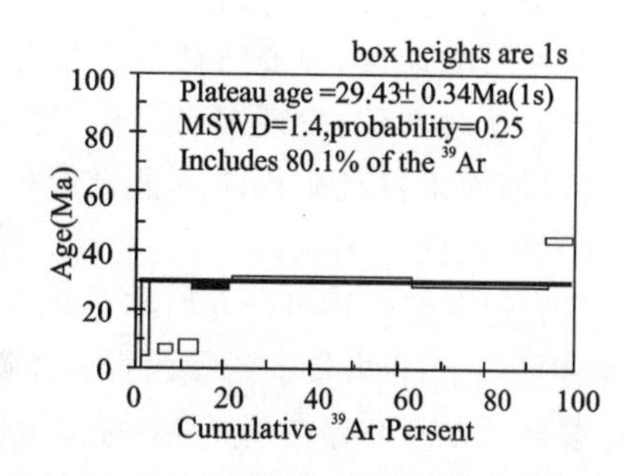

图 3-25 汤嘎西木岩体片麻状花岗闪长岩(P35(39)H1)角闪石 Ar-Ar 法同位素年龄坪年龄图

(总平均年龄=27.12Ma)

表 3-8 各岩带侵入岩特征对比表

主要特征	Ⅰ岩带	Ⅱ岩带	Ⅲ岩带
岩石类型	片麻状黑云母二长花岗岩	电气石白云母花岗岩	片麻状花岗闪长岩、片麻状钾长花岗岩
SiO_2(%)	72.16～74.32	73.62～74.56	69.27～71.58
Na_2O+K_2O(%)	7.39～9.03	8.27～8.70	5.87～7.39
副矿物平均比重(g/cm^3)	3.35～4.93	3.20～3.22	3.92～7.39
挥发分矿物的相对含量(%)	47.1～90.7	97.5～99.7	20.6～50.7
副矿物组合	磁铁矿、石榴石、磷灰石	电气石	褐帘石、磷灰石
锆石晶体特征	主要由{100}、{111}组成	主要由{100}、{110}、{111}、{131}、{311}组成	主要由{100}、{110}、{111}、{131}、{311}、{331}
稀土总量($\times 10^{-6}$)	86.58～217.82	48.23～94.26	169.36～221.08
δEu	0.26～0.83	0.56～0.63	0.29～0.66
$\sum Ce/\sum Y$	1.83～3.90	1.89～2.74	3.05～11.47
$(^{87}Sr/^{86}Sr)_{初始}$	0.7186±0.0081	0.7478±0.000 97	
二长石平衡温度(℃)	600～722	602～680	647～786
形成时压力($\times 10^5$ Pa)	500～3000	1000～2000	500～1000
成因类型	A	A	I或A

Ⅱ岩带的岩体受藏南拆离系主拆离带的影响或控制，在平面上呈带状或不规则的长条状，边界不规则，岩体中片麻理不发育，多无明显接触热变质现象，接触界线与围岩产状不协调，具有被动就位的特征。

Ⅲ岩带的岩体，在平面上呈带状分布，侵入围岩主要为亚东岩群和聂拉木岩群，岩体中片麻理发育，且与围岩片理和片麻理相协调，与接触带产状相一致，通巴寺岩体外接触带大理岩中见矽卡岩化现象。综上所述，该带岩体的就位机制具强力就位的特征，但分布形态呈带状，推测可能受断裂控制。

Ⅰ岩带与Ⅲ岩带同处于藏南拆离系主拆离断层的下盘，早期应为统一的结晶岩系，岩浆活动期应具一致性，但后期被岗巴-多庆错断裂所隔，其构造背景上应出现差异。形成Ⅱ岩带岩体的这次岩浆活动，对Ⅰ岩带和Ⅲ岩带都产生了不同程度的影响，对Ⅰ岩带的影响更为强烈，使其大规模隆起，对已有岩体(片麻状黑云母二长花岗岩)进行改造(部分熔融)，形成花岗质岩脉(二云母花岗岩和黑云母花岗岩)，对Ⅲ岩带影响相对较弱，亦有花岗质岩脉形成(电气石白云母花岗岩脉)，但较少。

五、各岩带中侵入体含矿性

区内的侵入岩主要为中酸性岩石，以壳源为主，具高硅、高铝、高碱和钾大于钠的特征，普遍存在钾长石交代斜长石的现象，蚀变特征各岩带存在差异：Ⅰ岩带有明显的蚀变矿化，在波东拉岩体与拉轨岗日岩群大理岩接触部位，发现铜、银、铅、锌多金属矿化，在哈金桑惹岩体附近尚存在一个以锡为主元素的组合异常(但尚未发现矿化体)；Ⅲ岩带在通巴寺岩体外接触亦发现矽卡岩化现象，但强度较弱，规模亦较小；Ⅱ岩带蚀变不明显。

区内各岩带在副矿物组合方面亦存在差异：Ⅰ岩带以磁铁矿、石榴石、磷灰石等组合为特征；Ⅱ岩带电气石含量达90%以上；Ⅲ岩带中汤嘎西木岩体以富含褐帘石为特征，通巴寺岩体以富含磷灰石为特征。

在元素含量方面亦存在差异，铜的含量以Ⅰ岩带中康马岩体含量最多，高出世界花岗岩平均值的4.5倍，其余岩体的铜均很低，铜接近世界花岗岩平均值。锌除Ⅱ岩带与世界花岗岩平均值相近外，其余均高出平均值的3～9倍，以康马岩体的含量最高。铷除波东拉岩体与世界花岗岩平均值相近外，其余岩体均高出平均值的2～6倍，W在康马岩体中高出世界花岗岩平均值的10倍，其余岩体的含量均很低。

综上所述，Ⅰ岩带具有形成多金属和钨矿产的良好条件，这与已知的矿化和化探异常相符合；Ⅱ岩带极富电气石、锡含量高出世界花岗岩平均值的3倍，是形成锡矿产的良好条件；Ⅲ岩带汤嘎西木岩体富稀土元素矿物，是稀土矿产形成的指示性标志，通巴寺岩体中的锌、锡含量高出平均值的 3～4 倍，且具矽卡岩化和富钾的特征，具有形成多金属矿产的良好条件。

六、侵入岩形成的构造环境

据 Pearce J A 等 Rb-(Yb＋Nb) 图解(图 3-26)，Ⅰ岩带中康马岩体属板内花岗岩，哈金桑惹岩体属同碰撞花岗岩，波东拉岩体落入同碰撞花岗岩与火山弧花岗岩的分界线上；Ⅱ岩带顶嘎岩体属板内花岗岩，告乌岩体属同碰撞花岗岩；Ⅲ岩带均落入板内花岗岩区。

根据 Pearce J A 等的 Rb-(Yb＋Ta) 图解(图 3-27)判别，除康马岩体落入同碰撞花岗岩与板内花岗岩的分界线上外，其余均落入同碰撞花岗岩区域。

用 Maniar 和 Piccoli 的五组图解法对区内侵入岩形成时的构造环境进行判别，其结果见图 3-28。从图解判别结果看，测区内各岩带岩体形成的构造背景均与造山作用有关，多数图解判别结果属IAG＋CAG＋CCG，少数图解判别为 POG。从 A/CNK 的值看，除告乌岩体大于 1.15(达 1.17)和汤嘎西木岩体小于 1.05(为1.043)外，其他均在 1.05～1.15 之间，说明除告乌岩体为 CCG，汤嘎西木岩体为IAG＋CAG 外，其余均不能分。

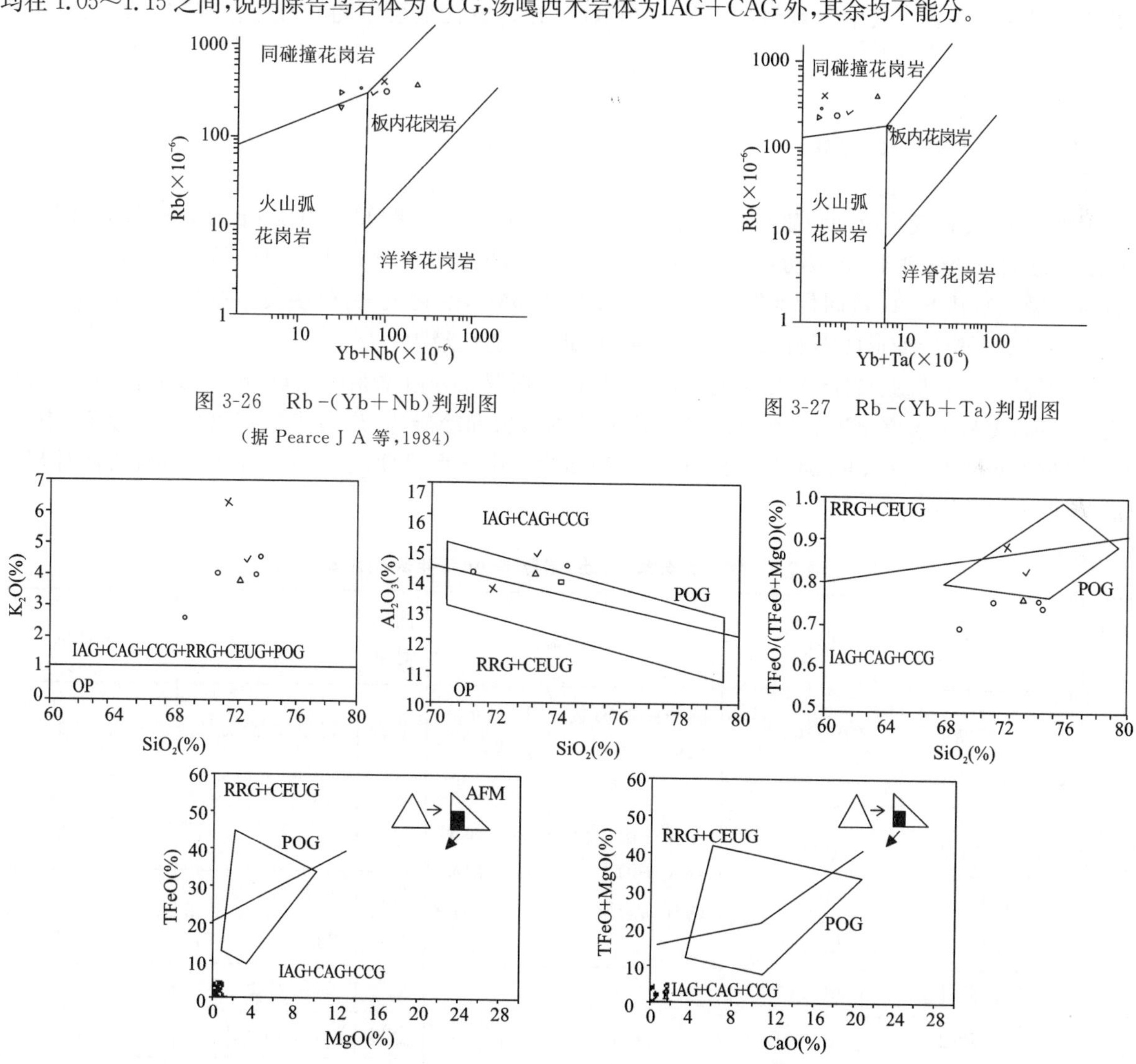

图 3-26　Rb-(Yb＋Nb)判别图
(据 Pearce J A 等，1984)

图 3-27　Rb-(Yb＋Ta)判别图

图 3-28　测区侵入岩构造环境判别图解

IAG. 岛弧花岗岩类；CAG. 大陆弧花岗岩类；CCG. 大陆碰撞弧花岗岩类；POG. 后造山弧花岗岩类；RRG. 与裂谷有关的弧花岗岩类；CEUG. 与大陆的抬升有关的弧花岗岩类；OP. 大洋斜长弧花岗岩

× 哈金桑惹岩体(5)；△ 波东拉岩体(6)；□ 康马岩体(7)；○ 通巴寺岩体(9)；√ 顶嘎岩体(10)；○ 汤嘎西木岩体(13)；○ 告乌岩体(14)

告乌岩体的岩性、侵入时代和所处的构造位置与顶嘎岩体十分接近，只是顶嘎岩体的 A/CNK 的值略小于 1.15，为 1.143。综合顶嘎岩体侵位时的构造环境亦应为后造山背景(CCG)。

结合岩性和所处的构造位置判断，汤嘎西木岩体侵位时的构造环境不可能属于 IAG+CAG，而应属于 POG。结合本区所处的构造位置属被动大陆边缘判断，其岩体不应属大陆弧和岛弧环境。所以，区内新生代侵入体形成的构造环境应为后造山背景(POG)。这些判别与区内侵入岩的成因类型具有一致性。

第三节　脉　岩

测区内岩脉较为发育，主要分布在北喜马拉雅构造和雅鲁布江带南缘。脉岩的侵入方式主要有顺层侵入和切层侵入两种，前者大多随岩层一起发生褶皱变形，展布方向受岩层变形控制；后者形成较晚，变形变质较弱，总体展布方向近东西向或北东向。测区内的脉岩种类主要有辉绿(玢)岩、闪长(玢)岩、各类花岗岩和煌斑岩。其中以辉绿(玢)岩分布最广，在各时代地层中均有分布。现按岩石类型简述如下。

一、辉绿(玢)岩($\beta\mu$)

根据岩性、构造变形及同位素年龄特征，区内可识别出两期辉绿(玢)岩($\beta\mu$)岩脉，早期的辉绿(玢)岩($\beta\mu$)均已卷入褶皱变形，主要分布在三叠系—侏罗系中，风化后突出地表，多呈深褐色—黄褐色(新鲜岩石为灰绿色)，其 K-Ar 法同位素年龄多介于 64.5～260Ma，变化较大，但多集中在 140～260Ma 之间(表 3-9)，考虑到构造变形的影响，属印支期—燕山期的可能性最大。

晚期辉绿(玢)岩($\beta\mu$)岩脉多切穿地层，主要发育在侏罗系—白垩系中，也有顺层侵入的，但均未发生褶皱变形，多呈岩墙突出地表，其边部可见较窄的烘烤边和冷凝边，岩石多呈灰绿色—青灰色，其 K-Ar 法同位素年龄多介于 20～34Ma，表明形成于渐新世—中新世早期(表 3-9)，与喜马拉雅带的伸展拆离的早期构造影响有密切关系。

表 3-9　测区部分辉绿(玢)岩脉 K-Ar 法年龄统计表

岩脉期次	原编号	文件号	采样地点	测试对象	年龄(Ma)	K 含量
早期	D2154TW1	K011165/9	康马涅如南侵入于 T_3n 底部的辉绿岩(卢村岩体)	全岩	166.49±25.42	0.069%
	99NL-74-1	A02269	江孜—南尼之间，公路西侧侵入于日当组中强烈褶皱的辉绿岩脉	全岩	98.48±12.94	0.033%
	99NL-74-2	A02271		全岩	58.45±7.98	0.033%
	97S140	A02272		全岩	170.20±22.06	0.015%
	97S141	A02273		全岩	231.95±23.71	0.019%
	97TR-萨-1	A02300	萨马达西侧顺层侵入于破林浦组中的早期辉绿岩脉	全岩	238.72±5.11	0.32%
	97TR-萨-2	A02301		全岩	227.80±4.96	0.32%
	97TR-萨-3	A02309		全岩	259.52±5.47	0.30%
	97TR-萨-4	A02310		全岩	146.78±3.10	0.30%
	97TR-萨-5	A02312		全岩	64.49±1.40	0.78%
	97TR-萨-6	A02313		全岩	140.32±2.96	0.54%

续表 3-9

岩脉期次	原编号	文件号	采样地点	测试对象	年龄(Ma)	K 含量
晚期	97T-南尼 1	A02296	南尼北侧侵入于日当组中的晚期辉绿岩脉	全岩	33.50±0.80	0.73%
	97T-南尼 1	A02297		全岩	34.49±0.79	0.61%
	99NL-72-1	A02322		全岩	30.99±0.65	0.94%
	99NL-72-2	A02323		全岩	20.97±0.31	1.48%
	99NL-72-3	A02324		全岩	28.99±0.70	0.85%
	99NL-72-4	A02325		全岩	32.47±0.47	1.54%
	99NL-72-5	A02327		全岩	25.23±0.38	1.21%
	99NL-72-6	A02328		全岩	26.03±0.64	0.81%
	99NL-73-1	A02329		全岩	27.95±0.48	1.01%
	99NL-73-2	A02330		全岩	23.25±0.57	0.91%
	99NL-73-3	A02332		全岩	20.86±0.34	1.16%
	99NL-73-4	A02334		全岩	19.59±0.31	1.09%
	99NL-73-5	A02335		全岩	27.11±0.61	0.90%
	99NL-73-6	A02336		全岩	26.13±0.61	0.55%
	97S108	A02299	江孜-康马公路西侧卓嘎北侵入于甲不拉组中的晚期辉绿岩脉	全岩	11.76±1.95	0.11%

注:D2154TW1 为本队所采,地质科学院地质所陈文、张思红等测试;其余结果由王喻同志提供。

1. 印支期—燕山期辉绿(玢)岩脉

该期岩脉以顺层理或板理侵入为主,主要侵入层位为二叠系、三叠系和侏罗系。脉宽几米至几十米,岩石变质变形强烈,岩石类型为蚀变辉绿(玢)岩。

岩石呈灰绿、灰褐色;斑状结构、辉绿结构。

斑晶成分为斜长石,含量5%±,呈自形—半自形板条状、板状,粒径一般0.5~1mm,杂乱分布,表面少量绢云母、方解石等。基质成分由斜长石(45%~50%)和暗色矿物(40%~45%)组成。斜长石呈自形板条状,粒径0.1mm±,架状分布;暗色矿物被绿泥石等交代,似填隙状分布于斜长石架间。

副矿物以钛铁矿为主,粒径0.05~0.15mm,常被榍石、白钛矿等交代。

早期辉绿(玢)岩脉与卢村岩体为同期产物,其岩石化学和地球化学特征应当有相似性。

2. 喜马拉雅期辉绿(玢)岩脉

该期岩脉以切层侵入为主,部分顺层侵入。展布方向以近东西向为主,部分北东向,主要分布在江孜盆地。脉宽几米至几十米不等。

岩石呈深灰色—灰绿色,辉绿结构,块状构造。主要成分为辉石、基性斜长石和角闪石,少量橄榄石、石英、磁铁矿。

辉石:由普通辉石和钛辉石组成,后者呈浅粉色,具多色性,有部分颗粒纤闪石化和绿泥石化,其电子探针分析结果投辉石分类图解(图 3-29),多数属普通辉石,少数属透辉石。

基性斜长石:呈板条状、不规则状分布,构成格架,其间充填辉石,有钠黝帘石化,其电子探针分析结果投长石分类图(图 3-30),多数属钠长石,少数属奥长石。

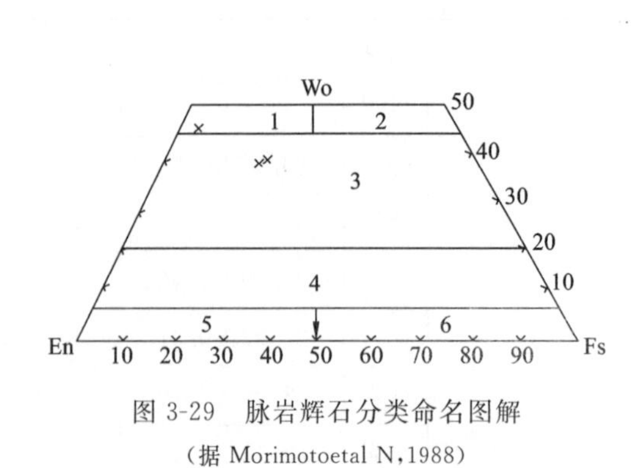

图 3-29　脉岩辉石分类命名图解

(据 Morimotoetal N,1988)

1.透辉石;2.钙铁辉石;3.普通辉石;4.易变辉石;5.斜顽辉石;6.斜铁辉石

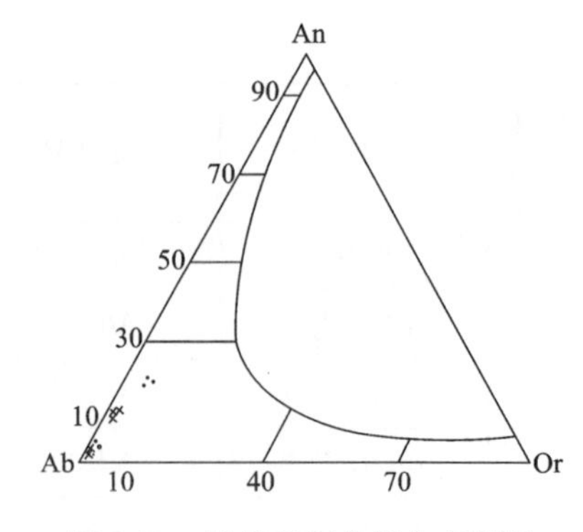

图 3-30　脉岩长石分类命名图解

(据 Smith,1974)

×花岗质脉岩;·辉绿岩脉

角闪石:已暗化保留其假象。

石英:他形粒状,含量 1%～2%。

该类岩石的岩石化学特征见表 3-1。与世界辉绿岩平均值相比,其 MnO、MgO、CaO 的含量与其相近,SiO_2、Fe_2O_3、K_2O、P_2O_5的含量偏低,TiO_2、FeO、Na_2O 和 H_2O^+ 的含量偏高,属于铝正常和硅低度不饱和型,与区内卢村岩体及火山岩相近。

稀土含量特征见表 3-10。$\sum Ce/\sum Y$= 0.90～3.53,$\sum REE = 97.21\times10^{-6}$～$255.76\times10^{-6}$,$\delta Eu$= 1.005～1.013,$\delta Ce$= 0.986～1.096,La/Sm=1.720。$\sum REE$为世界花岗岩平均值的 1.5～4 倍,轻、重稀土明显富集,Eu、Ce 具有的负异常不安定因素明显。从稀土元素球粒陨石标准化配分曲线图(图 3-31)来看,曲线总体微右倾—近水平的直线。

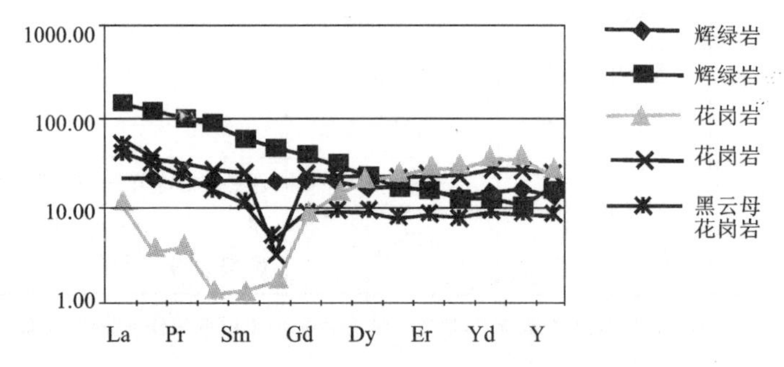

图 3-31　脉岩稀土元素球粒陨石标准化配分曲线图

微量元素的含量特征见表 3-11。与世界花岗岩平均值相比,其 Mn、Sr、Cs、Ti、Pb 的含量相近,Sc、Cr、V、Zn、Ga、Nb、Rb、Co、Cu、Zr、Mo、Cd、Ba、Hf、Ta、W、Sn 和 Th 的含量偏高,U 含量偏低。

表 3-10　脉岩稀土元素分析结果表($\times10^{-6}$)

样品号	D4008XT1	D1379B1	D5460B1	D5437B2	D5443B1	样品号	D4008XT1	D1379B1	D5460B1	D5437B2	D5443B1
岩性	辉绿岩	辉绿岩	花岗岩	花岗岩	黑云母花岗岩	岩性	辉绿岩	辉绿岩	花岗岩	花岗岩	黑云母花岗岩
La	7.14	40.7	3.51	13.7	14.3	Yb	3.25	2.51	7.3	5.18	1.96
Ce	18.22	86.9	2.84	27.9	26.4	Lu	0.54	0.33	1.12	0.81	0.28
Pr	2.21	10.6	0.47	3.32	2.89	Y	29.89	31.6	49.8	43.6	16.50
Nd	12.82	47.5	0.73	14.6	9.58	$\sum Ce$	46.1	199.26	7.93	64.36	55.76
Sm	4.15	10.3	0.26	4.63	2.27	$\sum Y$	51.11	56.5	75.78	70.15	27.03
Eu	1.56	3.26	0.12	0.21	0.32	$\sum REE$	97.21	255.76	83.71	134.51	82.79
Gd	5.43	9	2.26	5.99	2.34	$\sum Ce/\sum Y$	0.9	3.53	0.1	0.92	2.06
Tb	0.96	1.3	0.7	1.02	0.42	Sm/Nd	0.32	0.22	0.36	0.32	0.24
Dy	5.93	6.98	6.22	6.74	2.91	δEu	1	1.01	0.32	0.12	0.42
Ho	1.37	1.19	1.64	1.46	0.58	δCe	1.1	0.99	0.46	0.97	0.94
Er	3.26	3.19	5.79	4.65	1.78	La/Sm	1.72	3.95	13.5	2.96	6.30
Tm	0.48	0.4	0.95	0.7	0.26						

测试单位:国家地质实验测试中心,2002 年。

表 3-11 脉岩的微量元素分析结果表($\times10^{-6}$)

样品编号	D4008WL1	D1379B1	D5460B1	D5437B2	D5442B1	D5443B1	样品编号	D4008WL1	D1379B1	D5460B1	D5437B2	D5442B1	D5443B1
岩性	辉绿岩	辉绿岩	花岗岩	花岗岩	白云母花岗岩	黑云母花岗岩	岩性	辉绿岩	辉绿岩	花岗岩	花岗岩	白云母花岗岩	黑云母花岗岩
Mg	6.27	4.95	0	0	0	0	Nb	76.96	184.77	73.46	49.88	0	65.01
Ca	42.2	59.4	1.1	1.4	0.9	0.9	Mo	7.2	9.35	0	0	0	0
Sc	67.21	43.61	49.16	9.82	25.18	14.61	Cd	2.4	5.06	0.37	0.19	0.19	0.17
V	2403.84	1626.17	0	0	0	0	Sn	29.25	8.37	4.49	2.89	0.57	2.86
Cr	284.58	236.37	46.92	52.97	46.92	35.61	Cs	3	0.78	6.92	3.66	0.57	3.02
Mn	2681.82	1689.25	780	464.95	46.92	207.46	Ba	1321.33	463.79	132.9	15.02	128.36	22.85
Co	98.11	92.48	0	0	0	0	Hf	6.15	8.37	0.19	0	0.57	0
Cu	310.98	2439.84	0	0	0	0	Ta	7.05	3.31	0.94	0.58	0.57	0.84
Zn	2423.64	11 282.91	67.1	40.25	38.34	8.9	W	5.25	5.26	0.94	0.58	0.57	1.18
Ga	207.77	91.51	39.81	9.63	42.34	11.42	Tl	0.45	0.97	1.12	0.96	0.95	0.84
Rb	9.6	48.48	373.65	309.13	196.45	304.72	Pb	6.45	8.57	30.84	27.35	24.6	32.59
Sr	165.32	789.53	0	0	5.53	0	Th	21.9	31.35	17.57	128.08	61.8	45.69
Zr	174.62	734.62	0	0	0	0	U	0	0	0	0	0.38	8.23

测试单位:国家地质实验测试中心,2002 年。

二、闪长(玢)岩($\delta\mu$)

测区内闪长(玢)岩分布较辉绿岩脉少,以切层侵入为主,部分顺层侵入,变形变质较弱,主要分布在江孜盆地,脉体展布方向以近东西向为主,部分北东向,脉宽几米至几十米。岩石呈灰—深灰色,斑状结构,块状构造。斑晶成分为角闪石、辉石和黑云母,均为自形—半自形晶,粒径一般为 1～1.5mm,略定向,含量 5%～10%。基质成分以斜长石(55%～60%)和角闪石(15%～20%)为主,次为辉石(10%)、黑云母(5%±)和石英(<5%),粒径一般 0.05～0.5mm,定向分布。斜长石多自形板状,具环带结构。

岩脉侵入的最新层位为 K_2z,推测形成时代应为喜马拉雅期。

三、花岗岩脉(γ)

该类岩脉主要分布在拉轨岗日带早期的变质变形侵入体中。可明显分出两期,早期为弱片麻状二云母二长花岗岩脉,晚期为黑云母花岗岩脉。两期均顺片麻状黑云母二长花岗岩的片麻理侵入,但两期之间未见直接接触关系。

1. 二云母二长花岗岩脉

岩石呈灰白色,粒状结构,块状构造。主要矿物为斜长石(40%～45%)、钾长石(35%±)和石英(20%±),次为黑云母和白云母(5%±),少量铁铝榴石,副矿物为磁铁矿、磷灰石。

斜长石:他形粒状,粒径 0.2512mm,均匀镶嵌状分布,表面洁净,聚片双晶较发育,局部被钾长石交代,少见交代蠕英,净边结构。根据⊥(010)晶带最大消光角法测得 $Np'\wedge(010)=22°$,斜长石牌号An=40。据其电子探针分析结果投长石分类图,属钠长石和奥长石类。

钾长石：为正长石、微斜长石，呈他形粒状，粒径 0.25～2mm，镶嵌状分布，晶内有时包嵌少量半自形板状—他形粒状斜长石，局部轻微交代斜长石。

石英：他形粒状，粒径 0.15～1.7mm，均匀镶嵌状分布，局部粒内轻波状消光。

黑云母：呈鳞片、叶片状，片径 0.15～1.2mm，星散分布，具多色性 Ng′—棕褐色，Np′—黄色。

白云母：呈鳞片，叶片状，片径 0.15～1.2mm，局部被长英质交代。

石榴石：呈半自形晶，粒径 0.15～0.5mm，星散分布，石榴石镜下为肉红色，均质体，为铁铝榴石。

该类脉岩的岩石化学特征见表 3-1。与世界花岗岩平均值相比，其 MnO、Na_2O、CO_2的含量与其相近，SiO_2、K_2O 含量偏高，TiO_2、FeO 、Fe_2O_3、Al_2O_3、MgO、CaO、P_2O_5和 H_2O^+ 的含量偏低，属于铝过饱和硅过饱和型，属于亚碱系列中的钙系列，属于高钾型。

稀土的含量特征见表 3-10。$\sum Ce/\sum Y=0.105\sim0.917$，$\sum REE=83.71\times10^{-6}\sim134.51\times10^{-6}$，$\delta Eu=0.122\sim0.325$，$\delta Ce=0.463\sim0.967$，La/Sm=2.959。反映轻稀土亏损，且具分馏现象，重稀土相对富集，具明显的 Eu 负异常。从稀土元素球粒陨石标准化配分曲线图（见图 3-31）来看，轻稀土段较陡，重稀土段近水平，具明显的 Eu 负异常。

微量元素的含量特征见表 3-11。与世界花岗岩平均值相比，其 Co、Cd、Hf、Ti、Sn 的含量相近，Sc、Cr、Ga、Nb、Rb、Pb 和 Th 的含量偏高，V、Mn、Cu、Zn、Sr、Zr、Mo、Cs、Ba、Ta、W、U 含量偏低。

2. 黑云母二长花岗岩脉

岩石呈灰白色，粒状结构，块状构造。主要矿物为钾长石（50%±）、斜长石（25%±）和石英（20%±），次要矿物为黑云母（5%±），副矿物为锆石和磷灰石。

钾长石：为正长石和微斜长石，呈他形粒状，边缘略具不规则状，粒径 0.25～1.5mm，呈均匀镶嵌状分布，晶内包嵌少量细粒石英变晶，钾长石局部交代斜长石。

斜长石：他形粒状，粒径 0.25～1mm，镶嵌状分布，表面较洁净，局部被钾长石交代，见交代蠕英、净边结构。据⊥(010)晶带、最大消光角法，测得 $NP'\wedge(010)=18°$，斜长石牌号 An=36。

石英：他形粒状，粒度 0.2～1mm，均匀镶嵌分布，有拉长，定向排列的趋势，石英粒内轻波状消光。

黑云母：呈鳞片状，片径 0.1～0.6mm，星散分布，长轴定向排列，具多色性，Ng′—褐色，NP′—黄色。

其岩石化学特征见表 3-1。与世界花岗岩平均值相比，其 CO_2的含量与其相近，SiO_2、K_2O 含量偏高，TiO_2、FeO 、Fe_2O_3、Al_2O_3、MgO、CaO、P_2O_5、MnO、Na_2O 和 H_2O^+ 的含量偏低，属于铝过饱和硅过饱和型，属于亚碱系列中的钙系列，属于高钾型。

稀土的含量特征见表 3-10。$\sum Ce/\sum Y=0.105\sim0.917$，$\sum REE=83.71\times10^{-6}\sim134.51\times10^{-6}$，$\delta Eu=0.122\sim0.325$，$\delta Ce=0.463\sim0.967$，La/Sm=2.959，反映轻稀土亏损，且具分馏现象，重稀土相对富集，具明显的 Eu 负异常。从稀土元素球粒陨石标准化配分曲线图（图 3-31）来看，轻稀土段较陡，重稀土段近水平，明显的 Eu 负异常。

微量元素的含量特征见表 3-11。与世界花岗岩平均值相比，其 W、Cd、Sn 的含量相近，Sc、Cr、Nb、Rb 和 Pb 的含量偏高，V、Mn、Th、Co、Cu、Zn、Ga、Sr、Zr、Mo、Cs、Ba、Ta、Hf、Ti、U 含量偏低。

四、煌斑岩脉

测区内出露极少，仅在江孜县东乐不如一带出露，顺层侵入 K_1j 上部，呈北东向展布，厚 1.5 m±，延伸大于 10m。岩石呈深灰—灰黑色，具煌斑结构，块状构造。斑晶由黑云母组成，呈自形板状晶体，由于蚀变作用，黑云母斑晶已褪色，并已绿泥石化，具不明显的暗色边。基质由正长石和黑云母组成，其中长石已发生土化和碳酸盐化，黑云母为板条状，有轻微褪色。岩石次生变化主要为绿泥石化和碳酸盐化。其侵入时期应为燕山晚期—喜马拉雅期。

第四节　火山岩

区内火山岩分布十分零星，出露面积很小，多为沉积岩中的夹层或透镜体。产出的层位在不同地层分区中有所差异，在雅鲁藏布江结合带南缘，主要分布在穷果群（$T_{1+2}Q$）和朗杰学群（T_3L）中。在江孜盆地主要分布在甲不拉组（K_1j）、宗卓组（K_2z）和甲查拉组（E_1jc）中。在岗巴盆地主要分布在遮普惹组（E_2z）上部。

火山活动方式，晚白垩世以前以喷溢为主，晚白垩世以后转为喷溢加喷发。火山活动的特点是活动时限长，从三叠纪—新近纪。喷发时间短、强度较小，间歇时间长。区内火山岩的主要岩石类型有熔岩类和沉凝灰岩类。

一、岩石类型及岩相学特征

测区的火山岩主要为中基性火山岩，采用《火山岩地区区域地质调查方法指南》推荐的火山岩分类方案对其进行划分，可分为2个岩石大类，即熔岩类和沉凝灰岩类，可对其进一步划分为玄武岩、玄武安山岩、安山岩、沉安山质角砾岩、凝灰质砂岩和沉凝灰岩6个小类。下面按岩类分述如下。

（一）熔岩类

测区内熔岩主要分布在江孜至赛区一线及其以北地区，产出层位主要在三叠系穷果群（$T_{1+2}Q$）和朗杰学群（T_3L）、白垩系甲不拉组（K_1j）和宗卓组（K_2z）主要岩石类型为玄武岩、玄武安山岩、安山岩，产状多为熔岩流呈似层状或透镜状分布（图3-32～图3-35）。

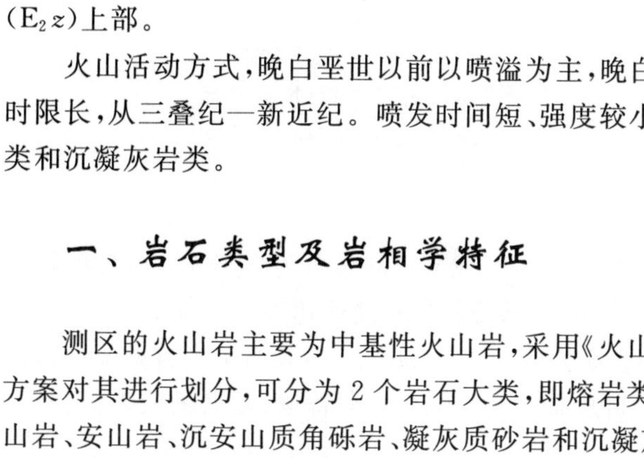

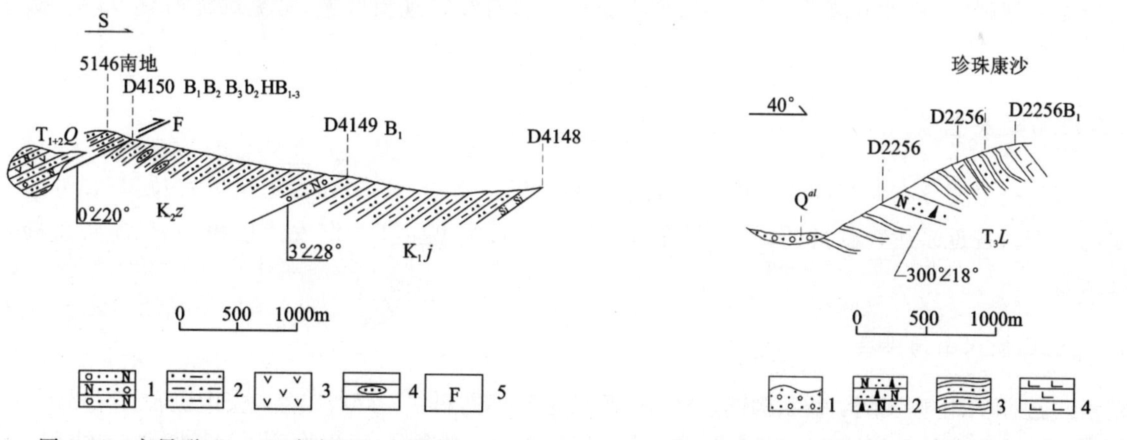

图3-32　穷果群（$T_{1+2}Q$）中安山岩夹层（D4150点）
1.含砾长石砂岩；2.粉砂质泥岩；3.安山岩；4.砂岩岩块；5.断层

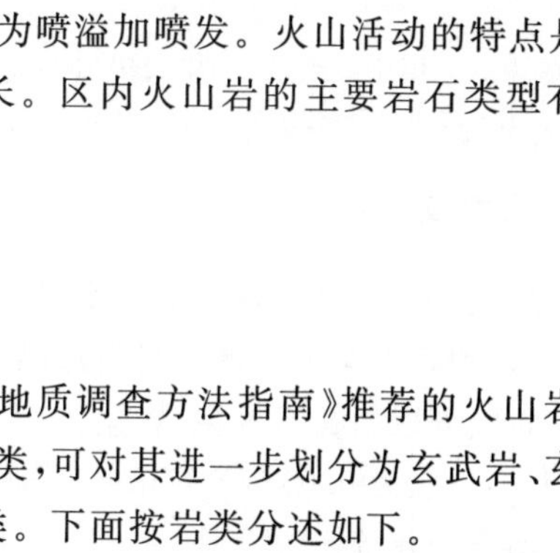

图3-33　朗杰学群（T_3L）中粒玄岩夹层（D2256点）
1.第四系；2.岩屑长石石英砂岩；3.砂页岩；4.粒玄岩

1. 玄武岩

深灰色，波基斑状结构，粗玄结构。基质为间粒或间隐结构。气孔、杏仁状构造，局部见枕状构造（图3-35）。斑晶成分以斜长石和单斜辉石为主，含量为15%±，均为自形—半自形晶，大小一般为1mm±。基质由斜长石、辉石和玻璃质组成，含量为80%±。其中斜长石为自形—半自形板条状，大小一般为0.1～0.3mm。辉石为半自形—他形粒状，大小为0.02～0.1mm，分布于斜长石架间。玻璃质常变为暗色矿物雏晶，褐铁矿化明显。副矿物为钛铁矿和磷灰石。岩石蚀变现象普遍，常见绢云母化、绿泥石化和褐铁矿化等。

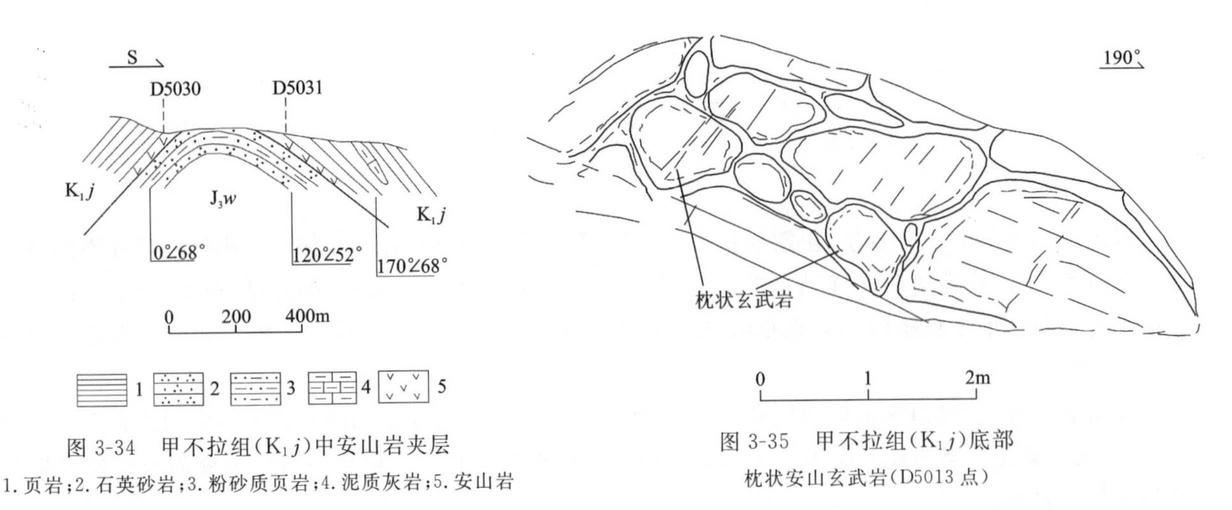

图 3-34　甲不拉组(K_1j)中安山岩夹层

1. 页岩;2. 石英砂岩;3. 粉砂质页岩;4. 泥质灰岩;5. 安山岩

图 3-35　甲不拉组(K_1j)底部枕状安山玄武岩(D5013 点)

2. 玄武安山岩

深灰色,斑状结构,基质似间隐、似交织结构,块状构造。斑晶成分以斜长石为主(5%),少量单斜辉石,斜长石和辉石均为自形—半自形晶,粒度为 0.5~1.2mm,部分斜长石晶体达为 2~4mm。

基质成分以斜长石为主,含量为 40%~60%。暗色矿物为 25%~30%。斜长石呈半自形—自形板条状,大小一般为 0.05~0.15mm。副矿物为磁铁矿、磷灰石。岩石蚀变现象普遍,常见褐铁矿化、绿泥石化和绢云母化等。

3. 安山岩

深灰色,斑状结构,基质为微晶微粒结构,块状构造、杏仁状构造。斑晶成分以斜长石(5%±)为主,次为辉石(<5%)。基质主要由斜长石(80%±)和蚀变辉石(10%±)组成,少量石英。斜长石为长板状,粒径小于 0.2mm。根据其探针结果投长石分类图解均落入 An=90~100 区域,属钙长石类。杏仁体为圆状或不规则状,多被方解石、石英和绿泥石充填。岩石蚀变现象普遍,常见绿泥石化、硅化、碳酸盐化等。

(二) 沉凝灰岩类

沉凝灰岩类主要分布在赛区至江孜一带的白垩系上统宗卓组(K_2z)和古近系甲查拉组(E_1jc)中。另在岗巴一带的古近系遮普惹组(E_2z)上部亦有分布。岩石类型主要为沉安山质角砾岩、凝灰质砂岩和沉凝灰岩。

1. 沉安山质火山角砾岩

暗紫红色,沉火山角砾结构,块状构造。碎屑以砾级为主,部分砂级。碎屑成分以安山质岩屑(75%±)为主,其次为砾状生物碎屑和细粒花岗岩岩屑,安山岩岩屑呈次圆—棱角状,而生物碎屑为长圆状;胶结类型基底式,胶结物为方解石(5%~8%)(已重结晶)、硅质(1%~2%)和泥质(3%±)。岩石发生了强烈碳酸盐化和硅化。

2. 凝灰质砂岩

灰色,凝灰质砂状结构,层状构造。岩石由火山碎屑物和陆源碎屑沉积物两部分组成:火山碎屑物主要由呈自形板状的斜长石晶屑组成,有的呈破碎的阶梯状,表面有泥化和方解石化现象,含量 20%±;陆源碎屑沉积物主要由石英(<50%)、长石(15%~20%)、岩屑(10%~15%)组成,少量硅质岩岩屑、重矿物和不透明矿物,胶结类型为孔隙式胶结,胶结物为已重结晶的方解石(50%±)和已重结晶呈显微鳞片状的粘土矿物(10%±)。

3. 沉凝灰岩

灰色，沉凝灰结构，层状构造，岩石由陆源碎屑沉积物(30%±)和火山碎屑物(70%±)两部分组成，火山碎屑沉积物以长石晶屑和安山岩岩屑为主，长石晶屑具板状、阶梯状晶形及呈熔蚀状，有的长石可见环带结构，为中长石，长石不同程度地次生变化，如泥化、方解石化及黝帘石化等。正常陆源碎屑沉积物由呈砾石状的泥岩岩屑和呈泥晶状的碳酸盐岩岩屑组成，粒径一般在 0.15～0.30mm 之间；胶结类型为孔隙式胶结，胶结物为已脱玻化的火山尘。

二、岩石化学及地球化学特征

(一) 岩石化学特征

测区内火山岩岩石化学特征见表 3-12。

表 3-12　火山岩岩石化学分析结果(%)及其参数表

层位	K_2z					K_1j			T_3L	$T_{1+2}Q$	
样品号	D3004XT1	D2478B1	D3042B3	D4019H	D5393B1	D5033XT1	D3006b1	D3285B1	D2256B1	D3262b2	D4150B2
岩性	杏仁状安山岩	玻基玄武安山岩	玄武安山岩	枕状玄武岩	安山岩	安山岩	杏仁状安山岩	蚀变粒玄岩	粒玄岩	玄武岩	杏仁状安山岩
SiO_2	50.53	45.00	47.76	44.55	49.22	51.85	46.00	49.13	49.49	45.27	47.27
TiO_2	3.39	0.74	1.01	4.37	3.34	3.61	2.85	3.13	3.95	2.70	3.95
Al_2O_3	13.24	14.52	22.28	15.85	14.08	14.34	13.60	13.00	12.97	14.75	15.13
Fe_2O_3	2.00	5.07	4.20	3.57	1.88	1.26	2.48	2.59	3.52	6.96	4.50
FeO	9.21	1.38	6.30	12.05	8.53	9.54	7.40	8.95	6.66	3.72	9.04
MnO	0.17	0.09	0.16	0.16	0.16	0.17	0.14	0.13	0.16	0.15	0.13
MgO	4.84	3.19	3.98	4.85	6.26	5.65	7.40	3.45	3.96	6.05	4.92
CaO	5.39	12.08	3.79	4.43	4.54	3.90	7.56	6.84	6.88	7.14	3.25
Na_2O	4.17	6.57	5.13	3.87	3.94	4.03	3.49	3.06	4.01	4.35	4.31
K_2O	0.11	0.08	1.37	0.16	0.04	0.02	0.03	0.16	0.13	1.60	0.15
P_2O_5	0.46	0.09	0.23	0.56	0.38	0.49	0.35	0.43	0.50	0.34	0.56
CO_2	2.56	8.02	0.82	0.73	2.90	0.37	3.59	4.72	4.46	2.38	2.03
H_2O^+	4.54	3.00	4.52	4.96	4.86	4.56	4.88	4.20	3.64	3.88	4.98
LOI	5.22	11.12	4.51	4.26	6.43	3.63	7.64	7.80	7.33	5.91	5.84
总计	100.61	99.83	99.55	100.11	100.13	99.79	99.77	99.79	100.33	99.61	100.22
ap	1.49	0.43	0.36	1.43	1.14	1.43	1.16	1.19	1.56	0.74	1.49
il	7.18	1.75	2.11	8.87	7.02	7.23	6.29	6.98	8.75	5.73	8.38
mt	3.06	5.61	4.96	5.65	3.14	1.96	4.26	4.36	5.87	6.69	7.15
q	12.22	—	—	2.15	14.17	9.90	7.41	24.08	20.05	—	12.71
or	1.22	0.71	8.95	1.18	—	—	—	1.31	0.65	10.51	1.23
ab	39.28	70.51	46.07	35.08	37.29	36.07	33.83	30.90	39.29	41.33	39.94
an	7.26	10.90	13.92	15.57	1.25	14.05	14.10	1.31	2.47	17.60	0.21
di										2.07	
c	4.08	0.56	6.04	4.14	8.17	2.94	3.87	8.54	6.26	—	8.48
hy	24.21	—	8.55	25.93	27.81	26.43	29.0	21.33	15.11	3.38	20.41

续表 3-12

层位	K_2z					K_1j			T_3L	$T_{1+2}Q$	
样品号	D3004XT1	D2478B1	D3042B3	D4019H	D5393B1	D5033XT1	D3006b1	D3285B1	D2256B1	D3262b2	D4150B2
岩性	杏仁状安山岩	玻基玄武安山岩	玄武安山岩	枕状玄武岩	安山岩	安山岩	杏仁状安山岩	蚀变粒玄岩	粒玄岩	玄武岩	杏仁状安山岩
ol	—	9.30	9.03	—	—	—	—	—	—	11.96	—
ne	—	0.22	—	—	—	—	—	—	—	—	—
σ	2.43	22.11	8.88	10.48	2.55	1.85	4.13	1.69	2.64	13.67	2.66
FL	44.26	35.50	63.17	47.64	46.71	50.94	31.77	32.01	37.57	45.45	57.85
SI	23.81	19.58	18.97	19.80	30.34	27.56	35.58	18.95	21.66	26.68	21.47
AR	1.60	1.67	1.66	1.50	1.54	1.57	1.40	1.39	1.53	1.75	1.64
NK	4.28	6.65	6.50	4.03	3.98	4.05	3.52	3.22	4.14	5.95	4.46
OX	0.62	0.60	0.59	0.65	0.64	0.62	0.66	0.65	0.63	0.61	0.63
LI	−4.46	−6.22	−0.72	−9.69	−4.74	−3.09	−9.37	−5.16	−4.20	−6.53	−5.48
MF	69.84	66.91	72.51	76.31	62.45	65.65	57.18	76.98	71.99	63.84	73.35
DI	52.72	71.44	55.02	38.41	51.46	45.97	41.24	56.29	59.99	51.84	53.88
al	0.46	0.61	0.61	0.44	0.46	0.47	0.44	0.47	0.48	0.48	0.46
mg	0.17	0.13	0.11	0.13	0.20	0.18	0.24	0.12	0.15	0.20	0.15
fe	0.38	0.25	0.28	0.42	0.33	0.35	0.31	0.41	0.37	0.32	0.39

测试单位：国家地质实验测试中心，2002 年。

1. 岩石化学分类

由于火山岩颗粒细小，宏观和光学显微镜下难以准确确定矿物成分和含量，给准确分类和定名带来困难。运用化学成分对其进行分类研究，能准确地反映火山岩的成分特征。下面将用几种不同参数和图解进行的分类情况分述如下。

(1) 硅-碱图解

硅-碱图解的形式有多种，现采用《火山岩地区区域地质调查方法指南》中推荐的李兆鼐提出的划分方案进行分类投点，其结果见图 3-36。从图 3-36 中可清楚看到，测区内的火山岩多数落入Ⅳb 区，仅有 1 个样落入Ⅵ区，另 1 个样落在Ⅳb 与Ⅵ区分界处。所以区内的火山岩多数应属于玄武岩和碱性玄武岩类，仅 1 个样属于碱玄武岩类。

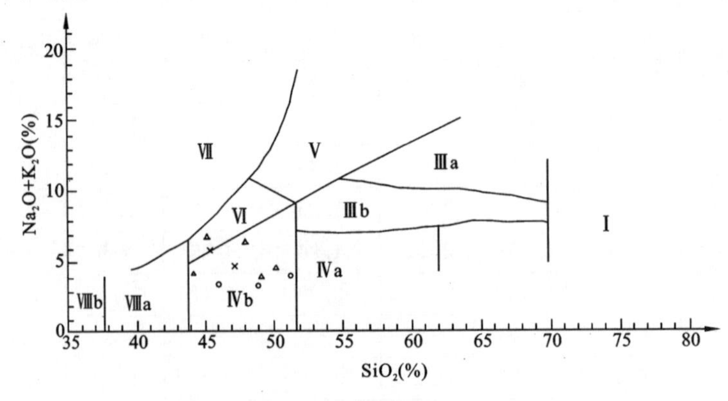

图 3-36　火山岩化学定量分类图解(大类)

(据李兆鼐等，1984)

Ⅰ. 流纹岩类；Ⅱ. 英安岩类；Ⅲa. 粗面岩类；Ⅲb. 安粗岩类；Ⅳa. 安山岩类；Ⅳb. 玄武岩和碱质玄武岩；Ⅴ. 响岩类；Ⅵ. 碱玄岩类；Ⅶ. 副长石岩类；Ⅷ. 超镁铁质岩类(点线为中国火山岩投影点的实际范围)

△宗卓组中的熔岩；○甲不拉组中的熔岩；□朗杰学群中的熔岩；×穷果群中的熔岩

（2）TAS图解

该图解是国际地科联岩浆岩类分委员会推荐的一个最新的简易化学分类命名方案，由 Le Bas M J 等于 1986 年提出。

从图 3-37 中可知测区内的火山岩大部分落入 B 区，小部分落入 U_1 区。按此分类方案区内的火山岩大部分属于玄武岩类，小部分属于碱玄岩和碧玄岩类。结合 CIPW 计算结果，ol＞10％的只有 1 个样，所以只有 1 个属碧玄岩，其余应为碱玄岩，与硅-碱图图解结果相近。

（3）硅-钾图解

对 SiO_2 大于 45％的区内火山岩用该图解进行划分，其结果如图 3-38 所示，区内大多数火山岩落入低钾玄武岩区，仅有 2 个样落入高钾玄武岩区。

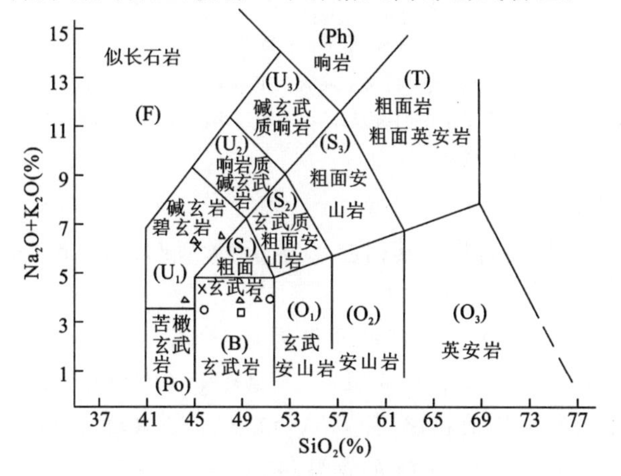

图 3-37 火山岩 TAS 图解

（据 Le Bas M J 等，1986）

△宗卓组中的熔岩；○甲不拉组中的熔岩；□朗杰学群中的熔岩；×穷果群中的熔岩

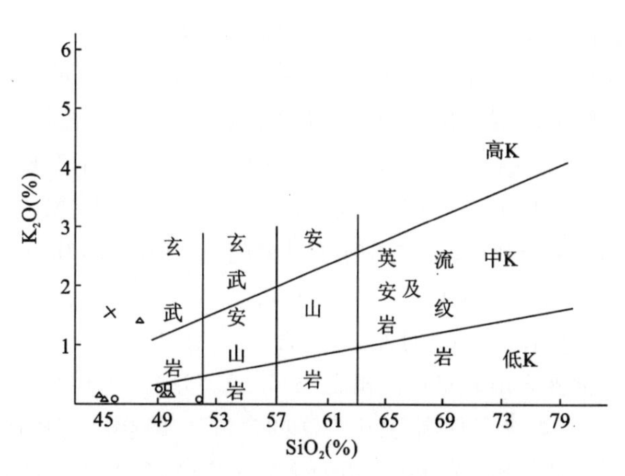

图 3-38 火山岩的硅-钾图解

△宗卓组中的熔岩；○甲不拉组中的熔岩；□朗杰学群中的熔岩；×穷果群中的熔岩

2. 岩石系列划分

划分火山岩系列的图解和方法较多，针对本区的岩性特征，采用最常用和有效的硅-碱图，划分出碱性和亚碱性系列，对属亚碱性系列再用 AFM 图解进一步区分出钙碱系列和拉斑系列。区内的火山岩在硅-碱图上的投图（图 3-39），结果多数落入 A 区，为碱性系列，有 4 个样落在 A 与 S 区分界线附近 S 区的一侧，应属亚碱系列。对这个些亚碱系列的样品进一步投入 AFM 图解（图 3-40）中，其结果多数落在 T 区，属于拉斑系列，有 1 个样品落在 T 区与 C 区的界线附近的 C 区内，说明区内火山岩多属于碱性系列，少数属于拉斑玄武岩系列。对拉斑玄武岩用 Peace T H 等（1975）的 TiO_2-K_2O-P_2O_5 图解（图 3-41）判定均属大洋拉斑玄武岩。

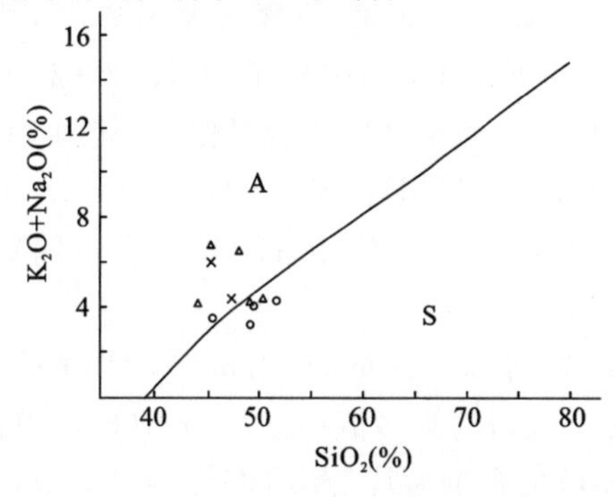

图 3-39 火山岩硅-碱图解

实线. Macdonalil(1968)；A. 碱性系列；

断线. Irvine 等(1971)；S. 亚碱性系列；△宗卓组中的熔岩；○甲不拉组中的熔岩；×穷果群中的熔岩

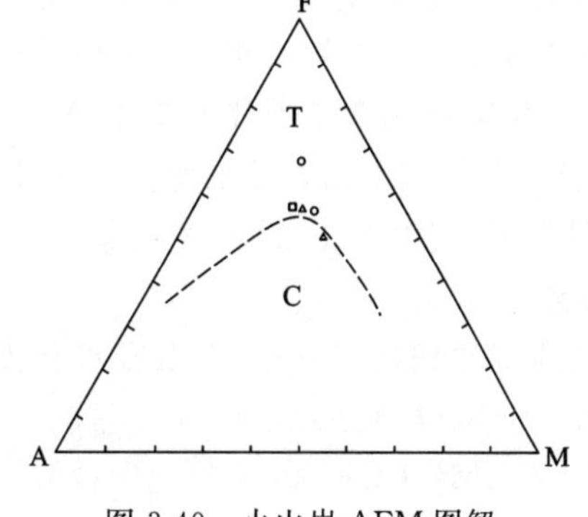

图 3-40 火山岩 AFM 图解

（据 Irvine T N，1971）

T. 拉斑玄武岩系列；C. 钙碱性系列；□朗杰学群中的熔岩；△宗卓组中的熔岩；○甲不拉组中的熔岩

3. 岩石化学特征

(1) 岩石氧化物特征

本区各不同层位、不同岩性的岩石化学特征见表3-12。总体上看 SiO_2 含量为44.55%～51.85%，K_2O+Na_2O 含量为3.22%～6.65%，总体偏高。所有岩石的 $Na_2O>K_2O$、CaO 的含量为3.25%～12.08%，总体含量偏低。现按产出层位及各类岩石的岩石化学特征分述如下。

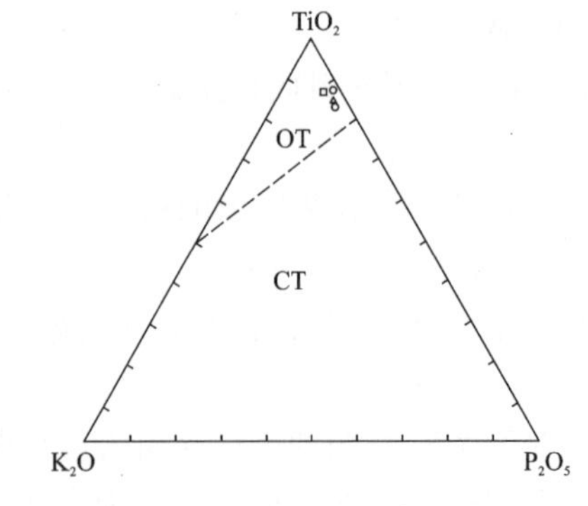

图3-41　TiO_2-K_2O-P_2O_5 图解
(据 Pearce T H 等，1975)
OT. 大洋拉斑玄武岩；CT. 大陆拉斑玄武岩；△宗卓组中的熔岩；○甲不拉组中的熔岩；□朗杰学群中的熔岩

① 三叠系穷果群($T_{1+2}Q$)中的火山岩岩石化学特征。玄武岩 SiO_2 的含量为45.27%，Al_2O_3 的含量为14.75%，K_2O+Na_2O 的含量为5.95%，$Na_2O>K_2O$。与世界拉斑玄武岩平均值相比，SiO_2、FeO、MgO、CaO 的含量偏低。TiO_2、Fe_2O_3、Na_2O、K_2O、P_2O_5、CO_2、H_2O^+ 的含量偏高，其中 CO_2 高80倍，H_2O^+ 高4倍，可能与岩石的蚀变有关系，Al_2O_3、MnO 的含量与其相近。与中国玄武岩的平均值相比，其 Al_2O_3、MnO 的含量与其相近，SiO_2、FeO、MgO、CaO、K_2O、P_2O_5 的含量偏低，TiO_2、Fe_2O_3、Na_2O、CO_2、H_2O^+ 的含量偏高，其中 CO_2 的含量高8倍。

安山岩 SiO_2 的含量为47.27%，Al_2O_3 的含量为15.13%，K_2O+Na_2O 的含量为4.46%，$Na_2O>K_2O$。与世界安山岩平均值相比，SiO_2、Al_2O_3、CaO、K_2O 的含量偏低，TiO_2、Fe_2O_3、FeO、MgO、Na_2O、P_2O_5、CO_2、H_2O^+ 的含量偏高，其中 CO_2 的含量高40倍。与中国安山岩平均值相比，SiO_2、Al_2O_3、CaO、K_2O 的含量偏低，TiO_2、Fe_2O_3、FeO、MgO、Na_2O、P_2O_5、CO_2、H_2O^+ 的含量偏高，其中 CO_2 的含量高14倍。

② 三叠系朗杰学群(T_3L)中的火山岩岩石化学特征。粒玄岩 SiO_2 的含量为49.49%，Al_2O_3 的含量为12.97%，Na_2O+K_2O 的含量为4.14%，$Na_2O>K_2O$。与世界玄武岩的平均值相比，SiO_2、Fe_2O_3 的含量与其相近。TiO_2、Na_2O、P_2O_5、CO_2 和 H_2O^+ 的含量偏高，其中 CO_2 高150倍。Al_2O_3、FeO、MgO、CaO 和 K_2O 的含量偏低，其中 K_2O 的含量为其1/13。与中国玄武岩平均值相比，FeO、MnO 的含量与其相近，SiO_2、TiO_2、Na_2O、CO_2 和 H_2O^+ 的含量偏高，其中 CO_2 的含量高13倍。Al_2O_3、Fe_2O_3、MgO、CaO、K_2O 和 P_2O_5 的含量偏低，其中 K_2O 的含量为其1/21。

③ 白垩系甲不拉组(K_1j)中的火山岩岩石化学特征。粒玄岩的 SiO_2 含量为49.13%，Al_2O_3 的含量为13.00%，Na_2O+K_2O 的含量为3.22%，$Na_2O>K_2O$。与世界玄武岩平均值相比，SiO_2 的含量与其相近。TiO_2、FeO、Na_2O、P_2O_5、CO_2 和 H_2O^+ 的含量偏高，其中 CO_2 的含量高150倍。Al_2O_3、Fe_2O_3、MnO、MgO、CaO、K_2O 的含量偏低，其中 K_2O 的含量为其1/4。与中国玄武岩的平均值相比，Na_2O 的含量与其相近，SiO_2、TiO_2、FeO、P_2O_5、CO_2 和 H_2O^+ 的含量偏高，其中 CO_2 的含量高13倍。Al_2O_3、Fe_2O_3、MnO、MgO、CaO 和 K_2O 的含量偏低，其中 K_2O 的含量为其1/17。

安山岩的 SiO_2 含量为48.93%，Al_2O_3 的含量为13.97%，Na_2O+K_2O 的含量为3.79%，$Na_2O>K_2O$。与世界安山岩的平均值相比，MnO、Na_2O 的含量与其相近，SiO_2、Al_2O_3、Fe_2O_3、CaO 和 K_2O 的含量偏低，其中 K_2O 的含量为其1/6，TiO_2、FeO、MgO、P_2O_5、CO_2 和 H_2O^+ 的含量偏高，其中 CO_2 的含量高近40倍。与中国安山岩的平均值相比，MnO 和 P_2O_5 的含量与其相近，SiO_2、Al_2O_3、Fe_2O_3、CaO 和 K_2O 的含量偏低，其中 K_2O 的含量为其1/68，TiO_2、FeO、MgO、Na_2O、CO_2 和 H_2O^+ 的含量偏高，其中 CO_2 的含量高13倍。

④ 白垩系宗卓组(K_2z)中的火山岩岩石化学特征。玄武岩的 SiO_2 含量为44.55%，Al_2O_3 的含量为15.85%，Na_2O+K_2O 的含量为4.03%，$Na_2O>K_2O$。与世界玄武岩的平均值相比，其 Fe_2O、MnO 的含量与其相近。SiO_2、MgO、CaO 和 K_2O 的含量偏低，其中 CaO、K_2O 的含量为其1/3，TiO_2、Al_2O_3、FeO、Na_2O、P_2O_5、CO_2 和 H_2O^+ 的含量偏高，其中 CO_2 的含量高24倍。与中国玄武岩的平均值相比，其 MnO、P_2O_5 的含量与其相近。SiO_2、Fe_2O、MgO、CaO 和 K_2O 的含量偏低，其中 K_2O 的含量为其1/16，TiO_2、Al_2O_3、FeO、Na_2O、CO_2 和 H_2O^+ 的含量偏高，其中 TiO_2、CO_2 的含量高2倍，H_2O^+ 的含量高3倍。

玄武安山岩 SiO_2 的含量为 46.38%，Al_2O_3 的含量为 18.40%，K_2O+Na_2O 的含量为 6.58%，$Na_2O>K_2O$。与世界安山岩的平均值相比，其 TiO_2、MnO 和 MgO 的含量与其相近，SiO_2、FeO、P_2O_5 和 K_2O 的含量偏低，其 K_2O 的含量为其 1/3，Al_2O_3、Fe_2O_3、CaO、Na_2O、CO_2 和 H_2O^+ 的含量偏高，其中 CO_2 的含量高 88 倍。与中国安山岩的平均值相比，其 Al_2O_3、MnO 和 MgO 的含量与其相近，SiO_2、P_2O_5 和 K_2O 的含量偏低，其中 K_2O 的含量为其 1/4，TiO_2、Fe_2O_3、FeO、CaO、Na_2O、CO_2 和 H_2O^+ 的含量偏高，其中 CO_2 的含量高 12 倍。

安山岩的 SiO_2 含量为 49.88%，Al_2O_3 的含量为 13.66%。Na_2O+K_2O 的含量为 4.14%，$Na_2O>K_2O$。与世界安山岩的平均值相比，其 SiO_2、Al_2O_3、Fe_2O_3、CaO 和 K_2O 的含量偏低，其中 K_2O 的含量为其 1/21，TiO_2、FeO、MgO、Na_2O、P_2O_5、CO_2 和 H_2O^+ 的含量偏高，其中 CO_2 的含量高 50 倍。MnO 的含量与其相近。与中国安山岩的平均值相比，其 SiO_2、Al_2O_3、Fe_2O_3、CaO 和 K_2O 的含量偏低，其中 K_2O 的含量为其 1/26，TiO_2、FeO、MgO、Na_2O、CO_2 和 H_2O^+ 的含量偏高，其中 CO_2 的含量高 18 倍，TiO_2 的含量高 4 倍，MnO 和 P_2O_5 的含量与其相近。

(2) 主要岩石化学指数特征

① 里特曼指数(σ)：是衡量岩石碱性程度的指数之一。各类型岩石的具体数值见表 3-12。区内火山岩 σ 值为 1.85～22.11，变化范围较大。其中三叠系穷果群中的火山岩 σ 值为 4.66～13.67，平均值为 8.17。朗杰学群中的火山岩 σ 值为 2.64。白垩系甲不拉组中的火山岩 σ 值为 1.69～4.13，平均值为 2.34。白垩系宗卓组中的火山岩 σ 值为 2.55～22.11，平均值为 9.49。依据里特曼用 σ 值进行岩系类型划分的方案，本区分布于朗杰学群和甲不拉组中的火山岩属中钙碱性岩系(太平洋型)，分布于穷果群和宗卓组中的火山岩属钠质碱性岩系(大西洋型)。

② 碱度率(AR)：是衡量岩石碱性程度的另一个重要指数，区内各类火山岩的 AR 值见表 3-12。用 Wright J B 图解来判别区内岩石的碱性程度，其结果如图 3-42 所示，绝大多数样品落入碱性区，仅有 3 个样品落入碱性区与强碱区分界线强碱性区一侧，说明区内火山岩绝大多数属于碱性岩系，少数为强碱岩系。

③ 长英指数(FL)和镁铁指数(MF)：长英指数和镁铁指数是反映岩浆分离结晶作用程度的指数，将区内火山岩的结果投入到辛普森提出的 FL-MF 变异图(图 3-43)中，总体呈正相关特征，反映了形成区内火山岩地岩浆经受了一定的分离结晶作用。

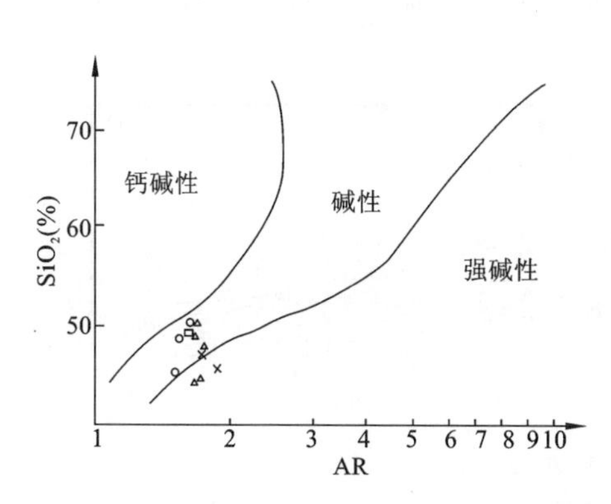

图 3-42　火山岩 AR-SiO_2 与碱度关系图解

(据 Wright J B，1969)

△宗卓组中的熔岩；○甲不拉组中的熔岩；□朗杰学群中的熔岩；×穷果群中的熔岩

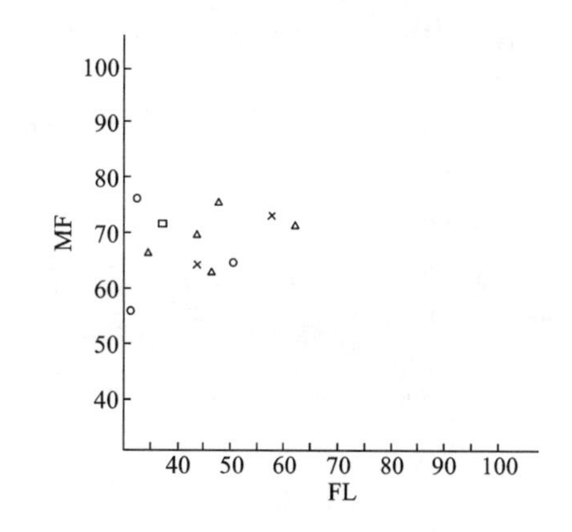

图 3-43　火山岩 FL-MF 图解

△宗卓组中的熔岩；○甲不拉组中的熔岩；□朗杰学群中的熔岩；×穷果群中的熔岩

④ 分异指数(DI)：是反映岩浆分异演化彻底程度的指数，DI 值越大说明分异越彻底，岩石的酸性程度越高，反之 DI 越小，表明分异程度越低，基性程度相对高。区内各类火山岩 DI 值见表 3-12。测区火山岩 DI 值为 38.41～71.44。其中穷果组中的玄武岩 DI 值为 51.84，安山岩为 53.88。朗杰学群中的粒玄岩为 59.99。甲不拉组中的粒玄岩为 56.29，安山岩为 43.61。宗卓组中的玄武岩为 38.41，玄武安山岩为 63.23，安山岩为 52.09。

DI-氧化物(w_B%)极密脊线图解是反映火山岩分离结晶和同化混染情况的图解(图 3-44),从图3-44中可以看出 SiO_2、Al_2O_3、K_2O 略偏主脊线下方,FeO、MgO 图偏主脊线上方,Fe_2O_3、CaO、Na_2O 基本沿主脊线分布,个别样点偏离,说明形成该区火山岩的岩浆经受了分离结晶作用,同时有轻微混染。

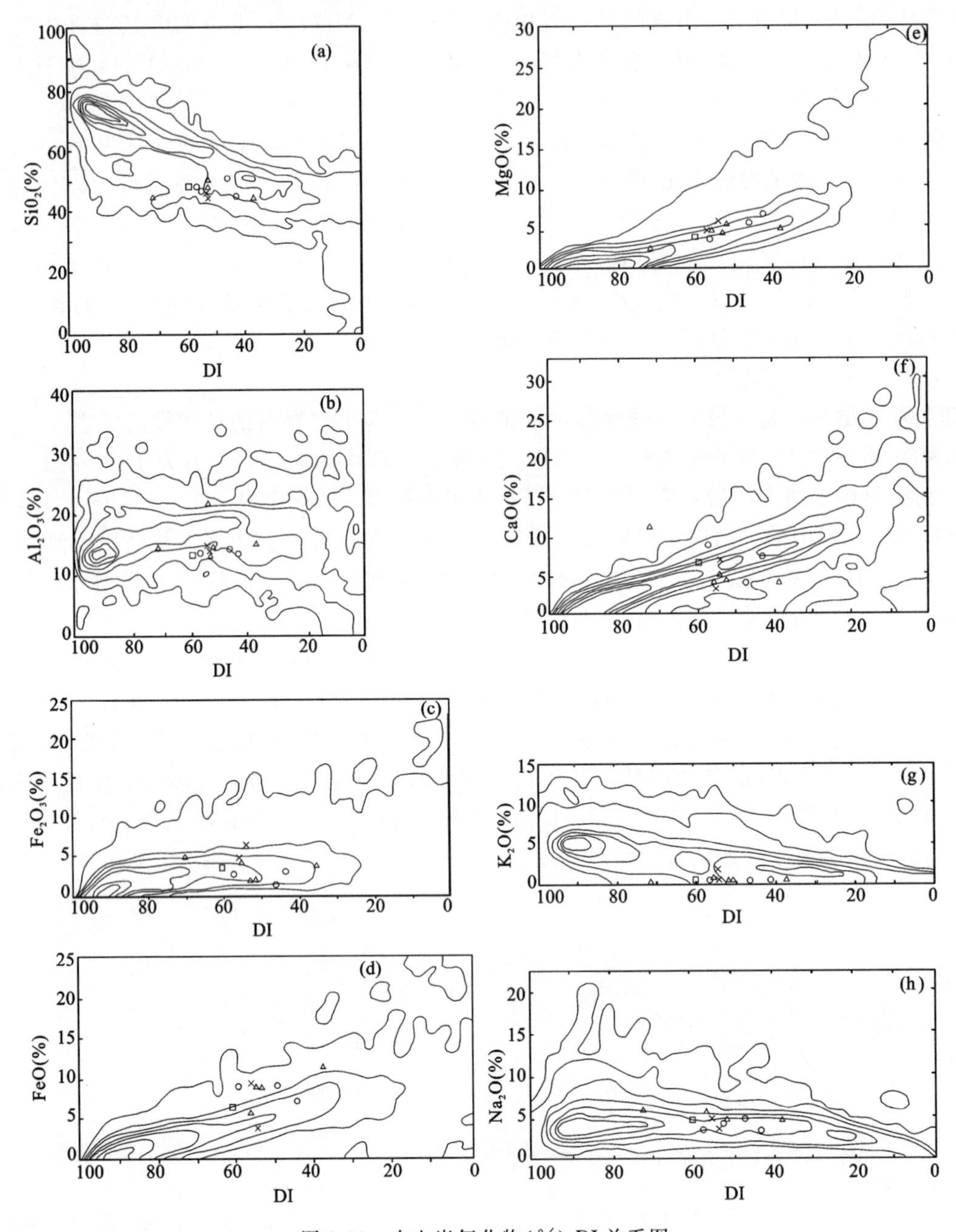

图 3-44　火山岩氧化物(%)-DI 关系图

(据 Thornton C P 等,1960)

△宗卓组中的熔岩;○甲不拉组中的熔岩;□朗杰学群中的熔岩;×穷果群中的熔岩

(二) 稀土、微量元素地球化学特征

1. 稀土元素的地球化学特征

区内火山岩稀土元素的含量特征见表 3-13。从表中可以看出各层位中火山岩的 ∑REE 的平均值为 $154.64\times10^{-6}\sim234.55\times10^{-6}$,∑Ce/∑Y 为 2.18~3.16,Sm/Nd 为 0.23~0.24。Sm/Nd 的值接近世界玄武岩平均值(0.25),稀土总量高出世界玄武岩平均值近 2 倍,∑Ce/∑Y 的值也高出 2 倍。总体

上看区内的火山岩具明显轻稀土富集，宗卓组中的火山岩具明显 Eu 正异常。朗杰学群中的火山岩具微弱的 Eu 正异常。穷果群和甲不拉组中的火山岩均具不明显的 Eu 负异常。

从稀土元素球粒陨石标准化配分曲线图(图 3-45)中可以看出，曲线总体右倾、缓倾，具不明显的 Eu 异常，轻稀土段与重稀土段曲线倾斜近一致，说明稀土元素经受的分馏作用很弱。

表 3-13 火山岩稀土元素、微量元素分析结果($\times 10^{-6}$)及其相关参数表

层位	K_2z							K_1j			T_3L	$T_{1+2}Q$	
样品号	D3004 XT1	D2478 B1	D3042 B3	D4019 H	D5393 B1	P10-6 GP1	P17-1 GP1	D5033 XT1	D3006 b1	D3285 B1	D2256 B1	D3262 b2	D4150 B2
岩性	杏仁状安山岩	玻基玄武安山岩	玄武安山岩	枕状玄武岩	安山岩	杏仁状安山岩	杏仁状安山岩	安山岩	杏仁状安山岩	蚀变粒玄岩	粒玄岩	玄武岩	杏仁状安山岩
La	31.37	2.09	3.79	38.20	29.20	9.74	31.24	31.22	28.40	30.10	35.50	28.40	33.20
Ce	69.71	5.83	7.48	90.10	62.20	29.95	51.91	70.14	58.10	68.00	76.10	56.90	75.30
Pr	7.27	0.96	1.49	11.70	7.57	3.79	6.01	7.14	7.27	8.53	9.37	6.44	9.62
Nd	37.14	4.95	7.89	52.70	34.60	30.13	26.41	36.61	31.80	37.50	43.90	28.60	42.60
Sm	8.81	1.68	2.72	12.40	7.49	0.00	6.92	8.78	7.34	8.80	9.89	6.46	10.10
Eu	2.66	0.66	1.15	3.20	2.03	1.98	2.55	2.63	2.35	2.11	3.35	2.09	2.88
Gd	8.15	2.11	3.65	10.90	7.19	3.07	4.19	8.34	6.97	7.84	8.87	6.07	8.50
Tb	1.47	0.39	0.69	1.64	0.99	36.00	0.91	1.38	1.04	1.18	1.20	1.00	1.18
Dy	7.13	2.67	4.79	9.42	5.61	3.97	5.65	7.18	6.21	6.82	6.78	5.13	7.18
Ho	1.42	0.55	1.04	1.69	0.95	0.36	0.36	1.20	1.13	1.24	1.17	0.86	1.24
Er	3.49	1.52	2.95	4.53	2.94	0.90	2.37	2.96	3.27	3.42	3.30	2.47	3.40
Tm	0.45	0.22	0.45	0.59	0.38	1.08	0.36	0.37	0.42	0.46	0.41	0.30	0.42
Yb	2.99	1.45	2.98	3.69	2.42	1.26	1.64	2.23	2.77	2.94	2.56	1.95	2.66
Lu	0.49	0.20	0.44	0.50	0.35	0.00	0.36	0.40	0.40	0.42	0.35	0.27	0.35
Y	32.60	12.80	25.90	43.00	28.50	12.27	30.24	27.29	29.60	30.90	31.80	23.20	31.10
ΣCe	156.96	16.17	24.52	208.30	143.09	75.59	124.04	156.52	135.26	155.04	178.11	128.89	173.70
ΣY	58.19	38.08	42.89	75.96	49.33	23.27	46.08	51.35	51.81	55.22	56.44	41.25	56.03
ΣCe/ΣY	2.70	0.42	0.57	2.74	2.90	3.25	2.69	3.05	2.61	2.81	3.16	3.12	3.10
Sm/Nd	0.24	0.34	0.34	0.24	0.22	—	0.26	0.24	0.23	0.23	0.23	0.23	0.24
δEu	0.94	1.07	1.12	0.82	0.83	4.55	1.34	0.93	0.99	0.76	1.07	1.01	0.93
δCe	1.07	0.99	0.76	1.02	0.99	1.19	0.86	1.09	0.95	1.01	0.98	0.98	1.00
La/Sm	3.56	1.24	1.39	3.08	3.90	—	4.37	3.56	3.87	3.42	3.59	4.40	3.29
ΣREE	215.15	54.25	67.41	284.26	192.42	98.86	170.12	207.87	187.07	210.26	234.55	170.14	229.73
Sc	56.61	19.29	22.18	9.66	18.42	69.82	14.57	52.22	20.70	12.30	15.07	14.23	15.67
Cr	90.43	349.77	540.00	58.33	100.59	137.83	37.16	105.03	151.59	117.06	123.40	239.00	157.49
V	1879.07	642.44	1053.86	1852.75	1492.82	111.13	258.47	2244.49	1591.15	1535.73	1136.02	1426.62	1514.02
Co	48.15	0.00	21.98	39.36	62.09	31.39	102.00	43.33	23.21	13.20	0.00	18.12	39.91
Cu	332.66	0.00	0.00	235.82	355.93	1367.31	3.46	423.79	189.98	142.75	46.80	220.52	196.90
Zn	3485.76	945.05	1649.90	5839.33	2767.69	414.22	3081.06	4177.56	4017.70	4305.95	2197.90	3987.25	5117.74

续表 3-13

层位	K_2z							K_1j			T_3L	$T_{1+2}Q$	
样品号	D3004 XT1	D2478 B1	D3042 B3	D4019 H	D5393 B1	P10-6 GP1	P17-1 GP1	D5033 XT1	D3006 b1	D3285 B1	D2256 B1	D3262 b2	D4150 B2
岩性	杏仁状安山岩	玻基玄武安山岩	玄武安山岩	枕状玄武岩	安山岩	杏仁状安山岩	杏仁状安山岩	安山岩	杏仁状安山岩	蚀变粒玄岩	粒玄岩	玄武岩	杏仁状安山岩
Ga	54.40	6.24	18.42	17.00	38.14	361.54	2.00	30.37	31.22	14.11	13.50	12.57	22.43
Nb	534.64	0.00	0.00	4.29	44.40		10.38	809.28	28.38	70.93	44.17	158.41	24.20
Rb	7.54	8.96	36.04	5.73	9.40	91.83	365.94	7.54	3.34	8.14	8.94	19.22	4.45
Sr	181.95	152.96	94.85	152.44	449.34	413.86	314.75	172.15	250.08	227.07	103.42	103.70	93.34
Zr	134.17	0.00	0.00	0.00	0.00	25.80	29.87	11.03	170.62	119.05	0.00	260.44	229.22
Mo	6.43	0.00	0.00	0.00	0.00	2.89	2.73	6.77	0.00	0.00	0.00	0.00	0.00
Sn	42.27	4.09	5.55	13.96	4.05	3.43	2.19	46.04	20.20	10.13	8.41	11.28	11.21
Pb	7.54	3.69	14.79	25.87	10.33	4.75	10.38	4.06	15.86	12.48	7.01	6.10	10.55
Cs	2.21	0.55	3.79	0.91	1.56	1.58	0.36	0.77	0.84	0.36	0.35	0.74	0.50
Ba	310.42	173.18	4481.15	59.56	38.78	82.57	52.07	138.49	174.12	51.93	40.67	48.06	78.66
Hf	4.23	2.40	9.74	2.00	1.36	1.78	2.86	4.06	2.84	2.53	1.40	2.96	3.13
Ta	21.87	1.11	4.87	0.73	0.78	0.40	1.43	69.83	1.67	1.45	0.88	1.85	1.65
W	5.33	1.66	4.87	1.28	1.17	0.59	1.97	6.00	1.34	1.63	1.93	1.29	1.32
Th	26.65	15.11	4.69	8.56	2.92	2.18	14.67	29.40	12.19	17.91	8.76	10.17	14.18
U	0.00	0.00	1.80	0.55	0.00	0.00	0.00	0.00	0.00	0.00	0.00	0.00	0.00
K	893.75	325.00			650.00	11 131.25	1300.00	162.50	243.75	1300.00	1056.25	13 000.00	1218.75
Rb/Sr	0.04	0.02	0.22	1.16	0.06	0.38	0.04	0.04	0.01	0.04	0.09	0.19	0.05
K/Rb	118.61	34.59	0.00	0.00	72.52	308.86	227.03	21.54	73.00	159.67	118.15	676.24	273.69
Sr/Ba	0.59	2.59	0.09	5.28	3.94	1.15	2.93	1.24	1.44	4.37	2.54	2.16	1.19
Zr/Hf	31.74	0.00	2.65	14.94	0.00	0.00	0.00	2.71	60.12	47.00	0.00	88.08	73.16

测试单位：中国地质大学（北京）测试中心，2002 年。

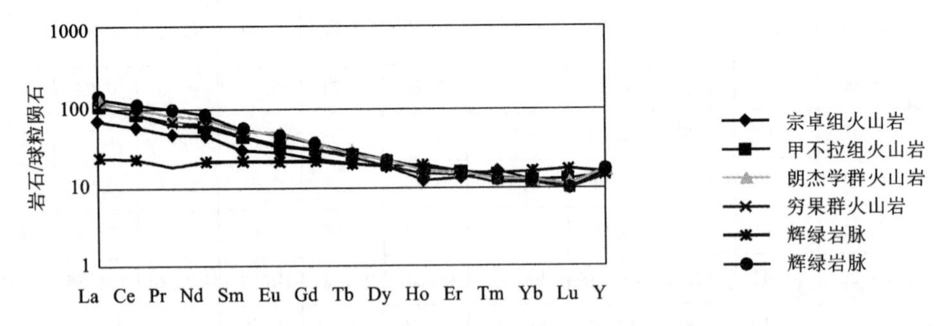

图 3-45　测区火山岩与辉绿（玢）岩稀土元素配分曲线对比图

2. 微量元素的地球化学特征

区内火山岩微量元素含量特征见表 3-13。现将分布于各层位中的火山岩微元素特征分述如下。

（1）三叠系穷果群中火山岩的微量元素地球化学特征

该层的玄武岩与世界玄武岩平均值相比，其 Cr、Ga、Pb、Cs 的含量与其相似。Sc、V、Cu、Zn、Nb、

Rb、Zr、Sn、Hf 的含量偏高，其中 Zn 的含量高 30 倍，Co、Sr、Ba 的含量偏低。该层的安山岩与玄武岩相比，Zn、Ba、Hf 的含量增高，Cr、V、Nb、Rb 的含量降低，其余元素的含量相近。

（2）三叠系朗杰学群中火山岩的微量元素地球化学特征

该层的粒玄岩与世界玄武岩平均值相比，其 Sc、Ga、Pb、Hf、Ta、W 的含量与其相近。V、Zn、Nb、Rb、Sn、Th 的含量偏高，其中 Zn 的含量高 15 倍。Cr、Cu、Sr、Cs、Ba 的含量偏低，其 Ba 的含量为其1/8。与穷果群中的玄武岩相比，除 Cr、Cu、Zn、Nb、Rb 的含量偏低外，其余元素的含量相近。

（3）白垩系甲不拉组中火山岩的微量元素地球化学特征

该层的玄武岩与世界玄武岩平均值相比，其 Ga、Zr 的含量与其相近，Sc、V、Cu、Zn、Nb、Rb、Sn、Pb、Hf、Ta、W 的含量偏高，其中 Zn 的含量高 33 倍。Cr、Co、Sr、Cs、Ba 的含量偏低，其中 Ba 的含量为其 1/7。与穷果组玄武岩相比，Zn、Sr、Pb 的含量偏高，Cr、Cu、Nb、Rb、Zr 的含量偏低，其余元素的含量相似。与朗杰学群中的粒玄岩相比，Cu、Zn、Nb、Sr、Th、Pb 和 Ba 偏高，其余相近。该层中的安山岩与玄武岩相比 Sc、V、Co、Cu、Zn、Nb、Sn、Ba、Ta 增高，Rb、Zr 降低，其余元素的含量相近。

（4）白垩系宗卓组中火山岩的微量元素特征

该层位中的玄武岩与世界玄武岩平均值相比，其 Ga、Rb 的含量与其相近。Sc、V、Cu、Zn、Sn、Pb、Hf、Ta、W、Th 的含量偏高，其中 Zn 的含量高 45 倍。Cr、Co、Nb、Sr、Cs、Ba 的含量偏低，其中 Ba 的含量为其 1/7。与穷果群中的玄武岩相比，Sc、Cr、Nb、Rb 的含量偏低，V、Zn、Sr、Pb 的含量偏高，其余相近。本层位的玄武安山岩与玄武岩相比，除 Sc、Cr、Rb、Cs、Ba 的含量升高外，其余均不同程度地呈现降低趋势。本层位的安山岩与玄武岩相比，其 Sn、Th 的含量相近，V、Zn 的含量降低，其余的含量均不同程度升高，其中 Nb 的含量升高 34 倍，Ba 的含量升高 25 倍。

三、火山岩的形成环境

区内火山岩多数属碱性玄武岩，少数属拉斑玄武岩。根据 TiO_2-K_2O-P_2O_5图解（图 3-41）判定拉斑玄武岩属大洋拉斑玄武岩。用 Peace J A（1976）的 F_1-F_2 图解判别均属板内玄武岩。用 Peace J A（1977）的 FeO^*-MgO-Al_2O_3图解判别，多数属大陆板块内部，K_2z 中的部分样品落入造山带。

区内火山岩与侵入在三叠系和侏罗系的基性脉岩，在岩石类型上同属基性岩类，空间上紧密相邻，在造岩元素、微量元素和稀土元素含量上相近（表 3-13），稀土元素标准化配分曲线形态十分相似（图 3-45），在形成时代也很接近，说明区内的火山岩与侵入三叠系和侏罗系中的基性脉岩具成因联系。

第四章 变质岩

测区内变质岩约占图幅总面积的1/3，以区域变质岩为主，局部见少量的动力变质岩、接触变质岩及混合岩。区域变质岩主要分布在前寒武纪变质岩系及部分寒武纪—三叠纪地层中；动力变质岩主要分布于韧性剪切带和脆性断裂带中；接触变质岩主要分布于哈金桑惹岩体及通巴寺岩体周围；混合岩仅见于前寒武纪变质岩中。

前人对于区内变质岩系进行过不同程度的调查和研究工作，西藏自治区地质矿产局于1983年完成的《1∶100万日喀则幅、亚东县幅区域地质调查报告》及1993年完成的《西藏自治区区域地质志》等对该区内变质岩系进行了系统的归纳和总结，成为本次工作的重要基础。

高喜马拉雅带前寒武纪结晶岩系主要分布于亚东县幅的南侧和东侧，藏南拆离系(STDS)拆离断层的下盘。向东延至不丹境内，称为"廷布岩系"(片麻岩)，向西可与尼泊尔境内的"杜普片麻岩"、我国阿里地区的"普兰纳木那尼群"下部片麻岩，以及印度库蒙-斯匹堤地区的"维克瑞塔群"进行对比。在聂拉木地区的中尼公路沿线，前人对该套变质岩系进行过深入研究(尹集祥，1984；卫管一等，1989；西藏自治区地质矿产局，1983，1997)，对变质地层进行了详细的划分，将其命名为"聂拉木(岩)群"，时代定为前寒武纪。本次对亚东地区出露的区域变质岩系的岩石组合和构造变形特征进行了研究，将前人所划分的原"聂拉木(岩)群"下部的片麻岩、变粒岩、混合岩等变质岩组合命名为亚东岩群(An∈*Y*)，上部片麻岩、变粒岩、大理岩、石英岩等变质岩组合延用聂拉木岩群(An∈*N*)，时代定为前寒武纪。

多数学者认为上述变质岩系经历了两期区域动热变质作用，但对变质作用时期存在着分歧，主要有两种观点：①认为分别发生在晚元古期和燕山晚期—喜马拉雅期(刘国惠等，1990)；②认为分别发生在前寒武纪晚期和喜马拉雅期(卫管一等，1986)。但对该结晶岩带中的混合岩化作用，多认为是喜马拉雅期变质作用的产物。

北喜马拉雅南带区域变质岩主要分布在亚东县幅北侧和江孜县幅南侧，它向西经珠穆朗玛峰延至聂拉木地区及吉隆地区，位于藏南拆离系(STDS)拆离断层的上盘，涉及的地层主要为寒武系至三叠系。

北喜马拉雅北带区域变质岩主要见于江孜县幅中部的哈金桑惹-康马隆起带及其南北两侧。前人对该带变质岩系进行了较多研究，但同样对其变质作用时期和变质作用期次的认识存在着很大分歧，有资料认为它经历了两期变质作用，即寒武纪—奥陶纪热变质事件和喜马拉雅期变质作用(《西藏自治区区域地质志》，1993)；而另外一些学者认为它经历了加里东期、海西期和喜马拉雅期3个期次的变质作用，并以海西期为主期变质作用时期(刘国惠等，1990)。导致上述分歧的原因，主要是由于对康马岩体周围变质地层时代的错误认识，以及对同位素年龄数据的解释和应用的片面性。本次工作，在康马岩体以西、原资料认为属石炭系的地层中发现了奥陶纪的角石化石，从而重新厘定了该区变质岩系地层层序，结合新取得的大量同位素年龄数据，对该套变质岩系的变质作用提出了新的认识。

在江孜县幅北侧，位于雅鲁藏布江带南缘的三叠系中也有少量区域变质岩分布，主要为板岩带，由变质砂岩和板岩组成。

第一节 区域变质岩

一、区域变质岩主要岩石类型

测区内区域变质岩主要有板岩类、千板岩类、片岩类、片麻岩类、变粒岩类、角闪岩类、大理岩类、石英岩类、钙硅酸盐岩类9大类,每类变质岩又可进一步划分为不同的岩石类型。为了全面反映不同构造部位的变质岩岩石组合特征和不同岩石类型的矿物组合特点,对不同构造分区的变质岩,按岩类分别选具代表性的岩石类型进行详细描述。对于含特征变质矿物,且矿物组合不同的同一类岩石,即使出露于同一构造分区,也分别进行描述(同构造区相同名称的岩石进行了归纳)。

(一)高喜马拉雅带

高喜马拉雅带内分布的变质岩主要包括前寒武系亚东岩群、聂拉木岩群及分布于亚东岩群内的暗色"基性包体"。亚东岩群分布于测区南部亚东县周围,东至亚东与不丹交界,南、西与印度交界,北至西东县帕里镇尺卡拉山口至顶嘎,以及江孜县幅的通巴寺一带。主要岩石类型包括变粒岩、片麻岩、少量混合质-混合岩化-混合岩及石英岩。聂拉木岩群分布于测区的亚东县帕里镇北东侧国境线附近,主要岩石类型有变粒岩、片麻岩、片岩、大理岩及少量石英岩等。

1. 片岩

高喜马拉雅带的片岩类主要为黑云石英片岩,该岩类发育于前寒武系聂拉木岩群中,以薄层夹层出现在变粒岩及片麻岩中,所占比例较小,分布局限。岩石具鳞片粒状变晶结构,片状构造。岩石主要由石英、黑云母组成。黑云母含量为30%,石英含量为70%。

2. 片麻岩类

高喜马拉雅带的片麻岩类主要发育于亚东岩群和聂拉木岩群,亚东岩群的片麻岩主要有黑云角闪二长片麻岩、石榴黑云二长片麻岩、含矽线黑云二长片麻岩、糜棱岩化含堇青黑云斜长片麻岩、含矽线黑云斜长片麻岩、含矽线黑云二长片麻岩、糜棱岩化黑云二长片麻岩、含矽线二云钾长片麻岩、糜棱岩化含石榴黑云二长片麻岩和含石榴二云二长片麻岩等。发育于聂拉木岩群的片麻岩主要有含石榴矽线黑云二长片麻岩、(含石榴)矽线黑云二长片麻岩、矽线黑云二长片麻岩、含石榴矽线黑云二长片麻岩和透辉角闪二长片麻岩等。

亚东岩群内片麻岩的变质矿物主要组成有黑云母、白云母、角闪石、石榴石、矽线石、堇青石及钾长石、斜长石、石英。次生矿物为绿泥石、绢云母。副矿物为磁铁矿、锆石、磷灰石、金红石。长英质矿物多具糜棱结构、波状消光,双晶弯曲。岩石中交代结构,普遍发育,代表高温变质条件的特征矿物为堇青石及矽线石。代表深度变质的矿物为金红石。岩石中的蠕英结构,可能是岩石局部遭受混合岩化所致。组成岩石的变质矿物在化学成分上反映其原岩主要为沉积岩。聂拉木岩群的片麻岩的矿物组成与亚东岩群相似,仅是副矿物有所不同,聂拉木岩群中不含金红石,其主要组成为磁铁矿、锆石、磷灰石,反映二者变质程度上的差异,亚东岩群变质更深。在岩石种类上,聂拉木岩群没有钾长片麻岩而有透辉石、角闪片麻岩,反映二者岩石化学成分的差异。

3. 变粒岩类

高喜马拉雅带的变粒岩类亦主要发育于亚东岩群和聂拉木岩群,亚东岩群的变粒岩主要有(含角闪)黑云斜长变粒岩、矽线黑云斜长石变粒岩、黑云钾长变粒岩、(含角闪)黑云二长变粒岩和(弱糜棱化)石榴黑云斜长变粒岩等;聂拉木岩群发育的变粒岩主要有含石榴黑云斜长变粒岩、含石榴黑云二长变粒岩、方柱透辉钾长变粒岩、(含石墨)含石榴黑云斜长变粒岩、含石榴黑云斜长变粒岩和方柱透辉钾长变粒岩等。

亚东岩群中的变粒岩变质矿物主要为黑云母、角闪石、石榴石、钾长石、斜长石、石英。副矿物主要有磁铁矿、锆石、磷灰石、绿帘石、电气石。次生矿物绢云母、褐铁矿。岩石多具交代结构。长英质矿物具波状消光,局部具糜棱结构,聂拉木岩群与亚东岩群相似,只是变质矿物中含有方柱石、透辉石。次生矿物为绿泥石、褐铁矿。岩石中有少量的石墨,钾长石为正长石。亚东岩群与聂拉木岩群的变粒岩的矿物组合及矿物的结构构造,反映二者的原岩均是以沉积岩为主,且聂拉木岩群的原岩化学成分钙质更高。

4. 大理岩类

高喜马拉雅带的变粒岩类亦主要发育于聂拉木岩群，主要岩石类型有含方柱透辉大理岩、含绿帘透辉大理岩和含透辉石石英大理岩。

大理岩类：仅见于聂拉木岩群内，岩石矿物组成为方解石、透辉石、斜长石、方柱石、绿帘石、石英。副矿物为电气石、磷灰石、榍石、磁铁矿。

5. 石英岩类

高喜马拉雅带的石英岩类亦主要发育于亚东岩群和聂拉木岩群，亚东岩群主要有长石石英岩、含石榴二云石英岩和黑云石英岩，聂拉木岩群发育有(含透辉)方解石英岩。

石英岩类：亚东岩群内的岩石矿物组成为石英、黑云母，少量白云母、石榴石、长石。副矿物为磁铁矿、锆石。聂拉木岩群内的岩石矿物组成为石英，少量方解石、透辉石、黑云母、长石。其他特征二者一致。

6. 钙硅酸盐岩类

高喜马拉雅带的钙硅酸盐岩类主要发育于聂拉木岩群，主要岩性有透辉石方柱石岩和二长方柱透辉石岩。

钙硅酸盐岩类：该类岩石仅见于聂拉木岩群内。岩石矿物组成主要为石英、透辉石、方柱石、斜长石、钾长石和少量方解石、黑云母。黑云母呈红褐色，反映变质程度较深。

7. 角闪岩类(包体)

角闪岩类变质岩是以包体的形式存在于亚东岩群之中，其岩性主要有含石榴斜长辉石角闪岩(高压麻粒岩)、磁铁角闪单辉岩、透辉角闪岩和斜长角闪透辉岩等。

亚东岩群内的包体也同样反映了亚东岩群较聂拉木岩群具更深的变质。

(二) 北喜马拉雅北带

北喜马拉雅带内分布的变质岩包括前寒武系拉轨岗日岩群，寒武系、奥陶系、石炭系、二叠系及大面积出露的三叠系。拉轨岗日岩群主要分布于康马县城北约5km处，围绕康马岩体呈带状分布。西部的哈金桑惹一带也有少量分布；寒武系分布于亚东幅杠嘎北约5km处，零星分布，面积不足1km^2；奥陶系和石炭系分布于康马岩体附近，大致呈带状分布；二叠系主要分布于康马岩体周围，哈金桑惹岩体周围呈带状分布，少数呈不规则状分布于江孜县幅的东南、五尖、索拉日、达改一带；三叠系变质岩主要分布于江孜县幅的中间带，呈较宽的带状大致东西向展布，江孜县幅最北侧的土故西嘎附近有少量分布。

拉轨岗日岩群中出露岩石类型主要有变粒岩、片麻岩、片岩、大理岩及少量石英岩和角闪岩类。寒武系出露的岩石类型为板岩类。奥陶系出露的岩石主要为大理岩、变粒岩、片岩及少量石英岩、板岩、浅粒岩。石炭系、二叠系出露的主要岩石类型为大理岩、板岩及少量片岩。三叠系出露的岩石类型绝大部分为板岩，少量千枚岩。

1. 板岩类

北喜马拉雅北带的板岩类岩石发育于寒武系北坳组和二叠系—三叠系之中，北坳组变质岩主要有(斑点状)粉砂质绿泥绢云板岩和千枚状粉砂质绿泥绢云板岩等，二叠系—三叠系的变质岩主要有斑点状板岩和含粉砂质板岩等。

2. 千枚岩类

北喜马拉雅北带的板岩类岩石主要发育于二叠系—三叠系之中，岩性主要有绿泥、绢云千枚岩和含炭质粉砂硬绿泥、绿泥千枚岩等。

3. 片岩类

北喜马拉雅北带的板岩类岩石主要发育于前寒武系和奥陶系之中，岩性主要有电气石、石榴白云片岩、含十字蓝晶二云片岩、白云石英片岩、蓝晶石榴二云片岩、(含十字)石榴斜长二云片岩、含石榴十字矽线二云石英片岩、石榴斜长阳起片岩、石榴斜长二云片岩、含绿帘石榴二云片岩、含石榴二云片岩、含蓝晶石榴斜长二云片岩、含十字蓝晶石榴二云片岩、斜长二云石英片岩、(含铁炭质)硬绿泥石白云片岩、黑云石英片岩、石榴黑云石英片岩和(锂)云母石英片岩等。

4. 变粒岩类

北喜马拉雅北带的板岩类岩石主要发育于前寒武系之中，岩性主要有方柱黑云变粒岩、含石榴二云(斜长)变粒岩、含石榴角闪斜长变粒岩、含十字二云(斜长)变粒岩、绿帘黑云变粒岩和(含石榴)方解黑云斜长变粒岩等。

5. 角闪岩类

北喜马拉雅北带的板岩类岩石亦主要发育于前寒武系之中，岩性主要有含石榴斜长角闪片岩、(含)绿帘斜长角闪岩、斜长角闪(片)岩和(含石榴假象)黝帘斜长角闪岩等。

6. 大理岩类(2)

北喜马拉雅北带的板岩类岩石主要发育于前寒武系和奥陶系之中，岩性主要有条带状金云大理岩、含长石黑云大理岩、二云石英大理岩、含石英白云母大理岩、含透闪金云大理岩和含绿帘石英片状大理岩等。

7. 石英岩类(2)

北喜马拉雅北带的板岩类岩石亦主要发育于前寒武系之中，岩性主要有石榴白云石英岩和含十字石榴二云石英岩等。

拉轨岗日岩群内的变粒岩的变质矿物主要组成为方柱石、黑云母、石榴石、角闪石、十字石、绿帘石、斜长石、钾长石、石英。次要矿物为绿泥石、方解石。副矿物为磁铁矿，锆石、电气石、磷灰石。岩石中长英质矿物具波状消光，岩石普遍具变余砂状结构。角闪石多色性为绿色—绿黄色，黑云母多色性为红棕色—棕黄色—浅黄色。斜长石双晶不发育，斜长石 An＝30～40。片岩类主要分布于拉轨岗日岩群、奥陶系、石炭系中。变质矿物组合主要为石榴石、十字石、蓝晶石、黑云母、白云母、矽线石、阳起石、绿帘石、硬绿泥石、斜长石、石英。次要矿物为绿泥石。副矿物为磁铁矿、电气石、磷灰石、锆石。岩石具变余砂状结构，石英具波状消光。板岩类主要分布于二叠系—三叠系中。岩石具变余泥质、变余砂状结构。岩石中可见炭质条带。反映原岩是在还原的环境下形成的。千枚岩类仅分布于三叠系中。变晶矿物可见绢云母、绿泥石、硬绿泥石，岩石中可见炭质残留。大理岩类岩石具变余层理构造，块状及条带状构造。矿物组成主要为方解石、石英、金云母、黑云母、钾长石、斜长石和少量透闪石及绿帘石。副矿物为磁铁矿、磷灰石、榍石、锆石。石英岩类岩石各时代地层均有发育。岩石具变余砂状结构，变余层理构造。矿物组成主要为石英、白云母、黑云母、石榴石及少量十字石，石英具波状消光。

二、岩石化学特征

由于构造位置及地层时代的差异，高喜马拉雅带内与北喜马拉雅带内出露的变质岩岩石化学特征存在明显差别。

（一）高喜马拉雅带

1. 亚东岩群

亚东岩群各岩类岩石化学成分及尼格里值见表 4-1。

表 4-1　高喜马拉雅结晶岩带前寒武系亚东岩群的岩石化学成分（%）及尼格里值表

变质地层	亚东岩群												
样品编号	P35(30) GP1	P35(2) GP1	P35(18) GP1	P35(38) GP2	P35(39) GP2	P35(34) GP1	D6424 GP2	D6424 GP1	P35(1) GP1	P35(1) GP2	P35(4) H1	P35(7) H1	P35(8) GP1
岩石名称	二云长石石英岩	黑云斜长变粒岩	黑云变粒岩	黑云二长变粒岩	黑云二长变粒岩	白云母二长浅粒岩	黑云斜长变粒岩	黑云二长变粒岩	黑云斜长片麻岩	黑云斜长片麻岩	黑云斜长片麻岩	角闪斜长片麻岩	石榴黑云片麻岩
Na_2O	0.56	1.98	0.55	3.10	2.72	3.15	1.75	2.9	1.94	0.34	2.52	2.72	1.57
MgO	0.25	5.94	1.99	2.22	0.30	0.15	2.27	1.99	1.74	17.74	2.13	0.57	3.02
Al_2O_3	3.81	16.94	11.93	15.50	13.14	15.12	14.01	15.48	8.61	2.15	12.6	12.62	18.85
SiO_2	92.39	57.96	74.81	66.26	73.84	74.94	69.34	64.77	79.67	55.65	72.56	74.11	60.19
P_2O_5	0.04	0.21	0.09	0.15	0.04	0.15	0.08	0.15	0.09	0.07	0.13	0.11	0.27
K_2O	1.29	4.25	2.86	2.89	5.77	4.9	3.57	2.09	1.67	0.18	2.6	4.94	3.8
CaO	0.10	3.56	0.26	3.61	0.45	0.47	0.44	3.23	1.24	12.82	1.44	1.21	1.4
TiO_2	0.14	0.84	0.62	0.45	0.08	0.06	0.74	1	0.58	0.05	0.75	0.37	0.92
MnO	0.02	0.05	0.08	0.15	0.14	0.03	0.15	0.15	0.03	0.09	0.02	0.04	0.21
TFe_2O_3	0.94	7.34	5.91	5.04	2.56	0.95	6.39	7.23	3.5	10.03	4.16	2.65	9.64
Fe_2O_3	0.64	0.89	1.19	1.61	0.75	0.39	0.84	0.44	0.61	1.36	0.63	0.05	1.69
FeO	0.27	5.80	4.25	3.09	1.63	0.5	4.99	6.11	2.6	7.8	3.18	2.34	7.15
CO_2	0.12	0.14	0.12	0.17	0.12	0.03	0.17	0.09	0.31	0.56	0.09	0.05	0.07
H_2O^+	0.54	1.40	1.52	0.78	0.40	0.44	0.98	1.06	0.72	1.1	0.98	0.61	0.88
LOI	0.48	1.01	1.25	0.59	0.31	0.44	0.7	0.72	0.41	1.08	0.67	0.2	0.14
总和	100.17	99.96	100.25	99.98	99.38	100.33	99.16	99.37	99.81	99.91	99.63	99.74	100.02
al	46.25	30.24	40.91	36.54	45.39	53.43	41.64	33.17	34.57	2.67	38.39	42.91	38.87
fm	22.50	44.08	43.36	28.85	14.18	6.14	38.08	35.66	36.21	68.85	32.51	16.61	42.02
c	2.50	11.48	1.75	15.38	2.84	3.25	2.19	14.21	9.05	27.64	8.05	7.26	5.25
alk	28.75	14.21	13.98	19.23	37.59	37.18	18.08	16.96	20.17	0.84	21.05	33.22	13.86
si	1922.50	175.96	435.31	265.14	435.82	450.54	316.16	268.83	545.68	112.36	373.99	426.99	210.5
k	0.61	0.59	0.78	0.38	0.58	0.5	0.58	0.31	0.37	0.29	0.41	0.54	0.61
mg	0.33	0.61	0.40	0.46	0.18	0.24	0.41	0.35	0.5	0.77	0.5	0.29	0.38
t	46.25	4.55	25.18	1.93	4.96	13	2.37	2	5.35	−25.81	9.29	2.43	19.76

续表 4-1

变质地层	亚东岩群												
样品编号	P35(12) GP1	P35(14) GP1	P35(20) GP1	P35(21) GP2	P35(21) H1	P35(31) GP1	P35(25) H1	D2451 B1	P35(15) GP4	P35(10) H1	P35(11) GP1	P35(15) GP1	P35(15) GP3
岩石名称	黑云斜长片麻岩	黑云斜长片麻岩	黑云二长片麻岩	黑云钾长片麻岩	黑云斜长片麻岩	斜长片麻岩	黑云斜长片麻岩	黑云二长片麻岩	眼球状混合岩	条纹状混合岩	条纹状混合岩	眼球状混合岩	眼球状混合岩
Na_2O	1.93	1.31	2.54	3.07	5.27	4.02	3.39	0.96	2.38	2.8	3.75	2.42	3.44
MgO	3.09	1.66	2.17	0.24	0.55	0.53	0.23	2.06	2.82	1.74	1.67	2.24	1.93
Al_2O_3	16.7	17.95	15.32	14.3	11.99	13.75	13.46	16.88	16.26	14.86	15.46	12.62	18.78
SiO_2	61.99	65.55	67.03	74.76	76.68	73.65	75.84	67.56	62.8	67.78	68.02	53.67	64.75
P_2O_5	0.18	0.05	0.21	0.2	0.09	0.06	0.11	0.05	0.15	0.11	0.1	0.18	0.05
K_2O	4.1	4.41	3.88	5.2	1.49	2.99	4.44	3.76	4.03	2.76	1.79	3.67	1.62
CaO	1.49	0.35	1.06	1.07	0.72	1.8	0.98	0.32	2.28	3.47	3.11	14.72	3.56
TiO_2	1.02	0.89	0.76	0.1	0.43	0.23	0.11	0.89	0.96	0.47	0.55	0.8	0.71
MnO	0.17	0.07	0.1	0.01	0.02	0.03	0.03	0.06	0.11	0.09	0.11	0.08	0.03
TFe_2O_3	8.34	7.17	6.5	0.68	2.2	2.35	1.23	5.79	7.24	4.76	4.59	4.43	3.75
Fe_2O_3	1.89	1.84	1.81	0.26	0.64	0.69	0.23	1.18	1.13	0.99	0.63	0.96	0.82
FeO	5.8	4.8	4.22	0.38	1.4	1.49	0.9	4.15	5.5	3.39	3.56	3.12	2.64
CO_2	0.09	0.03	0.09	0.14	0.21	0.09	0.12	0.22	0.12	0.12	0.14	4.66	0.21
H_2O^+	1.9	1.4	1.26	0.38	0.22	0.46	0.28	1.88	1.32	0.48	0.64	0.66	0.93
LOI	1.39	1.07	0.9	0.35	0.14	0.26	0.18	1.63	0.71	0.52	0.34	4.88	0.98
总和	100.35	100.31	100.45	100.11	99.71	99.79	100.12	99.75	99.86	99.58	99.87	99.8	100.45
al	36.44	46.34	38.86	50.36	43.22	44.26	48.71	52.04					
fm	40.89	34.29	34.97	5.4	15.02	13.44	7.01	28.84					
c	6	1.57	4.92	6.83	4.76	10.49	6.64	1.57					
alk	16.67	17.8	21.24	37.41	37	31.81	37.64	17.55					
si	229.33	285.86	289.12	447.84	467.77	401.97	465.68	352.66					
k	0.59	0.69	0.5	0.53	0.16	0.33	0.46	0.71					
mg	0.42	0.31	0.4	0.4	0.34	0.29	0.23	0.55					
t	13.77	26.97	12.7	6.12	1.46	1.96	4.43	31.92					

测试单位:国土资源部地质科学研究院测试中心,2001 年。

(1) 片麻岩类

SiO_2为 55.65%～79.67%,变化大。Al_2O_3为 2.15%～18.85%,平均值为 12.91%。K_2O 平均值为 3.36%,Na_2O 平均值为 2.54%,$K_2O>Na_2O$。c 值为 1.57～27.64,平均值为 9.58;fm 值为 5.40～68.85,平均值为 32.98。TiO_2为 0.05%～1.02%,平均值为 0.55%。Al_2O_3与 SiO_2之间总体呈负相关。各成分变化较大。

(2) 变粒岩类

变粒岩的 SiO_2为 57.96%～74.91%。Al_2O_3为 11.93%～16.94%,平均值为 14.59%。K_2O 平均值为 3.76%,Na_2O 平均值为 2.31%,$K_2O>Na_2O$。c 值为 1.75～15.38,平均值为 7.29,变化大;fm 值

为 6.14～44.08，平均值为 30.05，变化大；TiO_2 为 0.06%～1.00%，平均值为 0.54%。总体上 MgO、FeO、TiO_2、CaO、Al_2O_3 均与 SiO_2 为负相关。与片麻岩类比较，SiO_2 相近，Al_2O_3 变化小，均表现为 K_2O>Na_2O，c 值、fm 值、TiO_2 变化均较大。

（3）石英岩类

仅有 1 个样品，SiO_2 为 92.39%，Al_2O_3 为 3.81%，K_2O 为 1.29%；Na_2O 为 0.56%。c 值为 2.5，fm 值为 22.50。TiO_2 为 0.14%，K_2O>Na_2O。与片麻岩类和变粒岩类平均值相比，SiO_2 高，而 Al_2O_3、K_2O、Na_2O、c 值、fm 值均较小。

2. 聂拉木岩群

聂拉木群各岩类岩石化学成分及尼格里值见表 4-2。

表 4-2 高喜马拉雅结晶岩带前寒武系聂拉木岩群的岩石化学成分（%）及尼格里值表

变质地层	聂拉木岩群												
样品编号	P36(11) GP1	P37(3) GP1	P37(10) GP1	P37(12) GP1	P37(32) GP1	P37(16) GP1	P36(5) GP1	P37(5) GP1	P37(8) GP1	P37(21) GP1	P36(1) GP1	P36(16) GP1	P36(18) GP1
岩石名称	含绿帘透辉大理岩	含透辉石大理岩	大理岩	含透辉石英大理岩	透辉二长大理岩	透辉方柱石岩	斜长石石英岩	黑云长石石英岩	石英岩	黑云石英岩	黑云二长变粒岩	黑云二长变粒岩	黑云二长变粒岩
Na_2O	0.66	0.12	0.42	0.09	1.2	1.32	2.23	1.61	0.2	1.22	2.27	2.44	1.92
MgO	1.33	0.67	2.58	0.58	3.34	1.29	2.16	0.18	0.29	3.08	0.53	2.5	3.22
Al_2O_3	4.09	4.43	3.17	3.51	15.15	12.19	13.26	4.24	2.81	19.26	12.31	18.26	17.62
SiO_2	20.14	16.85	23.57	13.36	54.56	67.5	65.32	91.45	93.43	57.55	74.44	58.84	60.09
P_2O_5	0.08	0.02	0.01	0.06	0.14	0.24	0.2	0.03	0.02	0.12	0.11	0.13	0.12
K_2O	1.23	1.46	1.8	1.17	1.57	3.05	2.32	0.3	0.28	6.75	4.87	4.55	3.04
CaO	41.08	42.19	38.6	44.55	16.06	8.5	9.25	0.94	0.82	1.01	1.27	4.3	4.75
TiO_2	0.26	0.21	0.2	0.2	0.74	0.77	0.74	0.05	0.14	1.03	0.43	0.81	0.82
MnO	0.06	0.11	0.02	0.12	0.12	0.06	0.06	0.02	0.02	0.1	0.06	0.08	0.08
TFe_2O_3	1.75	1.73	0.79	1.1	6.05	3.03	3.31	0.73	0.79	8.25	2.87	7.04	7.21
Fe_2O_3	0.52	0.27	0.16	0.6	1.46	1.02	0.88	0.31	0.27	1.86	0.89	1.89	2.48
FeO	1.11	1.31	0.57	0.45	4.13	1.81	2.19	0.38	0.47	5.75	1.78	4.63	4.26
CO_2	29.1	31.66	27.44	34.54	0.48	1.16	0.73	0.31	0.05	0.22	0.14	0.05	0.14
H_2O^+	0.46	0.74	0.52	0.56	0.86	0.78	0.7	0.36	0.54	2.24	0.44	1.82	1.28
LOI	29.63	31.91	27.89	34.79	0.93	1.45	1.2	0.37	0.6	1.58	0.35	1.42	0.88
总和	100.12	100.04	99.6	99.79	99.81	99.69	100.13	100.18	99.34	100.19	100.12	100.3	99.82
al	4.64	5.05	4.37	3.89	23.65	30.3	28.63	40.2	41.54	39.45	42.76	36.23	35.16
fm	7.54	4.58	9.1	3.55	25.24	17.68	21.58	14.71	27.69	37.79	18.02	30.57	34.76
c	85.03	88.26	83.5	90.85	45.4	38.38	36.34	16.67	21.54	3.76	8.13	15.59	17.48
alk	2.78	2.11	3.03	1.72	5.71	13.64	13.44	28.43	9.23	19	31.45	17.61	12.8
si	38.86	32.86	47.57	25.4	144.13	238.84	239.42	1492.16	2392.31	200	437.81	198.38	203.46
k	0.54	0.89	0.76	0.87	0.47	0.61	0.39	0.1	0.5	0.79	0.58	0.55	0.51
mg	0.51	0.41	0.87	0.48	0.52	0.46	0.55	0.33	0.39	0.42	0.25	0.41	0.46
t	−83.17	−85.32	−82.16	−88.68	−27.46	−21.72	28.63	40.2	41.54	39.45	3.18	3.03	4.78

续表 4-2

变质地层	聂拉木岩群												
样品编号	P37(1) GP1	P37(13) GP1	P37(15) GP1	P37(30) GP1	P37(31) GP1	P37(18) GP1	P37(20) GP1	P37(22) GP1	P37(19) GP1	P37(24) GP1	P37(29) GP1	P36(6) GP1	P36(12) GP1
岩石名称	方解二长变粒岩	黑云斜长变粒岩	透辉二长变粒岩	透辉钾长变粒岩	黑云二长变粒岩	黑云斜长变粒岩	黑云斜长变粒岩	黑云斜长变粒岩	黑云二长片麻岩	黑云斜长片麻岩	角闪二长片麻岩	黑云斜长片麻岩	黑云斜长片麻岩
Na_2O	1.99	2.63	2.42	0.96	0.7	2.38	2.36	2.31	4.07	1.58	1.6	2.2	2.79
MgO	1.89	2.97	2.24	2.02	2.3	1.91	2.86	3.21	0.13	2.59	2.48	2.61	3.16
Al_2O_3	7.92	18.16	12.62	13.39	14.61	15.32	18.28	16.47	12.9	16.72	16.46	17.82	17.26
SiO_2	40.88	58.36	53.67	62.6	66.86	65.06	57.27	61.48	78.51	63.31	59.99	60.31	58.51
P_2O_5	0.07	0.16	0.18	0.19	0.17	0.36	0.13	0.2	0.08	0.15	0.14	0.14	0.17
K_2O	2.72	2.76	3.67	2.24	3.49	4.26	5.32	4.43	0.57	2.37	4.26	3.69	3.65
CaO	25.43	5.48	14.72	12.28	4.35	3.56	3.61	1.99	2.85	4.83	7.58	4.28	2.46
TiO_2	0.39	0.81	0.8	0.82	0.84	0.77	0.83	0.94	0.06	0.85	0.82	0.8	0.89
MnO	0.04	0.09	0.08	0.09	0.07	0.11	0.08	0.14	0.01	0.1	0.1	0.08	0.22
TFe_2O_3	2.08	7.26	4.43	4.46	5.05	4.98	7.71	7.79	0.38	6.81	6.16	7.01	9.5
Fe_2O_3	0.55	2.09	0.96	0.95	1.36	1.02	2.2	1.52	0.18	0.62	1.76	1.99	2.98
FeO	1.38	4.65	3.12	3.16	3.32	3.56	4.96	5.64	0.18	5.57	3.96	4.52	5.87
CO_2	16.43	0.39	4.66	0.39	0.18	0.14	0.05	0.22	0.14	0.22	0.22	0.14	0.48
H_2O^+	0.56	1.28	0.66	0.76	1.78	0.9	1.73	1.44	0.5	1.46	0.93	1.33	1.44
LOI	16.76	1.16	4.88	0.67	1.4	0.65	1.23	1.09	0.5	0.84	0.46	1.09	1.07
总和	99.45	99.83	99.8	99.85	100.03	99.35	99.68	99.99	100.18	100.37	100.3	99.91	99.88
al	11.81	34.63	36.12	26.41	36.57	36.76	36.42	35.29	49.03	36.2	31.83	36.53	34.14
fm	11.35	32.3	36.34	21.57	31.2	26.96	49.13	38.56	3.11	33.77	27.31	31.94	40.36
c	69.48	19.07	9.26	44.15	19.95	15.44	3.47	7.84	19.84	18.98	26.72	16.08	8.84
alk	7.36	14	18.28	7.86	12.28	20.83	10.98	18.3	28.02	11.04	14.15	15.45	16.67
si	104.29	189.11	236.12	210	284.65	265.44	804.05	223.09	508.56	232.67	196.27	209.6	195.58
k	0.6	0.42	0.59	0.59	0.77	0.54	0.89	0.56	0.08	0.5	0.64	0.53	0.46
mg	0.64	0.45	0.43	0.47	0.47	0.43	0.29	0.45	0.38	0.42	0.44	0.42	0.39
t	−65.03	1.56	8.58	−25.6	4.34	0.49	4.15	9.15	1.17	6.12	−9.04	5	8.63

变质地层	聂拉木岩群										
样品编号	P37(6) GP1	P37(9) GP1	P37(35) GP1	样品编号	P37(6) GP1	P37(9) GP1	P37(35) GP1	样品编号	P37(6) GP1	P37(9) GP1	P37(35) GP1
岩石名称	黑云二长片麻岩	黑云二长片麻岩	黑云斜长片麻岩	岩石名称	黑云二长片麻岩	黑云二长片麻岩	黑云斜长片麻岩	岩石名称	黑云二长片麻岩	黑云二长片麻岩	黑云斜长片麻岩
Na_2O	1.28	1.11	1.04	MnO	0.09	0.18	0.07	al	39.48	42.46	27.67
MgO	2.69	2.64	2.09	TFe_2O_3	6.48	9.68	4.44	fm	42.94	41.16	21.15
Al_2O_3	13.96	20.14	14.3	Fe_2O_3	1.49	2.48	1.06	c	5.19	3.66	37.75
SiO_2	68.62	56.68	60.46	FeO	4.49	6.48	3.04	alk	12.39	12.72	13.43
P_2O_5	0.16	0.12	0.16	CO_2	0.14	0.31	0.44	si	329.11	203.45	199.01

续表 4-2

变质地层	聂拉木岩群										
样品编号	P37(6) GP1	P37(9) GP1	P37(35) GP1	样品编号	P37(6) GP1	P37(9) GP1	P37(35) GP1	样品编号	P37(6) GP1	P37(9) GP1	P37(35) GP1
岩石名称	黑云二长片麻岩	黑云二长片麻岩	黑云斜长片麻岩	岩石名称	黑云二长片麻岩	黑云二长片麻岩	黑云斜长片麻岩	岩石名称	黑云二长片麻岩	黑云二长片麻岩	黑云斜长片麻岩
K_2O	3.56	3.88	4.79	H_2O^+	1.68	4.32	0.66	k	0.88	0.69	0.75
CaO	0.99	0.94	10.7	LOI	1.53	3.88	0.52	mg	0.45	0.35	0.49
TiO_2	0.76	0.91	0.78	总和	99.91	100.19	99.59	t	21.9	26.08	−23.51

测试单位:国土资源部地质科学研究院测试中心,2001 年。

(1) 片麻岩类

SiO_2为 56.68%～74.44%,变化大。Al_2O_3为 12.31%～20.14%,平均值为 15.80%。K_2O为 3.56%～4.87%,平均值为 4.07%。Na_2O为 1.04%～2.79%,平均值为 1.78%。K_2O>Na_2O。c 值为 3.66～37.75,平均值为 13.28;fm 值为 18.02～42.94,平均值为 32.60。TiO_2为 0.43%～0.91%,平均值为 0.76%。Al_2O_3、TiO_2、FeO、MgO 与 SiO_2呈负相关。

与亚东岩群中的片麻岩比,SiO_2变化一致;Al_2O_3、K_2O平均值较大,且变化范围小;Na_2O平均值较小;c 值较大,且变化范围均较大,fm 值平均值较一致,但变化小;TiO_2较大,且变化小。

(2) 变粒岩类

其 SiO_2为 57.27%～78.51%。Al_2O_3为 12.19%～18.28%,平均值为 16.09%。K_2O平均值为 3.49%,Na_2O平均值为 2.12%,K_2O>Na_2O。c 值为 3.47～38.38,平均值为 18.43,变化大;fm 值为 3.11～49.13,平均值为 29.58,变化大。TiO_2多数在 0.77%～0.94%之间,仅一个为 0.06%,平均值为 0.83%。总体上 MgO、FeO、TiO_2、Al_2O_3与 SiO_2呈负相关。与片麻岩类比较,SiO_2较一致,Al_2O_3、K_2O、Na_2O平均值变化不大,fm 值较小,c 值平均值较大,且二都变化均较小。TiO_2平均值较接近,更加稳定。总体上变粒岩与片麻岩的化学成分接近。

与亚东岩群中的变粒岩比较,SiO_2变化一致,Al_2O_3平均值较大,K_2O、Na_2O平均值较小,c 值平均值大约为其 3 倍,fm 值较接近,TiO_2平均值为其 2 倍且相当稳定。

(3) 石英岩类

SiO_2为 65.32%～93.43%。Al_2O_3为 2.81%～13.26%,变化范围大,平均值为 6.76%。K_2O平均值为 0.97%,变化大。Na_2O平均值为 1.35%,变化大。K_2O>Na_2O或 Na_2O> K_2O。TiO_2为 0.05%～0.74%,平均值为 0.31%,变化大。c 值为 16.67～36.34,平均值为 24.85;fm 值为 14.71～27.69,平均值为 21.32。与片麻岩类和变粒岩类比较,K_2O、Na_2O、TiO_2、Al_2O_3均低,SiO_2大,fm 值小,而 c 值大。

(4) 大理岩类

大理岩类 SiO_2的含量为 13.36%～54.56%,变化大,平均值为 25.70%。Al_2O_3为 3.17%～15.15%,只有一个样品为 15.15%,其余均小于 5%,平均值为 6.06%。CaO 为 16.06%～44.55%,变化大。MgO 为 0.58%～3.34%,变化大。

(5) 角闪岩类(包体)

SiO_2为 44.90%～49.12%,K_2O为 0.3%～2.98%,Na_2O为 0.0.47%～2.03%,石榴石角闪岩的 K_2O>Na_2O,透辉石角闪岩 Na_2O> K_2O。K_2O +Na_2O为 2.20%～3.45%。Al_2O_3为 11.53%～15.28%,变化小。TiO_2为 0.65%～1.28%,变化小。

(二) 北喜马拉雅带

各岩类岩石氧化物组成及尼格里值见表 4-3、表 4-4。

表 4-3 北喜马拉雅特提斯沉积南带古生代区域变质岩的岩石化学成分及尼格里值表

变质地层		北坳组				甲村组	变质地层		北坳组				甲村组
样品编号		P35(41) GP1	P35(42) GP1	P35(44) GP1	P35(45) GP1	P35(43) GP1	样品编号		P35(41) GP1	P35(42) GP1	P35(44) GP1	P35(45) GP1	P35(43) GP1
岩石名称		绢云绿泥千枚岩	绿泥绢云板岩	粉砂质绢云板岩	变质微细粒砂岩	条带状泥晶灰岩	岩石名称		绢云绿泥千枚岩	绿泥绢云板岩	粉砂质绢云板岩	变质微细粒砂岩	条带状泥晶灰岩
化学成分(%)	Na_2O	1.91	1.85	1.55	2.16	0.81	化学成分(%)	CO_2	6.81	6.55	2.64	2.99	34.36
	MgO	2.61	2.25	1.99	2.16	0.85		H_2O^+	4.04	3.26	3.9	1.62	0.4
	Al_2O_3	16.35	15.28	17.52	12.78	2.04		LOI	10.26	9.36	6.1	4.15	34.72
	SiO_2	47.68	52.2	56.53	63.55	17.16		总和	110.53	108.78	105.57	104.15	134.5
	P_2O_5	0.13	0.12	0.12	0.14	0.03	尼格里值	al	28.85	30.55	38.83	29.69	2.4
	K_2O	3.07	3.07	4.14	3.02	0.15		fm	30.29	25.05	29.57	28.03	3.59
	CaO	9.21	8.82	4	6.2	43.17		c	29.39	31.98	16.03	26.37	92.22
	TiO_2	0.71	0.84	0.86	0.73	0.1		alk	11.47	12.42	15.57	15.91	1.79
	MnO	0.16	0.1	0.06	0.09	0.04		si	25.5	10.54	1.48	1.19	0.49
	TFe_2O_3	8.03	5.47	6.53	4.98	0.7		k	0.52	0.54	0.64	0.48	0.13
	Fe_2O_3	2.72	1.54	2.82	0.79	0.01		mg	0.38	0.46	0.37	0.46	0.7
	FeO	4.87	3.54	3.34	3.77	0.66		t	−12.01	−13.85	7.23	−12.59	−91.61

测试单位:国土资源部地质科学研究院测试中心,2001 年。

表 4-4 北喜马拉雅特提斯沉积北带前寒武系区域变质岩的岩石化学成分及尼格里值表

变质地层		拉轨岗日岩群										
样品编号		D5436B4	D5435B1	D5454B1	D5435B3	D5445B1	D5436B3	D5435B2	D5436B2	D5437B1	D5436B1	D5441B1
岩石名称		蓝晶二云片岩	石榴二云片岩	斜长角闪岩	斜长角闪岩	斜长角闪岩	石榴斜长角闪岩	斜长角闪岩	斜长角闪岩	斜长角闪岩	斜长角闪岩	斜长角闪岩
化学成分(%)	Na_2O	0.93	0.69	2.56	2.33	1.11	0.63	2.58	0.81	2.52	1.71	1.97
	MgO	1.33	2.97	8.08	6.49	6.5	4.03	6.55	8.27	6.32	7.85	7.12
	Al_2O_3	18.88	20.46	15.9	13.58	14.15	15.38	15.15	16.17	13.36	16.22	14.13
	SiO_2	66.81	59.01	48.28	49.19	49.66	55.45	51.78	49.71	50.31	51.03	48.33
	P_2O_5	0.05	0.14	0.07	0.22	0.14	0.18	0.13	0.09	0.2	0.18	0.14
	K_2O	2.55	5.32	0.44	0.66	0.68	0.41	0.62	0.28	0.68	0.23	0.83
	CaO	0.63	0.74	11.12	10.64	10.76	9.64	9.65	11.78	10.17	10.59	11.57
	TiO_2	0.83	0.8	1.03	1.62	1.67	0.88	1.2	0.96	2.18	0.76	1.44
	MnO	0.17	0.11	0.17	0.24	0.25	0.32	0.2	0.24	0.22	0.23	0.23
	TFe_2O_3	6.28	7.52	10.99	14.33	13.48	11.87	10.9	10.22	13.5	10.23	13.64
	Fe_2O_3	4.02	2.67	2.09	3.75	3.72	1.59	1.82	3.81	2.62	2.91	3.4
	FeO	2.03	4.36	8.01	9.52	8.78	9.25	8.17	5.77	9.79	6.59	9.21
	CO_2	0.17	0.17	0.34	0.09	0.43	0.34	0.26	0.17	0.17	0.09	0.2
	H_2O^+	1.38	2.88	1.2		1.94	1.74	1.54	1.4	1.22	1.38	1.3
	LOI	1.35	2.71	1	0.79	1.47	1.2	0.71	0.95	0.57	0.8	0.68
	总和	99.61	100.15	98.95	99.68	99.36	99.5	99.39	99.29	99.59	99.68	99.67

续表 4-4

变质地层		拉轨岗日岩群										
样品编号		D5436B4	D5435B1	D5454B1	D5435B3	D5445B1	D5436B3	D5435B2	D5436B2	D5437B1	D5436B1	D5441B1
岩石名称		蓝晶二云片岩	石榴二云片岩	斜长角闪岩	斜长角闪岩	斜长角闪岩	石榴斜长角闪岩	斜长角闪岩	斜长角闪岩	斜长角闪岩	斜长角闪岩	斜长角闪岩
尼格里值	al	52.41	47.29	21.57	18.17	20.38	29.15	24.27	23.49	18.82	22.52	18.52
	fm	32.29	33.88	45.59	48.38	48.83	34.94	39.9	43.13	46.98	46.18	46.85
	c	3.12	3.06	26.87	26.72	28.15	33.2	28.01	31.02	26.01	26.77	27.65
	alk	12.18	15.76	5.97	6.19	2.64	2.7	7.82	2.36	8.19	4.53	6.98
	si	315.3	231.06	109.09	112.94	122	178.19	140.55	122.3	120.4	120.25	107.92
	k	0.65	0.84	0.09	0.16	0.39	0.29	0.13	0.19	0.3	0.16	0.38
	mg	0.29	0.33	0.59	0.45	0.48	0.55	0.43	0.7	0.48	0.6	0.5
	t	37.11	28.47	−11.27	14.2	−10.41	−6.75	−11.56	−9.89	−15.38	−8.78	−16.01

测试单位：国土资源部地质科学研究院测试中心，2001 年。

（1）片岩类

其 SiO_2 含量为 59.01%～67.56%，平均值为 64.56%。Al_2O_3 为 18.88%～20.4 6%，平均值为 18.74%，变化小。TiO_2 为 0.80%～0.83%。FeO 为 2.03%～4.36%，变化小。CaO 为 0.63%～0.74%，K_2O 平均值为 3.94%，Na_2O 平均值为 0.81%，$K_2O>Na_2O$。MgO 为 1.33%～2.97%，变化小。c 值为 3.06～3.12；fm 值为 32.29～33.88。

（2）千枚岩及板岩

SiO_2 含量为 47.68%～56.53%，平均值为 52.05%。Al_2O_3 为 15.28%～17.52%，平均值为 16.19%，变化小。TiO_2 为 0.71%～0.86%。FeO 为 3.34%～4.87%，变化小。CaO 为 4.0%～9.21%，K_2O 平均值为 3.43%，Na_2O 平均值为 1.77%，$K_2O>Na_2O$。MgO 为 1.99%～2.61%，变化小。c 值为 3.06～3.12；fm 值为 32.29～33.88。

（3）角闪岩类

SiO_2 为 48.28%～55.45%，多数小于 50%。K_2O 为 0.23%～0.83%，Na_2O 为 0.63%～2.56%，K_2O+Na_2O 为 1.04%～3.2%。Al_2O_3 为 13.36%～16.22%，变化小。TiO_2 为 0.76%～2.18%，变化小。亚东地区角闪岩类（包体）与康马地区基本一致。只是 SiO_2 最小，FeO、CaO 最大。

三、地球化学特征

（一）微量元素特征

目前对变质作用过程中微量元素的地质化学行为的系统研究还很不够。过去多认为岩石中的微量元素在变质过程到达超变质阶段之前，基本保持不变。但近年来的研究表明，部分微量组分在变质作用过程中发生了重新组合分散和富集（张本仁等，1979），大离子亲石元素 K、Rb、（Sr）、Th、U 等都具较大的活动性，即易于被带出，所以它们在麻粒岩相岩石中均有不同程度的亏损。

贺同兴等（1988）介绍了乌克兰变质岩中微量元素 V、Mn、Cr、Ni、Co、Cd、Pb、Zn、U 的平均含量，从麻粒岩相、角闪岩相、绿帘角闪岩相到绿片岩相，逐渐升高。王秀璋等的研究（1992）表明，Cu、Zn、Ag、Rb、Sr 及 Ag/Au、Zn/Pb 等，在大多数岩石中随变质程度加深而减少（涂光炽等，1988）。

王中刚等（1989）认为，至少在低于角闪岩相的变质作用过程中，稀土元素不发生明显迁移。只要没有后期蚀变作用，用稀土组成的特征来恢复或判断原岩的性质是有效的。但如果在麻粒岩相条件下，发生了混合岩化或花岗岩化，稀土元素组成可能要发生变化。

在岩石地球化学研究中，常使用微量元素丰度比值来描述岩石的特征；所选择的微量元素，往往具有相似的晶体化学性质，或在同位素上为子体与母体的关系。

依据上述原则，测区内的微量元素在描述上以地质演化时段为纲，分析特征元素在时间上的演化规律，同时对元素之间的相关性进行分析，最后将不同时段各岩类特征微量元素归纳成表，以便对不同时段相同岩类进行比较，为区域地质单元划分提供地球化学依据。

1. 高喜马拉雅带

各岩类岩石微量元素特征见表 4-5。

表 4-5 高喜马拉雅结晶岩带前寒武系区域变质岩的微量元素含量及相关参数表

变质地层		亚东岩群											
样品编号		P35(1) GP1	P35(1) GP2	P35(3) GP1	P35(4) H1	P35(7) H1	P35(8) GP1	P35(12) GP1	P35(21) GP2	P35(20) GP1	P35(21) H1	P35(24) GP1	P35(25) H1
岩石名称		黑云斜长片麻岩	黑云斜长片麻岩	黑云斜长片麻岩	黑云斜长片麻岩	角闪斜长片麻岩	石榴黑云片麻岩	黑云斜长片麻岩	黑云钾长片麻岩	黑云二长片麻岩	黑云斜长片麻岩	黑云二长片麻岩	黑云二长片麻岩
元素含量($\times10^{-6}$)	Sc	63.62	42.92	71.44	17.1	59.88	65.11	50.85	28.97	45.96	54.22	18.55	36.06
	V	573.54	775.5	992.93	759.94	343.72	872.1	819.35	116.06	501.65	268.5	438.74	100.93
	Cr	119.01	182.43	218.42	177.61	44.15	163.83	189.45	32.7	108.98	44.4	107.53	18.12
	Mn	266.28	964.32	435.91	664.21	352.12	2025.89	1670.04	166.89	1115.96	196.75	374.67	255
	Co	0	17.5	18.42	0	0	6.18	0	0	0	0	0	0
	Zn	664.86	54.02	1211.35	942.06	406.51	1083.66	1208.37	118.27	929.61	445.62	802.74	96.1
	Ga	41.17	52	58.79	55.61	34.37	60.28	74.17	65.57	99.48	12.07	44.77	28.81
	Rb	112.28	5.89	273.49	152.42	329.21	214.84	218.51	211.79	191.2	125.16	217.69	190.82
	Sr	0	0	0	39.23	0	51.58	67.87	45.24	43.82	0	0	0
	Zr	0	0	0	0	0	0	0	0	0	0	0	0
	Nb	49.4	14.14	280.93	46.97	51.48	102.4	112.98	13.89	93.85	46.82	69.88	20.19
	Cd	0.75	1.68	1.3	0.72	0.61	1.16	0.96	0.34	0.58	0.64	0.75	0.35
	Sn	10.11	11.95	20.28	3.78	13.29	19.32	14.91	4.41	11.25	10.62	9.93	5.52
	Cs	3.37	0.51	8.93	1.44	8.25	4.83	3.63	1.53	2.91	2.25	6.56	4.49
	Ba	171.97	369.4	352.93	189.31	196.61	290.57	325.56	243.65	479.93	33.3	150.06	118.01
	Hf	0.37	2.69	1.49	1.8	0.31	1.55	0.77	0	0.39	0.48	0.75	0.35
	Ta	0.56	1.35	2.98	0.9	0.76	1.35	0.96	0.17	0.78	0.64	0.94	0.52
	W	0.56	122.69	5.77	1.62	2.14	3.48	1.72	0.51	1.75	1.13	3.19	1.21
	Tl	0.56	0.34	0.74	0.72	0.92	0.77	0.96	0.68	0.78	0.64	0.75	0.86
	Pb	2.25	5.89	4.65	3.78	13.75	11.01	34.41	39.82	14.93	4.18	13.86	23.64
	Th	68.3	27.77	142.33	77.74	116.87	116.5	117.19	34.73	101.8	162.81	117.27	45.55
	U	0	0	0.19	0	0	0	0	1.69	0	0	1.5	0
相关参数	Sr/Ba	0	0	0	0.21	0	0.18	0.21	0.19	0.09	0	0	0
	U/Th	0	0	0	0	0	0	0	0.05	0	0	0.01	0

续表 4-5

变质地层		亚东岩群											
样品编号		P35(31) GP1	P35(2) GP1	P35(27) GP1	P35(29) GP1	P35(34) GP2	P35(39) H1	P35(14) GP1	D2451 B1	20个样品平均值	P35(18) GP1	P35(18) GP2	P35(22) GP1
岩石名称		黑云斜长片麻岩	黑云斜长变粒岩	黑云二长片麻岩	黑云斜长片麻岩	黑云二长片麻岩	黑云斜长片麻岩	黑云斜长片麻岩	二云母片岩		黑云变粒岩	黑云斜长变粒岩	黑云斜长变粒岩
元素含量 ($\times10^{-6}$)	Sc	201.11	92.82	28.7	65.71	44.62	18.27	15.36		51.94	20.57	82.65	50.06
	V	160.21	1160.8	160.75	541.89	465.29	306.82	645.22	364.81	518.44	481.29	1028.06	115.48
	Cr	40.89	214.27	42.85	106.42	88.7	117.86	113.73	117.82	112.46	116.64	209.77	44.02
	Mn	274.79	545.02	630.41	596.96	1195.61	1355.53	687.4	599.75	718.68	767.37	97.16	86.14
	Co	0	0	0	0	0	0	0	0	2.11	0	0	0
	Zn	251.28	898.03	163.27	882.94	730.32	564.53	904.16	1185.68	677.17	713.75	891.2	43.67
	Ga	58.28	81.69	58.95	37.16	61.93	47.34	79.12	67.86	55.97	37.75	23.67	2.94
	Rb	110.23	422.18	112.86	171.12	187.4	168.73	239.31	165.66	191.04	165.56	229.43	29.17
	Sr	37.14	41.74	36.46	68.75	110.3	135.93	0	17.19	34.76	0	64.9	0
	Nb	28.05	89.84	42.47	70.44	45.87	44.39	80.87	62.72	68.38	64.96	51.73	0
	Cd	0.59	1.19	0.39	0.68	0.54	0.59	0.78	0.53	0.76	0.65	0.57	0.35
	Sn	3.56	19.08	3.88	8.95	5.71	6.88	12.44	3.01	9.94	6.97	10.69	1.73
	Cs	2.37	35.18	1.55	5.74	17.67	9.43	4.28	2.48	6.37	2.43	3.25	0.17
	Ba	189.65	463.33	217.96	137.16	243.26	216.85	380.64	253.72	251.19	139.64	81.12	10.88
	Hf	0.59	0.99	0.58	0.85	0.89	0.39	0.58	1.24	0.85	0.81	0.95	0.17
	Ta	0.79	0.99	0.39	1.01	0.89	0.79	0.78	0.53	0.9	0.81	1.15	0.17
	W	1.78	3.98	1.36	2.87	1.43	0.59	3.31	1.95	8.15	1.78	2.1	0.86
	Tl	0.4	1.39	0.58	0.51	0.54	0.79	0.78	1.06	0.74	0.49	0.57	0.35
	Pb	9.88	3.58	17.84	13.85	58.54	33	13.61	11.52	16.7	4.37	5.92	0.69
	Th	61.44	85.67	76.6	44.76	67.64	90.75	119.36	96.74	88.59	56.21	62.61	9.15
	U	0	0	0	0	0	0	0	0	0.17	0	0	0
相关参数	Sr/Ba	0.2	0.09	0.17	0.5	0.45	0.63	0	0.07	0.15	0	0.8	0
	U/Th	0	0	0	0	0	0	0	0	0	0	0	0

变质地层		亚东岩群											
样品编号		P35(26) GP1	P35(32) GP1	P35(33) GP1	P35(38) GP2	P35(39) GP2	D6424 GP2	P35(34) GP1	10个样品平均值	P35(5) GP1	P35(30) GP1	P35(9) GP1	P35(5) GP1
岩石名称		黑云石英变粒岩	黑云石英变粒岩	黑云斜长变粒岩	黑云二长变粒岩	黑云二长变粒岩	黑云斜长变粒岩	二长浅粒岩		长石石英岩	二云长石石英岩	石英二长岩	长石石英岩
元素含量 ($\times10^{-6}$)	Sc	13.71	130.33	178.47	24.87	24.15	10.01	52.57	58.74	59.82	68.39	59.12	59.82
	V	107.94	104.86	498.83	340.8	53.56	41.15	60.58	283.26	308.18	103.38	215.65	308.18
	Cr	53.29	27.88	93.35	135.23	40.71	51.89	32.83	80.56	67.46	44.14	36.83	67.46
	Mn	59.47	335.06	753.62	1300.77	1246.79	956.85	277.31	588.05	71.82	134	219.89	71.82
	Co	0	0	0	0	0	52.44	0	5.24	0	0	0	0

续表 4-5

变质地层		亚东岩群											
样品编号		P35(26) GP1	P35(32) GP1	P35(33) GP1	P35(38) GP2	P35(39) GP2	D6424 GP2	P35(34) GP1	10个样品平均值	P35(5) GP1	P35(30) GP1	P35(9) GP1	P35(5) GP1
岩石名称		黑云石英变粒岩	黑云石英变粒岩	黑云斜长变粒岩	黑云二长变粒岩	黑云二长变粒岩	黑云斜长变粒岩	二长浅粒岩		长石石英岩	二云长石石英岩	石英二长岩	长石石英岩
元素含量（×10⁻⁶）	Zn	46.34	96.73	956.75	648.82	139.46	426.8	55.5	401.9	105.46	102.19	177.9	105.46
	Ga	4.63	1.29	10.57	49.75	58.24	45.34	17.59	25.18	12	13.32	81.77	12
	Rb	24.14	89.53	323.48	189.92	333.07	297.52	389.68	207.15	41.09	58.85	196.5	41.09
	Sr	0	0	0	102.78	0	147.12	0	31.48	0	0	112.71	0
	Zr	0	0	0	0	0	6.92	0	0.69	0	0	0	0
	Nb	0	2.95	90.22	39.7	55.12	10.56	79.34	39.46	0	0	23.76	0
	Cd	0.39	0.19	0.59	0.49	0.39	0	0.2	0.38	0.36	0.2	0.55	0.36
	Sn	1.55	2.58	8.61	4.78	13.05	7.28	10.94	6.82	3.64	1.99	5.53	3.64
	Cs	0.39	3.32	24.85	9.55	4.87	4.37	6.65	5.99	0.36	0.6	2.03	0.36
	Ba	16.22		21.53	224.35	247.76	1096.1	19.93	206.39	36.55	44.73	336.65	36.55
	Hf	0.19	0.37	1.57	0.82	1.17	1.46	0	0.75	0	0.2	0.18	0
	Ta	0.19	0.19	0.78	0.82	0.78	0.73	0.78	0.64	0.18	0.2	0.37	0.18
	W	0.58	3.32	2.15	1.65	3.31	1.09	8.79	2.56	0.18	1.59	0.55	0.18
	Tl	0.39	0.37	0.98	0.66	0.97	1.46	0.98	0.72	0.36	0.4	0.55	0.36
	Pb	6.18	1.66	18.98	12.19	20.45	58.27	17.2	14.59	2.36	6.96	37.2	2.36
	Th	7.14	9.23	46.77	46.94	75.96	43.52	13.48	37.1	42.36	11.13	37.94	42.36
	U	0	0	1.96	0	0	1.09	0	0.31	0	0	0	0
相关参数	Sr/Ba	0		0	0.46	0	0.13	0	0.15	0	0	0.33	0
	U/Th	0	0	0.04	0	0	0.03	0	0.01	0	0	0	0

变质地层		亚东岩群											
样品编号		3个样品平均值	P35(33) GP2	P35(10) H1	P35(11) GP1	P35(15) GP1	P35(15) GP2	P35(15) GP3	P35(15) GP4	6个样品平均值	P35(25) H2	P35(37) H2	D1350 B2
岩石名称			黑云阳起片岩	条纹状混合岩	条纹状混合岩	眼球状混合岩	眼球状混合岩	眼球状混合岩	眼球状混合岩		黑云斜长角闪岩	石榴角闪岩	斜长辉石角闪岩
元素含量（×10⁻⁶）	Sc	62.44	27.15	68.83	28.05	42.34	40.09	33.7	25.65	39.78	60.49	5.75	23.39
	V	209.07	1088.1	661.38	645.04	707.98	437.05	678.87	230.43	560.12	1451.45	16	2109.52
	Cr	49.48	1114.11	92.73	75.95	153.79	56.15	76.87	33.42	81.49	512.33	12.07	379.99
	Mn	141.9	2598.06	932.89	1029.58	1045.59	461.06	252.46	294.35	669.32	1961.04	1314.46	2722.48
	Co	0	10.25	0	0	0	0	0	0	0	34.85	489	96.53
	Zn	128.52	866.53	550.67	629.01	1053.19	667.14	793.26	228.09	653.56	997.85	15 498	1670.32
	Ga	35.7	23.16	40.34	36.64	67.13	24.72	48.82	48.96	44.43	9.4	90.1	14.29
	Rb	98.81	135.37	147.99	130.92	198.48	192.3	83.97	250.24	167.32	81.83	985.6	27.85
	Sr	37.57	29.62	147.99	164.89	139.14	9.36	348.63	0	135	0	55.07	34.9

续表 4-5

变质地层		亚东岩群											
样品编号		3个样品平均值	P35(33) GP2	P35(10) H1	P35(11) GP1	P35(15) GP1	P35(15) GP2	P35(15) GP3	P35(15) GP4	6个样品平均值	P35(25) H2	P35(37) H2	D1350 B2
岩石名称			黑云阳起片岩	条纹状混合岩	条纹状混合岩	眼球状混合岩	眼球状混合岩	眼球状混合岩	眼球状混合岩		黑云斜长角闪岩	石榴角闪岩	斜长辉石角闪岩
元素含量 (×10⁻⁶)	Zr	0	0	0	0	0	0	0	0	0	0	284	
	Nb	7.92	0	40.15	50.76	106.21	63.92	25.68	13.99	50.12	0	0	0
	Cd	0.37	0.95	0.96	0.57	0.72	0.53	0.55	0.39	0.62	1.37	0	2.04
	Sn	3.72	9.87	10.13	8.97	16.1	10.24	8.93	6.61	10.16	13.9	14.4	7.24
	Cs	1	14.05	3.63	3.24	3.98	4.06	2	3.11	3.34	7.64	2.34	1.11
	Ba	139.31	128.73	172.47	145.99	316.45	104.01	207.29	222.27	194.75	40.53	24.71	52.72
	Hf	0.13	1.52	0.77	0.76	0.54	0.88	0.36	0.19	0.58	1.76	32.1	3.16
	Ta	0.25	0.76	0.96	0.76	0.72	0.71	0.36	0.19	0.62	1.18	299	3.9
	W	0.77	2.47	1.72	1.34	1.45	1.94	0.55	0.58	1.26	3.13	4.48	3.34
	Tl	0.44	0.57	0.57	0.38	0.72	0.71	0.36	0.78	0.59	0.78	1.95	0.74
	Pb	15.51	32.47	12.24	15.27	23.88	13.42	20.58	26.04	18.57	7.83	5.64	7.24
	Th	30.48	16.9	56.21	73.09	118.33	133.5	48.82	56.93	81.15	18.01	1.56	12.44
	U	0	0	0	0	0	0	0	0	0	0	7.2	
相关参数	Sr/Ba	0.11	0.23	0.86	1.13	0.44	0.09	1.68	0	0.7	0	76.09	
	U/Th	0	0	0	0	0	0	0	0	0	0	0	

变质地层		亚东岩群											
样品编号		D8002B	4个样品平均值	P36(1) GP1	P36(16) GP1	P36(18) GP1	P37(1) GP1	P37(18) GP1	P37(20) GP1	P37(22) GP1	P37(13) GP1	P37(15) GP1	P37(30) GP1
岩石名称		透辉角闪岩		黑云二长变粒岩	黑云二长变粒岩	黑云二长变粒岩	方解二长变粒岩	黑云斜长变粒岩	黑云斜长变粒岩	黑云斜长变粒岩	黑云斜长变粒岩	透辉二长变粒岩	透辉钾长变粒岩
元素含量 (×10⁻⁶)	Sc	13.74		148.3	36.7	148.1		12.6	2.6	25.4	0.3		
	V	423.2	37.4	112.7	38.5	55.7	86.5	16.7	89	37.2	52.7	87.8	37.4
	Cr	147.5	49.1	143.5	43.8	80.6	78.9	7.7	76.6	41.6	34.9	80.7	49.1
	Mn	1785.01	427.9	698.8	380.1	302.1	867.5	1829.7	834.6	391.3	462.5	764.6	427.9
	Co	55.84	64.1	455.3	0	439.6	56.7	0	46.9	0	22.5	60.4	64.1
	Zn	942.6	891.9	215	2261	132.8	1498	1621.6	389	2158.3	246.9	1613.3	891.9
	Ga	16.87	62.4	43.1	28.6	28.6	58.6	5.3	35.4	19.3	21	46.6	62.4
	Rb	18.96	1174.3	255.1	157.9	209.3	1204.4	28.6	289	171.1	173.2	664.5	1174.3
	Sr	109.41	62.1	512.6	0	627.4	155.5	0	121.7	0	152.4	342.3	62.1
	Zr	15.7	7.1	8	0	14.4	9.4	0	4.3	0	11.2	22.7	7.1
	Nb	64.53		26.9	4	14.9		0	17.3	2.1	11.9		
	Cd	2.78	1.5	0	0	5.2	1.8	0	0	0	0	1.9	1.5
	Sn	39.83	2.9	12.7	0	10.4	6.2	0	6.5	0	2.5	4.6	2.9

续表 4-5

变质地层		亚东岩群											
样品编号		D8002B	4个样品平均值	P36(1)GP1	P36(16)GP1	P36(18)GP1	P37(1)GP1	P37(18)GP1	P37(20)GP1	P37(22)GP1	P37(13)GP1	P37(15)GP1	P37(30)GP1
岩石名称		透辉角闪岩		黑云二长变粒岩	黑云二长变粒岩	黑云二长变粒岩	方解二长变粒岩	黑云斜长变粒岩	黑云斜长变粒岩	黑云斜长变粒岩	黑云斜长变粒岩	透辉二长变粒岩	透辉钾长变粒岩
元素含量（$\times10^{-6}$）	Cs	1.74	3.7	12.2	0	5.7	26.1	0	14.4	0	7.6	3.5	3.7
	Ba	59.49	509.5	522.9	0	558.3	567.7	0	515.9	0	248.6	450.8	509.5
	Hf	4.18	2.9	1.4	0	1.4	4.5	0	0.6	0	0.7	4.4	2.9
	Ta	1.91	3.5	2.1	0	1.6	4.5	0	1	0	0.7	4	3.5
	W	5.04	2.4	2.8	0	1.6	4.1	0	2	0	1.7	5.2	2.4
	Tl	0.7	2.7	1.9	0.5	1.9	3.5	17.5	0.6	12.6	0.8	1.5	2.7
	Pb	9.57	142.2	54.3	87.2	39.9	136.2	72.7	166.9	74	85.1	95.7	142.2
	Th	159.33	66.1	50.3	0	20.8	34.9	4.3	49.6	0	58.8	35.4	66.1
	U	3.48	2	1.4	0	1.4	4.1	0	1.8	0	2.5	2.5	2
相关参数	Sr/Ba	1.84	0.1	1		1.1	0.3		0.2		0.6	0.8	0.1
	U/Th	0.02	0	0		0.1	0.1	0	0		0	0.1	0

变质地层		亚东岩群										聂拉木岩群	
样品编号		P37(31)GP1	15个样品平均值	P37(3)GP1	P37(10)GP1	P36(11)GP1	P37(12)GP1	5个样品平均值	P36(6)GP1	P37(6)GP1	P37(9)GP1	P37(24)GP1	P37(29)GP1
岩石名称		黑云二长变粒岩		含透辉石大理岩	大理岩	透辉大理岩	石英大理岩		黑云斜长片麻岩	黑云二长片麻岩	黑云二长片麻岩	黑云斜长片麻岩	角闪二长片麻岩
元素含量（$\times10^{-6}$）	Sc		43.4	27.6				104.25		41.7		1.1	175.1
	V	99	314.2	0	36.2	56.8		167.12	114.93	167.1	114.9	50.6	159.6
	Cr	75.3	117.6	0	16.1	28.7	52.2	49.56	135.12	49.6	135.1	50.4	185.1
	Mn	500.5	1016.2	456.9	133.5	425.4	840.7	589.58	638.42	589.6	638.4	543.7	1682.9
	Co	37.8	124	0		33.2	47.7	319.5	101.15	191.7	101.2	20.2	531.9
	Zn	1627.1	2117.6	611	1092	965.2	615	702.32	1208.53	702.3	1208.5	221.2	250.4
	Ga	66.7	36.4	5.2	12.6	42.7	30.2	25.76	103.04	25.8	103	26.3	44.3
	Rb	1207.4	443.3	−35.1	718.5	369.8	206.2	288.84	828.08	288.9	828.1	194	284.2
	Sr	323.5	166.5	0	258.4	304.3	204.4	295.18	241.56	295.2	241.6	49.1	142.6
	Zr	9	27.6	0	8.5	9.7	14.9	10.1	10.76	10.1	10.8	3.9	6.9
	Nb		12.9	0				27.3		5.5		11.4	31.3
	Cd	1.4	1.2	0	1.3	1.6	1	1.06	1.51	1.1	1.5	0	1.2
	Sn	3.7	8.3	0	1.9	2.4	0.7	5.44	3.59	5.4	3.6	1.8	14.1
	Cs	11.8	6.5	0	4.1	3.4	2.2	4.56	4.72	4.6	4.7	5.5	16.7
	Ba	621.6	278.2	0	159.4	592.2	387.2	309.28	1033.78	309.3	1033.8	326	402.9
	Hf	4.1	4.1	0	2.6	3.6	2.5	2.1	3.59	2.1	3.6	0.9	2.5

续表 4-5

变质地层		亚东岩群										聂拉木岩群	
样品编号		P37(31) GP1	15个样品	P37(3) GP1	P37(10) GP1	P36(11) GP1	P37(12) GP1	5个样品	P36(6) GP1	P37(6) GP1	P37(9) GP1	P37(24) GP1	P37(29) GP1
岩石名称		黑云二长变粒岩	平均值	含透辉石大理岩	大理岩	透辉大理岩	石英大理岩	平均值	黑云斜长片麻岩	黑云二长片麻岩	黑云二长片麻岩	黑云斜长片麻岩	角闪二长片麻岩
元素含量(×10⁻⁶)	Ta	4.1	21.8	0	3	3.8	3.1	2.36	3.77	2.4	3.8	0.7	2
	W	3.3	2.6	0	2.7	3.4	2.4	6.76	3.4	6.8	3.4	1.7	3.4
	Tl	1.6	3.3	0	0.8	1.4	0.8	0.98	1.51	1	1.5	0.7	2.1
	Pb	61.4	69.7	38.8	27.9	157.9	39.7	67.1	132.48	67.1	132.5	24.6	32
	Th	28.6	36	0	6.9	10.9	13.6	14.5	37.55	14.5	37.6	43.2	30.4
	U	1.8	2	0	1.1	1.4	1.2	1.06	1.7	1.1	1.7	1.3	1.1
相关参数	Sr/Ba	0.5	6.9		1.6	0.5	0.5	0.86	0.23	0.9	0.2	0.2	0.4
	U/Th	0.1	0		0.2	0.1	0.1	0.08	0.05	0.1	0	0	0

变质地层		聂拉木岩群											
样品编号		P37(19) GP1	P36(12) GP1	P37(33) GP1	P36(4) GP1	P37(35) GP1	10个样品	P37(25) GP1	P37(16) GP1	P36(5) GP1	P37(5) GP1	P37(21) GP1	P37(8) GP1
岩石名称		黑云二长片麻岩	黑云斜长片麻岩	矽线二长片麻岩	绢云黑云片岩	黑云斜长片麻岩	平均值	方柱透辉石岩	透辉方柱石岩	斜长石英岩	黑云长石石英岩	黑云石英岩	石英岩
元素含量(×10⁻⁶)	Sc			27.8	1.8		41.75	0	2.5	1.9	0	0	0
	V	8.7	97.6	0	108.3		87.5	65.1	38.4	33.2	0	132.2	3.5
	Cr	14.6	105.4	0	68.5	62	80.58	63.8	37.6	48.4	0	119.8	17.8
	Mn	53.8	1556.8	136.6	169.9	1066.9	707.7	523.1	411.4	385.7	12.9	741.8	86.8
	Co		68.1	0	19.8	21.9	105.6	46	9.5	15.8	1.9	74.4	3.2
	Zn	860.4	1671.3	1173.7	260.2	241	779.75	435.3	3359.4	2871.5	31.4	543.8	1897.9
	Ga	6.6	24.1	8.7	42	23	40.68	44.5	22.9	16.1	17.7	95.2	0
	Rb	559.3	1202	111.9	513.8	195.5	500.58	227.1	1290.3	930.6	15	391.4	417.4
	Sr	153	143.2	0	319.7	139.8	172.58	57.8	132.1	239.3	0	0	6.5
	Zr	5.5	8.1	0	4.4	5.2	6.57	0	8.7	12.2	0	0	2
	Nb			1.3	12.5	14.5	12.75	11.6	11	12.5	0	17.4	1.9
	Cd	0.9	1.7	0	1.4	0	0.93	0	0	1.4	0	0.2	0
	Sn	1.7	6.2	0	2.2	6.5	4.51	0	3.7	2.9	0	3.4	0
	Cs	2.8	9.1	0	46.5	7.8	10.24	5.1	8.3	9.8	0	11.4	1.3
	Ba	11	166.6	0	661.5	244.2	418.91	592.7	716.5	511.9	292	1216.3	50.8
	Hf	1.9	3.6	0	0.4	0.4	1.9	1.5	0.6	0.7	0.2	2.5	0.2
	Ta	3.4	4	0	0.8	0.9	2.18	0.7	0.6	1	0	1.1	0.4
	W	1.7	3.8	0	2.2	1.5	2.79	3.8	1.6	1.9	0.2	2.9	0.2
	Tl	0	0.9	15.6	2.4	0.4	2.61	0.9	0.8	1.5	0	1.1	0.2
	Pb	50.4	39.4	133.4	99.4	48.5	75.98	53.6	76.1	71.3	15	41.4	20.6
	Th	6.4	22.2	0	54.9	53.5	30.03	45.1	63.2	44.3	8.4	57.8	5.4
	U	1.5	1.2	0	3	2	1.46	1.8	2.7	1.9	0.8	1.9	0.6
相关参数	Sr/Ba	13.9	0.9		0.5	0.6	1.98	0.1	0.2	0.5	0	0	0.1
	U/Th	0.2	0.1		0.1	0	0.06	0	0	0	0.1	0	0.1

续表 4-5

变质地层		聂拉木岩群				变质地层		聂拉木岩群			
样品编号		4个样品平均值	td	zh	ld	样品编号		4个样品平均值	td	zh	ld
岩石名称			台盾区地壳	褶皱区地壳	陆地地壳	岩石名称			台盾区地壳	褶皱区地壳	陆地地壳
元素含量($\times10^{-6}$)	Sc	0.48	18	15	17	元素含量($\times10^{-6}$)	Sn	1.58	1.5	1.7	1.6
	V	42.23	120	110	120		Cs	5.63	1.5	1.7	1.6
	Cr	46.5	81	68	77		Ba	517.75	400	390	400
	Mn	306.8	1100	930	1000		Hf	0.9	1.8	1.9	1.8
	Co	23.83	19	16	18		Ta	0.63	2.3	2.4	2.3
	Zn	1336.15	83	77	81		W	1.3	1.2	1.2	1.2
	Ga	32.25	18	17	18		Tl	0.7	0.54	0.6	0.56
	Rb	438.6	89	93	90		Pb	37.08	13	13	13
	Sr	61.45	470	460	470		Th	28.98	6.6	7.1	6.8
	Zr	3.55	140	140	140		U	1.3	2.1	2.3	2.2
	Nb	7.95	20	19	20	相关参数	Sr/Ba	0.15	1.18	1.18	1.18
	Cd	0.4	0.15	0.14	0.15		U/Th	0.05	0.32	0.32	0.32

测试单位：中国地质大学(北京)测试中心，2002年。

(1) 亚东岩群

从剖面纵向上看，过渡元素V、Cr、Co具相似趋势变化，即同时增加或降低。V最大值1451.45$\times10^{-6}$；V最小值24.16$\times10^{-6}$；Cr最大值1114.11$\times10^{-6}$；Cr最小值25.51$\times10^{-6}$；二者最大值约为最小值的50倍以上，是平均值的3倍和10倍。

V平均值约为Vtd(td为台地区地壳丰度平均值，下同)、Vzh(zh为褶皱区地壳丰度平均值，下同)、Vld(ld为陆地区地壳丰度平均值，下同)的3～4倍，Cr与Crtd、Crzh、Crcd接近。Co丰度在亚东岩群内不连续。V、Cr、Co的丰度与岩石类型的相关性并不明显。但却似有随时间空间变化呈跳跃式演化的趋势，其中Co元素最明显。

大离子亲石元素Rb、Cs在剖面纵向上及各类岩石中变化不大，在石英岩中偏低，Ba不确定，Sr在剖面上呈跳跃式变化，Rb平均值约为Rbtd、Rbzh、Rbld的2倍，Sr平均值约为Srtd、Srzh、Srld的1/6。Cs平均值约为Cstd、Cszh、Csld的4倍，Ba平均值约为Batd、Bazh、Bald的1/2。Sr/Ba平均值为0.07～1.68；U/Th平均值为0.05。

(2) 亚东岩群中暗色"基性包体"

过渡元素V、Cr、Co在各个样品中变化大，V为16.00$\times10^{-6}$～2109.52$\times10^{-6}$，V最大值约为Vtd、Vzh、Vld的18倍，平均值为Vtd、Vzh、Vld的8倍；Cr为12.07$\times10^{-6}$～512.33$\times10^{-6}$，Cr最大值约为Crtd、Crzh、Crld的6～7倍；Co为34.85$\times10^{-6}$～489.00$\times10^{-6}$，Co约为Cotd、Cozh、Cold的2～26倍，变化大。

大离子亲石元素Rb、Sr在各个样品中变化大，Rb为18.96$\times10^{-6}$～985.60$\times10^{-6}$，仅1个样品大于Rbtd、Rbzh、Rbld，其余3个样品小于Rbtd、Rbzh、Rbld；Sr为0～109.41$\times10^{-6}$，变化大，Sr均小于Srtd、Srzh、Srld，约为Srtd、Srzh、Srld的1/8；Cs为1.11$\times10^{-6}$～7.64$\times10^{-6}$，Cs仅1个样品小于Cstd、Cszh、Csld，其余差别不大；Ba为24.71$\times10^{-6}$～59.49$\times10^{-6}$，变化小，约为Batd、Bazh、Bald的1/7～1/16。

(3) 聂拉木岩群

从剖面纵向上看过渡元素V、Cr、Co具相似的变化趋势。各元素在单一岩层中的差别可达几十倍，以 Co 最明显，达 200 倍。V 平均值与 Vtd、Vzh、Vld 接近，Cr 平均值与 Crtd、Crzh、Crld 接近。Co 平均值约为 Cotd、Cozh、Cold 的 50～60 倍；Ni 平均值约为 Nitd、Nizh、Nild 的 1/10。V、Cr、Co、Ni 均有随时、空呈跳跃式变化的特点。Ni 最突出，而与岩石类型无关。大离子亲石元素 Rb、Sr、Cs、Ba 剖面纵向上及各岩类中变化不大，均具跳跃式变化。Rb 平均值约为 Rbtd、Rbzh、Rbld 的 5 倍，Sr 平均值约为 Srtd、Srzh、Srld 的 1/3。Cs 平均值约为 Cstd、Cszh、Csld 的 5 倍，Ba 平均值与 Batd、Bazh、Bald 接近。Sr/Ba 平均值为 0.83；U/Th 平均值为 0.08。

2. 北喜马拉雅北带

各岩类岩石微量元素特征见表 4-6。

表 4-6　北喜马拉雅特提斯沉积北带前寒武系区域变质岩的微量元素含量及相关参数表

变质地层		拉轨岗日岩群											
样品编号		P4(3) GP1	P4(4) GP1	P4(8) GP1	P4(10) GP1	P4(13) GP1	P4(15) GP1	P4(18) GP1	P4(19) GP1	P4(20) GP1	9 个样品平均值	P4(14) GP1	P4(16) GP1
岩石名称		石榴二云变粒岩	石榴二云变粒岩	绿帘黑云变粒岩	绿帘黑云变粒岩	二云方解变粒岩	二云二长变粒岩	黑云变粒岩	黑云变粒岩	二云变粒岩		石英大理岩	长石石英大理岩
元素含量 (×10⁻⁶)	Sc	103	57.2	62.3	81	79.7	44.6	70.1	80.2	56.3	70.5	51.9	60.2
	V	50	81.4	126.1	92.4	28.9	24.6	60.8	98.1	93.7	72.9	1.2	25.2
	Cr	56.2	52.6	64.4	55.7	35.2	32.1	67.4	93.4	91	60.9	15.4	20.6
	Mn	353.9	902.8	946	840.8	291.8	436.5	291.5	584.8	383.1	559	498.1	530.2
	Co	256.1	294	293.5	486.5	433.4	421.3	305.9	235	324.9	338.9	479.8	389.4
	Zn	1425.1	594.8	973.7	939.5	995.6	863.9	1435	1598	1742.6	1174.2	120.4	325.8
	Ga	59.8	51.7	40.7	36.5	36.2	30.6	54	49.4	52.9	45.8	16.7	25.6
	Rb	141.8	279.6	169.9	150.4	126.2	146.5	251.9	224.1	286.4	197.4	69.3	107.3
	Sr	136.2	102.4	174.5	168.1	190.5	183.7	210.8	179.2	233.9	175.5	291.2	378.6
	Zr	1.4	0.9	2.6	0.9	0	0	0	0.3	0.4	0.7	0	0
	Nb	9.1	7.1	8.1	9.4	8.1	3.9	8	14.4	15.5	9.3	0	2.2
	Cd	0	0.2	0	0	0	0	0	0	0	0	0	0
	Sn	4.2	29.4	3.7	6.5	6	4.3	1.6	5	6.9	7.5	1.9	4.1
	Cs	6	20.8	9.8	9.2	5.8	8.1	8	9.4	19.3	10.7	0.8	3.8
	Ba	1615.6	1253.3	929.7	766.1	930.3	756.2	1359.1	989.1	1166.8	1085.1	531.3	750.1
	Hf	0	0	0	0	0	0	0	0	0	0	0	0
	Ta	0	0	0	0	0	0	0	0.2	0	0	0	0
	W	1	4.7	0	0	0	0	0	0	0	0.6	0	0
	Tl	0.4	1.3	0.4	0.7	0.6	0.8	0.4	0.5	1.1	0.7	0.2	0.5
	Pb	26.6	33.4	43.2	60.2	22.1	25.2	24.3	24.4	23.5	31.4	31.3	21.3
	Th	24.5	34	32	34	28.1	30.8	47	53.2	47.1	36.7	6	11
	U	0	0	0.6	0.7	0	0	0.4	0.5	0.5	0.3	0	0
相关参数	Sr/Ba	0.1	0.1	0.2	0.2	0.2	0.2	0.2	0.2	0.2	0.2	0.5	0.5
	U/Th	0	0	0	0	0	0	0	0	0	0	0	0

续表 4-6

变质地层		拉轨岗日岩群											
样品编号		P4(17)GP1	P4(21)GP1	P4(23)GP1	P4(22)GP1	P7(8)GP1	P7(10)GP1	P7(12)GP1	P7(16)GP1	P7(21)GP1	P9(9)GP1	P9(10)GP1	13个样品平均值
岩石名称		石英大理岩	大理岩	大理岩	大理岩	石英大理岩	石英大理岩	大理岩	长石石英大理岩	石英大理岩	大理岩	绿帘石英大理岩	
元素含量（×10⁻⁶）	Sc	48.1	59	43.4	47.9								51.8
	V	23	14.9	17.4	0.8	43.5	18.3	25.7	51.7	7.9	8.7	63.2	23.2
	Cr	18.9	24.3	13.7	7.8	82.2	62.1	65.3	50	48.4	37.8	81.5	40.6
	Mn	267.1	288	151.2	91.9	486.3	279.2	2227	430.9	208.3	412.4	510.6	490.9
	Co	315	385.4	213.5	425.4	9.1	0	4.7	6.6	40.8	153.4	148.8	197.8
	Zn	286.1	441.5	21.3	0	2419.6	2141.4	1382.4	276.1	481.4	284.5	774.1	688.8
	Ga	16.5	27.5	13.7	12.5	32.3	50.3	169.8	13	10.4	24.5	43.9	35.1
	Rb	68.2	107.1	70.6	57.1	291.4	291.2	262	108.8	160.9	198.6	250.6	157.2
	Sr	556.7	407.4	324.2	441.3	272.9	265.3	218.8	259.7	261.2	237.1	206.7	317
	Zr	0.3	0	0	16.5	18.7	21.4	19.9	11.8	16	16.7	84.8	15.9
	Nb	0.6	2.2	0	2.3	8.9	4.4	2.4	2.7	0	1.4	27.6	4.2
	Cd	0	0	0	0	1.3	1.3	1.6	0.9	1.2	2.3	50.2	4.5
	Sn	2.1	5.7	0	3.8	1.1	3.4	0	0.6	0	0.5	75.5	7.6
	Cs	1.1	2.6	1.6	0.4	0.9	0	1.1	0.7	0	0.7	18.4	2.5
	Ba	446.4	738.9	428.6	401	439.4	691.7	2373.3	195.4	194.7	384.7	348	609.5
	Hf	0	0	0	0	0.8	1.6	2	0.6	0.5	0.5	63.2	5.3
	Ta	0	0	0	0	0	0	0	0	0	0	25.7	2
	W	0	0	0	0	0	0	0	0	0	0	88.5	6.8
	Tl	0.3	0.6	0	0.4	0	0	0	0	0	8.3	9.3	1.5
	Pb	66.6	27.5	17.4	80.4	65.8	83	66.7	26.8	48.2	42.7	42.7	47.7
	Th	7.7	22	3.3	0	45.7	51.7	20.6	25.2	6.9	11.1	92	23.3
	U	0	0	0	0	1.5	1.5	0.5	0.8	0.3	0.7	18.5	1.8
相关参数	Sr/Ba	1.2	0.6	0.8	1.1	0.6	0.4	0.1	1.3	1.3	0.6	0.6	0.7
	U/Th	0	0	0		0	0	0	0	0	0.1	0.2	0

变质地层		拉轨岗日岩群											
样品编号		P4(34)GP1	P4(6)GP1	P4(9)GP1	P4(11)GP1	P4(12)GP1	P4(26)GP1	P4(27)GP1	P4(28)GP1	P4(29)GP1	P4(30)GP1	P4(31)GP1	P7(4)GP1
岩石名称		角闪石英片岩	石榴二云片岩	斜长阳起片岩	斜长二云片岩	二云母石英片岩	石榴二云片岩	石榴二云片岩	石榴二云片岩	石榴二云片岩	斜长二云片岩	斜长二云片岩	二云石英片岩
元素含量（×10⁻⁶）	Sc	45.7	71.8	73.9	63.5	45.8	9.5	212.7	64.8		8.7		
	V	5.1	162.8	362.3	90.2	35.1	87.9	160.4	0	84	75.6	119.6	132.1
	Cr	23.4	117.2	57	63.3	41.6	70.2	172.4	11.2	68.8	60.4	91.6	114.2
	Mn	57	2819.5	1363	1843.4	358.7	449.6	1433	117.3	1172.9	554.7	463.4	1565.8
	Co	239.9	460.1	286.3	384.7	497.1	42.6	538.6	534.7	26.3	12.4	66.8	52

续表 4-6

变质地层		拉轨岗日岩群											
样品编号		P4(34)GP1	P4(6)GP1	P4(9)GP1	P4(11)GP1	P4(12)GP1	P4(26)GP1	P4(27)GP1	P4(28)GP1	P4(29)GP1	P4(30)GP1	P4(31)GP1	P7(4)GP1
岩石名称		角闪石英片岩	石榴二云片岩	斜长阳起片岩	斜长二云片岩	二云母石英片岩	石榴二云片岩	石榴二云片岩	石榴二云片岩	石榴二云片岩	斜长二云片岩	斜长二云片岩	二云石英片岩
元素含量($\times10^{-6}$)	Zn	666.5	1320.4	7890.9	1023.5	897.5	1778.9	103	298	1411.3	609.6	1399.3	2871.4
	Ga	18.2	75.6	42.4	53.2	42.6	57.2	62.2	29.5	42.3	30.4	63.6	60.8
	Rb	55.8	292.4	54.6	221.3	152.4	1324.8	317.6	60.7	1364.9	285.9	1187.3	417
	Sr	46.7	89.5	219.9	85.3	192.1	3	111.5	54	9.9	0	111.2	191.5
	Zr	0	3.4	4.6	0.4	3	7.5	6.5	2.7	6.7	0	12.6	19.6
	Nb	0.7	3.2	18.4	3.8	5.9	14.8	27.5	0.4		4.5		12
	Cd	0	0.9	0	0	0	4.2	2.2	0	0.6	0	2.4	1.7
	Sn	9.2	13.7	6.8	6.9	6.9	6	26.7	4.3	1.9	0.4	5.6	3.4
	Cs	0.9	24.8	0.7	14.5	8.3	15.1	38.8	1.6	7.1	21.9	60.3	6.5
	Ba	555.1	2070.2	743.5	1238.9	1028.8	1370	1029	875.7	357.8	0	726.1	764.8
	Hf	0	0	0	0	0	0.8	2.8	0	1.9	0	4.4	1.1
	Ta	0	0.2	0	0	0	1.3	2.2	0	3.4	0.6	4.1	0.2
	W	3.9	2.3	0	0	0	6.2	7.6	0	2.2	1.8	5.3	3.4
	Tl	0.2	1.5	0	0.8	0.6	2	2.8	0.4	1.1	1	3.2	0
	Pb	28	228.5	14.4	47.3	17.9	27.6	31	11.2	20.5	30.8	62.2	104.3
	Th	73.8	48.4	10.3	38.2	30.8	49.3	41.2	5.3	16.6	49.2	26	56.4
	U	0.5	0.4	0	0	0	1.8	1.7	0	1.1	1.8	1.9	1.5
相关参数	Sr/Ba	0.1	0	0.3	0.1	0.2	0	0.1	0.1	0		0.2	0.3
	U/Th	0	0	0	0	0	0	0	0	0.1	0	0.1	0

变质地层		拉轨岗日岩群											
样品编号		P7(6)GP1	P7(7)GP1	P7(9)GP1	P7(11)GP1	P9(5)GP1	P9(6)GP1	P9(8)GP1	P9(11)GP1	P9(12)GP1	P9(14)GP1	P9(15)GP1	D5435B1
岩石名称		石榴二云片岩	斜长二云片岩	二云石英片岩	二云石英片岩	黑云石英片岩	黑云石英片岩	石榴二云片岩	石榴二云片岩	黑云石英片岩	斜长石英片岩	二云石英片岩	石榴二云片岩
元素含量($\times10^{-6}$)	Sc												52.3
	V	96.3	81.2	80	45.8	103.4	88	93.7	33.1	98.9	59.2	42.2	590.3
	Cr	102	99.6	116.3	74.1	107.3	121.3	106.1	66.1	88.8	79.1	74.1	202.1
	Mn	1754.5	2016.9	599.1	181.8	372.6	816	727.1	279.7	1306.7	538	246.5	1074.5
	Co	15	21.8	27.7	0	161.9	232.6	186.7	208	132.2	125.9	128	14
	Zn	2775.8	2001.1	3177.1	1617.8	2721.5	2004.8	2968	1638.1	1977.1	1850.6	762.7	1775.7
	Ga	66	63.9	212.3	177.9	33.9	48.8	45.2	47.9	35.9	37.6	48.7	94.7
	Rb	365.6	429.3	352.2	225.6	343.5	316.7	433.8	402.7	319.9	258.4	387.8	296.9
	Sr	190.6	152	463.2	115.2	294.8	216.4	231.5	160.4	142.2	230.4	146.3	72.9
	Zr	22.9	19.4	23.3	19.1	18	86.3	19.7	74.5	18.6	19.5	76.7	

续表 4-6

变质地层		拉轨岗日岩群											
样品编号		P7(6)GP1	P7(7)GP1	P7(9)GP1	P7(11)GP1	P9(5)GP1	P9(6)GP1	P9(8)GP1	P9(11)GP1	P9(12)GP1	P9(14)GP1	P9(15)GP1	D5435B1
岩石名称		石榴二云片岩	斜长二云片岩	二云石英片岩	二云石英片岩	黑云石英片岩	黑云石英片岩	石榴二云片岩	石榴二云片岩	黑云石英片岩	斜长石英片岩	二云石英片岩	石榴二云片岩
元素含量($\times10^{-6}$)	Nb	7.9	9.3	12.4	4	11.1	32.8	11.4	25.2	6.9	9.6	27.9	24.1
	Cd	3.3	3.7	6.7	1.3	1.5	51.4	2.7	43.2	1.9	1.6	46	1.1
	Sn	3.7	15.5	2.1	0.4	1.9	75.5	2.5	62.8	2	1.4	71.1	7.6
	Cs	3	15.3	25.4	1.1	5.3	14.7	12.4	12	20.4	3.9	33.3	16.7
	Ba	834.6	786.2	2766.2	2467.1	437.5	339	553.2	383.8	473.2	517.7	424.4	390.4
	Hf	1.7	1.1	2.9	2.2	0.9	64.5	0.9	52.5	0.9	0.8	58.1	1.4
	Ta	0.2	0	0.5	0	0	27	0	22.3	0	0	24.1	0.9
	W	1.8	1.9	0	0	0	91	0	75.3	0	0	85.9	3.2
	Tl	0	0	0	0	0	8.8	0	8.6	0	0	8.2	2.1
	Pb	105.9	83.6	91.4	51.7	85.8	29.6	93.2	44.8	108.7	142.1	35.1	178.2
	Th	51.4	59.4	55.7	22.3	60.4	146.3	56	96.1	29.6	43.9	94.9	106.4
	U	1.3	1.9	2	0.4	1.5	19.6	1.8	16.6	1.1	2	17.4	
相关参数	Sr/Ba	0.2	0.2	0.2	0	0.7	0.6	0.4	0.4	0.3	0.4	0.3	
	U/Th	0	0	0	0	0	0.1	0	0.2	0	0	0.2	

变质地层		拉轨岗日岩群											
样品编号		D5436B4	26个样品平均值	P4(25)GP1	P4(05)GP1	P4(24)GP1	P4(32)GP1	P4(33)GP1	P7(18)GP1	D5435B2	D5435B3	D5436B1	D5436B2
岩石名称		蓝晶二云片岩		白云母石英岩	斜长角闪岩	斜长角闪岩	斜长角闪片岩	黝帘角闪片岩	黑云斜长角闪岩	斜长角闪岩	斜长角闪岩	斜长角闪岩	斜长角闪岩
元素含量($\times10^{-6}$)	Sc	14.6	60.3	157.5	0.4	56.4	79	38.5		42.1	22.8	51.9	49.2
	V	445.8	124.9	63.7	52.6	108.5	436.6	266.5	283.1	1813	2147.6	1304.2	1128.3
	Cr	154.6	91.74	102.3	78.3	43.1	245.1	126.8	155.1	284.3	186.2	287.5	560.8
	Mn	1791.9	999.41	2768.5	1669.1	303.3	1498.3	1543.2	1071.7	2140.1	2547.4	2466.2	2722.9
	Co	0	169.91	329.1	200.2	703	383.5	93.5	99.2	96.5	110.4	97.8	90.4
	Zn	1230.8	1904.31	88.5	1625.2	807.7	3898	3600.8	4333	3023.5	2960.8	923	976.3
	Ga	67.3	61.8	22.3	20.2	48.5	46.8	2.2	21.7	33.1	25.5	57.5	57.3
	Rb	139.3	398.25	175.6	46.9	106.8	57.8	263.7	183.1	33.2	17.2	13.9	15.4
	Sr	15.5	144.5	58.6	5.3	87.9	186.6	105.8	268.3	191.9	97.6	403.1	69.8
	Zr		20.15	5.5	58.1	12.9	4.5	8.1	23.9				
	Nb	42.1	13.65	16.7	15.9	6	2	1.6	4.9	13.5	0	0	0
	Cd	0.6	6.87	0.4	0	6.2	0.2	1.4	1.9	1.9	2.1	1.9	1.7
	Sn	4.3	13.27	12.4	2.5	14.7	4.5	19.4	1.4	5.1	6.3	4.7	6.8
	Cs	3.7	14.36	8.2	2.5	17.4	1.3	1.1	0	2.4	2.1	0.9	0.6
	Ba	207.2	844.95	234.5	179.6	586	899.4	94.8	266.2	131.1	129	350.1	249.1
	Hf	0.6	7.72	1.3	1.9	1.2	0	0.9	1.7	2.4	4	2.4	2.3
	Ta	0.6	3.38	1.7	0.9	0.6	0	0.8	0	1.1	1.9	1.3	1

续表 4-6

变质地层		拉轧岗日岩群											
样品编号		D5436 B4	26个样品平均值	P4(25) GP1	P4(05) GP1	P4(24) GP1	P4(32) GP1	P4(33) GP1	P7(18) GP1	D5435 B2	D5435 B3	D5436 B1	D5436 B2
岩石名称		蓝晶二云片岩		白云母石英岩	斜长角闪岩	斜长角闪岩	斜长角闪片岩	黝帘角闪片岩	黑云斜长角闪岩	斜长角闪岩	斜长角闪岩	斜长角闪岩	斜长角闪岩
元素含量($\times10^{-6}$)	W	2	11.31	4.6	1.1	235.4	0	1.6	0	3.2	4.8	3.2	2.9
	Tl	0.8	1.62	1.5	0.6	0.4	0	1.1	0	0.9	1	0.9	1
	Pb	16.3	68.85	23	27.6	35.5	39.6	105.8	50.5	12	28.1	26.2	14
	Th	100.1	55	20	10.8	15.4	2.5	1.9	9.3	23.1	8.4	30.3	22.9
	U		3.02	0.6	0.8	3.1	0	0.3	0.8				
相关参数	Sr/Ba		0.23	0.2	0	0.1	0.2	1.1	1				
	U/Th		0.03	0	0.1	0.2	0	0.2	0.1				

测试单位：中国地质大学(北京)测试中心，2002年。

(1) 拉轧岗日岩群

从剖面纵向上看，过渡元素V、Cr、Co空间上无明显变化，Ni元素呈明显跳跃式变化。V为$0.8\times10^{-6}\sim2237.19\times10^{-6}$，Cr为$7.80\times10^{-6}\sim672.72\times10^{-6}$，Co为$4.70\times10^{-6}\sim703.03\times10^{-6}$，Ni为$19.15\times10^{-6}\sim475.52\times10^{-6}$，变化均大。V平均值与Vtd、Vzh、Vld接近，Cr平均值与Crtd、Crzh、Crld接近。Co平均值约为Cotd、Cozh、Cold的12倍，Ni平均值约为Nitd、Nizh、Nild的1/2。

大离子亲石元素Rb、Sr、Cs在剖面纵向上及各类岩石中无明显变化，Rb、Sr、Cs、Ba在剖面纵向上及各类岩石中无明显变化，Rb平均值约为Rbtd、Rbzh、Rbld的3倍，Sr平均值约为Srtd、Srzh、Srld的1/2。Cs平均值约为Cstd、Cszh、Csld的6倍，Ba平均值约为Batd、Bazh、Bald的2倍。Sr/Ba平均值为0.37；U/Th平均值为0.04。值得说明的是，斜长角闪岩类的过渡元素V、Cr、Co在各个样品中基本一致，最大值/最小值小于10；V约为Vtd、Vzh、Vld的10～20倍；Cr约为Crtd、Crzh、Crld的36倍；Co约为Cotd、Cozh、Cold的3～6倍。

大离子亲石元素Rb、Sr、Cs、Ba在各个样品中变化小，最大值/最小值小于10；Rb约为Rbtd、Rbzh、Rbld的1/6～1/3；Sr约为Srtd、Srzh、Srld的1/10～1/3；Cs与Cstd、Cszh、Csld接近；Ba约为Batd、Bazh、Bald的1/4～1/2。

(2) 奥陶系

奥陶系微量元素特征见表4-7。

表 4-7 北喜马拉雅特提斯沉积北带古生代区域变质岩的微量元素含量及相关参数表

变质地层		奥陶系											
样品编号		P4(35) GP1	P4(39) GP1	P4(61) GP1	3个样品平均值	P4(36) GP1	P4(40) GP1	P4(42) GP1	P4(44) GP1	P4(45) GP1	P4(46) GP1	P4(58) GP1	7个样品平均值
岩石名称		黑云石英片岩	二云石英片岩	云母石英片岩		黑云变粒岩	二云变粒岩	黑云变粒岩	二云方解变粒岩	方解二云变粒岩	石英变粒岩	浅粒岩	
元素含量($\times10^{-6}$)	Sc		2.8	45	23.9	155.3	0.2	47.6	0	0	40.2	40.8	74.6
	V	202.7	65	153.1	140.3	149.7	39.8	173.2	34.1	36	7.5	81.6	56.1
	Cr	93	71.3	52.1	72.1	139.4	51.6	86.9	32.7	40	0	41.9	408.8
	Mn	340.2	436.4	0	258.9	671.6	621.1	256	278.8	274.3	546.4	213.4	315.5
	Co	43.3	21.7	885.4	316.8	495.1	12.4	49.4	30.9	30.8	773	816.8	377

续表 4-7

变质地层		奥陶系											
样品编号		P4(35)GP1	P4(39)GP1	P4(61)GP1	3个样品平均值	P4(36)GP1	P4(40)GP1	P4(42)GP1	P4(44)GP1	P4(45)GP1	P4(46)GP1	P4(58)GP1	7个样品平均值
岩石名称		黑云石英片岩	二云石英片岩	云母石英片岩		黑云变粒岩	二云变粒岩	黑云变粒岩	二云方解变粒岩	方解二云变粒岩	石英变粒岩	浅粒岩	
元素含量($\times10^{-6}$)	Zn	1587.5	250.7	1142.5	993.6	237.8	230.5	189.3	196.1	246.9	229.4	1308.8	32.2
	Ga	32.1	33.8	62.1	42.7	44.1	33.9	40.6	26.2	44.7	10.3	25.6	125.6
	Rb	1162.5	178.8		670.7	252.8	218.2	212.7	89.4	105.9			257.3
	Sr	346.6	38.1	21.8	135.5	581.6	116.4	376.7	165.8	0	543.6	17.1	5.9
	Zr	6.2	5.4	10	7.2	7.5	4.8	9.1	0	0	1.4	18.2	8.4
	Nb		15.5	1.8	8.7	25.6	14.9		3.4	3.2	0	11.9	0.5
	Cd	1.3	0	0	0.4	0	1.2	2.3	0	0	0	0	5.5
	Sn	3.3	5	9.2	5.8	12.6	4.1	6	0	0	4.6	11.2	10.5
	Cs	12.2	8.2	14.5	11.6	12.5	15.9	15.9	5.1	1.8	4.6	17.7	454.3
	Ba	265	450.4	1527.3	747.6	544.8	496.2	395	370.4	606.2	307.1	460.6	1.9
	Hf	3.1	0.6	2.8	2.2	1.6	0.4	5.4	0.4	1	2.2	2.2	1.6
	Ta	3.8	2.2	1.4	2.5	2	1.2	4.5	0.5	0.6	1	1.6	3.1
	W	2.7	2.8	3.9	3.1	2.6	2.1	5.2	3	2	2.8	4	0.9
	Tl	1.5	0.9	0	0.8	2.2	0.4	1.9	0.7	0.8	0	0	47.1
	Pb	118.5	25.6	21.4	55.2	95.8	18.4	123.8	21.4	27.6	42.4	0	44.8
	Th	29.2	46.5	48.2	41.3	47.8	49.5	48.2	32	48.5	25.6	61.9	1.8
	U	2	0.9	3.3	2.1	2.2	1.9	3.3	1.1	1.2	1.6	1.4	0.6
相关参数	Sr/Ba	1.3	0.1	0	0.5	1.1	0.2	1	0.4	0	1.8	0	0
	U/Th	0.1	0	0.1	0.1	0	0	0.1	0	0	0.1	0	0

变质地层		奥陶系											
样品编号		P4(49)GP1	P4(50)GP1	P4(51)GP1	P4(52)GP1	P4(54)GP1	P4(60)GP1	P4(62)GP1	7个样品平均值	P4(55)GP1	P4(57)GP1	P4(59)GP1	3个样品平均值
岩石名称		大理岩	大理岩	大理岩	大理岩	大理岩	大理岩	大理岩		斑点板岩	板岩	板岩	
元素含量($\times10^{-6}$)	Sc	34.9	39.8	37.6	88.1	67.7	58.2	42.8	47.8	65.6	60.6	58	47.8
	V	3.4	9.8	2.1	22.4	23.3	45.4	3.9	85.3	74.4	142.2	100.6	85.3
	Cr	0	11.6	0	31.8	23.1	41	97.5	37.5	36.7	53	42.4	37.5
	Mn	116.2	130.5	0	677.9	1779.3	825.7	862.6	0	118.9	103	74	0
	Co	688.8	299.6	766	342.6	412.1	477	720.3	765.1	460.1	410.3	545.2	765.1
	Zn	0	67.9	0	182.1	194	726.2	48	1301.5	610.6	983.5	965.2	1301.5
	Ga	0.7	11.9	3.4	23.9	18.8	29.9	4.3	32.2	33	37.6	34.3	32.2
	Rb		65.4		86	100.2	164.6			142.4	201	171.7	
	Sr	391.3	349.2	271.4	224.3	114.5	126.1	64	41.2	81	70.3	64.2	41.2
	Zr	8	0.3	7.9	7.2	2.8	1.1	14.1	30.7	0.4	3.2	11.4	30.7

续表 4-7

变质地层		奥陶系											
样品编号		P4(49) GP1	P4(50) GP1	P4(51) GP1	P4(52) GP1	P4(54) GP1	P4(60) GP1	P4(62) GP1	7个样品平均值	P4(55) GP1	P4(57) GP1	P4(59) GP1	3个样品平均值
岩石名称		大理岩	大理岩	大理岩	大理岩	大理岩	大理岩	大理岩		斑点板岩	板岩	板岩	
元素含量 ($\times 10^{-6}$)	Nb	0	0.2	0	1.3	2.2	6.3	0	4.1	3.7	4.6	4.1	4.1
	Cd	0	0	0	0	0	0	0	1.3	0.2	1.3	0.9	1.3
	Sn	1.8	2.8	6.6	4.4	4.2	6.3	4.3	11.1	5.8	6.3	7.7	11.1
	Cs	2.5	0.6	3.2	1.3	3.2	5.9	4.8	8.1	3.5	7.4	6.3	8.1
	Ba	139.4	327.8	208.9	620.3	434.2	715.5	195.4	643.2	839.8	810.8	764.6	643.2
	Hf	1.1	0	1.5	0	0	0	1.5	3.2	0	0	1.1	3.2
	Ta	0.5	0	0.8	0.2	0	0	0.8	0.9	0	0	0.3	0.9
	W	1.6	0	1.9	0	0	0	2.5	4.1	0	0.2	1.4	4.1
	Tl	0	0.3	0	0.9	0.6	0.8	0	0	1	1.5	0.8	0
	Pb	11.3	43.4	6.6	29.2	25.5	41	0	602.2	179.5	99.2	293.6	602.2
	Th	8.9	2.8	4.9	5.5	9.4	28.7	13.7	70.1	31.3	34.2	45.2	70.1
	U	0.9	0	0.9	0.4	0	0	1	2.6	2.5	2.5	2.5	2.6
相关参数	Sr/Ba	2.8	1.1	1.3	0.4	0.3	0.2	0.3	0.1	0.1	0.1	0.1	0.1
	U/Th	0.1	0	0.2	0.1	0	0	0.1	0	0.1	0.1	0.1	0

测试单位：中国地质大学(北京)测试中心，2002年。

从剖面纵向上看，过渡元素V、Cr空间上无明显变化，Co、Ni具明显的空间集中分布特点。即上部石英变粒岩、大理岩、板岩中Co、Ni富集。V为 $2.08\times10^{-6}\sim443.69\times10^{-6}$，Cr为 $11.6\times10^{-6}\sim92.95\times10^{-6}$，Co为 $12.42\times10^{-6}\sim773.00\times10^{-6}$，Ni为 $95.68\times10^{-6}\sim3030.75\times10^{-6}$，变化均大。V平均值与Vtd、Vzh、Vld接近，Cr平均值与Crtd、Crzh、Crld接近。Co平均值约为Cotd、Cozh、Cold的18倍，Ni平均值约为Nitd、Nizh、Nild的9倍。

大离子亲石元素Rb、Sr、Cs在剖面纵向上及各类岩石中无明显变化，Rb平均值约为Rbtd、Rbzh、Rbld的2倍，Sr平均值约为Srtd、Srzh、Srld的1/2；Cs平均值约为Cstd、Cszh、Csld的4倍，Ba平均值与Batd、Bazh、Bald接近。Sr/Ba平均值为0.71；U/Th平均值为0.05。

3. 北喜马拉雅南带

北喜马拉雅南带变质地层主要讨论北坳组。

过渡元素V、Cr、Co剖面上丰度连续，且变化极小；V与Vtd、Vzh、Vld接近，稍低；Cr与Crtd、Crzh、Crld接近，稍低；Co与Cotd、Cozh、Cold接近，稍高；V、Cr、Co与岩石类型无关。

大离子亲石元素Rb、Sr、Cs具跳跃式丰度特点，Rb平均值约为Rbtd、Rbzh、Rbld的6～7倍，Sr平均值与Srtd、Srzh、Srld接近。Cs约为Cstd、Cszh、Csld的6～7倍，Ba平均值与Batd、Bazh、Bald接近。Sr/Ba平均值为0.76；U/Th平均值为0.06。

不同构造单元各时代地层中不同岩石类型的过渡元素、大离子亲石元素特征见表4-8。从表中可以看出，不同构造单元中相同岩类的相同微量元素丰度变化表现明显不同，并且同一类岩石的相同微量元素丰度变化很大。

李昌年(1992)认为，在变质作用的条件下，在变质程度加强时，Sr比Ba更易进入结晶相，Sr/Ba比值也增加。若变质程度降低(处于退变质条件)，因U处于氧化态而具强的迁移性，U/Th比值降低。而测区内的变质岩并不具有上述特征，反映出地质历史演化过程中岩石中的微量元素迁移受多因素制约的复杂性。

表 4-8　北喜马拉雅特提斯沉积南带古生代区域变质岩的微量元素含量及相关参数表

变质地层		北坳组				甲村组	变质地层		北坳组				甲村组
样品编号		P35(41)GP1	P35(42)GP1	P35(44)GP1	P35(45)GP1	P35(43)GP1	样品编号		P35(41)GP1	P35(42)GP1	P35(44)GP1	P35(45)GP1	P35(43)GP1
岩石名称		绢云绿泥千枚岩	绿泥绢云板岩	粉砂质绢云板岩	泥质微细粒砂岩	条带状泥灰岩	岩石名称		绢云绿泥千枚岩	绿泥绢云板岩	粉砂质绢云板岩	泥质微细粒砂岩	条带状泥灰岩
元素含量（$\times10^{-6}$）	Sc	1.2	4				元素含量（$\times10^{-6}$）	Sn	1.6	2.3	4.3	4	0.4
	V	41.2	55.2	97.5	72.6	24.1		Cs	8	23.2	5.9	16.8	1.1
	Cr	70.3	80.4	99.9	70.3	52.6		Ba	329.6	412.4	692	458.1	696.1
	Mn	1000.8	472.1	438.6	620.5	337.4		Hf	0.6	0.4	3.7	3.5	2.8
	Co	28.3	28.3	65	30.4	50.5		Ta	0.8	0.8	3.9	3.2	3.4
	Zn	225.7	2821.7	1568.1	1343.4	693.5		W	1.6	1.3	3.2	3.2	2.3
	Ga	25.7	12.6	72.3	47.6	58.4		Tl	1	1.3	2.6	0.6	0.6
	Rb	156.9	1267.2	1073.3	867.4	46.2		Pb	46	40.8	46.3	23.2	99.9
	Sr	302.9	179.9	125.5	293	1117.8		Th	44.4	45.4	32.9	23.5	6.6
	Zr	9	10.5	31.1	7.5	13.2		U	0.8	1	1.2	1.4	1.1
	Nb	5	9				相关参数	Sr/Ba	0.9	0.4	0.2	0.6	1.6
	Cd	0.6	0	2.2	1.4	1.5		U/Th	0	0	0	0.1	0.2

测试单位：中国地质大学（北京）测试中心，2002 年。

通过对亚东岩群、聂拉木岩群特征微量元素进行比较，可以看出二者微量元素总体特征具有明显的差别，表明二者属于不同的岩石构造地层单元。但是另一方面，仅依据微量元素的某项或几项统计结果，难以确定二者变质程度的差异。

（二）稀土元素特征

1. 高喜马拉雅带

各岩类岩石稀土元素特征见表 4-9。

表 4-9　高喜马拉雅结晶岩带前寒武系区域变质岩的稀土元素含量及相关参数

变质地层		亚东岩群											
样品编号		P35(1)GP1	P35(1)GP2	P35(4)H1	P35(7)H1	P35(8)GP1	P35(12)GP1	P35(14)GP1	P35(20)GP1	P35(21)GP2	P35(21)H1	P35(25)H1	P35(31)GP1
岩石名称		黑云斜长片麻岩	黑云斜长片麻岩	黑云斜长片麻岩	角闪斜长片麻岩	石榴黑云片麻岩	黑云斜长片麻岩	黑云斜长片麻岩	黑云二长片麻岩	黑云钾长片麻岩	黑云斜长片麻岩	黑云二长片麻岩	斜长片麻岩
元素含量（$\times10^{-6}$）	La	36.7	226	67.1	31.5	55.3	58.6	58.3	55	12.6	44.8	16.6	56
	Ce	66.3	450	128	65.1	112	115	110	101	24.3	93.7	31.6	111
	Pr	8.1	43	13.4	7	11.4	12.1	11.9	11.1	3.31	10.1	4.16	11.6
	Nd	28.7	152	52.2	25.2	42.7	47.4	46.8	44.6	12.7	36	15.6	43.8
	Sm	5.16	20.9	9.6	5.31	7.63	8.99	8.8	8.99	4.03	7.18	4.06	7.64
	Eu	0.8	0.55	1.57	0.46	1.39	1.6	1.5	1.36	1.2	0.39	0.59	1.22

续表 4-9

变质地层		亚东岩群											
样品编号		P35(1) GP1	P35(1) GP2	P35(4) H1	P35(7) H1	P35(8) GP1	P35(12) GP1	P35(14) GP1	P35(20) GP1	P35(21) GP2	P35(21) H1	P35(25) H1	P35(31) GP1
岩石名称		黑云斜长片麻岩	黑云斜长片麻岩	黑云斜长片麻岩	角闪斜长片麻岩	石榴黑云片麻岩	黑云斜长片麻岩	黑云斜长片麻岩	黑云二长片麻岩	黑云钾长片麻岩	黑云斜长片麻岩	黑云二长片麻岩	斜长片麻岩
元素含量 ($\times 10^{-6}$)	Gd	5.07	9.17	7.97	3.92	6.28	7.27	7.11	7.71	5.82	5.65	4.81	5.45
	Tb	0.6	1.07	1.2	0.45	1.1	1.24	1.01	1.16	1.4	0.81	0.89	0.78
	Dy	2.61	6.47	6.72	3.05	7.74	6.43	7.01	7.12	9.38	5.4	5.28	4.07
	Ho	0.43	1.07	1.22	0.43	1.54	1.22	1.4	1.35	1.84	0.94	1.01	0.63
	Er	1.18	3.64	4.01	1.07	4.73	3.8	4.53	4.2	4.88	2.65	2.83	1.72
	Tm	0.14	0.61	0.54	0.06	0.52	0.5	0.65	0.56	0.61	0.28	0.36	0.19
	Yb	0.9	5.33	3.69	0.71	4.23	3.5	4.5	3.87	3.43	2.17	2.14	1.33
	Lu	0.13	0.93	0.55	0.1	0.61	0.51	0.67	0.57	0.45	0.3	0.29	0.2
	Y	9.18	34.9	37.4	11.2	43.2	34.9	39.9	39.4	54.3	26.9	23.7	16.6
相关参数	ΣREE	166	955.64	335.17	155.56	300.37	303.06	304.08	287.99	140.25	237.27	113.92	262.23
	ΣLREE	145.76	892.45	271.87	134.57	230.42	243.69	237.3	222.05	58.14	192.17	72.61	231.26
	ΣHREE	9.18	34.9	63.3	11.2	43.2	34.9	39.9	39.4	54.3	26.9	23.7	16.6
	ΣCe/ΣY	15.88	25.57	4.29	12.02	5.33	6.98	5.95	5.64	1.07	7.14	3.06	13.93
	Eu/Sm	0.16	0.03	0.16	0.09	0.18	0.18	0.17	0.15	0.3	0.05	0.15	0.16
	δEu	0.47	0.1	0.53	0.3	0.6	0.59	0.56	0.49	0.76	0.18	0.41	0.55
	$(La/Yb)_N$	30.23	26.03	12.26	33.74	9.71	12.31	9.32	10.33	3	15.99	6.13	29.99

变质地层		亚东岩群											
样品编号		D2451 B1	13个样品平均值	P35(2) GP1	P35(18) GP1	P35(38) GP2	P35(39) GP2	P35(34) GP1	D6424 GP1	D6424 GP2	7个样品平均值	P35(30) GP1	P35(10) H1
岩石名称		黑云二长片麻岩		黑云斜长变粒岩	黑云变粒岩	黑云二长变粒岩	黑云二长变粒岩	二长浅粒岩	黑云二长变粒岩	黑云斜长变粒岩		二云长石石英岩	条纹状混合岩
元素含量 ($\times 10^{-6}$)	La	62.3	55.27	43	32.8	30	54.2	5.32	67.6	51.7	40.66	11.8	31.4
	Ce	116	108.31	86.1	63.2	58.3	102	12.5	131	91.5	77.8	20.2	62
	Pr	12.9	11.32	9.24	6.68	6.53	10.6	1.55	13.6	10.1	8.33	2.4	6.74
	Nd	51	42.13	34.7	27	26.7	40.1	5.55	53.6	40.9	32.65	9.03	26.2
	Sm	9.89	7.56	6.23	5.28	5.45	7.73	2.3	9.65	7.89	6.36	1.75	5.38
	Eu	1.49	0.97	1.05	0.83	1.33	0.85	0.09	1.55	1.46	1.02	0.31	0.9
	Gd	8.59	5.86	3.9	4.72	4.99	6.01	2.66	8.07	7.22	5.37	1.44	4.57
	Tb	1.45	0.9	0.38	0.68	0.89	0.86	0.55	1.33	1.24	0.85	0.22	0.9
	Dy	7.19	5.48	2.61	4.37	4.84	4.9	3.65	7.24	7.45	5.01	1.2	4.48
	Ho	1.3	1.01	0.38	0.82	0.94	0.87	0.6	1.36	1.68	0.95	0.2	0.86
	Er	4.21	3.02	1.14	2.5	2.99	2.8	1.65	4.44	5.05	2.94	0.59	2.63
	Tm	0.6	0.39	0.09	0.34	0.44	0.41	0.27	0.62	0.71	0.41	0.08	0.37
	Yb	4.16	2.75	0.79	2.42	3.09	2.97	1.96	4.26	4.8	2.9	0.54	2.47
	Lu	0.63	0.41	0.11	0.36	0.47	0.45	0.28	0.65	0.72	0.43	0.08	0.36
	Y	39.8	28.58	10.1	23.5	28	27.2	18.1	41.8	46.9	27.94	5.62	24

续表 4-9

变质地层		亚东岩群											
样品编号		D2451 B1	13个	P35(2) GP1	P35(18) GP1	P35(38) GP2	P35(39) GP2	P35(34) GP1	D6424 GP1	D6424 GP2	7个	P35(30) GP1	P35(10) H1
岩石名称		黑云二长片麻岩	样品平均值	黑云斜长变粒岩	黑云变粒岩	黑云二长变粒岩	黑云二长变粒岩	二长浅粒岩	黑云二长变粒岩	黑云斜长变粒岩	样品平均值	二云长石石英岩	条纹状混合岩
相关参数	ΣREE	259.21	273.96	199.82	175.5	174.96	261.95	57.03	346.77	279.32	213.62	55.46	173.26
	ΣLREE	191.28	225.56	180.32	135.79	128.31	215.48	27.31	277	203.55	166.82	45.49	132.62
	ΣHREE	67.93	30.58	10.1	23.5	28	27.2	18.1	69.77	75.77	36.06	5.62	24
	ΣCe/ΣY	2.82	8.22	17.85	5.78	4.58	7.92	1.51	3.97	2.69	6.33	8.09	5.53
	Eu/Sm	0.15	0.14	0.17	0.16	0.24	0.11	0.04	0.16	0.19	0.15	0.18	0.17
	δEu	0.57	0.43	0.61	0.5	0.77	0.37	0.11	0.52	0.58	0.49	0.58	0.54
	$(La/Yb)_N$	10.1	15.31	41.87	9.76	6.84	12.9	2.03	10.7	7.26	13.05	15.8	9.34

变质地层		亚东岩群											
样品编号		P35(11) GP1	P35(15) GP1	P35(15) GP3	P35(15) GP4	5个	P35(37) H2	P35(25) H2	D8002B	B1350 B2	4个	P36(1) GP1	P36(12) GP1
岩石名称		条纹状混合岩	眼球状混合岩	眼球状混合岩	眼球状混合岩	样品平均值	石榴角闪岩	斜长角闪岩	透辉角闪岩	斜长辉石角闪岩	样品平均值	黑云二长变粒岩	黑云斜长变粒岩
元素含量 $(\times10^{-6})$	La	43.4	55.5	34.8		35.38	57.1	2.24	42.6	1.59	25.88	46.3	47.1
	Ce	81.8	106	60.5		66.1	114	5.53	73.2	5.06	49.45	102	91.2
	Pr	8.46	11.3	5.97	4.3	6.97	13.9	0.86	6.81	0.99	5.64	11.4	10.3
	Nd	31.5	44.6	23.3	17.4	26.93	53.6	4.51	23.3	5.96	21.84	42.3	37.7
	Sm	5.6	8.41	3.39	4.12	4.91	9.12	1.73	3.64	2.55	4.26	9.59	7.44
	Eu	1.02	1.6	2.47	0.71	1.26	2.59	0.75	1.59	1.02	1.49	0.7	1.4
	Gd	3.81	6.86	2.33	3.99	3.8	8.88	2.55	3.21	3.4	4.51	8.35	6.41
	Tb	0.38	0.92	0.31	0.61	0.55	0.89	0.52	0.57	0.68	0.67	1.58	1.16
	Dy	2.79	5.92	0.99	3.83	3.08	3.77	3.74	2.86	4.89	3.82	9.82	7.02
	Ho	0.45	1.13	0.14	0.69	0.56	0.71	0.84	0.57	1.08	0.8	2.07	1.45
	Er	1.36	3.56	0.42	2.04	1.71	2.06	2.55	2.11	3.1	2.46	6.32	4.73
	Tm	0.14	0.49	0.04	0.29	0.22	0.3	0.38	0.3	0.45	0.36	0.99	0.7
	Yb	1.1	3.38	0.38	2.05	1.57	1.96	2.5	2.49	3.05	2.5	6.25	4.65
	Lu	0.16	0.51	0.07	0.3	0.24	0.3	0.37	0.4	0.46	0.38	0.85	0.66
	Y	12.3	32.7	4.11	20	15.75	19.3	20.8	18.4	28.9	21.85	55.7	42.2
相关参数	ΣREE	194.27	282.88	139.22	120.33	169.02	288.48	49.87	182.05	63.18	145.9	304.22	264.12
	ΣLREE	171.78	227.41	130.43	86.53	141.55	250.31	15.62	151.14	17.17	108.56	212.29	195.14
	ΣHREE	12.3	32.7	4.11	20	15.75	38.17	20.8	30.91	46.01	33.97	55.7	42.2
	ΣCe/ΣY	13.97	6.95	31.73	4.33	13.25	6.56	0.75	4.89	0.37	3.14	3.81	4.62
	Eu/Sm	0.18	0.19	0.73	0.17	0.29	0.28	0.43	0.44	0.4	0.39	0.07	0.19
	δEu	0.64	0.63	2.55	0.53	0.99	0.87	1.09	1.07	1.03	1.02	0.23	0.61
	$(La/Yb)_N$	29.05	11.65	53.24	7.21	23.82	19.64	0.65	1.57	0.9	5.69	46.3	47.1

续表 4-9

变质地层		聂拉木岩群											
样品编号		P36(16) GP1	P36(18) GP1	P37(1) GP1	P37(13) GP1	P37(15) GP1	P37(18) GP1	P37(20) GP1	P37(20) GP2	P37(22) GP1	P37(30) GP1	P37(31) GP1	P37(19) GP1
岩石名称		黑云二长变粒岩	黑云二长变粒岩	方解二长变粒岩	黑云斜长变粒岩	透辉二长变粒岩	黑云斜长变粒岩	黑云斜长变粒岩	黑云斜长变粒岩	黑云斜长变粒岩	透辉钾长变粒岩	黑云二长变粒岩	黑云变粒岩
元素含量 ($\times10^{-6}$)	La	54.6	59.3	30.3	54.5	60.4	55.6	57.3	24.8	56.2	57.1	55	14.8
	Ce	108	116	57.8	101	119	112	111	53.7	109	113	108	34
	Pr	11.3	12.1	5.89	10.5	12.9	12.1	11.8	5.12	11.5	12.3	11.5	2.76
	Nd	43.9	46.5	22.9	40.1	48.9	46.8	45.3	20.5	45.6	48.2	45.5	10.2
	Sm	8.1	8.72	4.08	7.09	9.34	9.19	8.6	4.49	8.85	9.39	8.63	2.36
	Eu	1.39	1.51	0.71	1.14	1.47	1.47	1.33	0.64	1.87	1.6	1.51	1.04
	Gd	6.14	7.04	2.93	5.09	8.16	7.49	6.46	4.23	7.75	7.53	6.81	2.66
	Tb	0.97	0.99	0.18	0.63	1.01	1.16	1.12	0.87	1.46	1.13	1.18	0.37
	Dy	4.84	5.45	2.06	3.48	6.73	7.35	5.71	4.69	7.08	6.98	6.03	1.34
	Ho	0.84	0.93	0.31	0.54	1.28	1.36	1.01	0.95	1.36	1.29	1.12	0.12
	Er	2.48	2.83	1.01	1.62	4.02	4.12	2.98	2.94	3.96	4.04	3.24	0.31
	Tm	0.31	0.31	0.12	0.15	0.55	0.58	0.4	0.4	0.57	0.58	0.46	0.02
	Yb	2.24	2.34	0.81	1.2	3.83	3.87	2.53	2.97	3.79	3.76	3.03	0.08
	Lu	0.32	0.33	0.12	0.17	0.56	0.56	0.36	0.45	0.56	0.55	0.45	0.02
	Y	24	26.3	9.35	15	36.2	39.2	27.8	26.8	39	38.2	31.3	4.13
相关参数	ΣREE	269.43	290.65	138.57	242.21	63.74	385.83	302.85	74.21	153.55	257.04	107.7	56.84
	ΣLREE	227.29	244.13	121.68	214.33	36.56	309.36	237.16	65.16	109.25	220.5	94.08	47.85
	ΣHREE	24	26.3	9.35	15	17.8	44.7	39.2	4.13	26.8	20.4	7.54	5.07
	ΣCe/ΣY	9.47	9.28	13.01	14.29	2.05	6.92	6.05	15.78	4.08	10.81	12.48	9.44
	Eu/Sm	0.17	0.17	0.17	0.16	0.15	0.15	0.16	0.44	0.14	0.17	0.16	0.17
	δEu	0.58	0.57	0.6	0.55	0.5	0.53	0.52	0.44	0.68	0.56	0.58	1.26
	$(La/Yb)_N$	54.6	59.3	30.3	34.33	11.55	10.63	17.05	5.9	10.75	11.12	13.09	79.27

变质地层		聂拉木岩群											
样品编号		14个样品平均值	P36(6) GP1	P37(24) GP1	P37(29) GP1	P37(33) GP1	P37(35) GP1	P37(9) GP1	P37(6) GP1	7个样品平均值	P36(4) GP1	P36(11) GP1	P37(10) GP1
岩石名称			黑云斜长片麻岩	黑云斜长片麻岩	角闪二长片麻岩	矽线二长片麻岩	黑云斜长片麻岩	黑云二长片麻岩	黑云二长片麻岩		绢云黑云片岩	帘透辉大理岩	大理岩
元素含量 ($\times10^{-6}$)	La	48.09	53.9	55.3	54.6	18.5	46.4	70	55.5	50.6	52.5	14.7	18.1
	Ce	95.41	107	105	103	36.1	92.5	127	104	96.37	106	27.3	35.2
	Pr	10.11	11.6	11.1	11.1	4.63	10	13.6	10.9	10.42	11.4	2.98	3.18
	Nd	38.89	43.8	44.8	42.6	17.5	38.3	54.3	41.7	40.43	42.2	10	12.5
	Sm	7.56	8.26	8.37	7.86	4.4	7.51	9.86	7.53	7.68	7.82	1.75	2.04
	Eu	1.27	1.34	1.75	1.34	0.77	1.32	1.71	1.28	1.36	1.24	0.3	0.38
	Gd	6.22	6.05	6.7	5.86	4.97	5.81	8.3	6.2	6.27	5.49	1.45	1.99

续表 4-9

变质地层		聂拉木岩群											
样品编号		14个样品平均值	P36(6) GP1	P37(24) GP1	P37(29) GP1	P37(33) GP1	P37(35) GP1	P37(9) GP1	P37(6) GP1	7个样品平均值	P36(4) GP1	P36(11) GP1	P37(10) GP1
岩石名称			黑云斜长片麻岩	黑云斜长片麻岩	角闪二长片麻岩	矽线二长片麻岩	黑云斜长片麻岩	黑云二长片麻岩	黑云二长片麻岩		绢云黑云片岩	帘透辉大理岩	大理岩
元素含量 ($\times10^{-6}$)	Tb	0.99	0.85	0.9	0.64	0.88	1.04	1.61	0.8	0.96	1.02	0.18	0.24
	Dy	5.61	5.08	5.36	4.45	4.51	5.52	8.28	5.02	5.46	5.06	1.04	1.16
	Ho	1.05	0.87	0.92	0.74	0.71	0.99	1.68	0.88	0.97	0.86	0.18	0.18
	Er	3.19	2.61	2.87	2.18	1.63	3.08	5.59	2.83	2.97	2.49	0.48	0.6
	Tm	0.44	0.33	0.38	0.24	0.17	0.42	0.72	0.31	0.37	0.28	0.08	0.09
	Yb	2.95	2.35	2.5	1.77	0.89	2.8	5.21	2.56	2.58	1.71	0.39	0.52
	Lu	0.43	0.34	0.36	0.26	0.11	0.4	0.74	0.38	0.37	0.22	0.06	0.08
	Y	29.66	24.4	27.4	20.4	17.1	28.4	50.2	26.9	27.83	21	4.5	5.75
相关参数	$\sum$REE	207.93	268.78	328.91	298.55	283.76	201.41	52.19	244.49	239.73	259.29	65.39	82.01
	$\sum$LREE	166.77	225.9	275.64	233.02	230.14	164.04	45.47	196.03	195.75	221.16	57.03	71.4
	$\sum$HREE	24.16	24.4	30.2	39	31.3	21.6	3.47	28.4	25.48	21	4.5	5.75
	$\sum$Ce/$\sum$Y	8.72	9.26	9.13	5.97	7.35	7.59	13.1	6.9	8.47	10.53	12.67	12.42
	Eu/Sm	0.18	0.16	0.22	0.21	0.17	0.21	0.28	0.18	0.2	0.16	0.17	0.19
	δEu	0.59	0.55	0.69	0.58	0.5	0.59	0.56	0.56	0.58	0.55	0.56	0.57
	$(La/Yb)_N$	48.09	16.98	16.45	22.49	18.01	12.42	10.13	15.64	16.02	25.56	26.24	24.23

变质地层		聂拉木岩群									
样品编号		P37(12) GP1	P37(16) GP1	P37(3) GP1	P37(32) GP1	6个样品平均值	P36(5) GP1	P37(21) GP1	P37(5) GP1	P37(8) GP1	4个样品平均值
岩石名称		透辉石英大理岩	透辉方柱石岩	含透辉石大理岩	透辉二长大理岩		斜长石石英岩	黑云石英岩	黑云长石石英岩	石英岩	
元素含量 ($\times10^{-6}$)	La	15	73.5	24	39.5	30.8	52.6	66.2	12.1	12.3	35.8
	Ce	25.2	146	43.5	76.6	58.97	107	129	19.8	24.1	69.98
	Pr	2.45	15.8	4.74	8.23	6.23	11.4	14	2.3	2.31	7.5
	Nd	9.34	60.8	18.2	31.9	23.79	43	53.9	9.18	9	28.77
	Sm	1.66	11.5	3.13	6.45	4.42	8	10.3	1.63	1.43	5.34
	Eu	0.32	1.76	0.51	1.36	0.77	1.33	2.24	0.46	0.29	1.08
	Gd	1.58	9.35	2.36	5.16	3.65	5.53	7.93	1.37	1.21	4.01
	Tb	0.19	1.45	0.4	0.67	0.52	0.72	1.21	0.16	0.19	0.57
	Dy	0.83	8.36	1.61	4.47	2.91	4.65	6.41	0.87	1.04	3.24
	Ho	0.12	1.6	0.21	0.74	0.51	0.79	1.07	0.14	0.2	0.55
	Er	0.42	4.9	0.72	2.31	1.57	2.23	3.11	0.34	0.63	1.58
	Tm	0.05	0.68	0.11	0.21	0.2	0.26	0.39	0.05	0.08	0.2
	Yb	0.3	4.73	0.59	1.94	1.41	1.86	2.58	0.28	0.57	1.32
	Lu	0.04	0.7	0.08	0.27	0.21	0.25	0.37	0.04	0.09	0.19
	Y	4.61	44.7	7.54	21.6	14.78	20.4	30.2	3.47	5.39	14.87

续表 4-9

变质地层		聂拉木岩群									
样品编号		P37(12)GP1	P37(16)GP1	P37(3)GP1	P37(32)GP1	6个样品平均值	P36(5)GP1	P37(21)GP1	P37(5)GP1	P37(8)GP1	4个样品平均值
岩石名称		透辉石英大理岩	透辉方柱石岩	含透辉石大理岩	透辉二长大理岩		斜长石石英岩	黑云石英岩	黑云长石石英岩	石英岩	
相关参数	ΣREE	62.11	314.35	273.71	305.65	183.87	260.02	283.7	112.87	294.64	237.81
	ΣLREE	53.97	252.01	226.32	241.59	150.39	223.33	235.33	81.9	243.11	195.92
	ΣHREE	4.61	36.2	27.4	38.2	19.44	20.4	27.8	17.1	29.4	23.68
	ΣCe/ΣY	11.71	6.96	8.26	6.32	9.72	10.95	8.47	4.79	8.27	8.12
	Eu/Sm	0.19	0.16	0.21	0.17	0.18	0.17	0.15	0.18	0.16	0.17
	δEu	0.6	0.5	0.55	0.7	0.58	0.58	0.73	0.92	0.66	0.72
	$(La/Yb)_N$	40.16	11.25	32.13	15.67	24.95	22.53	19.16	32.4	14.64	22.18

测试单位：国土资源部地质科学研究院测试中心，2002年。

(1) 亚东岩群

表4-9列出了亚东岩群的稀土元素丰度。亚东岩群内各类岩石ΣREE值为55.46×10^{-6}～955.64×10^{-6}。ΣCe/ΣY值为1.51～31.73，变化大；Eu/Sm值为0.03～0.73，变化大；δEu值为0.11～2.55；$(La/Yb)_N$值为2.03～53.24，变化大。各类岩石稀土元素配分样式(图4-1)基本相似，均向右倾斜，具轻稀土富集特点。ΣCe/ΣY平均值为6.33～13.25，Eu/Sm平均值为0.15～0.29；$(La/Yb)_N$平均值为13.05～23.82。分馏程度中等。各类岩石稀土配分样式相似表明亚东岩群原岩具有沉积成因的特点，各类岩石均表现负铕异常，δEu值为0.43～0.99，平均值为0.63。与泰勒所计算的后太古代上部地壳的δEu(0.64)接近。ΣREE值为55.46×10^{-6}～273.96×10^{-6}。

(2) 亚东岩群中暗色"基性包体"

表4-9列出了"包体"稀土丰度值，各类岩石ΣREE值为49.87×10^{-6}～288.48×10^{-6}；ΣCe/ΣY值为0.37～6.56，2个样大于1，2个样小于1；Eu/Sm值为0.28～0.44；δEu值为0.87～1.09，1个样小于1，3个样大于1；$(La/Yb)_N$值为0.65～19.64，变化大，2个样小于1，2个样大于1，轻稀土与重稀土分馏不大；ΣCe/Y平均值为3.14，Eu/Sm平均值为0.39，δEu平均值为1.02，$(La/Yb)_N$平均值为5.69。稀土元素配分样式(图4-1)与亚东岩群各岩类明显不同，曲线右倾斜，具轻稀土富集特点。

从曲线配分样式可以看出，浅粒岩铕异常最明显，相反，混合岩最不明显，而包体不表现铕异常。混合岩在混合岩化过程中有流体参与，从稀土配分上也得以表现出来。

(3) 聂拉木岩群

表4-9列出了聂拉木岩群稀土元素丰度。聂拉木岩群内各类岩石ΣREE值为52.19×10^{-6}～385.83×10^{-6}。ΣCe/ΣY值为2.05～15.78，均大于1，变化小；Eu/Sm值为0.07～0.44；δEu值为0.23～1.26；$(La/Yb)_N$值为11.25～66.20，变化大。各类岩石稀土元素配分样式(图4-2)基本相似，都向右倾斜，具轻稀土富集特点。ΣCe/ΣY值为8.12～9.72，Eu/Sm值为0.17～0.20；$(La/Yb)_N$值为22.18～50.84；分馏程度中等。δEu值为0.57～0.72，平均值为0.62。ΣREE值为183.87×10^{-6}～242.17×10^{-6}。可以看出聂拉木岩群与亚东岩群稀土元素变化特征不同，但两岩群的稀土配分曲线相似。

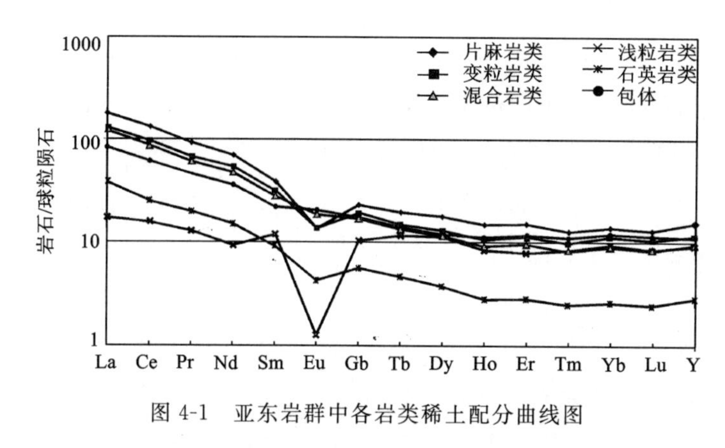

图 4-1　亚东岩群中各岩类稀土配分曲线图

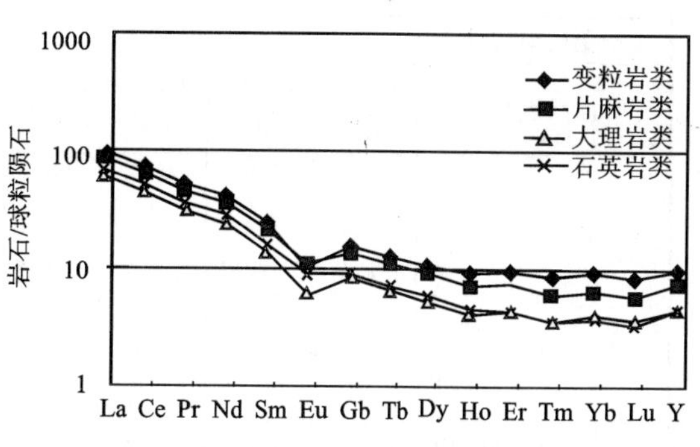

图 4-2　聂拉木岩群中各岩类稀土配分曲线图

2. 北喜马拉雅北带

(1) 拉轨岗日岩群

表 4-10 列出了拉轨岗日岩群的稀土丰度。各类岩石∑REE 值为 14.94×10⁻⁶～704.43×10⁻⁶，变化大；∑Ce/∑Y 值为 0.17～5.81，多数大于 1，变化大；Eu/Sm 值为 0.14～2.83；δEu 值为 0.56～2，$(La/Yb)_N$值为 0.05～35.80，多数大于 1，变化大。各类岩石的稀土元素配分样式(图 4-3)基本相似，都向右倾斜，具轻稀土富集特点。铕正异常，镱值正异常明显。∑Ce/∑Y 值为 1.39～4.72；Eu/Sm 值为 0.14～0.55；$(La/Yb)_N$值为 3.60～12.36；分馏程度中等。δEu 值为 0.85～1.27。∑REE 值为 100.26×10⁻⁶～262.31×10⁻⁶。

表 4-10　北喜马拉雅特提斯沉积北带前寒武系区域变质岩的稀土元素含量及相关参数表

变质地层		拉轨岗日岩群											
样品编号		P4(3) GP1	P4(4) GP1	P4(8) GP1	P4(10) GP1	P4(13) GP1	P4(15) GP1	P4(18) GP1	P4(19) GP1	P4(20) GP1	9个样品平均值	P4(6) GP1	P4(9) GP1
岩石名称		石榴二云变粒岩	石榴二云变粒岩	绿帘黑云变粒岩	绿帘黑云变粒岩	二云方解变粒岩	二云二长变粒岩	黑云变粒岩	黑云变粒岩	二云变粒岩		石榴二云片岩	斜长阳起片岩
元素含量 ($\times10^{-6}$)	La	15.25	22.1	18.47	19.52	23.69	24.82	32.61	31.88	32.3	24.52	24.95	20.65
	Ce	32.23	47.11	38.51	40.48	50.85	52.27	68.71	64.98	63.35	50.94	53.09	49.96
	Pr	3.28	5.11	3.93	4.16	5.39	5.64	7.18	6.93	6.86	5.39	5.82	6.08
	Nd	12.54	20.09	15.32	15.18	21.38	22.56	26.4	26.86	26.53	20.76	22.89	28.76
	Sm	2.12	3.83	2.95	2.71	3.85	3.95	4.66	4.68	4.69	3.72	4.31	6.27
	Eu	1.74	1.46	0.79	0.72	0.96	0.94	1.75	1.21	1.44	1.22	2.06	2.03
	Gd	2.7	3.65	3.14	3.25	3.85	3.95	4.85	4.51	4.69	3.84	3.94	4.06
	Tb	0.19	0.55	0.39	0.36	0.58	0.56	0.78	0.69	0.72	0.54	0.56	0.74
	Dy	0.96	1.83	1.96	1.81	2.12	2.26	2.72	2.6	2.71	2.11	2.44	4.06
	Ho	0.19	0.37	0.39	0.36	0.39	0.56	0.58	0.52	0.54	0.43	0.56	0.74
	Er	0.58	1.1	1.38	1.27	1.54	1.69	1.75	1.73	1.8	1.43	1.88	2.21
	Tm	0.58	0.55	0.39	0.9	0.77	0.94	0.58	0.52	0.72	0.66	0.94	0.37
	Yb	1.35	2.01	1.77	1.99	2.5	2.63	2.91	2.77	2.71	2.29	2.63	2.4
	Lu	0.19	0.18	0	0.18	0.19	0	0.19	0.17	0.18	0.14	0.38	0
	Y	6.37	9.86	12.97	12.65	13.48	15.23	17.08	15.77	15.7	13.23	17.07	21.76

续表 4-10

变质地层		拉轨岗日岩群											
样品编号		P4(3) GP1	P4(4) GP1	P4(8) GP1	P4(10) GP1	P4(13) GP1	P4(15) GP1	P4(18) GP1	P4(19) GP1	P4(20) GP1	9个样品平均值	P4(6) GP1	P4(9) GP1
岩石名称		石榴二云变粒岩	石榴二云变粒岩	绿帘黑云变粒岩	绿帘黑云变粒岩	二云方解变粒岩	二云二长变粒岩	黑云变粒岩	黑云变粒岩	二云变粒岩		石榴二云片岩	斜长阳起片岩
相关参数	ΣREE	80.28	119.8	102.36	105.55	131.55	138	172.75	165.83	164.95	131.23	143.5	150.07
	ΣLREE	67.16	99.71	79.96	82.78	106.12	110.17	141.3	136.54	135.17	106.55	113.11	113.75
	ΣHREE	13.12	20.09	22.4	22.77	25.42	27.82	31.44	29.28	29.78	24.68	30.39	36.32
	ΣCe/ΣY	5.12	4.96	3.57	3.63	4.17	3.96	4.49	4.66	4.54	4.34	3.72	3.13
	Eu/Sm	0.82	0.38	0.27	0.27	0.25	0.24	0.38	0.26	0.31	0.35	0.48	0.32
	δEu	1.37	1.01	0.83	0.83	0.8	0.77	1	0.82	0.9	0.93	1.12	0.92
	$(La/Yb)_N$	7.61	7.42	7.04	6.62	6.38	6.36	7.55	7.75	8.05	7.2	6.4	5.81

变质地层		拉轨岗日岩群											
样品编号		P4(11) GP1	P4(26) GP1	P4(27) GP1	P4(28) GP1	P4(29) GP1	P4(30) GP1	P4(31) GP1	P4(12) GP1	P4(34) GP1	P7(4) GP1	P7(5) GP1	P7(6) GP1
岩石名称		斜长二云片岩	石榴二云片岩	石榴二云片岩	石榴二云片岩	石榴二云片岩	斜长二云片岩	斜长二云片岩	二云石英片岩	角闪石英片岩	二云石英片岩	斜长二云片岩	石榴二云片岩
元素含量($\times10^{-6}$)	La	23.09	55.74	30.99	3.93	98.96	23.7	162.31	24.85	25.31	40.59	46.42	41.04
	Ce	49.42	103.33	51.78	8.05	167.72	47.39	280.37	51.67	60.01	75.66	91.58	77.82
	Pr	5.15	10.15	8.72	0.79	11.74	3.55	24.94	5.32	6.55	8.39	9.5	6.84
	Nd	20.8	36.94	30.62	3.73	42.86	16.19	83.38	20.9	25.49	16.77	26.88	22.92
	Sm	3.82	5.82	5.57	0.59	2.61	3.55	13.5	3.75	4.07	0	0	17.93
	Eu	1.34	2	1.3	0.39	2.42	0.59	6.32	1.18	0.71	12.39	11.11	12.75
	Gd	3.82	3.49	5.01	1.37	9.69	0.39	32.12	3.94	4.25	30.3	30.11	29.57
	Tb	0.57	0.83	0.93	0	0.75	0.39	2.56	0.59	0.53	0.57	1.43	2.77
	Dy	2.48	5.32	1.86	0	3.91	3.55	13.16	1.97	1.59	0	0.36	4.62
	Ho	0.57	0.5	0.37	0	0.37	0.59	1.71	0.39	0.35	0	0	0
	Er	1.72	2.33	2.04	0.2	1.49	1.38	4.78	1.38	1.06	0	0	0
	Tm	0.76	0.33	0.56	0.79		0.2		0.99	0.71	0	0	0
	Yb	2.48	2.16	1.67	0.39	1.86	1.18	4.1	2.37	2.3	119.88	110.75	109.43
	Lu	0.19	0.67	0.56	0	0.19	0.39	0.51	0.2	0	0	0	0.18
	Y	16.22	65.22	15.4	2.16	41.19	22.12	74.66	13.41	8.5	8.74	19.25	23.66
相关参数	ΣREE	132.42	294.84	157.39	22.39	385.76	125.2	704.43	132.91	141.44	313.29	347.39	349.53
	ΣLREE	103.61	213.98	128.99	17.48	326.31	94.98	570.82	107.67	122.15	153.8	185.48	179.3
	ΣHREE	28.81	80.87	28.4	4.91	59.45	30.21	133.61	25.24	19.3	159.49	161.9	170.24
	ΣCe/ΣY	3.6	2.65	4.54	3.56	5.49	3.14	4.27	4.27	6.33	0.96	1.15	1.05
	Eu/Sm	0.35	0.34	0.23	0.67	0.93	0.17	0.47	0.32	0.17			0.71
	δEu	0.96	0.95	0.76	1.28	1.42	0.61	1.11	0.91	0.63	2	2	1.31
	$(La/Yb)_N$	6.28	17.37	12.51	6.74	35.8	13.48	26.69	7.08	7.72	0.23	0.28	0.25

续表 4-10

变质地层		拉轨岗日岩群											
样品编号		P7(7) GP1	P7(11) GP1	P7(9) GP1	P9(8) GP1	P9(11) GP1	P9(5) GP1	P9(6) GP1	P9(12) GP1	P9(14) GP1	P9(15) GP1	D5436 B4	D5435 B1
岩石名称		斜长二云片岩	二云石英片岩	二云石英片岩	石榴二云片岩	石榴二云片岩	黑云石英片岩	黑云石英片岩	黑云石英片岩	斜长石英片岩	二云石英片岩	蓝晶二云片岩	石榴二云片岩
元素含量 $(\times10^{-6})$	La	39.86	19.82	47.08	48.53	52.16	52.72	72.32	26.21	35.42	41.17	58.4	55.9
	Ce	76.18	32.62	91.4	87.82	110.5	102.7	146.69	45.35	63.16	80.84	113	106
	Pr	8.75	1.98	10.92	10.31	16.47	10.78	21.25	5.2	5.51	13.39	12.2	11.6
	Nd	18.07	5.95	25.42	25.24	46.5	28.24	63.37	9.11	13.77	35.48	47.3	43.8
	Sm	0	0	0	0	11.32	5.99	14.35	0	0	9.04	8.85	8.38
	Eu	12.48	10.09	9.29	10.49	2.57	10.61	2.98	10.41	12.4	2.18	1.48	1.43
	Gd	31.66	27.21	19.06	25.78	7.38	26.02	8.39	29.74	27.35	5.86	6.86	6.68
	Tb	1.86	0.9	1.14	2.31	2.23	2.74	2.61	0.74	2.75	1.84	1.14	1.16
	Dy	0	0	0.16	8.71	6.18	2.05	8.01	0	0	4.35	5.87	6.19
	Ho	0	0	0	0	1.2	0	1.49	0	0	1	1.01	1.18
	Er	0	0	0	0	2.92	0.17	3.54	0	0	2.18	2.9	3.65
	Tm	0	0	0	0	1.03	0	1.12	0	0	0.84	0.37	0.51
	Yb	86.24	76.77	57.02	100.98	2.75	88.15	3.36	42.01	124.75	1.84	2.65	3.46
	Lu	0.19	0.18	0.33	0	2.23	0	2.61	0	0	2.34	0.4	0.5
	Y	28.1	17.61	22.87	27.03	24.34	14.72	24.14	19.22	12.64	18.5	27.8	33
相关参数	ΣREE	303.38	193.14	284.68	347.2	289.79	344.92	376.23	187.99	297.76	220.84	290.23	283.44
	ΣLREE	155.34	70.46	184.1	182.4	239.53	211.06	320.97	96.28	130.26	182.09	241.23	227.11
	ΣHREE	148.04	122.67	100.58	164.8	50.25	133.86	55.26	91.71	167.5	38.75	49	56.33
	ΣCe/ΣY	1.05	0.57	1.83	1.11	4.77	1.58	5.81	1.05	0.78	4.7	4.92	4.03
	Eu/Sm					0.23	1.77	0.21			0.24	0.17	0.17
	δEu	2	2	2	2	0.75	1.65	0.71	2	2	0.78	0.56	0.57
	$(La/Yb)_N$	0.31	0.17	0.56	0.32	12.81	0.4	14.53	0.42	0.19	15.08	14.86	10.89

变质地层		拉轨岗日岩群											
样品编号		26个样品平均值	P4(14) GP1	P4(16) GP1	P4(17) GP1	P4(21) GP1	P4(22) GP1	P4(23) GP1	P7(10) GP1	P7(8) GP1	P7(12) GP1	P7(16) GP1	P7(21) GP1
岩石名称			白云石英大理岩	长石石英大理岩	石英大理岩	大理岩	大理岩	大理岩	石英大理岩	石英大理岩	大理岩	长石石英大理岩	石英大理岩
元素含量 $(\times10^{-6})$	La	45.08	6.81	10.1	9.08	15.69	2.46	3.67	41.94	42.71	13.31	2.55	12.77
	Ce	85.54	13.81	19.29	17.25	31.97	4.54	7.7	79.7	80.51	22.98	0.81	17.81
	Pr	9.3	1.36	2.16	1.82	3.33	0.57	0.73	7.99	8.32	0	0	2.18
	Nd	29.28	5.45	9.01	7.72	13.53	1.89	2.93	16.88	15.69	0	0	0
	Sm	4.99	0.97	2.34	1.51	2.55	0.38	0.55	0	0	0	0	0
	Eu	5.5	0	0.54	0.3	0.39	0	0	9.62	9.83	0	8	8.4

续表 4-10

变质地层		拉轨岗日岩群											
样品编号		26个样品平均值	P4(14)GP1	P4(16)GP1	P4(17)GP1	P4(21)GP1	P4(22)GP1	P4(23)GP1	P7(10)GP1	P7(8)GP1	P7(12)GP1	P7(16)GP1	P7(21)GP1
岩石名称			白云石英大理岩	长石石英大理岩	石英大理岩	大理岩	大理岩	大理岩	石英大理岩	石英大理岩	大理岩	长石石英大理岩	石英大理岩
元素含量($\times10^{-6}$)	Gd	14.77	1.56	1.8	1.66	2.55	0.95	1.28	32.32	32.32	12.58	21.69	23.01
	Tb	1.33	0.19	0.18	0.15	0.39	0	0	1.27	1.13	0	0	1.18
	Dy	3.34	0.39	0.9	0.91	1.37	0.19	0	0	1.32	0	0	0
	Ho	0.46	0	0.18	0.15	0.2	0	0	0	0	0	0	0
	Er	1.38	0.19	0.54	0.61	0.98	0	0.18	0	0	0	0	0
	Tm	0.37	0.19	0.36	0.15	0.39	0.19	0	0	0	0	0	0
	Yb	36.68	0.78	0.9	0.76	1.57	0.19	0.18	114.38	104.33	23.52	35.03	133.04
	Lu	0.46	0	0	0	0	0	0	0	0	0.18	0	0
	Y	23.82	4.47	6.67	7.41	9.81	3.59	2.75	5.45	18.25	11.71	8.75	18.83
相关参数	ΣREE	262.31	36.19	54.98	49.48	84.74	14.94	19.97	309.55	314.42	84.29	76.85	217.22
	ΣLREE	179.7	28.4	43.45	37.68	67.48	9.84	15.58	156.14	157.06	36.29	11.37	41.16
	ΣHREE	82.61	7.78	11.54	11.8	17.26	5.11	4.4	153.42	157.36	48	65.48	176.07
	ΣCe/ΣY	3.08	3.65	3.77	3.19	3.91	1.93	3.54	1.02	1	0.76	0.17	0.23
	Eu/Sm	0.31	0	0.23	0.2	0.15	0	0					
	δEu	1.27	0	0.76	0.69	0.58	0	0	2	2		2	2
	$(La/Yb)_N$	8.35	5.9	7.55	8.09	6.74	8.76	13.48	0.25	0.28	0.38	0.05	0.06

变质地层		拉轨岗日岩群											
样品编号		P9(9)GP1	P9(10)GP1	13个样品平均值									
岩石名称		大理岩	绿帘石英大理岩		白云母石英岩	黑云斜长角闪岩	斜长角闪岩	斜长角闪岩	斜长角闪片岩	黝帘角闪片岩	斜长角闪岩	斜长角闪岩	斜长角闪岩
元素含量($\times10^{-6}$)	La	39.58	49.85	19.27	20.92	14.95	14.19	4.63	5.58	1.71	2	3.78	6.35
	Ce	79.5	100.85	36.67	28.34	22.91	43.33	10.04	14.94	1.4	6.29	13.3	16.5
	Pr	13.89	16.42	4.52	6.66	1.75	5.3	0.97	1.98	0.78	1.1	2.53	2.58
	Nd	35.93	45.79	11.91	22.26	3.69	25.35	4.63	10.44	5.75	6.15	14.6	13.3
	Sm	9.89	11.98	2.32	3.42	4.66	6.62	0.77	3.06	1.09	2.18	5.47	4.26
	Eu	2.78	3.09	3.3	0.95	13.2	1.51	0	1.26	1.4	0.89	1.98	1.63
	Gd	8.51	8.69	11.46	3.61	30.29	3.6	1.16	1.98	3.11	2.6	6.88	5.13
	Tb	2.08	2.51	0.7	0.57	1.94	1.14	0	0.54	0.78	0.48	1.3	0.92
	Dy	5.03	7.34	1.34	0.19	0	5.49	0.39	3.24	4.51	3.33	9.54	6.16
	Ho	1.22	1.55	0.25	0.19	0	0.95	0	0.72	0.47	0.71	2.09	1.29
	Er	2.6	3.48	0.66	1.33	0	1.51	0.19	1.98	2.64	1.94	5.97	3.56
	Tm	1.04	1.16	0.27	0.38	0	0.19	0	0.54	0.31	0.28	0.87	0.51
	Yb	2.43	3.67	32.37	1.14	120.39	0.76	0.39	1.44	2.18	1.87	5.91	3.4
	Lu	0	2.51	0.21	0.19	0	0.19	0.19	0.18	0.47	0.27	0.88	0.48
	Y	20.98	15.92	10.35	9.89	0.7	18.73	3.67	19.43	57.02	18.5	49.6	30.4

续表 4-10

变质地层		拉轨岗日岩群											
样品编号		P9(9)GP1	P9(10)GP1	13个样品平均值									
岩石名称		大理岩	绿帘石英大理岩		白云母石英岩	黑云斜长角闪岩	斜长角闪岩	斜长角闪岩	斜长角闪片岩	黝帘角闪片岩	斜长角闪岩	斜长角闪岩	斜长角闪岩
相关参数	ΣREE	225.46	274.81	135.61	100.06	214.48	128.86	27.03	67.3	83.59	48.59	124.7	96.47
	ΣLREE	181.57	227.98	78	82.56	61.17	96.31	21.05	37.25	12.12	18.61	41.66	44.62
	ΣHREE	43.89	46.83	57.61	17.5	153.32	32.54	5.99	30.05	71.47	29.98	83.04	51.85
	ΣCe/ΣY	4.14	4.87	2.48	4.72	0.4	2.96	3.52	1.24	0.17	0.62	0.5	0.86
	Eu/Sm	0.28	0.26	0.14	0.28	2.83	0.23	0	0.41	1.29	0.41	0.36	0.38
	δEu	0.85	0.81	0.97	0.85	1.77	0.75	0	1.04	1.55	1.14	0.99	1.06
	$(La/Yb)_N$	10.98	9.15	5.51	12.36	0.08	12.64	8.09	8.61	0.53	0.72	0.43	1.26

变质地层		拉轨岗日岩群								
样品编号		D5436B3	D5435B2	D5436B2	D5437B1	D5436B1	D5441B1	P9(19)H2	D5440B1	16个样品平均值
岩石名称		石榴斜长角闪岩	斜长角闪岩	斜长角闪岩	斜长角闪岩	斜长角闪岩	斜长角闪岩	斜长角闪岩	斜长角闪岩	
元素含量（$\times10^{-6}$）	La	28	10.3	8.51	11.2	18.3	6.67	6.88	8.3	9.46
	Ce	53.6	24	18.9	25.2	39.3	16.9	12.6	18	21.08
	Pr	5.99	3.04	2.43	3.45	4.95	2.01	1.63	2.38	2.68
	Nd	26	13.4	10.5	16	19.9	10.6	8.59	10.8	12.48
	Sm	5.02	3.59	2.85	4.82	4.03	3.17	2.64	3.19	3.59
	Eu	1.67	1.47	0.99	1.91	1.1	1.21	1.07	1.15	2.03
	Gd	5.27	4.22	3.36	5.92	3.99	4.23	3.87	4.08	5.61
	Tb	0.86	0.66	0.56	0.98	0.54	0.77	0.7	0.77	0.81
	Dy	4.84	4.4	3.82	6.72	3.28	5.24	5.03	5.29	4.46
	Ho	0.98	0.9	0.8	1.4	0.66	1.13	1.11	1.17	0.9
	Er	3.2	2.58	2.36	4.07	1.97	3.28	3.1	3.36	2.61
	Tm	0.44	0.36	0.33	0.57	0.27	0.49	0.46	0.5	0.38
	Yb	3.1	2.32	2.21	3.67	1.82	3.16	2.85	3.34	9.93
	Lu	0.48	0.34	0.33	0.54	0.27	0.5	0.43	0.51	0.38
	Y	29.9	21	19.2	33.8	15.8	33.3	26	31	25.5
相关参数	ΣREE	169.35	92.58	77.15	120.25	116.18	92.66	76.96	93.84	101.87
	ΣLREE	120.28	55.8	44.18	62.58	87.58	40.56	33.41	43.82	51.31
	ΣHREE	49.07	36.78	32.97	57.67	28.6	52.1	43.55	50.02	50.56
	ΣCe/ΣY	2.45	1.52	1.34	1.09	3.06	0.78	0.77	0.88	1.39
	Eu/Sm	0.33	0.41	0.35	0.4	0.27	0.38	0.41	0.36	0.55
	δEu	0.99	1.15	0.98	1.09	0.83	1.01	1.02	0.97	1.02
	$(La/Yb)_N$	6.09	2.99	2.6	2.06	6.78	1.42	1.63	1.68	3.6

续表 4-10

变质地层		拉轨岗日岩群											
样品编号		P9(9) GP1	P9(10) GP1	13个样品平均值	P4(25) GP1	P7(18) GP1	P4(5) GP1	P4(24) GP1	P4(32) GP1	P4(33) GP1	D5454 B1	D5435 B3	D5445 DB1
岩石名称		大理岩	绿帘石英大理岩		白云母石英岩	黑云斜长角闪岩	斜长角闪岩	斜长角闪岩	斜长角闪片岩	黝帘角闪片岩	斜长角闪岩	斜长角闪岩	斜长角闪岩
元素含量($\times10^{-6}$)	La	39.58	49.85	19.27	20.92	14.95	14.19	4.63	5.58	1.71	2	3.78	6.35
	Ce	79.5	100.85	36.67	28.34	22.91	43.33	10.04	14.94	1.4	6.29	13.3	16.5
	Pr	13.89	16.42	4.52	6.66	1.75	5.3	0.97	1.98	0.78	1.1	2.53	2.58
	Nd	35.93	45.79	11.91	22.26	3.69	25.35	4.63	10.44	5.75	6.15	14.6	13.3
	Sm	9.89	11.98	2.32	3.42	4.66	6.62	0.77	3.06	1.09	2.18	5.47	4.26
	Eu	2.78	3.09	3.3	0.95	13.2	1.51	0	1.26	1.4	0.89	1.98	1.63
	Gd	8.51	8.69	11.46	3.61	30.29	3.6	1.16	1.98	3.11	2.6	6.88	5.13
	Tb	2.08	2.51	0.7	0.57	1.94	1.14	0	0.54	0.78	0.48	1.3	0.92
	Dy	5.03	7.34	1.34	0.19	0	5.49	0.39	3.24	4.51	3.33	9.54	6.16
	Ho	1.22	1.55	0.25	0.19	0	0.95	0	0.72	0.47	0.71	2.09	1.29
	Er	2.6	3.48	0.66	1.33	0	1.51	0.19	1.98	2.64	1.94	5.97	3.56
	Tm	1.04	1.16	0.27	0.38	0	0.19	0	0.54	0.31	0.28	0.87	0.51
	Yb	2.43	3.67	32.37	1.14	120.39	0.76	0.39	1.44	2.18	1.87	5.91	3.4
	Lu	0	2.51	0.21	0.19	0	0.19	0.19	0.18	0.47	0.27	0.88	0.48
	Y	20.98	15.92	10.35	9.89	0.7	18.73	3.67	19.43	57.02	18.5	49.6	30.4
相关参数	ΣREE	225.46	274.81	135.61	100.06	214.48	128.86	27.03	67.3	83.59	48.59	124.7	96.47
	ΣLREE	181.57	227.98	78	82.56	61.17	96.31	21.05	37.25	12.12	18.61	41.66	44.62
	ΣHREE	43.89	46.83	57.61	17.5	153.32	32.54	5.99	30.05	71.47	29.98	83.04	51.85
	ΣCe/ΣY	4.14	4.87	2.48	4.72	0.4	2.96	3.52	1.24	0.17	0.62	0.5	0.86
	Eu/Sm	0.28	0.26	0.14	0.28	2.83	0.23	0	0.41	1.29	0.41	0.36	0.38
	δEu	0.85	0.81	0.97	0.85	1.77	0.75	0	1.04	1.55	1.14	0.99	1.06
	$(La/Yb)_N$	10.98	9.15	5.51	12.36	0.08	12.64	8.09	8.61	0.53	0.72	0.43	1.26

变质地层		拉轨岗日岩群								
样品编号		D5436B3	D5435B2	D5436B2	D5437B1	D5436B1	D5441B1	P9(19)H2	D5440B1	16个样品平均值
岩石名称		石榴斜长角闪岩	斜长角闪岩	斜长角闪岩	斜长角闪岩	斜长角闪岩	斜长角闪岩	斜长角闪岩	斜长角闪岩	
元素含量($\times10^{-6}$)	La	28	10.3	8.51	11.2	18.3	6.67	6.88	8.3	9.46
	Ce	53.6	24	18.9	25.2	39.3	16.9	12.6	18	21.08
	Pr	5.99	3.04	2.43	3.45	4.95	2.01	1.63	2.38	2.68
	Nd	26	13.4	10.5	16	19.9	10.6	8.59	10.8	12.48
	Sm	5.02	3.59	2.85	4.82	4.03	3.17	2.64	3.19	3.59

续表 4-10

变质地层		拉轨岗日岩群								
样品编号		D5436B3	D5435B2	D5436B2	D5437B1	D5436B1	D5441B1	P9(19)H2	D5440B1	16个样品平均值
岩石名称		石榴斜长角闪岩	斜长角闪岩	斜长角闪岩	斜长角闪岩	斜长角闪岩	斜长角闪岩	斜长角闪岩	斜长角闪岩	
元素含量($\times10^{-6}$)	Eu	1.67	1.47	0.99	1.91	1.1	1.21	1.07	1.15	2.03
	Gd	5.27	4.22	3.36	5.92	3.99	4.23	3.87	4.08	5.61
	Tb	0.86	0.66	0.56	0.98	0.54	0.77	0.7	0.77	0.81
	Dy	4.84	4.4	3.82	6.72	3.28	5.24	5.03	5.29	4.46
	Ho	0.98	0.9	0.8	1.4	0.66	1.13	1.11	1.17	0.9
	Er	3.2	2.58	2.36	4.07	1.97	3.28	3.1	3.36	2.61
	Tm	0.44	0.36	0.33	0.57	0.27	0.49	0.46	0.5	0.38
	Yb	3.1	2.32	2.21	3.67	1.82	3.16	2.85	3.34	9.93
	Lu	0.48	0.34	0.33	0.54	0.27	0.5	0.43	0.51	0.38
	Y	29.9	21	19.2	33.8	15.8	33.3	26	31	25.5
相关参数	ΣREE	169.35	92.58	77.15	120.25	116.18	92.66	76.96	93.84	101.87
	ΣLREE	120.28	55.8	44.18	62.58	87.58	40.56	33.41	43.82	51.31
	ΣHREE	49.07	36.78	32.97	57.67	28.6	52.1	43.55	50.02	50.56
	ΣCe/ΣY	2.45	1.52	1.34	1.09	3.06	0.78	0.77	0.88	1.39
	Eu/Sm	0.33	0.41	0.35	0.4	0.27	0.38	0.41	0.36	0.55
	δEu	0.99	1.15	0.98	1.09	0.83	1.01	1.02	0.97	1.02
	$(La/Yb)_N$	6.09	2.99	2.6	2.06	6.78	1.42	1.63	1.68	3.6

测试单位：中国地质大学(北京)测试中心及国土资源部地质科学研究院测试中心，2002年。

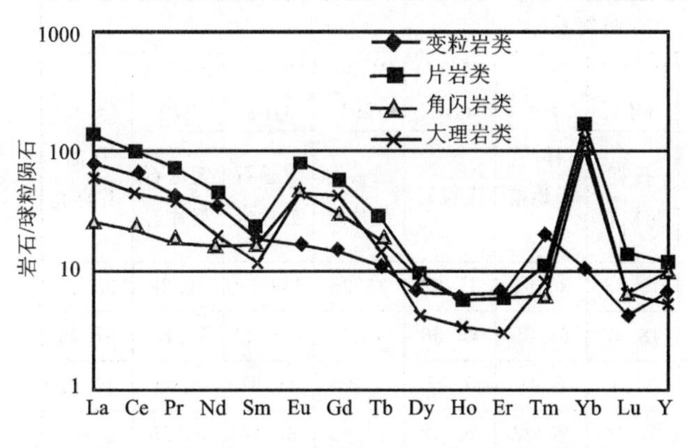

图 4-3 拉轨岗日岩群中各岩类稀土配分曲线图

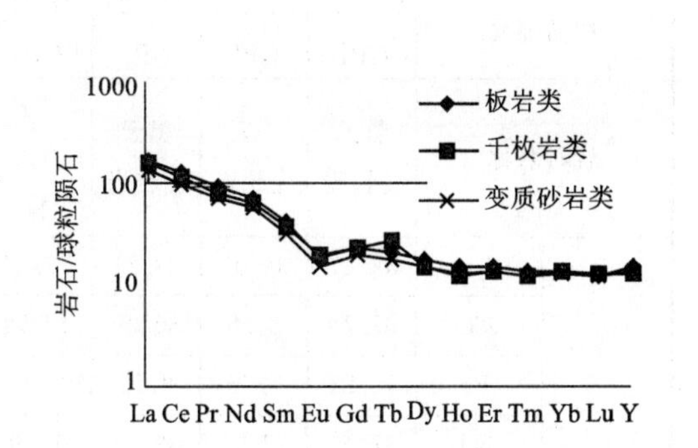

图 4-4 寒武系北坳组中各岩类稀土配分曲线图

(2) 北坳组

表 4-11 列出了北坳组稀土元素丰度。各类岩石ΣREE值为 $72.59\times10^{-6}\sim306.56\times10^{-6}$；ΣCe/ΣY 值为 4.35～7.77，均大于1；Eu/Sm 值为 0.16～0.23；δEu 值为 0.56～0.73，平均值为 0.61。$(La/Yb)_N$值为 11.05～14.19。稀土元素配分样式(图 4-4)基本相似，都向右倾斜，具轻稀土富集特点。轻度负铕异常。

表 4-11 北喜马拉雅特提斯沉积南带古生代区域变质岩的稀土元素含量及相关参数表

变质地层		北坳组				甲村组	变质地层		北坳组				甲村组
样品编号		P35(41) GP1	P35(42) GP1	P35(44) GP1	P35(45) GP1	P35(43) GP1	样品编号		P35(41) GP1	P35(42) GP1	P35(44) GP1	P35(45) GP1	P35(43) GP1
岩石名称		绢云绿泥千枚岩	绿泥绢云板岩	粉砂质绢云板岩	泥质微细粒砂岩	条带状泥灰岩	岩石名称		绢云绿泥千枚岩	绿泥绢云板岩	粉砂质绢云板岩	泥质微细粒砂岩	条带状泥灰岩
元素含量 $(\times10^{-6})$	La	52.3	53.1	61	45.4	10.4	元素含量 $(\times10^{-6})$	Tm	0.42	0.45	0.47	0.42	0.14
	Ce	98.4	105	118	86.8	22.4		Yb	2.97	3.04	3.19	2.94	0.79
	Pr	10.5	11.6	12.8	9.48	3.02		Lu	0.46	0.42	0.44	0.44	0.1
	Nd	41.8	43.2	48.8	36.1	13.1		Y	27.7	31.2	32.6	27.8	12.1
	Sm	7.92	8.31	8.92	6.74	3.01	相关参数	ΣREE	261.12	275.52	306.56	232.65	72.59
	Eu	1.54	1.46	1.47	1.18	0.7		ΣLREE	212.46	222.67	250.99	185.7	52.63
	Gd	6.46	6.27	6.73	5.36	2.8		ΣHREE	27.7	31.2	32.6	27.8	12.1
	Tb	1.38	1.03	1.04	0.92	0.38		ΣCe/ΣY	7.67	7.14	7.7	6.68	4.35
	Dy	5.28	6.02	6.33	5.1	2.29		Eu/Sm	0.19	0.18	0.16	0.18	0.23
	Ho	0.94	1.13	1.18	0.97	0.41		δEu	0.64	0.59	0.56	0.58	0.73
	Er	3.05	3.29	3.59	3	0.95		$(La/Yb)_N$	12.18	13.54	14.85	11.05	11.14

测试单位：国土资源部地质科学研究院测试中心，2002 年。

(3) 奥陶系

表 4-12 列出了奥陶系稀土元素丰度。各类岩石ΣREE 值为 $32.63\times10^{-6}\sim1248.18\times10^{-6}$；ΣCe/ΣY 值为 3.19～39.61；Eu/Sm 值为 0.15～0.56；δEu 值为 0.69～2，多数小于 1；$(La/Yb)_N$值为 8.26～105.54，多数大于 1，变化大。各类岩石稀土元素配分样式(图 4-5)基本相似，都向右倾斜，具轻稀土富集特点。铕无异常。ΣCe/ΣY 值为 5.47～19.85，Eu/Sm 值为 0.26～0.42；δEu 值为 0.90～2.00；$(La/Yb)_N$值为 9.93～21.74。

表 4-12 北喜马拉雅特提斯沉积北带古生代区域变质岩的稀土元素含量及相关参数表

变质地层		奥陶系											
样品编号		P4(36) GP1	P4(40) GP1	P4(42) GP1	P4(44) GP1	P4(45) GP1	P4(46) GP1	7 个样品平均值	P4(58) GP1	P4(39) GP1	P4(35) GP1	P4(61) GP1	3 个样品平均值
岩石名称		黑云变粒岩	二云变粒岩	黑云变粒岩	二云方解变粒岩	方解二云变粒岩	石英变粒岩		浅粒岩	二云石英片岩	黑云石英片岩	云母石英片岩	
元素含量 $(\times10^{-6})$	La	38.47	38.02	33.24	22.27	34.39	19.23	30.94	41.52	36.96	134.59	29.28	38.47
	Ce	67.78	80.5	80.09	42.59	69.57	48.57	64.85	85.56	74.3	223.34	77.83	67.78
	Pr	10.81	7.76	9.72	3.36	6.36	3.57	6.93	7.22	7.84	18.81	6.09	10.81
	Nd	37.55	27.55	33.63	15.9	25.64	17.05	26.22	30.32	27.25	66.47	25.55	37.55
	Sm	6.96	4.46	0.78	3.53	4.97	0	3.45	0	4.48	7.67	0	6.96
	Eu	1.65	1.16	0.97	0.53	0.99	0	0.88	0.18	0.93	4.02	1.38	1.65
	Gd	6.59	2.91	4.67	0.53	0.8	0	2.58	0.9	2.99	17.53	0.59	6.59
	Tb	1.1	0.58	0.78	0.35	0.4	0	0.54	0	0.56	1.64	0	1.1
	Dy	3.11	4.46	5.44	3.36	3.18	0	3.26	0	3.36	11.14	0	3.11
	Ho	0.55	0.58	0.58	0.53	0.4	0	0.44	0	0.37	1.28	0	0.55

续表 4-12

变质地层		奥陶系											
样品编号		P4(36) GP1	P4(40) GP1	P4(42) GP1	P4(44) GP1	P4(45) GP1	P4(46) GP1	7个样品平均值	P4(58) GP1	P4(39) GP1	P4(35) GP1	P4(61) GP1	3个样品平均值
岩石名称		黑云变粒岩	二云变粒岩	黑云变粒岩	二云方解变粒岩	方解二云变粒岩	石英变粒岩		浅粒岩	二云石英片岩	黑云石英片岩	云母石英片岩	
元素含量（$\times10^{-6}$）	Er	2.38	1.94	2.72	1.41	1.19	0	1.61	0	1.12	4.38	0	2.38
	Tm	0.55	0.39		0.18	0.2	0	0.26	0	0.19		0	0.55
	Yb	2.02	1.75	2.14	1.59	1.39	1.19	1.68	2.35	0.75	4.38	1.77	2.02
	Lu	0.55	0.58	0.19	0.35	0.4	0.2	0.38	0.18	0.37	0.37	0.39	0.55
	Y	19.78	21.73	22.55	15.73	14.31	7.73	16.97	4.87	12.88	102.08	0.79	19.78
相关参数	ΣREE	199.85	194.37	197.51	112.21	164.18	97.54	160.94	173.1	174.35	597.7	143.67	199.85
	ΣLREE	163.22	159.46	158.44	88.18	141.92	88.42	133.27	164.8	151.76	454.89	140.13	163.22
	ΣHREE	36.64	34.92	39.07	24.03	22.26	9.12	27.67	8.3	22.59	142.8	3.54	36.64
	ΣCe/ΣY	4.46	4.57	4.05	3.67	6.38	9.7	5.47	19.85	6.72	3.19	39.61	4.46
	Eu/Sm	0.24	0.26	1.25	0.15	0.2		0.42		0.21	0.52		0.24
	δEu	0.77	0.82	1.54	0.69	0.69		0.9	2	0.71	1.16	2	0.77
	$(La/Yb)_N$	12.87	14.68	10.48	9.44	16.66	10.9	12.51	11.93	33.37	20.7	11.16	12.87
变质地层		奥陶系											
样品编号		P4(55) GP1	P4(57) GP1	P4(59) GP1	3个样品平均值	P4(49) GP1	P4(50) GP1	P4(51) GP1	P4(52) GP1	P4(54) GP1	P4(60) GP1	P4(62) GP1	7个样品平均值
岩石名称		斑点板岩	板岩	板岩		大理岩	大理岩	大理岩	大理岩	大理岩	大理岩	大理岩	
元素含量（$\times10^{-6}$）	La	50.43	16.12	11.79	26.11	12.87	6.56	6.61	9.28	14.37	24.9	15.67	12.89
	Ce	103.3	34.96	25.67	54.64	34.86	12.96	19.45	19.89	25.14	47.13	38.69	28.3
	Pr	9.19	3.3	2.85	5.11	2.15	1.25	0.76	2.27	3.19	5.17	2.71	2.5
	Nd	37.68	11.26	11.41	20.12	11.44	4.84	5.85	7.96	13.57	18.2	13.54	10.77
	Sm	1.31	1.94	1.71	1.65	0	0.78	0	1.71	2.59	2.68	0	1.11
	Eu	0.37	0.58	0.95	0.63	0	0	0	0.76	1	0.57	0	0.33
	Gd	1.5	2.72	2.28	2.17	0	1.25	0	2.08	2.39	3.26	0	1.28
	Tb	0	0.19	0.19	0.13	0	0.16	0	0.19	0.4	0.38	0	0.16
	Dy	0	0.58	0.38	0.32	0	0.31	0	0.95	1.4	1.15	0	0.54
	Ho	0	0.19	0	0.06	0	0	0	0.19	0.4	0.19	0	0.11
	Er	0	0.39	0.38	0.26	0	0.31	0	0.76	1	0.96	0	0.43
	Tm	0	0.78	0.38	0.39	0	0	0	0	0.2	0.38	0	0.08
	Yb	2.81	1.17	0.95	1.64	0.89	0.47	0	0.76	0.8	1.53	0.97	0.77
	Lu	0.19	0	0	0.06	0	0	0	0	0	0.19	0	0.03
	Y	2.81	4.47	2.47	3.25	5.54	3.75	2.08	6.82	11.97	8.62	7.74	6.65
相关参数	ΣREE	209.6	78.66	61.41	116.56	67.75	32.63	34.75	53.62	78.43	115.33	79.32	65.98
	ΣLREE	202.29	68.17	54.37	108.28	61.32	26.38	32.67	41.87	59.87	98.66	70.61	55.91
	ΣHREE	7.31	10.49	7.03	8.28	6.44	6.24	2.08	11.75	18.56	16.67	8.71	10.06
	ΣCe/ΣY	27.67	6.5	7.73	13.97	9.53	4.23	15.73	3.56	3.23	5.92	8.11	7.19
	Eu/Sm	0.29	0.3	0.56	0.38		0		0.44	0.38	0.21		0.26
	δEu	0.86	0.89	1.19	0.98		0		1.08	1.01	0.72		2.81
	$(La/Yb)_N$	12.09	9.33	8.36	9.93	9.71	9.44		8.26	12.14	10.96		10.1

测试单位：中国地质大学(北京)测试中心，2002年。

从稀土元素的配分曲线上可以看出，稀土元素的配分与构造区域位置及地层时代相关，而与特定的岩石类型无关。换言之，同一构造区、同一地质时段的各种类型的岩石稀土元素的配分型式相似。因此，稀土元素的配分样式可以作为变质岩变质单元的划分依据。

以上不同构造区不同地质单元稀土元素特征值变化的普遍性和特殊性，正是不同区域内的多样化岩石变质历史演化随时间和空间变化的具体表现。

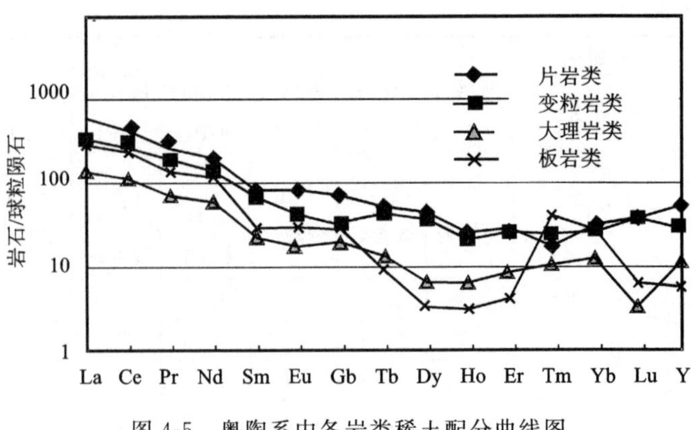

图 4-5　奥陶系中各岩类稀土配分曲线图

四、原岩恢复

测区内出露的前寒武系—三叠系各类型的变质岩石，据其在区域上的分布特点，即与其共存的各地质体的相对产出关系，绝大多数应属区域变质岩。恢复区域内变质岩的原岩类型，对讨论测区的构造演化阶段具有很重要的作用。

原岩判别主要依据各种变质地质体的野外产状、岩石组合及其结构构造、矿物组合等特征。对于中—高级变质岩，如片麻岩、变粒岩、角闪岩等，主要是根据变质岩石化学成分和岩石化学特征计算，按岩石类别选取变质岩恢复图解，并结合区域岩石的地球化学特征、副矿物特征等，判别其原岩的基本类型（沉积岩或火山岩），并大致判别其原岩的具体岩类名称。

（一）板岩、千枚岩、大理岩

这几类变质程度较低的岩石，野外产状均为稳定的层状，可见较清楚的沉积韵律，因岩石成分的不同而表现具递变层理构造。如大理岩的条带状构造，板岩、千枚岩的变余层理构造等。岩石薄片显微鉴定可见变质沉积碎屑结构，如变余砂、粉砂结构，变余显微层理构造等。据上述特征，确定它们的原岩为沉积岩，即页岩、粉砂岩、灰岩。这几类岩石主要见于前寒系拉轨岗日岩群、聂拉木岩群、奥陶系、石炭系—三叠系中，其中板岩、千枚岩构成石炭系—三叠系的主要岩性，大理岩（或结晶灰岩）主要分布在拉轨岗日岩群、聂拉木岩群和奥陶系中，石炭系—二叠系中有少量分布。

（二）片岩

片岩主要分布在前寒武系拉轨岗日岩群中，聂拉木岩群中有少量夹层出现，主要岩石种类包括蓝晶十字石榴二云片岩、石榴斜长阳起片岩、石榴斜长二云片岩、石榴二长片岩、二云母石英片岩、角闪石英片岩、含十字蓝晶二云片岩、含十字石榴二云片岩等（角闪片岩未列其中）。虽然它们的原岩遭受了不同程度的改造，但野外仍可辨识其原岩具层状产出的特征。薄层状，延伸稳定，变余层理与同其伴随呈层状稳定产出的大理岩平行。岩石变质矿物组合及所含副矿物也表现出原岩为沉积岩的特点。对采集样品进行岩石化学计算，根据岩石 SiO_2 的含量，采用(al－alk)-c、ACF、A′KF 及[(al＋fm)－(c＋alk)]-Si 原岩判别图解，分别对每个样品进行原岩判别。

片岩类在(al－alk)-c 图解中，(al－alk)为 31.53～40.23，c 为 1.57～3.12。投点分别落入铝质粘土、粘土和白云母区（图 4-6）。

在 ACF、A′KF 图解中，A：55.11～67.67；C：2.5～4.74；F：27.59～40.15；A′：45.54～62.13；K：11.91～18.48；F：25.96～35.97。投点均落入粘土和页岩区（图 4-7）。

在[(al＋fm)－(c＋alk)]-Si 图解中，[(al＋fm)－(c＋alk)]为 61.76～69.40；Si 为 231.06～352.66。投点均落入沉积岩区（图 4-8）。原岩恢复结果与野外特征一致。

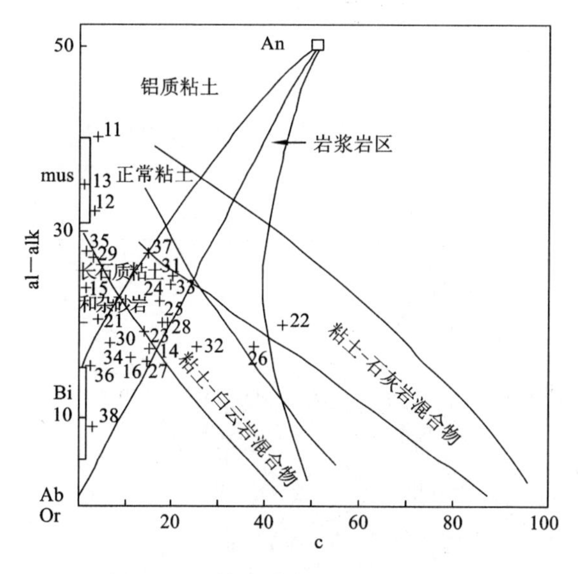

图 4-6　区域变质岩(al—alk)-c 图解
(据温克勒,1976)

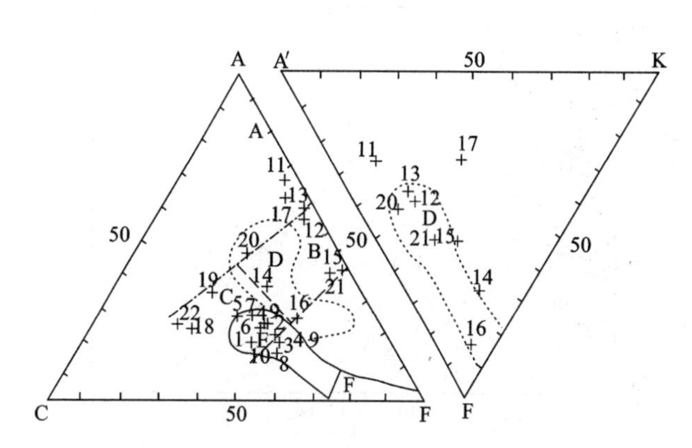

图 4-7　区域变质岩 ACF 和 A′KF 图解
(据利克,1969)

A 区. 富铝粘土和页岩;B 区. 粘土页岩(含碳酸盐 0～35%)(断线之内);C 区. 泥灰岩(含碳酸盐 35%～65%)(箭头线之间);D 区. 杂砂岩(点线之内);E 区. 玄武质岩和安山质岩(实线之内);F 区. 超镁铁质岩

(三) 石英岩

石英岩主要分布在亚东岩群、聂拉木岩群和拉轨岗日岩群中。野外露头呈稳定的层状,常与片岩类相伴产出,可作小区域填图的标志层。岩石的变质矿物组合为变晶石英,少量石榴石、黑云母、方解石。薄片显微鉴定可见变余砂状结构,故原岩为沉积岩。我们对采集样品进行岩石化学计算,并用(al—alk)-c;ACF、A′KF 及[(al+fm)—(c+alk)]-Si 原岩判别图解分别对每个样品进行原岩恢复。

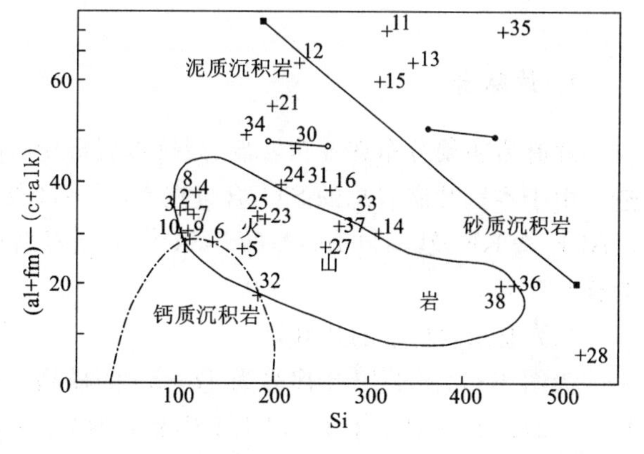

图 4-8　区域变质岩[(al+fm)—(c+alk)]-Si 图解

石英岩类在(al—alk)-c 判别图解(图 4-9)中,(al—alk)为 11.77～32.31;c 为 2.5～36.34。投点结果为:5 个落入杂砂岩、粘土区,1 个落入粘土-白云岩混合物区,其 t 为负值(图 4-6、图 4-9)。

在 ACF、A′KF 图解中,A 为 23.01～60;C 为 6.32～50.61;F 为 26.19～55.09。除 t 为负值的 2 个样品外,A′为 28.75～40.00;K 为 11.54～35.00;F 为 25.00～53.85。投点结果:3 个落入粘土和页岩区,1 个落入杂砂岩区,1 个落入粘土和页岩、杂砂岩区(图 4-6、图 4-10)。

石英岩类在[(al+fm)—(c+alk)]-Si 图解中,2 个样品落入沉积岩区(图 4-8)。

(四) 钙硅酸盐岩

钙硅酸盐岩分布在聂拉木岩群内。野外呈层状,稳定延伸,可见变余层理构造。小区域填图可作标志层。

钙硅酸盐岩类在(al—alk)-c 图解中,(al—alk)为 16.66;c 为 38.38。投点落入粘土-石灰岩混合物区,t 为—21.72(图 4-6)。在 ACF、A′KF 图解中,A 为 25.53;C 为 53.90;F 为 20.57。投点落入粘土和页岩区(图 4-10)。

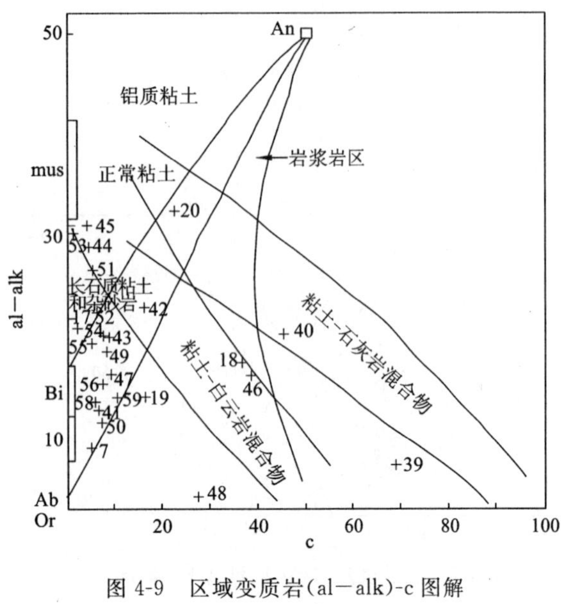

图 4-9 区域变质岩(al—alk)-c 图解

(据温克勒,1976)

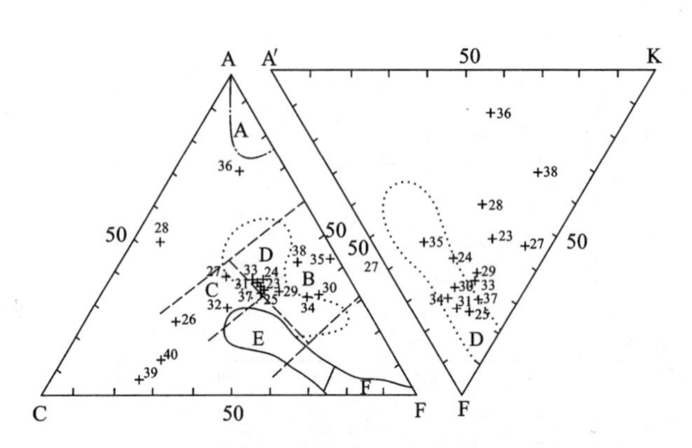

图 4-10 区域变质岩 ACF 和 A′KF 图解

(据利克,1969)

A 区.富铝粘土和页岩;B 区.粘土和页岩(含碳酸盐 0～35%)(断线之内);C 区.泥灰岩(含碳酸盐 35%～65%)(箭头线之间);D 区.杂砂岩(点线之内);E 区.玄武质岩和安山质岩(实线之内);F 区.超镁铁质岩

(五) 片麻岩、变粒岩

1. 片麻岩

片麻岩主要分布在亚东岩群、聂拉木岩群中,属中—高级变质岩。野外大多数不能辨其原岩残留构造。由于本区片麻岩总的 SiO_2 含量在 60%～70%左右,Al_2O_3 与 SiO_2 总体呈负相关,故采用(al—alk)-c、ACF、A′KF 及[(al+fm)—(c+alk)]-Si 原岩判别图解分别对每个样品进行原岩恢复,各图解中编号为样品序号。

(1) 亚东岩群中的片麻岩

为图 4-11、图 4-12 中序号为 47—59 的样品。在(al—alk)-c 图解中,(al—alk)为 1.83～28.54;c 为 1.57～27.64,一般小于 10,仅 1 个样品 c 为 27.64,其铝饱和系数为负值,其余均为正值。在图上投点结果均落入粘土、杂砂岩区(图 4-10)。除了 t 为负值样品外,其余落入钾、钠长石-钙长石(or. Ab-An)连线左侧,表明样品总体属非火成岩系。因为岩浆在分异过程中,斜长石中的钙长石组分逐渐降低,变质火成岩系的成分均沿钾、钠长石-钙长石(or. Ab-An)连线两侧分布。

在 ACF、A′KF 图解中:A 为 27.66～55.88,仅 t 为负值的样品为 2.99,C 为 2.56～29.91;F 为16.18～68.58。除 t 为负值的样品外,其余样品,A′为 7.55～42.38;K 为 12.51～64.71;F 为 12.94～69.57。在图上投点,除 t 为负值样品落入粘土和页岩,玄武岩-安山岩区外,其余均落入粘土和页岩及杂砂岩区(图 4-11)。

在[(al+fm)—(c+alk)]-Si 图解中,[(al+fm)—(c+alk)]为 11.44～61.78;Si 为 112.36～467.77。投点结果为:10 个点落入沉积岩区,2 个点落入火山岩区,1 个点落入火山-沉积岩区(图 4-12)。

(2) 聂拉木岩群中的片麻岩

聂拉木岩群的片麻岩类在(al—alk)-c 图解中,(al—alk)为 14.24～29.74,c 为 3.66～37.75。其中 2 个样品 t 为负值,即—23.51、—9.04,其余均为正值。投点结果为:3 个落入粘土、杂砂岩区,2 个落入粘土区,2 个落入样品外,其余均落入钾、钠长石-钙长石(or. Ab-An)连线左侧。

在 ACF、A′KF 图解中,A 为 21.43～46.67;C 为 5.15～52.47;F 为 26.1～51.79。除 t 为负值的样品外,其余样品,A′为 15.66～41.02;K 为 12.28～22.29;F 为 46.71～62.87。投点结果为:3 个点落入杂砂岩区,2 个点落入粘土和页岩、杂砂岩区,2 个点落入粘土和页岩区(图 4-10、图 4-11)。

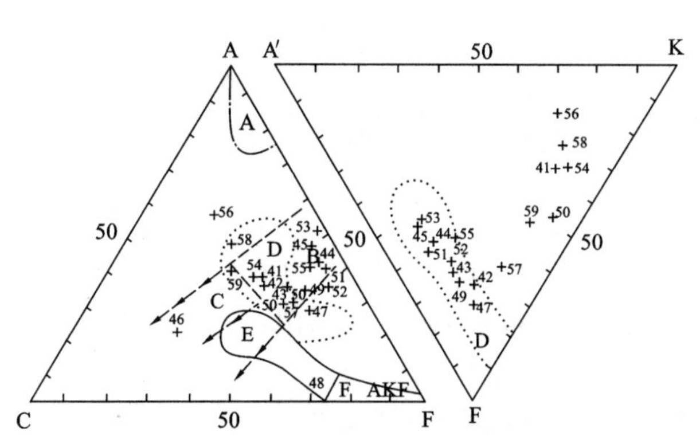

图 4-11 区域变质岩 ACF 和 A′KF 图解

(据利克,1969)

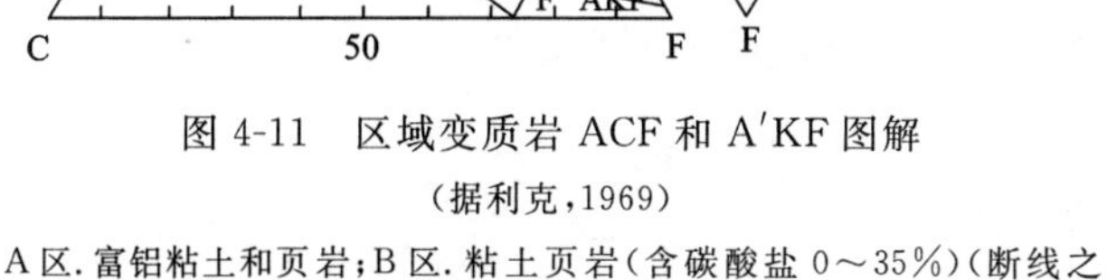
A 区. 富铝粘土和页岩;B 区. 粘土页岩(含碳酸盐 0～35%)(断线之内);C 区. 泥灰岩(含碳酸盐 35%～65%)(箭头线之间);D 区. 杂砂岩(点线之内);E 区. 玄武质岩和安山质岩(实线之内);F 区. 超镁铁质岩

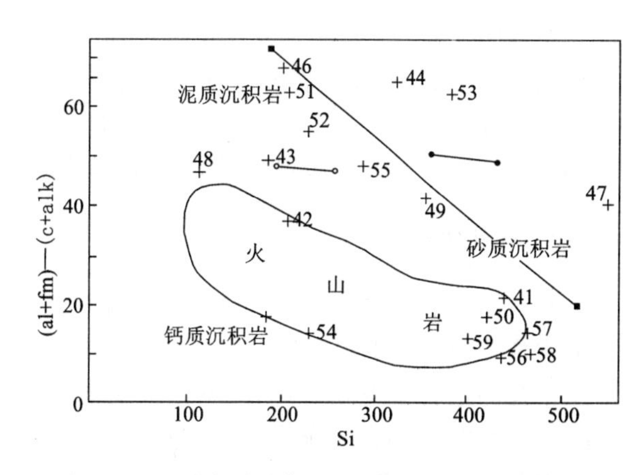

图 4-12 区域变质岩[(al+fm)-(c+alk)]-Si 图解

(据西蒙南,1953 简化)

在[(al+fm)-(c+alk)]-Si 图解中,除 t 为负值样品外,[(al+fm)-(c+alk)]为 35.54～67.24,Si 为 195.58～329.11。投点结果为:4 个点落入沉积岩区,1 个点落入火山岩区,1 个点落入钙质沉积岩-火山岩区(图 4-8、图 4-12)。

(3) 拉轨岗日岩群中的片麻岩

拉轨岗日岩群的片麻岩在(al-alk)-c 图解中,(al-alk)为 27.08;c 为 15.45。投点落入杂砂岩区(图 4-6)。

在 ACF、A′KF 图解中,A 为 33.96;C 为 26.89;F 为 39.15。A′为 12.1;K 为 21.77;F 为 66.13。投点落入杂砂岩区(图 4-7)。

在[(al+fm)-(c+alk)]-Si 图解中,[(al+fm)-(c+alk)]为 29;Si 为 314.36。投点落入沉积岩区(图 4-8)。

2. 变粒岩

变粒岩主要分布在亚东岩群、聂拉木岩群及拉轨岗日岩群内,属中—高级变质岩。野外多数不能辨其原岩残留构造,薄片显微鉴定时可见具变余砂状结构。根据采样岩石标本的化学分析结果,进行岩石化学计算。由于本区变粒岩类总的 SiO_2 含量在 60%～70%左右,CaO、Al_2O_3 与 SiO_2 负相关,故采用(al-alk)-c、ACF、A′KF 及[(al+fm)-(c+alk)]-Si 原岩恢复图解分别对每个样品进行原岩判别。

(1) 亚东岩群中的变粒岩

亚东岩群的变粒岩在(al-alk)-c 图解中,(al-alk)为 7.8～26.93,c 为 1.75～15.38,t 均为正值,投点结果为:5 个点落入粘土、杂砂岩区,1 个落入长石质粘土区,1 个落入粘土区(图 4-6)。

在图上投点均落入钾、钠长石-钙长石(or. Ab-An)连线左侧。

在 ACF、A′KF 图解中,A 为 31.38～70.59;C 为 2.51～26.02;F 为 16.17～55.28;A′为 12.33～38.24;K 为 13.30～56.36;F 为 10.78～67.12。投点结果:2 个落入杂砂岩区,3 个落入粘土和页岩,杂砂岩区,2 个落入粘土和页岩区(图 4-7、图 4-10)。

在[(al+fm)-(c+alk)]-Si 图解中,[(al+fm)-(c+alk)]为 19.14～68.54;Si 为 175.96～450.54,在图上投点 4 个落入沉积岩区,3 个落入火山岩区(图 4-8)。

(2) 聂拉木岩群中的变粒岩

聂拉木岩群的变粒岩在(al-alk)-c 图解中,(al-alk)为 4.45～26.93;c 为 3.47～44.15。投点结果为:3 个点落入粘土-石灰岩混合物区,6 个落入杂砂岩,粘土区,1 个落入粘土区(图 4-6、图 4-9)。

除含钙质的岩石外(t 为负值),投点均落入钾、钠长石-钙长石(or. Ab-An)连线左侧。

在 ACF、A′KF 图解中，A 为 6.00～49.11；C 为 12.77～82.07；F 为 5.36～56.38。投点结果为：5 个落入粘土和页岩、杂砂岩区，3 个落入粘土和页岩区，1 个落入杂砂岩区（图 4-7、图 4-10、图 4-11）。

在[(al＋fm)－(c＋alk)]-si 图解中，除 t 为负值样品外，[(al＋fm)－(c＋alk)]为 4.28～47.71；Si 为189.11～508.56。投点结果为：3 个落入火山岩区，3 个落入沉积岩区（图 4-8、图 4-12）。

3. 斜长角闪岩

斜长角闪岩主要分布在拉轨岗日岩群和亚东岩群中。在拉轨岗日岩群中呈脉状或似层状，在亚东岩群中作为“包体”出现。岩石矿物组合主要为石榴石、辉石、绿帘石、斜长石、角闪石。属基性变质岩。对采集样品进行岩石化学计算，本区该类岩石 SiO_2 含量在 50%左右，故采用(al＋∑Fe＋Ti)－(Ca＋Mg)、[(al＋fm)－(c＋alk)]-Si 及 ACF、A′KF 原岩判别图解，分别对每个样品进行原岩恢复。

斜长角闪岩类在(Al＋∑Fe＋Ti)-(Ca＋Mg)中，(Al＋∑Fe＋Ti)为 449～468；(Ca＋Mg)为 251～426。投点结果为：6 个落入基性火成岩区，1 个落入中性-基性火成岩区，3 个落入中性火成岩、基性火成岩、杂砂岩、凝灰岩区（图 4-13）。

在[(al＋fm)－(c＋alk)]-Si 图解中，[(al＋fm)－(c＋alk)]为 28.19～38.42；Si 为 109.09～178.19。投点结果为：所有样品均落入火山岩区（图 4-8）。

在 ACF、A′KF 图解中，A 为 15.90～27.45；C 为 30.29～39.40；F 为 35.08～52.12。投点均落入玄武质和安山岩区（图 4-7）。

综上所述，从测区内所采集岩石样品的原岩恢复结果来看，除了少量基性包体和脉体原岩为火成岩以外，测区内产出的变质岩原岩大多数为沉积岩，并且以陆源碎屑沉积为主，部分岩石中含少量火山碎屑。

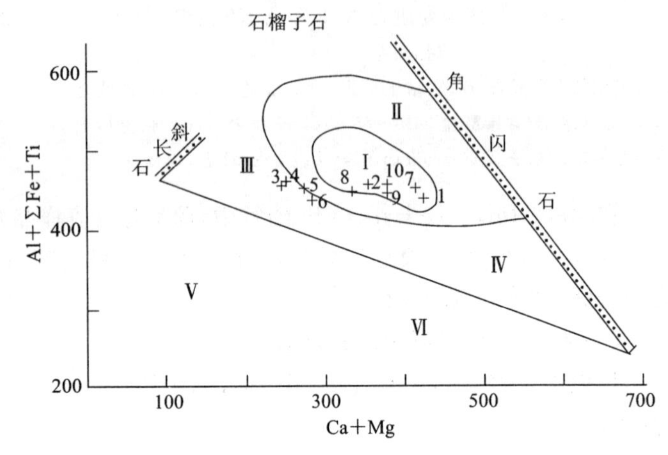

图 4-13　(Al＋∑Fe＋Ti)-(Ca＋Mg)图解

（据克列麦涅茨基，1979）

Ⅰ.基性火成岩；Ⅱ.基性火成岩及其变种区；Ⅲ.中性火成岩、基性火成杂砂岩和含有粘土质的沉凝灰岩及凝灰岩区；Ⅳ.含有碳酸盐特质的沉凝灰岩和凝灰岩区；Ⅴ.粘土、泥岩、粉砂岩、长石砂岩和泥灰质砂岩区；Ⅵ.粘土质、白云质和钙质泥质岩区。纵横坐标为计算出的离子数乘以 1000

五、变质期次划分

早期的变质岩系成为后期变质岩系结晶基底，后期变质作用对早期的变质岩必然有影响。在确定多期变质作用时，必须根据某变质岩系是否存在不同的变质作用类型的矿物组合和变形构造的叠加，以及同位素年龄资料能否说明变质作用等方面的综合研究。

测区内区域变质岩依据出露的构造位置及相对变质时段大致分为前寒武系亚东岩群、聂拉木岩群、拉轨岗日岩群变质岩和寒武系—三叠系变质岩。

（一）变质矿物特征

组成测区内变质岩的变晶矿物种类较多，报告中选取能反映各变质地质体变质程度的特征变质矿物进行矿物微区分析，结合薄片鉴定，对主要变晶矿物进行研究。

1. 透辉石(Di)

透辉石主要分布在亚东岩群内及聂拉木岩群内、拉轨岗日岩群中的大理岩及钙硅酸盐岩中。可见似填隙状分布，可能为原岩中的胶结物变质而成。薄片中可见被透闪石、阳起石交代。聂拉木岩群中的透辉方柱石岩,透辉石 0.2～2mm,少量 2～5mm,定向分布,常被角闪石交代,少量呈假象或孤岛状分布。含方柱长石透辉大理岩,浅绿色,柱状,有的被次闪石、绿泥石、角闪石交代,具定向分布。方柱透辉二长变粒岩中的透辉石常被阳起石交代,局部被黑云母交代。

2. 角闪石(Amp)

测区内普遍存在角闪石,主要分布在斜长角闪岩和片麻岩中,呈长柱状,柱直径 0.15～4.5mm,晶内可包嵌他形细粒状的斜长石、石英。具定向排列,多色性明显,Ng′—绿色、蓝绿色,Np′—绿黄色、黄色,并依岩石的不同类型而变化。测区内的角闪石普遍具沿解理及边部黑云母交代结构,拉轧岗日岩群的角闪石类岩石中,角闪石具筛状变晶结构,退变为黑云母。亚东岩群内片麻岩中的角闪石呈绿色细柱状定向分布,部分呈聚斑状、条带状与黑云母相间分布,角闪石被细小黑云母交代。粒径一般 0.25mm±,最大 0.5mm,局部具绿泥石化。

本区角闪石据《角闪石命名》(Leake B E,1978),$(Ca+Na)_B \geqslant 1.34$,$Na<0.67$,属钙质角闪石。所分析的样品在 Ti-Si 相关图中(Leake,1965),它们都投于变质成因的角闪石区(表 4-13,图 4-14)。

表 4-13　角闪石 Ti-Si 图解数据表

样品编号	D5437B1	D5454B1	P35(37)H2	P35(37)H2	D1350B2	D1350B2	D1350B2
探针点号	7	6	4	5	2	1	3
Si	6.778	6.877	6.528	6.436	6.406	6.279	6.571
Ti	0.065	0.043	0.061	0.056	0.060	0.271	0.101
成因类型	Set	Set	Set	Set	Set	Set	Set
样品编号	D5440B1	D5440B1	D5435DB2	D5435DB2	P9(19)H2	P9(19)H2	D5435B3
探针点号	8	9	11	10	13	12	15
Si	6.431	6.534	6.509	6.397	6.662	6.755	6.502
Ti	0.090	0.092	0.067	0.047	0.065	0.052	0.046
成因类型	Set	Set	Set	Set	Set	Set	Set

注:Set. 变质成因。

拉塞(Rease,1974)认为钙角闪石的 $Al^{Ⅵ}$ 和 Si 含量与区域变质作用的压力有明显关系,在其设计的 $Al^{Ⅵ}$-Si 图上,各分析样品多数落在大于 5kb 区域内,其中亚东岩群中 1 个点,拉轧岗日岩群中 1 个点,亚东岩群内的包体中 3 个点落在小于 5kb 区域内(表 4-14,图 4-15)。

表 4-14　角闪石 $Al^{Ⅵ}$-Si 压力图解数据表(Rease,1974)

样品编号	D5454B1	P35(37)H2	D1350B2	D1350B2	D1350B2	D1350B2	D1350B2	D1350B2	D5454B1
探针点号	8	7	5	6	1	4	2	3	9
Si	6.876	6.411	6.406	6.392	6.373	6.514	6.571	6.2146	6.877
$Al^{Ⅵ}$	0.855	0.674	0.827	0.864	0.924	0.676	0.595	0.887	0.740
压力(MPa)	>500	<500	>500	>500	>500	<500	<500	<500	>500
样品编号	D5440B1	D5440B1	D5435DB2	D5435DB2	P9(19)H2	P9(19)H2	D5435B3	D5437B1	
探针点号	11	12	14	13	16	15	17	10	
Si	6.495	6.534	6.380	6.397	6.768	6.712	6.502	6.778	
$Al^{Ⅵ}$	0.890	0.827	0.993	1.002	0.786	0.711	0.703	0.814	
压力(MPa)	>500	>500	>500	>500	>500	>500	<500	>500	

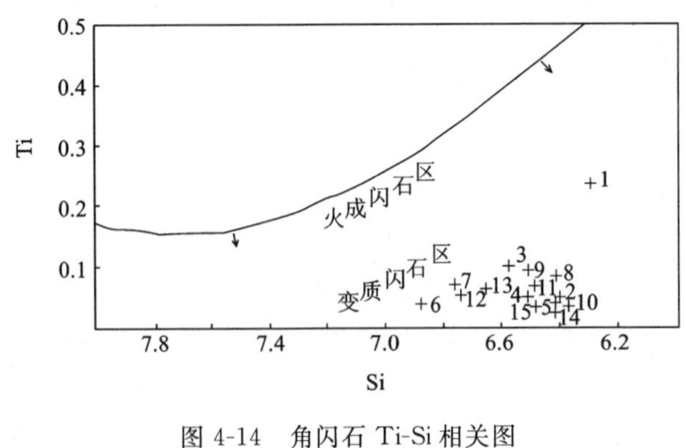

图 4-14　角闪石 Ti-Si 相关图

(Leake,1965)

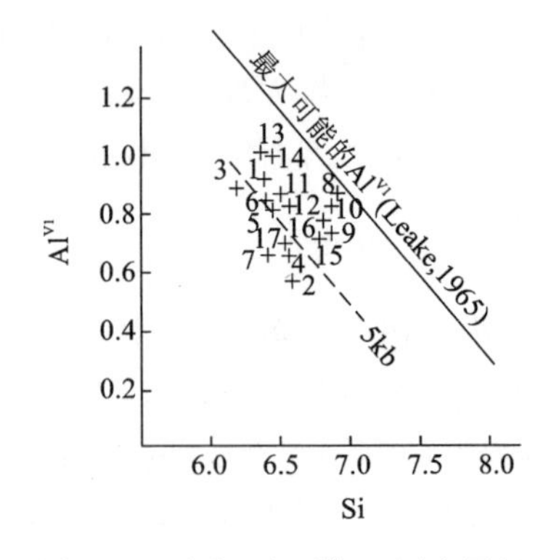

图 4-15　角闪石 Al^{VI}-Si 压力图解

(Rease,1974)

亚东岩群内的包体含石榴斜长辉石角闪岩中的角闪石：Al^{IV} 为 1.429～1.785；Al^{VI} 为 0.595～0.887。区内斜长角闪岩中的角闪石，Al^{IV} 为 1.215～1.620；Al^{VI} 为 0.614～1.002。在(Na＋K)-Ti 图解中，亚东岩群内包体样品中的角闪石 3 个点落入麻粒岩相(其中两个为石榴石内包裹的角闪石)，2 个点落入绿帘角闪岩-角闪岩相。区内斜长角闪岩中的角闪石均落入角闪岩-绿帘角闪岩相(表 4-15，图 4-16)。

另外，亚东岩群内的包体含石榴斜长辉石角闪岩中的角闪石，石榴石内包裹的角闪石 Al^{IV} 值明显可以分两个组，一组为 1.429～1.486；另一组为 1.768～1.785。石榴石外的角闪石 Al^{IV} 为 1.595～1.721，介于二者之间。由于 Al^{IV}、Al^{VI} 同步增加，故其均为区域变质的产物，而非混合岩化的产物(Al^{IV} 增加，Al^{VI} 减少)。反映了该包体早期曾经历了两次增温变质(麻粒岩相)，而晚期为退变质(角闪岩-绿帘角闪岩相)。

表 4-15　角闪石 Al^{IV}、Al^{VI} 及(Na＋K)-Ti 图解数据表

样品编号	D5435DB2	D5435B3	D5437B1	D5440B1	D5440B1	D5454B1	P9(19)H2
探针点号	3	5	6	1	2	7	4
Ti	0.047	0.046	0.068	0.058	0.092	0.043	0.052
Na＋K	0.622	0.566	0.593	0.425	0.593	0.405	0.586
Al^{VI}	1.002	0.703	0.835	0.883	0.827	0.740	0.738
Al^{IV}	1.603	1.498	1.241	1.493	1.466	1.123	1.245
变质相	EA-A	EA-A	EA-A	EA-A	EA-A	EA-A	EA-A
样品编号	P35(37)H2	D1350B2	D1350B2	D1350B2	D1350B2	D1350B2	D1350B2
探针点号	8	9	10	11	14	12	13
Ti	0.061	0.060	0.271	0.117	0.071	0.161	0.1495
Na＋K	0.530	0.683	0.614	0.587	0.550	0.651	0.837
Al^{VI}	0.643	0.827	0.666	0.676	0.924	0.887	0.841
Al^{IV}	1.472	1.595	1.721	1.486	1.627	1.785	1.769
变质相	EA－A	EA－A	G	EA－A	EA－A	G	G

注：EA. 绿帘角闪岩相；A. 角闪岩相；G. 麻粒岩相。

3. 石榴石(Gt)

石榴石在测区内普遍存在。片岩、片麻岩、变粒岩、石英岩及大理岩中均有分布。薄片中呈肉粉色，高正突起，等轴粒状，粒径 0.15～3.2mm，裂纹发育，呈均质体，晶内包嵌细粒石英、黑云母、角闪石，具筛状变晶结构，具矿物交代结构、退变质结构（变为棕色、绿色角闪石与斜长石文象交生体，D1350B2）。石榴石星散状分布为主。石榴石主要为铁铝榴石。石榴石变斑晶的边缘与基质面理的关系，往往是判断斑晶的增长与变形作用之间时间关系的标志之一（弗农 R H，1978）。在亚东岩群内及聂拉木岩群中，黑云母片理包绕石榴石变晶，同时石榴石大致平行片理排列，并切割片理，发育垂直片理的张性裂纹，石榴石被拉长，呈透镜状。亚东岩群内片麻岩中的石榴石被黑云母、斜长石、石英等替代呈孤岛状残留。石榴石内包裹物具定向（早期面理）特征，包体的方向有的与片理一致，有的垂直杂乱分布。故亚东岩群内及聂拉木岩群中的石榴石具多世代特征及后期改造特征。在拉轨岗日岩群中的石榴石也普遍具筛状变晶结构，其内包嵌石英、长石、白云母等。故拉轨岗日岩群中的石榴石也同样具多世代特征及后期改造特征。

一般认为锰铝榴石处在较低温度时是稳定的（Hsu，1968）。随着温度升高，石榴石的 MnO、CaO 含量减少，而 MgO 含量相应增高（Start，1962；Miyashiro，1972）。通过比较测试样品石榴石的成分可以看出，亚东岩群内的辉石角闪岩包体 MgO 含量最高，亚东岩群内片麻岩中石榴石 MnO、CaO 最高。拉轨岗日地区的样品中石榴石 MnO、CaO 及 MgO 变化一致。

石榴石电子探针分析结果表明：Pyp 为 0.020～0.169，Ald 为 0.409～0.819，Spe 为 0.004～0.235，Gro 为 0.101～0.358，Anr 为 0，Ura 为 0，将石榴石成分投入（Gro＋Anr＋Ura）－（Ald－Spe）－Pyp 图中（Sobolev，1970），亚东岩群内片麻岩中的 2 个点，拉轨岗日岩群含石榴石片岩中的 2 个点落入麻粒岩相。拉轨岗日岩群内的含石榴石片岩中 1 个点，亚东岩群内的包体 1 个点落入角闪岩相，拉轨岗日岩群内的含石榴石片岩中 5 个点落入绿帘角闪岩相（图 4-17，表 4-16）。

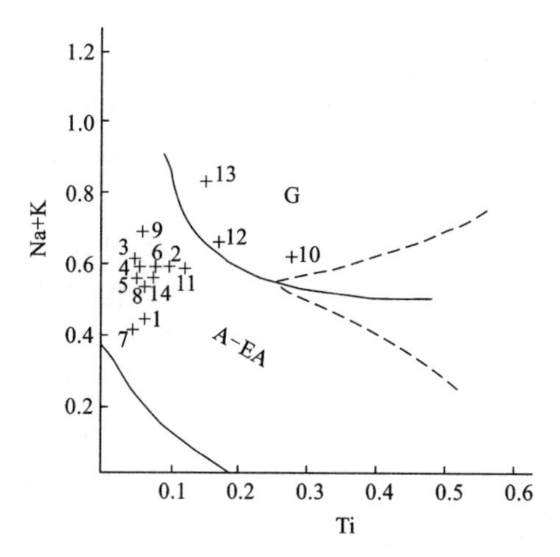

图 4-16　角闪石（Na＋K）-Ti 图解

G. 麻粒岩相区；A. 角闪岩相区；EA. 绿帘角闪岩相区

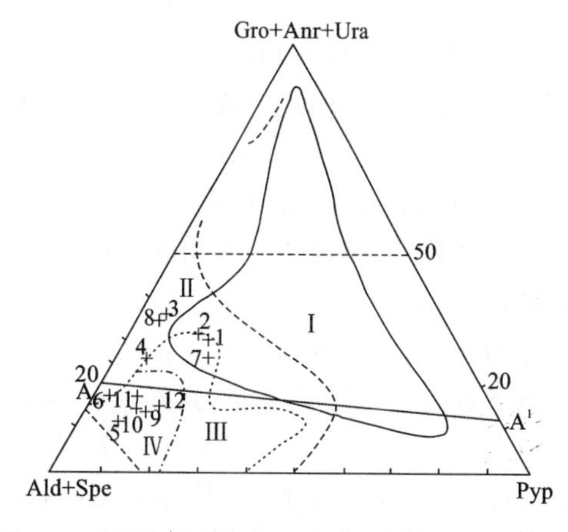

图 4-17　不同变质相的镁铝榴石-铁铝榴石系列石榴石成分区的综合图解

Ⅰ. 榴辉岩（包括榴辉蓝晶岩）的石榴石；Ⅱ. 麻粒岩相的石榴石；Ⅲ. 角闪石相的（包括蓝晶石片岩相）的石榴石；Ⅳ. 绿帘角闪石相的石榴石

表 4-16　石榴石（Gro＋Anr＋Ura）-（Ald＋Spe）-Pyp 图解表

样品编号	P35(37)H2	P35(37)H2	D1350B2	D1350B2	P9(12)B1	P9(12)B1
Pyp	0.070	0.053	0.167	0.153	0.073	0.020
Ald	0.444	0.409	0.514	0.523	0.800	0.598
Spe	0.234	0.181	0.019	0.018	0.011	0.209
Gro	0.253	0.358	0.301	0.305	0.116	0.174
Ald＋Spe	0.677	0.589	0.532	0.542	0.811	0.807
变质相	G	G	A	A	EA	G

续表 4-16

样品编号	D5435DB1	D5435DB2	D5435DB2	D5435DB4	D5435DB4	D5435DB4
Pyp	0.083	0.065	0.057	0.122	0.081	0.086
Ald	0.770	0.434	0.409	0.710	0.710	0.707
Spe	0.008	0.235	0.196	0.047	0.046	0.042
Gro	0.139	0.266	0.338	0.121	0.163	0.165
Ald＋Spe	0.778	0.668	0.605	0.757	0.756	0.749
变质相	EA	A	G	EA	EA	EA

注：EA. 绿帘角闪岩相；A. 角闪岩相；G. 麻粒岩相；Gro. 钙铝榴石；Anr. 钙铁榴石；Ura. 钙铬榴石；Ald. 铁铝榴石；Spe. 锰铝榴石；Pyp. 镁铝榴石。

4. 钾长石、斜长石(Kf、Pl)

斜长石分布于除大理岩以外的各种类型的变质岩中。半自形—他形板状、粒状，薄片中可见其保留原岩的碎屑结构，具定向排列、波状消光、双晶弯曲等特征。以钠长石双晶为主。可见环带结构，其被绢云母交代结构普遍发育，见其被钾长石交代结构，An＝22～42。钾长石常交代斜长石，使其具蠕英补块等交代结构，钾长石半自形—他形粒状，内见钠质条纹和不太清晰的格子双晶及卡式双晶。

5. 白云母(Mus)

白云母主要分布于泥质变质岩中和长英质变质岩中。呈细小鳞片状、他形长条状及片状。多与黑云母共生，有时交代矽线石。普遍具定向分布特征。亚东岩群内片麻岩中，粒径 0.1～0.5mm，定向分布，与蠕状石英一起构成后成合晶结构，由矽线石退变而成，其外貌似纤状矽线石假象，白云母与黑云母共生，常见聚片双晶。

维尔德(Velde,1967)研究了多硅白云母的压力-温度稳定性。角闪岩相变泥质岩中的白云母一般有理想化的成分，即绿帘角闪岩相，绿片岩相的变质泥质岩中的白云母通常是多硅白云母。他的研究表明多硅白云母的 Si^{4+} 值与温度成反比关系，而与压力成正比关系。在一定的温度下多硅白云母的 Si^{4+} 值可作为压力标志(多硅白云母：结构式中 Si＞3.0 的白云母，以 12 个 O 和 H 为基础)。

电子探针分析结果表明：其原子数 Si 为 3.3636～3.5004，Mg 为 0.0036～0.0792。故蓝晶石榴二云片岩 Si 为 3.382～3.426，而含十字石榴二云片岩 Si 为 3.367～3.409，即含十字蓝晶二云母片岩 Si 为 3.364～3.50，所记录的温压略有不同，即含十字蓝晶二云母片岩 Si^{4+} 平均为 3.44，记录的压力最大，温度最小，蓝晶石榴二云片岩记录的压力次之，温度略高，而含十字石榴二云片岩 Si^{4+} 平均为 3.39，记录的压力最小，温度最高。

6. 蓝晶石(Ky)

蓝晶石主要分布在康马隆起周围的拉轨岗日岩群中，亚东岩群内极少见。多呈长柱状、板状，粒径 0.5～6.5mm，星散状分布，长轴定向排列(与其他矿物定向一致)，高正突起，具弱多色性，正延性，

前人(卫管一等，1989)在亚东乃堆拉山口以北和阿桑桥一带发现多处有蓝晶石分布，且蓝晶石均包裹在铁铝榴石和钾长石、斜长石中，个别被包裹的蓝晶石被黑云母、斜长石交代穿切，并依此判断此种蓝晶石属先期变晶残余矿物。本次区调中，我们在亚东乃堆拉山口附近含矽线石榴黑云斜长片麻岩中取的薄片鉴定中仅见一颗蓝晶石，他形粒状，粒径约 1mm，长轴与片麻理一致。

在康马岩体边部拉轨岗日岩群中，蓝晶石晶体长轴可达 1.2cm。蓝晶石具长轴定向，与岩石片理一致。蓝晶石浅灰带粉色，平行消光，可见接触双晶，并见弯曲构造，其包裹黑云母、石英及十字石。

7. 矽线石(Sil)

矽线石主要分布在亚东岩群内及聂拉木岩群内。矽线石呈柱状及纤维状、毛发状，集合体呈透镜状

定向分布。在亚东岩群中,矽线石主要有纤维状和柱状两种,并以纤维状为主,常与黑云母一起呈似薄层状定向分布,局部见矽线石交代黑云母。柱状矽线石被白云母交代,纤状矽线石被绢云母、白云母交代,呈假象产出,集合体呈透镜状、条纹状定向分布。另外,毛发状矽线石局部交代黑云母,集合体内有黑云母残留。

8. 黑云母(Bi)

测区内黑云母普遍发育,分布于除大理岩以外的各种变质岩中,片状、长条状,普遍具定向排列特征。多色性依岩石的不同类型而变化。Ng′—褐色、棕褐色,Np′—黄或黄色,薄片中可见绿泥石化。在亚东岩群、聂拉木岩群、拉轨岗日岩群中,黑云母普遍具被后期改造的世代特征,如棕色、浅棕色黑云母退变为绿色及普遍发育的绿泥石化等。亚东岩群内的黑云母集合体呈条痕状,定向分布,局部退变为绿色,见黑云母取代角闪石,黑云母局部又被绿泥石替代。

黑云母中的 TiO_2 含量是变质程度的指示计。随着变质程度的增高,黑云母的 TiO_2 含量一般是增多的(другова 等,1965;Leamberet,1959;Bimns,1969)。

黑云母电子探针分析结果与高喜马拉雅地区及北喜马拉雅地区的黑云母中 TiO_2 差别不明显。

9. 十字石(St)

测区内十字石仅见于拉轨岗日区。自形—半自形柱状,粒度 0.5～1.5mm,单偏光下为黄色,具弱多色性,Ng′—金黄色,Np′—浅黄—无色,二轴晶,正光性,(+)2V=85°±,正延性,矿物长轴定向排列(与其他矿物定向一致)。具穿插双晶,含石英包体,成筛状变晶,粒径 0.25～1mm,长轴略定向排列。

10. 堇青石(Cor)

堇青石仅见于亚东地区的亚东岩群内,粒径 0.5～2mm,他形粒状,内有石英包体,具强烈绢云母化,多呈假象产出,少残留。堇青石是富含 Al_2O_3 和 MgO 的泥质岩经较高温热变质的典型产物。

11. 绿泥石(Chl)

测区内普遍发育。绿泥石分布不均,与绢云母一起,呈片状,粒径 0.05mm±,局部粒径 0.2～1mm,斑点状分布,常被方解石交代。在手标本上呈深色条纹状定向与浅色矿物相间分布。个别样品中,绿泥石与绢云母共生,片径 0.05mm±,定向分布,绿泥石含量 5%～10%。

12. 硬绿泥石(Cht)

硬绿泥石仅分布在拉轨岗日地区。薄片中淡绿色,粒径 0.5～1mm,部分粒径 0.1～0.5mm,星散分布。呈长柱状、片柱状,见聚片双晶,晶内可见炭质残留,常斜切微片理无定向生长,属晚期产物。

13. 阳起石(Act)

测区内零星分布。阳起石呈柱状,粒径 0.1～0.5mm,部分粒径 0.5～1mm,定向分布,内见简单双晶,局部被黑云母交代。

从上述测区内变质岩岩石中的特征变质矿物的发育种类及其在区域上的组合分布特点来看,变晶矿物具有多样性,其结构和组合具有复杂性,并与地质事件演化时段及其空间分布区域密切相关。

(二) 矿物共生组合

区内高喜马拉雅带与北喜马拉雅带不同时代变质岩的变质矿物组合差别明显,即使属于同一构造带的不同群、组的变质岩也表现出明显的差异。反映了不同构造时期的变质岩变质矿物组合受物源及变质改造的多因素控制特点。

按不同构造单元,将不同地质体内的各类区域变质岩的岩石矿物组合归纳如表 4-17 所示。

表 4-17　区域变质岩矿物共生组合表

岩石类型	高喜马拉雅构造区		北喜马拉雅构造区				
	亚东岩群	聂拉木岩群	北坳组	拉轨岗日岩群	奥陶系	石炭系—二叠系	三叠系
混合岩	Sil+Kf+Pl+Bi+Q Gr+Pl+Bi						
变粒岩	Gr+Kf+Pl+Bi+Q Q+Bi+Pl	Gr+Kf+Pl+Bi+Q Sc+Di+Pl+Kf+Q Di+Kf+Sc+Q		Gr+Bi+Q Gr+Ep+Bi+Q Gr+Bi+Mus+Q	Bi+Q Ep+Bi+Mus+Q Cc+Bi+Mus+Q		
片麻岩	Hb+Pl+Bi Sil+Kf+Pl+Bi Sil+Gr+Kf+Bi	Gr+Sil+Kf+Pl+Bi Di+Hb+Kf+Pl Gr+Bi+Q					
片岩		Bi+Ser+Q	Bi+Act+Q	Gr+Bi+Mus+Q Ky+St+Gr+Bi+Mus Gr+Pl+Act Hb+Q	Bi+Q Gr+Bi+Mus+Q	Bi+Mus+Q	
千枚岩及板岩			Ser+Chl+Q				Ser+Chl+Q
钙硅酸盐岩及大理岩		Ep+Di+Cc+Di+Q Sc+Di+Kf+Pl Di+Sc		Phl+Cc+Q Ep+Cc+Bi+Q Mus+Cc+Bi+Q Cc+Phl Tc+Cc+Q	Mus+Cc+Q	Bi+Mus+Q+Cc	
角闪岩	Hb+Di+Pl Hb+Di+Pl+Gr			Ep+Hb+Pl Gr+Pl+Hb Zo+Hb+Pl			
石英岩	Pl+Kf+Q Bi+Mus+Pl+Kf+Q Mus+Gr+Q	Pl+Kf +Q Di+Cc+Bi+Q		Bi+Mus+Gr+Q Bi+St+Gr+Q			

注：Sil. 矽线石；Kf. 钾长石；Pl. 斜长石；Bi. 黑云母；Q. 石英；Gr. 石榴石；Hb. 角闪石；Mus. 白云母；Di. 透辉石；Sc. 方柱石；Ser. 绢云母；Ep. 绿帘石；Cc. 方解石；Zo. 黝帘石；Phl. 金云母；Act. 阳起石；St. 十字石；Ky. 蓝晶石；Chl. 绿泥石；Tc. 滑石。

（三）变质温压条件

变质的温度压力估算依据对选择的地质体中采集的样品进行选择性切片，在显微镜下挑选矿物对，并进行电子探针分析，利用矿物温-压计法，对测试结果进行数据计算。

根据矿物对电子探针分析结果，采用相关图解对不同地区区域变质岩形成的温度估算结果如下。

据别尔丘克(перчук,1967)石榴石(Gt)-角闪石(Am)Mg、Fe 分配温度计图解，亚东岩群内辉石角闪岩包体，显示出经历了两期变质过程。石榴石与其包裹的角闪石早期经历的变质温度为 580～700℃，石榴石与角闪石晚期平衡温度为 380～760℃。晚期温度变化范围更大，可能是包体晚期经历快速增温较早期更快的结果(表 4-18，图 4-18)。

据别尔丘克(перчук,1966)普遍角闪石(Am)-斜长石(Pl)Ca 分配等温线图解，康马岩体周围绿帘斜长角闪岩经历的变质温度为 480～530℃(表 4-19，图 4-19)。

表 4-18　石榴石-黑云母温度计表

样品编号	P35(37)H2		P9(12)B1				D5435DB1			D5435DB4		
矿物代号	Gr	Gr	Gr	Gr	Gr	Gr	Gr	Gr	Gr	Gr	Gr	Gr
探针原始点号	圈 6	圈 6	A(1)	A(1)	A(1)	A(1)	A(1)-1	A(1)-2	A(1)-3	B(1)-1	B(1)-2	B(1)-3
Mg/(Mg+Fe+Mn)	0.08	0.08	0.04	0.02	0.08	0.08	0.10	0.11	0.11	0.14	0.13	0.13
矿物代号	Bi	Bi	Bi	Bi	Bi	Bi	Bi	Bi	Bi	Bi	Bi	Bi
探针原始点号	圈 6	圈 6	A(1)	A(1)	A(1)	A(1)-1	A(1)-1	A(1)-2	A(1)-3	B(1)-1	B(1)-2	B(1)-3
Mg/(Mg+Fe+Mn)	0.43	0.44	0.51	0.52	0.51	0.49	0.52	0.45	0.51	0.51	0.52	0.52
温度(℃)	500～550		250～400				450～500			500～550		

注：Gr. 石榴石；Bi. 黑云母。

表 4-19　斜长石-角闪石矿物对温度计表

样品编号	P9(19)H2	P9(19)H2	P9(19)H2	P9(19)H2
探针原始点号	B(3)	B(3)	B(3)	B(3)
矿物代号	Pl	Pl	Hb	Hb
Si	2.7399	2.7741	6.662	6.760
Al	1.2227	1.1885	2.134	2.011
Mg	0.0017	0.0000	2.450	2.481
Na	0.7193	0.7526	0.365	0.390
K	0.0183	0.0241	0.176	0.126
Ca	0.3097	0.2773	1.939	1.907
Ti	0.0002	0.0003	0.065	0.055
Mn	0.0000	0.0005	0.046	0.035
Fe	0.0024	0.0021	1.612	1.642
P	0.0003	0.0000	0.000	0.008
Total	5.0144	5.0195	1.949	0.536
Ca/(Ca+Na+K)	0.30	0.26	0.78	0.79
温度(℃)	480～530			

注：Pl. 斜长石；Hb. 角闪石。

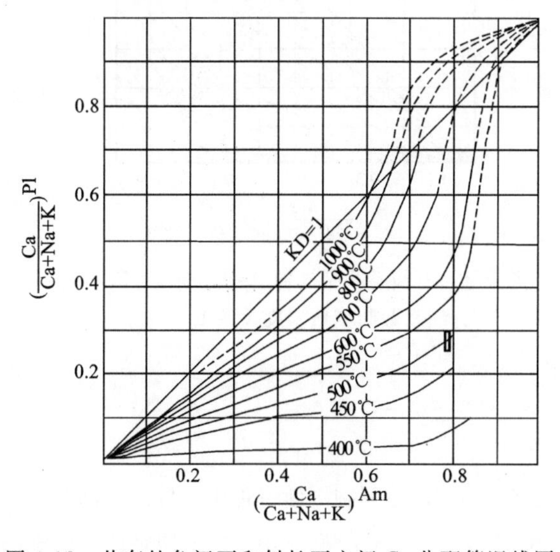

图 4-18　共存的角闪石和斜长石之间 Ca 分配等温线图

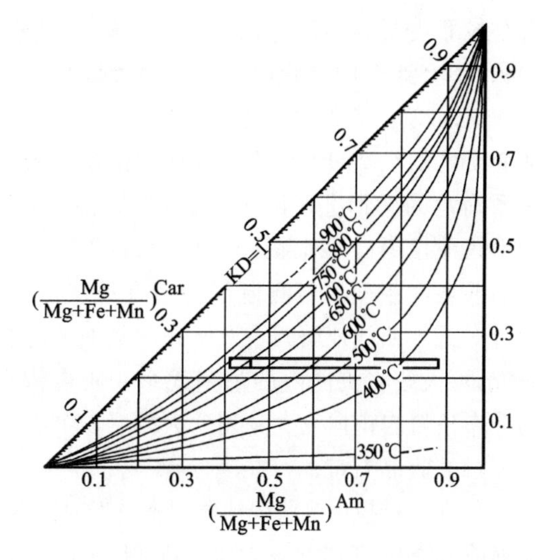

图4-19　共存角闪石和石榴石之间 Mg 分配等温线图

据别尔丘克(перчук,1970)石榴石(Gt)-黑云母(Bi)Mg-Fe分配温度计图解结果,康马岩体周围的含十字石榴二云片岩及含石榴二云石英片岩经历的变质温度约550～620℃。亚东地区片麻岩经历的变质温度为500～550℃(表4-20,图4-20)。

表4-20　石榴石-角闪石矿物对温度计表

样号	D1350B2	D1350B2	D1350B2	D1350B2	D1350B2	D1350B2	D1350B2	D1350B2	D1350B2	D1350B2	D1350B2
探针原始点号	A(1)	A(1)	A(1)	A(3)	A(3)	A(3)	A(3)	A(5)	A(5)	B(5)	B(5)
矿物代号	Gr	Gr	Gr	Am(out)	Am(out)	Am(out)	Am(out)	Am(in)	Am(in)	Am(in)	Am(in)
Si	2.9928	3.0192	2.9988	6.406	6.279	6.392	6.373	6.514	6.571	6.2146	6.2307
Al	1.9248	1.9044	1.9272	2.422	2.387	2.473	2.551	2.162	2.024	2.6726	2.6105
Mg	0.5196	0.5076	0.4668	1.854	1.642	1.792	1.730	1.833	1.953	1.9113	1.9182
Na	0	0	0	0.646	0.568	0.547	0.506	0.554	0.557	0.5175	0.7038
K	0	0	0.0012	0.037	0.046	0.021	0.044	0.032	0.030	0.1334	0.1334
Ca	0.8952	0.9168	0.9288	1.824	2.040	1.845	1.808	1.817	1.789	1.7848	1.7043
Ti	0.006	0.0048	0.0048	0.060	0.271	0.076	0.071	0.117	0.101	0.161	0.1495
Mn	0.0372	0.0564	0.0552	0.041	0.025	0.021	0.016	0.044	0.058	0.000	0.0345
Fe	1.614	1.5648	1.5936	2.369	2.307	2.410	0.246	2.505	2.525	2.2402	2.2402
P	0.0192	0.0204	0.0552	0.000	0.000	0.000	0.000	0.000	0.000	0.000	0.000
Mg/(Mg+Fe+Mn)	0.24	0.24	0.22	0.43	0.41	0.42	0.87	0.42	0.43	0.46	0.46
温度(℃)	380～760							580～700			

注:Gr.石榴石;Am(out).石榴石外角闪石;Am(in).石榴石内角闪石。

(四)变质相划分

1. 高喜马拉雅结晶岩带

前人对高喜马拉雅结晶岩带亚东地区的变质岩未曾有确切的带界划分,仅在《西藏高喜马拉雅变质带与高喜马拉雅隆起》(刘国惠,1984)中将亚东的洪岭地区划分为蓝晶石带。

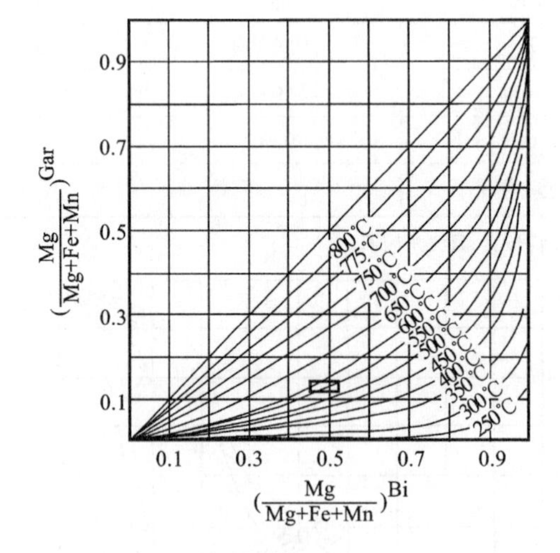

图4-20　黑云母与石榴石共生矿物对Mg/(Mg+Fe+Mn)分配系数与变质温度关系图

区域变质带是依据出露的变质泥质岩中特征变质矿物在空间上出现的次序和矿物的共生关系确定的。本次区调中沿亚东-岗巴公路及帕里久久拉山口处对测区内高喜马拉雅结晶岩带的前寒武系变质岩测制了构造及地层剖面。通过对野外路线地质调查及所测制剖面的综合研究,可大致将测区内的前寒武系变质岩依空间分布位置自南向北大致划分为以下3个矿物相带。

(1) 蓝晶石带

仅在乃堆拉山口路线地质调查采集的标本室内鉴定发现有蓝晶石,在测制剖面过程中未发现蓝晶石。故依据前人资料,该带北界大致在乃堆拉山口—沈久拉一带,测区内大致呈NW300°—SE120°方向延伸。该带内的岩石组合为:含蓝晶石榴云母片岩、石榴云母石英片岩、黑云石英片岩和云母石英片岩。岩石矿物组合为:

Bi+P1+Kf+Q

Bi+Hb+Pl+Kf+Q

(2) 矽线石带

该带位于黑云母带的北侧,宽约 20km。该带以长石石英岩与南部的黑云母带分界。该带岩石中普遍含特征矿物矽线石。该带内的岩石组合为:眼球状角闪斜长片麻岩、含矽线石榴黑云片麻岩、条带状含矽线石榴黑云斜长片麻岩、含矽线长英质片麻状、含矽线黑云钾长片麻岩、含矽线黑云二长片麻岩、黑云二长片麻岩、黑云变粒岩、黑云石英变粒岩、石英质黑云斜长条纹状混合岩、长英质含石榴黑云斜长条纹状混合岩、眼球状混合岩等,并有黑云母花岗岩、二云二长花岗岩、含电气石二云母花岗岩侵入。岩石矿物组合为:

Sil+Mus+Bi

Sil+Bi+P1

Sil+Gt+Bi

Sil+Bi+Mus+P1

Sil+Bi+P1+Kf

Sil+Bi+Mus+P1+Kf

Sil+Gt+Mus+Bi+P1

Sil+Gt+Bi+P1+Kf

特征矿物矽线石产出方式详见本章岩石及矿物特征描述。

(3) 黑云母带

该带位于矽线石带北侧,宽约 10km。该带南界以二云长石英岩与矽线石带分界,北界以绢云母绿泥千枚岩为界,即高喜马拉雅带与北喜马拉雅带的分界断层。该带中岩石组合为:二云长石石英岩、斜长片麻岩、黑云二长片麻岩、黑云斜长片麻岩、黑云石英变粒岩、黑云二长变粒岩、石榴黑云二长变粒岩、白云母二长浅粒岩,并有黑云二长花岗岩、二云二长花岗岩、含石榴二云二长花岗岩、含电气石二云母花岗岩侵入。矿物组合为:

Bi+P1+Kf+Q

Bi+Mus+Q

特征矿物黑云母呈鳞片状,集合体呈条纹状,具褐色—浅黄色多色性。

2. 北喜马拉雅带

在拉轨岗日地区康马隆起带,前人对康马岩体周围大致呈环带状分布的前寒武系—二叠系变质岩,基于相异的目的曾进行过多次不同程度的地质调查工作。本次区调中我们测制了康马岩体剖面和构造及地层剖面,通过对实测剖面及路线调查的综合研究发现,区域上表现出以岩体为中心向外侧岩石组合及岩石中的变晶矿物组合的不对称的带状分布特征,大致可分为 4 个变质矿物带。

(1) 蓝晶石带

蓝晶石带宽约 420m。仅出露于康马隆起的东侧和北东侧。岩石组合为蓝晶石榴二云片岩、十字蓝晶石榴二云片岩、二云石英片岩、黑云角闪片岩、绿帘石榴黑云斜长石英片岩、石榴十字二云片岩。矿物组合为:

Ky+Bi+Mus+Q

Ky+St+Bi+Mus+Q±P1

(2) 十字石带

十字石带宽 220~1700m。该带在隆起的周围均有出露,并以隆起的东、南侧最宽。岩石组合为十字石榴二云片岩、黑云斜长角闪片岩、长石二云片岩、透闪金云大理岩、石榴二云片岩、条带状石英大理岩。矿物组合为:

St+Q+Mus±Bi

St +Alm+Bi+Mus+Q

(3) 石榴石带

石榴石带宽 550～1000m。该带在隆起的周围均有出露,并以隆起的东、西两侧最宽。岩石组合为石榴二云片岩、金云石英大理岩、条带状大理岩、二云片岩、斜长二云石英片岩。矿物组合为:

Alm+Bi+Mus

Alm+Bi±Mi+Pl+Q

Alm+Chl+Mus+Q

(4) 黑云母带-硬绿泥石带

该带出露于康马隆起的四周,其中硬绿泥石带仅见于隆起的北侧。该带宽大于 500m,岩石组合为黑云石英片岩、含炭质硬绿泥石白云母片岩。矿物组合为:

Bi+Mus+Q+Chl+Ctd

综合不同单元变质岩的岩石组合、矿物组合、变质矿物及岩石中的包体等特征,高喜马拉雅的区域变质岩系下部亚东岩群表现为绿片岩相—高绿片岩相—角闪岩相—高角闪岩相(低—中压相系)。上部聂拉木岩群表现为绿片岩相—角闪岩相。北喜马拉雅带康马岩体周围的拉轨岗日岩群—奥陶系,表现为绿片岩相—角闪岩相。石炭系—二叠系表现为绿片岩相,三叠系表现为绿片岩相—低绿片岩相。位于亚东杠嘎附近的寒武系—奥陶系表现为绿片岩相。

(五) 变质期次划分

1. 高喜马拉雅带

根据多种方法的同位素测年结果,“高喜马拉雅地区的基底变质岩系至少经历了两期变质作用。一期为寒武纪晚期,其年龄值在 644～664Ma 之间;另一期为燕山晚期—喜马拉雅期,其年龄值在 10～95Ma 之间”(《西藏自治区区域地质志》,1993:496)。对两期变质作用的性质、强度及规模,又有不同的看法:一种认为,前寒武纪晚期是一次区域动热变质作用,形成了递增变质带,而喜马拉雅期主要是退化变质作用;另一种认为,两期都是区域动热变质作用,前寒武纪晚期变质作用只达绿片岩相,喜马拉雅期达角闪岩相(《喜马拉雅地区前寒武系地质构造与变质作用》,卫管一等,1989)。

要弄清该变质岩系经历了怎样的变质历史演化过程,除了用同位素年龄的测定来确定其经历的变质事件时间外,还需结合该变质岩系的岩石学、构造学及岩相学特征。本次区调中我们实测了崩布-卡布其亚东岩群构造地层剖面及荡拉-久久拉山口聂拉木岩群变质岩剖面,并在亚东岩群、聂拉木岩群中采集了大量的同位素样品,运用不同的同位素年龄测试方法研究变质岩、暗色基性岩“包体”及变质变形侵入岩原岩时代、变质变形时代和侵位时代。

下面根据部分测试结果对测区变质岩的演化情况作一粗略分析。

亚东岩群为测区内最古老的变质岩系,主要由多种片麻岩、变粒岩、石英岩及多种混合质-混合岩组成,其中有大面积的变质变形花岗岩侵入,混合质-混合岩化岩石主要分布在该岩系构成的褶皱构造(背形)的核部,变质变形花岗岩与其交替产出。该岩群的中、上部产出有变质变形较弱的淡色花岗岩,穿插于早期变质变形花岗岩中。

聂拉木岩群在空间位置上处于亚东岩群之上,为一套由多种片麻岩、变粒岩、大理岩及少量石英岩、片岩和钙硅酸盐岩组成的副变质系,其下部见有晚期的微弱变形的花岗岩脉体,并可见混合岩化现象。岩群内发育较多的长英质脉体,顺片麻理或片理穿插于围岩之中。

据剖面上混合岩在亚东岩群中的产出状态,可以认为,与强烈构造活动相伴随的混合岩化作用,并未彻底改造该套前寒武系变质岩系的总体面貌。因此,该套变质系记录的其所经历的变质作用可以依据其岩石中的变质矿物特征进行推断。

在亚东岩群及聂拉木岩群中,从我们采集的薄片样品岩矿鉴定中,可以看出岩石中的多种变晶矿物,如矽线石、透辉石、黑云母、角闪石及石榴石。方解石等均具多世代特征,且这些多世代的矿物均具定向分布特点,即与晚期的片理方向呈定向分布。

在亚东岩群中采获辉石角闪岩包体和磁铁角闪辉石岩等包体。包体中的矿物特征均显示其经历了明显的退变质作用。亚东岩群内的辉石角闪岩包体中的角闪石及石榴石电子探针分析,显示了其寄主岩石经历的变质过程。

在亚东岩群、聂拉木岩群上部寒武系肉切村群内表现的黑云母+阳起石,绢云母+绿泥石低级变质矿物组合特征,也表明其记录的变质作用与早期变质作用不同。

依据矿物的多世代特征及矿物的世代演化特征,该变质岩系经历了多期次的变质事件,晚期变质叠加于早期变质之上,主要为退变质作用。据《西藏自治区区域地质志》(1993)阐述,依据残留的蓝晶石存在于矽线黑云斜长片麻岩、矽线石榴黑云二长变粒岩、条纹状石榴黑云二长(钾长)混合片麻岩中,由于这些岩石经历了晚期变质作用的强烈改造,加上蓝晶石平衡共生的矿物组合难以确定,将残留的蓝晶石作为早期变质作用标志的推论,值得商榷。本次区调采集的样品也发现了蓝晶石矿物(见前述)。综合区域调查认为,亚东岩群中少见的蓝晶石矿物相仅为该期变质过程中未达顶峰时的中间阶段产物。

本次对亚东岩群中"高压麻粒岩包体"中的角闪石进行 Ar-Ar 法同位素测年表明,在不同的升温阶段,得出了不同的年龄结果,反映其经历了复杂的变质过程,其平均年龄为 309.96Ma,而一个较好的坪年龄数据为 40.33±1.39Ma(图 4-21)。

同时在亚东岩群"石榴子石斜长角闪岩包体"的角闪石中取得一个 Ar-Ar 法等时线年龄为 32.09±0.42Ma,平均年龄为 43.56Ma(图 4-22)。其黑云母 Ar-Ar 法坪年龄为 12.96±0.19Ma、14.95±0.70Ma,平均年龄为 11.41Ma(图 4-23)。

对亚东岩群中的主要岩石类型斜长角闪片麻岩进行 Ar-Ar 同位素年龄测定,其黑云母 Ar-Ar 坪年龄为 10.32±0.14Ma,等时线年龄为 10.38±0.130Ma。

结合区内地层、构造和岩浆热事件等资料分析,上述年龄数据未能反映出早期变质作用的时代。有意义的是,"高压麻粒岩包体"中的角闪石 309.96Ma 的平均年龄(可能是其退变年龄)恰与区域性的 C/P 之间的平行不整合事件吻合,代表海西运动的影响。而其坪年龄(40.33±1.39Ma)与亚东岩群中"石榴子石斜长角闪岩包体"中的角闪石的等时线年龄(32.09±0.42Ma)、平均年龄(43.56Ma)几乎一致,这一年龄区段也是本区最高海相沉积结束的时间,同时很多学者认为印度-亚洲板块碰撞起始于 55Ma 或其之前,显然这组年龄与喜马拉雅造山运动有关。

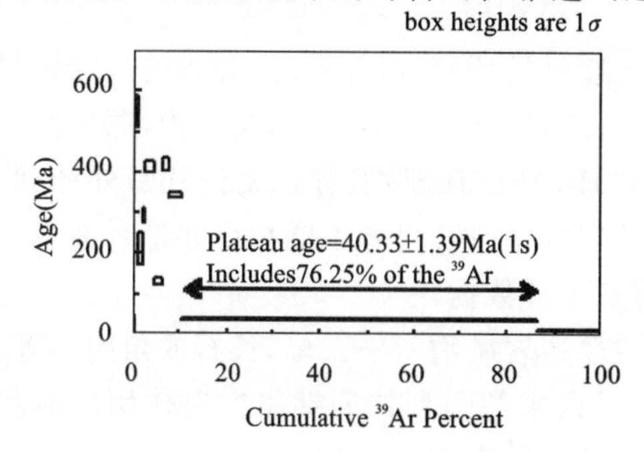

图 4-21 亚东岩群中"高压麻粒岩包体"中的角闪石 Ar-Ar 同位素年龄坪年龄图

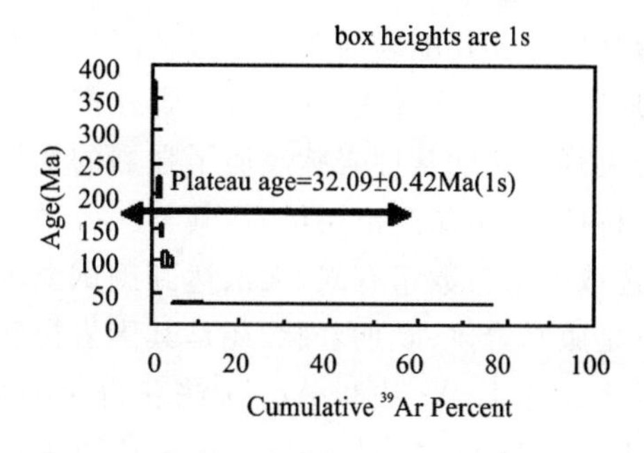

图 4-22 亚东岩群中"石榴子石斜长角闪岩包体"中的角闪石 Ar-Ar 同位素年龄坪年龄图

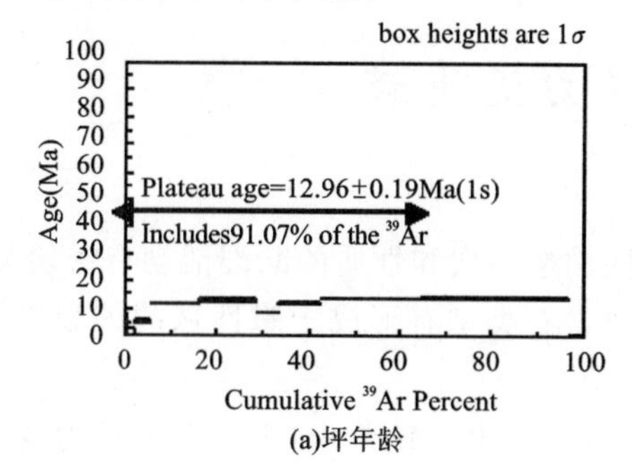

(a)坪年龄

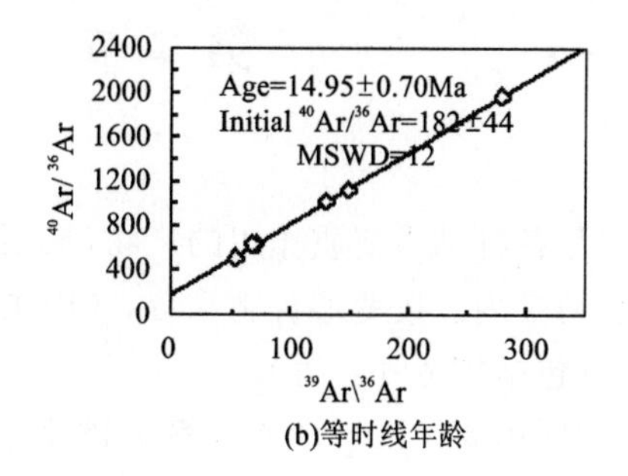

(b)等时线年龄

图 4-23 亚东岩群中"石榴子石斜长角闪岩包体"中的黑云母 Ar-Ar 同位素年龄图

(总平均年龄=11.41Ma)

最新的黑云母 Ar-Ar 法年龄介于 10～15Ma 之间，略晚于康马隆起带的伸展拆离作用的年龄，与位于藏南主拆离带附近的电气石白云母花岗岩的侵位时间较为接近，代表喜马拉雅带中新世以来的与强烈伸展作用有关的退变作用。

综上所述，高喜马拉雅带经历了多期不同性质的变质作用，具有复杂变质演化历史。晚期的变质、变形强烈改造和影响了早期的变质岩系，准确恢复其变质演化轨迹会遇到很大困难。前人资料显示，除上述几期变质热事件，亚东岩群和聂拉木岩群的主变质期很可能为前寒纪末期（644～664Ma）。当然，准确定位还有待于可靠的年龄测试结果的支持。

2. 北喜马拉雅带

前人对北喜马拉雅带中的康马隆起核部的康马岩体的时代进行过详细的研究，取得了丰富的年代数据。但是，由于对康马隆起构造、地层研究的局限性，以及对其最内部复杂岩石类型缺乏细致的解剖，导致对年龄数据的运用脱离地质实际情况，各取所需，争论不休。本次工作系统地对康马岩体中的不同岩石类型进行不同方法的测年工作，取得了大量年龄数据，有关结果表明康马岩体为侵入于前寒武系拉轨岗日岩群中的变质、变形侵入体，其岩石类型及变质变形特征与侵入于高喜马拉雅带亚东岩群和聂拉木岩群中的早期花岗岩有非常相似的特征，其锆石 U-Pb 同位素年龄介于 451～562Ma 之间，最有可能的侵位年龄为 500Ma 左右，为加里东期的产物。

一个重要进展是，在康岩体中解体出 5 种不同的岩石类型，其中在岩体的中心部位和外侧有眼球状二长花岗岩，其锆石 U-Pb 同位素年龄与岩体的主体是相同的。这表明，两者实为同一侵入体，只是受变形改造平行化程度不同。

在康马岩体西缘发现的侵入于岩体中的片麻状二云母二长花岗岩的锆石 U-Pb 同位素年龄也与康马岩体的主体岩石的年龄相近，其可能为同一岩浆作用晚期的产物。

侵位岩体中的弱片麻状细粒黑云母二长花岗岩的锆石 U-Pb 同位素年龄为 330～340Ma，前人曾获得过这期年龄数据，但将其与康马岩体的侵位时代混为一谈。这期岩浆热事件也与 C/P 之间平行不整合事件吻合，并与高喜马拉雅带海西期暗色“高压麻粒岩包体”的退变时间一致，说明喜马拉雅地区确实受到海西运动的影响。

在康马岩体及其围岩前寒武系拉轨岗日岩群—奥陶系中普遍可见顺层（或片麻理）分布的灰绿色斜长角闪（片）岩，呈脉状或透镜状产出，野外产状表明多数为辉绿（玢）岩脉，局部可见岩浆结构，原岩恢复为火成岩无疑。这期基性岩脉经历了强烈的变形、变质作用，片理（或片麻理）发育。无论从野外产状、变质变形特征，还是从产出层位看，其与三叠系—白垩系中的两期辉绿（玢）岩脉不能相提并论。遗憾的是，由于选取的锆石数量有限，无法达到测试要求，至今未能得到年龄数据。

无论是康马岩体、晚期岩脉，还是其围岩拉轨岗日岩群的主要造岩矿物——云母、长石或角闪石等，不同的学者运用 K-Ar 法和 Ar-Ar 法获得年龄数据均与始新世以来的强烈伸展拆离构造作用的时代（集中在 12.5～36Ma 之间）一致。这一特征在整个喜马拉雅地区是一致的。

第二节　动力变质岩

动力变质岩是各种动力变质作用的产物，与不同构造层次和性质的断裂活动有密切关系，多发育在断裂带或韧性剪切带内。按变形机制来分，区内主要岩石类型有形成于脆性域的碎裂岩类和形成于韧性域的糜棱岩类（包括构造片岩等）。

总的来说，本区内属于区域性的分界断裂带多被覆盖，出露较差，与之有关的动力变质岩在野外较少能被观测到，露头尺度上所发现的断裂破碎带多为其次级构造形迹。与该类断裂活动有关的动力变质作用影响范围较窄，多局限在断裂带内或其附近，主要表现为地层岩石的碎裂化和破碎，形成构造透镜体和各类碎裂岩，其成分受原岩成分的控制，沿断裂带局部可见硅化、镜铁矿化等现象。

糜棱岩类为中—深层次构造环境中，岩石受强烈韧性剪切变形、发生动力重结晶作用形成的构造岩石类型。变质、变形相伴相随，是断裂活动的深部构造变形的表现形式。糜棱岩类因动力重结晶作用而形成定向组构，如拉伸线理、S-C组构、旋转碎斑系等，在长英质岩石中表现最为典型。实际上，本区康马隆起带周围的变质岩系存在多层伸展拆离带，亦即韧性剪切带，广泛发育长英质构造片岩、钙质构造片岩等，严格说来也属于动力变质作用的范畴。但由于其主要岩石类型已经在区域变质岩中进行过详细的描述，这里不再赘述。这里仅就不同构造意义的糜棱岩类（主要是糜棱岩化岩）作简单介绍。

动力变质岩的分类及描述，主要依据中华人民共和国国家标准《岩石分类和命名方案　变质岩岩石分类和命名方案》(GB/T 17412.3—1998)。

一、碎裂岩类

碎裂岩是原岩在脆性环境下经动力变质作用，发生不同程度的破裂、粉碎而形成的变质岩石，以压碎脆性变形为主，无或略具定向分布，很少有重结晶作用。测区内的碎裂岩主要发育在脆性断裂带内，断层周围的岩石可见碎裂化及具碎裂结构的区域变质岩。

除大型的构造透镜体外，区内常见的碎裂岩类主要有（含）角砾碎斑岩和构造角砾岩。

二、糜棱岩类

测区内发育的糜棱岩类主要有含石榴黑云二长花岗质初糜棱岩和糜棱岩化黑云斜长片麻岩。本书不进行赘述。

第三节　接触变质岩

由于区内的大部分岩体侵入在区域变质岩系中，因此与岩体侵位有关的接触变质作用较不明显，也较难辨认。测区内接触变质岩仅见于波东拉岩体的西南角的岩体与围岩接触带处，接触带处围岩地层为拉轨岗日岩群大理岩。岩石特征描述如下。

矿化透辉矽卡岩：柱粒状变晶结构，块状构造。岩石主要由透辉石组成。透辉石自形—半自形粒状及柱状，粒径0.1～0.5mm，少数粒径0.5～1mm，镶嵌状分布，沿边部、解理、裂隙被黑云母及方解石等交代。方解石他形粒状，粒径0.1～0.5mm，常交代透辉石。绿帘石、黝帘石较少，局部交代辉石。石英他形粒状，粒径0.1～4mm，常交代透辉石，部分与方解石一起呈似脉状分布。萤石他形粒状，粒径0.1～2mm，常与石英、方解石一起呈脉状分布。金属矿物赤铁矿，粒径0.05～0.3mm，交代其他矿物，呈斑块状分布。透辉石含量65%～70%；方解石含量小于5%；石英含量小于5%；黑云母含量15%～20%；少量绿帘石、黝帘石、堇青石、赤铁矿（<5%）。副矿物为磷灰石和褐铁矿，含量小于1%。

第四节　混合岩

混合岩是由地壳深部岩石经受不同程度的混合岩化作用所成，混合岩化的交代作用是由深熔作用引起的，由深熔作用引起地壳深部岩石发生局部熔融，然后经液化，流动交代，再结晶，直至最后与围岩混合，这一系列的变化顺序、程度、运移距离往往具有很大的差异，表现为不同类型的混合岩及混合岩化岩石。

一、分类及命名

测区内的混合岩分类及命名采用中华人民共和国国家标准《岩石分类和命名方案　变质岩岩石分类和命名方案》(GB/T 17412.3—1998)。

(1) 混合质变质岩的命名按脉体＋混合质＋原变质岩名称。

(2) 混合岩的命名分两种情况：当混合岩化作用较弱(脉体含量小于50％)时，“脉体”和“基体”界线清楚或比较清楚，命名按脉体＋基体＋构造形态＋混合岩；当混合岩化作用比较强烈(脉体含量大于50％)时，“基体”已不保留原有矿物成分和结构构造特征，“脉体”和“基体”之间界线趋于消失，命名按暗色矿物＋构造形态＋混合岩。

测区内的混合岩仅分布于亚东县幅内，前寒武系亚东岩群的背形核部，大致呈东西向展布。主要岩石类型有：长英质黑云斜长混合岩、长英质黑云斜长条纹状混合岩、长英质黑云斜长条带状混合岩、长英质黑云斜长眼球状混合岩和长英质混合质片麻岩。

二、岩石化学及地球化学特征

1. 岩石化学特征

上述混合岩的化学成分见表4-1。从表4-1中可以看出，K_2O＜Na_2O的样品数3个，K_2O＞Na_2O的样品数2个，K_2O含量在1.62％～4.03％之间，变化大。CaO含量在2.28％～14.72％之间，变化大。多数在2.28％～3.56％之间，Al_2O_3含量在12.26％～18.78％之间，显示了其成因与硅铝质沉积岩的深熔作用有关，是超变质作用的产物。

2. 微量元素特征

从表4-5中可以看出：V为230.43×10^{-6}～707.98×10^{-6}；Mn为252.46×10^{-6}～1045.59×10^{-6}；Zn为228.09×10^{-6}～1053.19×10^{-6}；Pb为12.24×10^{-6}～26.04×10^{-6}；Th为48.82×10^{-6}～133.50×10^{-6}；Nb为13.99×10^{-6}～106.21×10^{-6}。故以上这些元素除Mn在该地区贫化以外，均有富集的趋势。

三、混合岩成因讨论

混合岩的成因一直是争论的课题。Sederholm在1907—1934年间提出的成因模式认为，混合岩是花岗岩浆注入于片岩或片麻岩造成，导致混合岩的流体来自于相邻的花岗岩体。Holmquist(1921)把混合岩的成因解释为岩石内部形成的熔体或溶解物质富集于浅色脉体的结果，脉体物质来自变质岩本身。另外还有变质混合岩模式，交代作用和变质分异可以产生浅色体和暗色体，使原来比较均匀的变质岩分异为不均一的岩石。

测区内的混合岩呈带状分布，主要受到原岩成分和区域构造的控制。混合岩中普遍发育SiO_2的活化和蠕英石化，表明混合岩化作用中存在着局部重熔和组分的迁移。基体熔融产生的K、Na和SiO_2组分向浅色条带富集，而难熔的Mg和Fe组分一般作为黑云母和石榴石等被留在暗色条带中。在混合岩化中可能有深部的碱质加入，但并不存在大规模的组分迁移，组分的迁移仅仅发生在局部范围内，条纹、条带和变晶混合岩正是这种局部组分迁移的最好证据。因此测区内的混合岩化方式主要为深熔、交代及变质分异作用。区域性的温度上升是混合岩化的必要条件。

第五章　地质构造及构造演化史

第一节　区域地质构造背景及构造分区

喜马拉雅造山带被夹持于冈底斯-拉萨褶皱系及印度地台之间，区域构造线呈东西走向，自北向南一般可分5个构造带，每个构造带之间以断层相隔。

其中，南部测区外的低喜马拉雅纳布(Nappe)带，即任纪舜等(1980)认为的南喜马拉雅辗掩构造带，出现数条规模不等的低角度逆掩断层，使喜马拉雅基底逆冲到古生代地层之上，形成壮观的飞来峰构造，这里古生代地层同样也形成向北倾斜的复式褶皱。

再往南为古近纪山前坳陷带，由锡瓦里克群磨拉石建造组成，厚达数千米，是随喜马拉雅抬升在南坡形成的堆积物。这里褶皱平缓，呈低山丘陵，被两条规模巨大、向南推覆的平行逆掩断层所夹持。北侧断层前人称之为"主边界逆断层"。南侧断层称"主前缘逆断裂"，其南为印度平原。

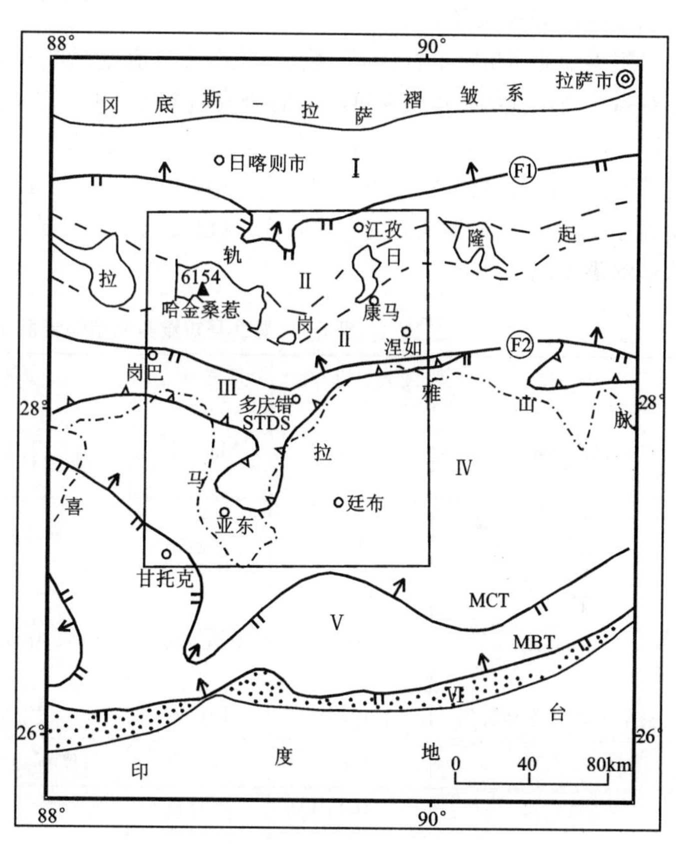

图 5-1　测区大地构造单元分区简图

F_1. 汪丹-江孜北逆掩断层；F_2. 岗巴-多庆错逆冲断层；STD. 藏南伸展拆离断层。Ⅰ. 雅鲁藏布江结合带南缘；Ⅱ. 北喜马拉雅特提斯沉积北带；Ⅲ. 北喜马拉雅特提斯沉积南带；Ⅳ. 高喜马拉雅结晶岩带

测区范围南自喜马拉雅南坡亚东县边境，北至江孜县北侧，西起岗巴，东至涅如藏布东侧。在大地构造位置上，属于藏南喜马拉雅造山带中段，以区域性汪丹-江孜北逆掩断层(F_1)、藏南伸展拆离断层(STD)为界，自南向北可划分为高喜马拉雅结晶岩带、北喜马拉雅特提斯沉积褶冲带和雅鲁藏布江结合带(南缘)3个一级构造单元(在区域上归属于2个大地构造单元)。其中，北喜马拉雅特提斯沉积褶冲带中以岗巴-多庆错逆冲断层(F_2)为界，又可进一步划分出北带、南带2个次级构造单元(图5-1)。

测区构造纲要图见图5-2。

一、高喜马拉雅结晶岩带

高喜马拉雅结晶岩带，位于结晶基底变质岩系与古生代沉积盖层之间的伸展拆离断层(STD)以南，南抵主中央断裂，与低喜马拉雅构造带为邻。该构造带对应高喜马拉雅地层分区，主要由亚东岩群、聂拉木岩群组成，经历了长期的地质演化过程，形成了一套由中深变质岩系、中酸性变质变形侵入体及少量混合岩构成的复杂地质体系。

该构造带中的结晶基底，原指前寒武纪"聂拉木群"变质结晶岩系，主要由混合岩、片麻岩、各种片岩组成。本次工作根据变质结晶岩系内部的岩石组合特征、变质变形差别及混合岩化程度不同，划分出深部构造相下部构造亚相的亚东岩群和上部构造亚相的聂拉木岩群。

国外学者称为的"中央结晶轴"主要对应于亚东岩群，其岩性以眼球状混合岩、黑云斜长片麻岩及片岩组合为代表，测区内主要出露于亚东以及中锡(金)、中不(丹)边界地区，构成高喜马拉雅带古老结晶基底的核部。聂拉木岩群分布于帕里东侧列勇山一带，岩性主要为蓝晶石石榴二云母片岩、榴闪岩、含矽线黑云二长片麻岩、含透辉石(石英)大理岩、含石榴黑云斜长变粒岩、透辉方柱石岩、黑云石英岩等。

本次变质岩原岩恢复表明，亚东岩群中的黑云斜长片麻岩、含石榴矽线石黑云斜长片麻岩、黑云斜长变粒岩原岩大多数为泥质页岩、长石砂岩，少数为玄武质安山岩；聂拉木岩群中的变粒岩类由砂质岩变质而来，大理岩类和少量角闪变粒岩、黑云变粒岩由泥灰岩变质而来，岩石组合中可能夹有泥质及少量基性火山岩等原岩成分。

根据变质岩矿物组合特征，高喜马拉雅带这套结晶基底最高经历了中高压角闪岩相变质作用。前人在对高喜马拉雅结晶基底变质岩系的研究过程中，获得多组同位素年龄值(表 5-1)，主要集中在 1000～2670Ma、650Ma、20Ma±等几个峰值。据此，我们认为大于 1000Ma 的年龄值可能代表了变质结晶基底原岩的形成年龄，其后可能经历了增生及复杂的变质变形作用，也就是 650Ma 左右年龄值所代表的广泛区域变质作用，相当于最早陆壳的固化时代，这已得到大多数学者的认可；20Ma± 的一组年龄为喜马拉雅期构造运动的表现。

表 5-1　高喜马拉雅基底结晶岩系部分同位素年龄表

研究者	发表日期(年)	采样地点	岩性	所属层位	测试方法	年龄值(Ma)
Harrison	1995	Manaslu	片麻岩	Lesser Himalayan		2670±2
Randall	1996	Langtang	片麻岩	Greater Himalaya		1000
Randall	1996	Langtang	片麻岩	Greater Himalaya	Pb-Pb	1181～1710
贵阳地球化学研究所	1974	聂拉木	片麻岩		U-Pb	644～664
李光岑	1988	亚东县	石榴石黑云片麻岩	曲乡岩组	U-Pb	718±58
李光岑	1983	定日县			U-Pb	1250
Pande J C	1974	玛纳里	云母片岩		U-Pb	730±20
许荣华	1985	聂拉木	黑云母斜长片麻岩	聂拉木岩群	U-Pb	1250

高喜马拉雅带内岩浆岩十分发育，主要有加里东期的花岗闪长岩及喜马拉雅期的含电气石白云母二长花岗岩侵入。本次据岩石化学分析结果进行构造环境初步判别得出，前者属挤压环境下 I 型花岗岩类，后者属非造山期偏铝型的 A 型花岗岩类，具弱片麻理构造。其中告乌浅色二长花岗岩同位素年龄 12～16Ma，应与区域伸展拆离构造作用有关。

高喜马拉雅带基底结晶岩系亚东岩群中片麻岩内存在难以恢复的深融流动褶皱，聂拉木岩群中发育轴向平行于片麻理的紧闭同斜和无根钩状褶皱。后期的构造变形以片麻理、片理为变形面，形成轴向南东东-北西西的褶皱构造，轴面基本向北倾，倾角 25°～75°不等，由 2～3 个次级背斜和向斜组成。其大致发生在印支期的构造变动，叠加了燕山期、喜马拉雅期的褶皱和伸展构造运动，但形迹不如北喜马拉雅构造带清楚。

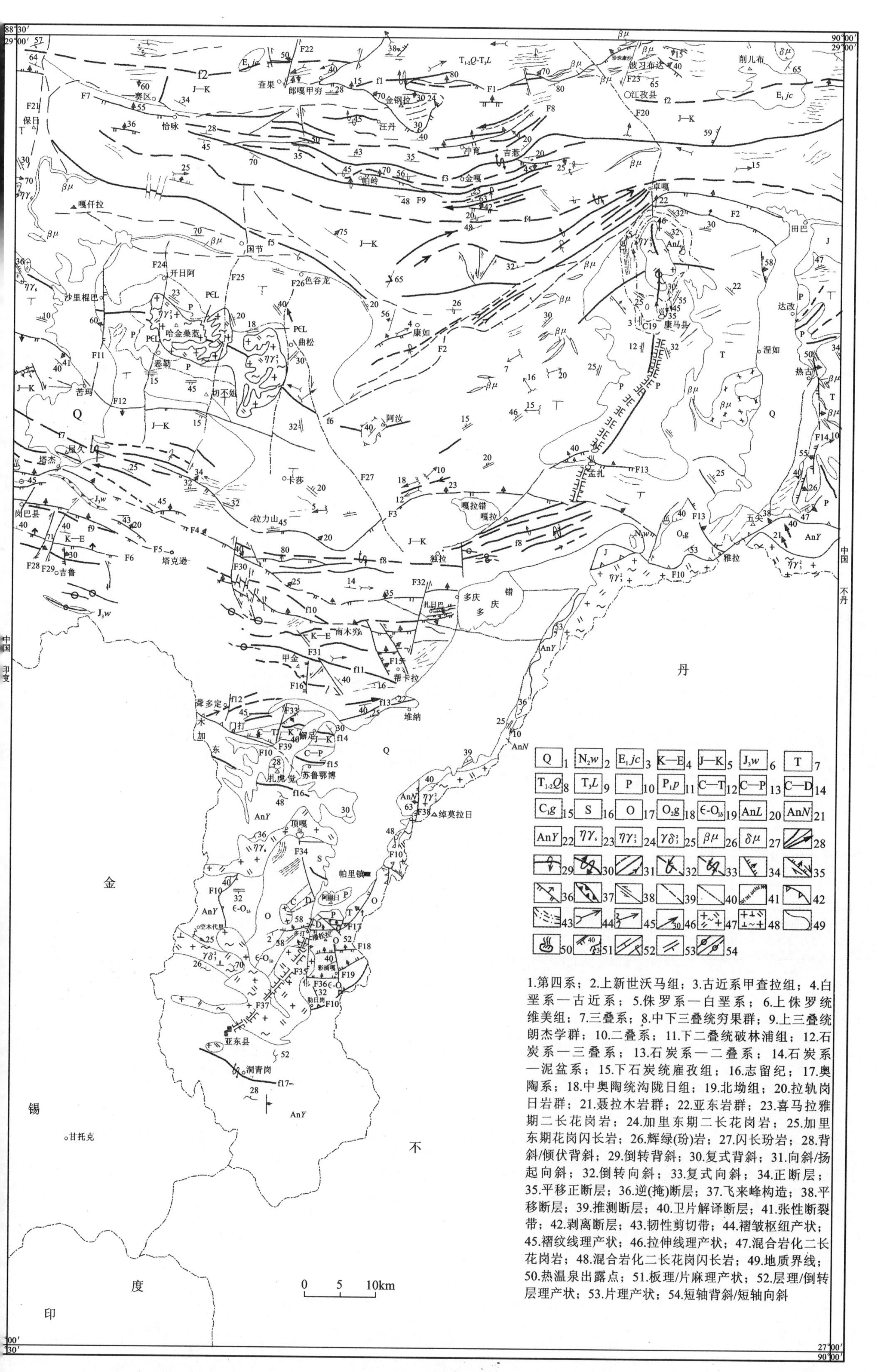
1.第四系；2.上新世沃马组；3.古近系甲查拉组；4.白垩系—古近系；5.侏罗系—白垩系；6.上侏罗统维美组；7.三叠系；8.中下三叠统穷果群；9.上三叠统朗杰学群；10.二叠系；11.下二叠统破林浦组；12.石炭系—三叠系；13.石炭系—二叠系；14.石炭系—泥盆系；15.下石炭统雇孜组；16.志留纪；17.奥陶系；18.中奥陶统沟陇日组；19.北坳组；20.拉轨岗日岩群；21.聂拉木岩群；22.亚东岩群；23.喜马拉雅期二长花岗岩；24.加里东期二长花岗岩；25.加里东期花岗闪长岩；26.辉绿(玢)岩；27.闪长玢岩；28.背斜/倾伏背斜；29.倒转背斜；30.复式背斜；31.向斜/扬起向斜；32.倒转向斜；33.复式向斜；34.正断层；35.平移正断层；36.逆(掩)断层；37.飞来峰构造；38.平移断层；39.推测断层；40.卫片解译断层；41.张性断裂带；42.剥离断层；43.韧性剪切带；44.褶皱枢纽产状；45.褶纹线理产状；46.拉伸线理产状；47.混合岩化二长花岗岩；48.混合岩化二长花岗闪长岩；49.地质界线；50.热温泉出露点；51.板理/片麻理产状；52.层理/倒转层理产状；53.片理产状；54.短轴背斜/短轴向斜
0 5 10km
中国
不丹
印度
锡金
亚东县
康马县
岗巴县
江孜县
帕里镇
甘托克

图 5-2 测区构造纲要图

二、北喜马拉雅特提斯沉积褶冲带

北喜马拉雅特提斯沉积褶冲带(简称北喜马拉雅带)以岗巴-多庆错断裂(F_2)为界,可进一步细分为南亚带和北亚带2个次级构造单元(图5-1)。

1. 南亚带

南亚带(简称南带)对应北喜马拉雅地层分区,由以帕里一带古生代浅海台地相碳酸盐岩、碎屑岩系和以岗巴盆地为中心的中生代—新生代浅海相碳酸盐岩、碎屑岩系组成,经历了加里东期—喜马拉雅期多期构造变形,形成了复杂的褶皱断裂构造系统和伸展拆离体系。

帕里一带,沉积盖层分布在变质结晶基底北侧藏南拆离系之上,北坳组为一套复理石型强烈变形的绿泥石云母石英片岩、石英片岩等组成构造片岩系,岩石薄片中见化石碎片,奥陶系至始新统为一套地台型浅海相沉积。沉积盖层与亚东岩群、聂拉木岩群之间的原始沉积界面被强烈构造改造,表现为区域性的伸展拆离断层,露头尺度上接触带附近变质基底和盖层灰岩层之间表现为顺层韧性剪切带,发育塑性流变褶皱、褶叠层构造、拉伸线理等,向上可影响到甲村组的下部。奥陶系—三叠系不同地层单元之间多呈顺层断层接触,可能是伸展拆离系的组成部分。沿结晶基底和盖层之间的伸展拆离断层带,很大一部分被喜马拉雅期电气石白云母二长花岗岩所侵位,同时可以看到电气石白云母二长花岗岩有不同程度的片麻理化和糜棱岩化,表明岩体侵位与伸展拆离作用有密切的关系。

除了伸展拆离构造外,盖层中早期还形成了近东西向的紧闭褶皱,并经过多组平移断裂的破坏,使古生代—中生代地层被肢解成大小不等的残片,造成地层缺失和重复。

沿岗巴—多庆错一带,侏罗系—始新统主要发育一系列近东西向褶皱构造和自北向南的逆冲断层系统。

2. 北亚带

北亚带(简称北带)对应康马-江孜地层分区,出露面积最大,约占测区总面积2/3以上。根据构造变形和沉积建造的差异可分为南、北2个构造带。

(1) 南带即为传统上所称的“拉轨岗日带”,沿喜马拉雅低分水岭分布,出露的康马-哈金桑惹隆起带异常醒目。地层主要为前寒武纪拉轨岗日岩群基底变质岩系,奥陶纪大理岩、片岩,少量石炭纪大理岩、结晶灰岩、斑点状板岩,二叠纪砂质板岩、含砾板岩、变石英砂岩、海百合茎大理岩等,围绕片麻状花岗岩“穹隆”构成不规则的环带状。三叠纪地层分布于隆起的边缘,主要由浅变质复理石组成。南部分布有少量侏罗系、白垩系。岩石组合和沉积特征明显与南亚带岗巴—多庆错一带的同时代地层不同。在构造上总体表现为轴向近东西背斜隆起构造。

拉轨岗日岩群与下伏康马岩体片麻状花岗岩呈伸展拆离断层接触,同时可以看到拉轨岗日岩群—三叠系中的不同地层单元之间多表现为顺层拆离断层接触关系,拆离方向均表现为自南向北,但在不同的部位发育程度不同。不同方法的同位素测年资料表明,康马岩体和西部的哈金桑惹片麻状花岗岩的侵位时代介于451～562Ma之间,属加里东期。而海西期—印支期二云母花岗岩脉体(330～340Ma)的侵入,增加了其复杂性。不管是岩体中,还是其围岩中的变形矿物(云母、角闪石等)的K-Ar法年龄和Ar-Ar法年龄数据,均介于11～36Ma之间,且集中在14～22Ma之间,很显然这组年龄代表的肯定是与伸展拆离构造变形有关的热事件的时代,这不仅与本区的沉积演化吻合,而且与侵入于高喜马拉雅带与北喜马拉雅南带之间伸展拆离断层带中的电气石白云母花岗岩的年龄值一致。

此外,Jeffry Lee等(2002)从构造、温压、年代学等方面对康马穹隆的最终形成进行综合研究认为,先期南北向的收缩作用、下部的热均衡作用导致适合的压力、较高的温度产生变质作用,之后深部地壳增厚和中部地壳垂向减薄、水平拉伸产生地球动力学的均衡作用(伸展组构的形成和变化),最后被逆冲断裂和侵蚀作用剥露出来。但有必要指出的是逆冲断裂应在伸展作用之前才合理。

此外，在三叠系、侏罗系板岩、泥质岩中，分布有大量的辉绿(玢)岩脉，根据其变形特点和与板理的关系，可以看出其具有多期性。

(2) 北带位于哈金桑惹-康马隆起带以北、汪丹-江孜北逆冲推覆断层以南，主体为侏罗纪—古近纪海相地层构成的江孜盆地。本次工作在测区北侧及北东侧发现几千米厚的古近纪海相沉积，并为之新建一岩石地层单元——甲查拉组。甲查拉组为江孜盆地迄今所知的最高海相层。该带下部的侏罗系—白垩系中，普遍有中基性岩脉侵入，同时可见中基性火山岩。熔岩类有玄武岩、安山玄武岩、安山岩等，火山碎屑岩类有安山质火山角砾岩、晶屑凝灰岩等。中基性岩脉和火山岩在时间和成因上可能有联系，共同代表冈瓦纳北缘此时伸展扩张作用。

该带以发育近东西向的紧闭同斜倒转褶皱为特征，构成赛区-江孜复式向斜带，大体由两个次级复式向斜夹一个次级复式背斜组成，每个次级复式褶皱又由一系列更低一级褶皱组成，轴面以倾向北、北北西、北北东为主，伴随着逆冲断裂构造形成，局部形成叠瓦构造，突出了北喜马拉雅特提斯沉积褶冲带构造组合特征。局部存在近南北向褶皱构造叠加，特征明显。

三、雅鲁藏布江结合带

雅鲁藏布江结合带(简称雅鲁藏布江带)，即前人所称的雅鲁藏布江缝合带(或开合带)，仅在测区北缘中部出露其南缘部分，对应雅鲁藏布江拉孜-曲松地层小区，表现为自北向南的逆冲推覆构造系统。断层北侧为三叠系穷果群($T_{1+2}Q$)和朗杰学群(T_3L)，均已轻度变质，向南逆冲推覆在侏罗系—白垩系，甚至古近系之上。穷果群为一套泥质结晶灰岩夹砂质板岩和变火山岩；朗杰学群主要为变石英砂岩、粉砂质板岩和板岩等，也发育较多的暗色辉绿岩脉顺层侵入。其内部发育一系列近东西向轴面北倾的倒转褶皱。在穷果群的泥质结晶灰岩中，可见自南向北的伸展构造作用形成的雁列状张剪性方解石脉和由近东西向挤压形成的南北向叠加褶皱系统。因此，该带同样具有多期构造变形叠加历史。

以上 3 大构造单元内的沉积建造组合、构造变形特征、岩浆活动和变质作用等方面均有显著差异，反映出不尽相同的地质演化历程和密切的相互关系。整个测区的主构造线方位呈近东西向展布，不同期次、不同方位、不同机制和型式的构造叠加作用，增加了本区构造的复杂性。

第二节 褶皱构造

测区内自前寒武纪结晶基底至新生代古近纪浅海相沉积盖层均已发生褶皱变形，它们在构造线方位、形态、强度以及组合规律上各有特点，反映出构造演化具有明显的多阶段、多期次和多层次性。但总体上，自早期到晚期，以南北向推挤作用为主导机制，且这种主导机制至少持续到古近纪，最终形成了本区的主体构造格架，即多期近东西向褶皱和逆冲断裂构造系统。古近纪始新世之后，由于自北向南的伸展拆离作用，形成了基底与盖层之间、盖层内部不同地层单元之间的多层次伸展拆离断层，组成著名的藏南拆离系(STD)。后期的近东西向侧向挤压，导致局部地段在早期近东西向褶皱带之上叠加纵弯褶皱变形，造成北喜马拉雅北带哈金桑惹-康马隆起带中的面理发生褶皱，在近东西向的隆起构造带之上形成了局部的近南北向短轴背斜。

根据褶皱构造变形卷入地层、褶皱形态、组合规律、伴派生构造、叠加顺序以及褶皱变形与变质作用、岩浆活动的关系，进行综合分析，可将测区内的褶皱构造变形划分为 5 期，自早至晚简述如下。

一、前加里东期深融顺层流动褶皱(泛非运动)(D_1)

本期褶皱构造变形为测区内基底结晶岩系中所见到的最早一期褶皱构造形迹。在亚东岩群、聂拉木岩群及拉轨岗日岩群中普遍发育露头尺度的不协调褶皱，主要表现为轴面近平行于片理、片麻理的不同成分层的深融流动褶皱、紧闭同斜和相似褶皱、不协调无根钩状褶皱，或片理、片麻理的肠状、掩卧褶皱，以后者最为普遍。在亚东岩群中，本期褶皱变形显示出强烈的深融流动褶皱的特点，而在聂拉木岩群和拉轨岗日岩群中主要表现为层内相似褶皱和无根钩状褶皱的特点。这是本区基底结晶岩系中能够恢复的最早一期构造变形，一般地褶皱轴向与岩层走向一致，在不同的部位变化较大，反映出后期构造叠加的影响，其形成与上述基底结晶岩系的主期变质作用有密切关系。据基底结晶岩系的同位素年龄资料（650Ma 左右），将上述这套与结晶片理、片麻理密切相关的构造变形划为前加里东期（泛非运动）较为合理。

二、晚印支期隆起及褶皱变形(D_2)

本期构造变形主要分布在北喜马拉雅北带南部的哈金桑惹-康马隆起带（拉轨岗日带），其次发育在高喜马拉雅带的亚东岩群及聂拉木岩群中。

（一）哈金桑惹-康马隆起带(f_6)

在空间上表现为近东西向宽缓的背斜，略向南弧形突出，属于区域上拉轨岗日带的一部分，以西部的哈金桑惹隆起和东部的康马隆起最为突出、醒目。当然，这种构造形态是由多期构造作用最终塑造而成的。

哈金桑惹隆起总体呈 SEE 走向，长约 30km，南北宽平均 15km，面积近 400km^2。核部组成与康马隆起类似，主体岩性为加里东期片麻状二长花岗岩，围岩为少量拉轨岗日岩群石英云母片岩、变粒岩，向外依次为二叠系破林浦组、比聋组、康马组及白淀浦组和三叠系等。岩体与围岩呈伸展拆离断层接触，表现为构造片岩、糜棱岩带。与康马隆起明显不同的是，哈金桑惹隆起外围拉轨岗日岩群的大部分及奥陶系—石炭系各地层单元被完全断失。

康马隆起面积约 150km^2。其核部为康马岩体，出露面积近 50km^2，南北长约 18km，东西宽 11km，主体岩石类型为（眼球状）片麻状黑云二长花岗岩，主期侵位时代为加里东期。岩体中顺片麻理侵入有暗色辉绿（玢）岩脉（多已变质为斜长角闪岩）、淡色黑云二长花岗岩及淡色二云二长花岗岩脉体，均受到伸展拆离作用的改造，这可能是在本岩体中取得不同同位素年龄的主要原因。

康马岩体围岩为前寒武纪拉轨岗日群、奥陶系、石炭系及二叠系，呈不规则环带状分布于岩体四周，相互之间多呈顺层拆离断层接触，发育构造片岩、糜棱岩带，最外为三叠系。康马隆起北翼地层产状为 NE∠17°～32°，南翼地层产状为 SE∠35°、SSW—W∠25°～30°。由于后期构造叠加，康马隆起的东侧岩体片麻理和地层产状为 NE—SEE∠5°～∠35°，西侧岩体片麻理产状为 W—SW∠12°～30°，表现为一个明显的近南北向背斜，这是喜马拉雅期较新的一期南北向褶皱构造的叠加。

在隆起带的南、北两侧分别形成了岗巴盆地和江孜盆地，两个沉积盆地的沉积分异从早侏罗世开始，一直到古近纪，虽然均保留有最高海相层，但沉积岩石组合有明显不同。自晚白垩世，江孜盆地表现出更强的活动性和复杂性，发生在古近纪早期的主期褶皱变形在岗巴盆地和江孜盆地中也表现出明显差异，显然受到该隆起带的隔挡和限制。所以，隆起带的最初形成应开始于晚三叠世末期，即印支期。

（二）高喜马拉雅带基底结晶岩系中褶皱构造

高喜马拉雅带中，也存在规模相似、形态相同的褶皱构造。该期褶皱属于先期结晶片理及片麻理的再褶皱，主要分布在亚东县幅沿喜马拉雅山脉国境线一带，卷入的地质体主要是亚东岩群的条带状混合岩、黑云石榴斜长片麻岩、角闪片麻岩等和聂拉木岩群的含石英大理岩、变粒岩等。褶皱比较宽缓，两翼大致对称，轴向由于受后期叠加构造的影响发生扭曲，但总体呈 NWW-SEE 方向展布。此期褶皱有分布在亚东县附近的洞青岗复式背斜、空木代恩向斜、扎虎觉背斜。在此，以洞青岗复式背斜为例加以说明。

洞青岗复式背斜(f_{16}):该背斜相当于测区西侧樟木倒转背斜的东延部分,卫管一等(1989)在《喜马拉雅地区前寒武系地质构造与变质作用》一书中将樟木倒转背斜延至亚东地区一段变成了正常背斜,本次野外实测剖面中的认识与之相吻合。

实测构造剖面可清楚地反映出洞青岗复式背斜(图 5-3)的形态特征,该背斜核部岩性为亚东岩群含矽线石石榴石黑云斜长片麻岩,南、北两翼为含石榴石条带状、眼球状混合岩,北翼近核部被后期侵入的石英二长岩脉破坏。总体上,该复式背斜以洞青岗为中心构成主背斜,南翼接近国境一带片麻理变化显示存在次级向斜和背斜。露头尺度上可见片麻理间斜长石斑晶形成的书斜构造,北翼与浅变质变形的盖层北坳组绿泥石英片岩呈韧性剪切带接触,中间被多期中酸性侵入岩及脉岩破坏、改造。平面上,主褶皱轴向为110°左右,长约15 km。北翼产状为NNE∠25°,南翼产状为SSW—SSE∠35°~43°,轴面近直立,枢纽近水平。

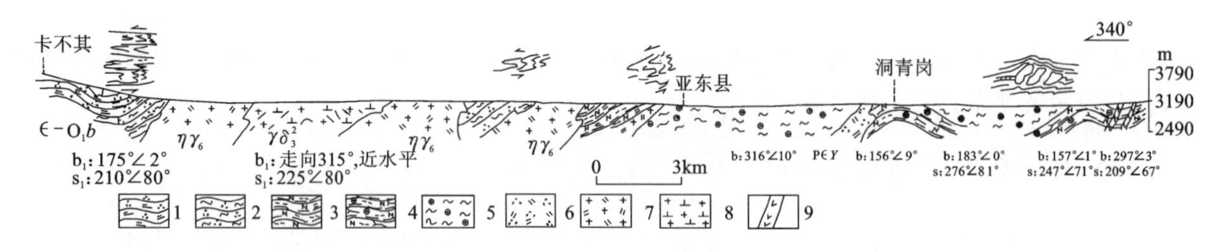

图 5-3 亚东地区洞青岗复式背斜实测剖面图

1.绢去石英片岩;2.绿泥石英片岩;3.黑云斜长片麻岩;4.含矽线石榴黑云斜长片麻岩;5.条带状混合岩;6.石英二长岩;7.二长花岗岩;8.花岗闪长岩;9.角闪岩脉

此外,在聂拉木岩群石英大理岩、变粒岩、石英岩、片岩等组合中,也发育较为宽缓的片理、片麻理褶皱,主要出露于亚东地区的中不(丹)交界附近,山陡峻险。褶皱轴面产状为355°∠85°,枢纽产状为272°∠20°。翼部伴生的次级褶皱枢纽产状为325°∠25°,与亚东岩群中的片麻岩、混合岩面理褶皱可能属于同期构造变形。在区域上,可与西侧的扎虎觉背斜相连,但枢纽波状起伏,其间被帕里北侧的第四系湖积盆地所掩盖。该期以片麻理、片理为形变面的褶皱变形,总体表现为宽缓的隆起或褶皱,褶皱波幅较小,波长较大,可能与三叠纪末期南、北两大板块碰撞所引生的印度活动大陆边缘的构造效应有关,是本区可恢复的最老一期片麻理、片理的褶皱变形。

(三)喜马拉雅主期褶皱构造变形(D_3)

该期褶皱构造变形卷入古近系及其下伏地层,规模宏大,从南到北,在测区内分布最广,组成复杂,变形强烈,并与走向逆冲断层一起构成了本区的主体构造格架。在北部的雅鲁藏布江带南缘的三叠系、北喜马拉雅带沉积盖层中表现最为明显。在基底结晶岩系中可能也存在该期构造变形,但主要表现为中深层次的韧性变形,与早期的主期变质作用有关的流变构造难以区分。

在江孜一带,主要表现为近东西—北东东向同斜倒转褶皱,组合成一系列平行排列的复式背斜、向斜,普遍造成沉积地层的倒转和重复,局部伴生走向逆冲(掩)断层,构成典型的褶冲带组合构造样式。褶皱轴面北倾,倾角中等—缓倾。野外填图,可见以上侏罗统维美组石英砂岩和下侏罗统日当组中的辉绿(玢)岩脉为特征标志层表现出这期褶皱的构造样式和变形强度(图 5-4),次级褶皱极为发育。典型的复式褶皱有金嘎复式背斜、卓嘎复式向斜等。

在哈金桑惹-康马隆起带以南的岗巴侏罗系—古近系盆地中,构造型式和规模相同,但在构造变形强度上明显变弱。褶皱构造样式以歪斜褶皱、宽缓褶皱为主,局部为倒转褶皱、短轴褶皱。与江孜地区相比,该带中逆冲(掩)断裂构造比较发育,在北喜马拉雅南、北亚带的分界断裂——岗巴-多庆错断裂带附近,局部形成逆冲推覆体和飞来峰构造。该区规模较大的褶皱带有岗巴向斜、尚堆向斜、甲金背斜、多定向斜等。另外,由于自北向南的挤压应力作用,在新老地层不同岩石中还表现有递进变形的特征,这是由于当时不同盖层所处的深度、构造层次不同及岩石本身的能干性差异所致。在侏罗系—白垩系强

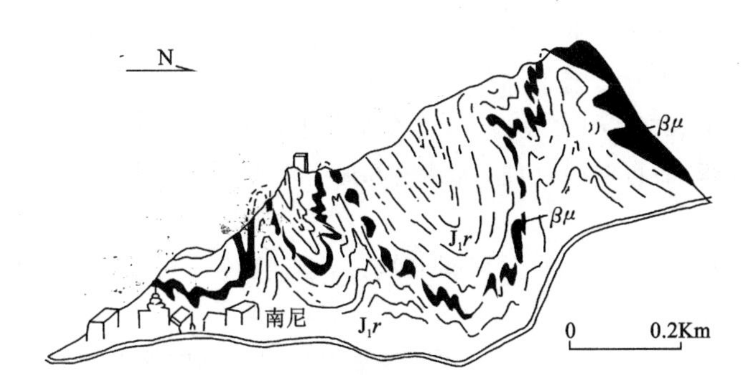

图 5-4　江孜县南尼西侧日当组钙质页岩和辉绿岩脉近东西向次级褶皱图

烈褶皱的核部，如维美组石英砂岩构成的背斜核表现为扇状轴面劈理，层理清楚。而在三叠系以前的地层中，普遍形成褶叠层构造和密集的轴面劈理。甚至在基底结晶岩系和古生界下部的沉积盖层中，可见石英脉体的紧闭同斜褶皱，根据其不对称褶皱所反映出的运动方向判断，也表现为自北向南逆冲作用的叠加，说明本期自北向南构造变形机制的一致性。

从褶皱构造卷入的最新地层来看，该期褶皱变形属于始新世中晚期。现择主要褶皱带简述如下。

1. 兵尼-狼把复式背斜(f_1)

该复式背斜为由分布在雅鲁藏布江带南缘三叠系穷果群、朗杰学群构成的复式背斜构造，其轴线长近 10km，近东西走向，核部为零星出露的穷果群钙质页岩夹灰岩，在兵尼—狼把一带最宽 2.5km。在剖面上表现为紧闭平卧褶皱，兵尼公路西侧可见其中黄褐色灰岩标志层形成醒目的倒转、斜歪肠状褶皱，轴面倾向北，倾角为 20°～45°。

2. 赛区-江孜复式向斜带

该褶皱带呈近东西向横贯江孜县幅北部，东端伸出区外。该带中部宽，略呈向南突出的弧形，东西两端变窄。褶皱卷入了侏罗系—古近系沉积岩系及侵入其中的早期基性岩脉，总体上由江孜复式向斜、卓嘎复式向斜夹金嘎复式背斜构成，均由一系列规模不等的轴面向北倾的同斜倒转褶皱构成。

(1) 江孜向斜(f_2)

该复式向斜轴迹大致沿雅马日—江孜县—冷浦展布，总体长度约 120km，宽 3～10km。在雅马日、冷浦出露核部最高海相层甲查拉组长石岩屑砂岩。冷浦实测剖面中见到这套碎屑岩系总体呈向北倾的同斜倒转褶皱；在达庆沟一带由甲查拉组钙质粉砂岩组成的褶皱形态，总体表现为轴面向北倾的斜歪-倒转褶皱，其轴向近东西走向，翼部出露上白垩统宗卓组浊流沉积岩组合，地层倾角一般为 50°～70°，其中北翼延出北侧区外。中段自郎嘎甲穷至各布西核部被雅鲁藏布江带南缘的三叠系上统朗杰学群逆冲推覆体掩盖。

(2) 金嘎复式背斜(f_3)

该复式背斜近东西向，长约 115km。主褶皱自赛区东南的谢公，向东经金嘎延伸至龙马一带。金嘎复式背斜在江孜盆地同斜倒转褶皱中最具代表性，被卷入的地层有日当组、遮拉组、维美组、甲不拉组和宗卓组。其北侧有构造形迹十分清楚的次级汪丹雪背斜、冲育-错浦复式背斜和棚布拉复式向斜构成；南侧次级褶皱有大热-别罗向斜、国热-吉丁背斜、和平向斜、年卓齐莫背斜等。

主背斜核部最宽 4km，以巴金、吉惹为界可分为西、中、东 3 段。轴面产状：西段为 NNE∠75°，中段为 NNE∠40°～50°，东段为 NNW∠35°～55°。总体形态：西段为斜歪，中、东段为倒转。褶皱枢纽：西段微向西倾伏，中段褶皱枢纽略呈波状起伏，东段明显向东倾伏，以致背斜核部在江孜南部一带呈喇叭口状向西张开。

北侧次级汪丹倒转背斜横断面清楚，核部地层为日当组含钙质泥质岩夹中厚层灰岩、遮拉组页岩，翼部地层为维美组石英砂岩，常形成紧闭圆滑的背斜转折端，局部为形态复杂的肠状揉皱。

在复式背斜中段巴金—吉惹一带，次级褶皱及断层褶皱组合特别明显，核部表现紧闭倒转。巴金-勒典剖面显示出以维美组石英砂岩强干层为标志层的同斜倒转褶皱，其轴面产状为 N∠40°～60°，正常翼和倒转翼分别伴生“Z”型和“N”型次级褶皱，且在褶皱紧闭处伴生逆冲断层，断层近地表倾角与褶皱轴面相同，向深部逐渐变缓，而再向西延伸，褶皱核部形态演变为主体斜歪、局部倒转。

(3) 卓嘎复式向斜(f_4)

主褶皱西起郎热，经登觉贡巴、卓嘎至东端的缺公，延伸出测区外，轴迹线全长 120km，核部宽 1～5km。中心部位的主向斜较为开阔。

以登觉贡巴、卓嘎为界可分为西、中、东 3 段，各段表现出不同的褶皱组合特征。西段和东段褶皱构造相对简单，复式向斜核部地层为宗卓组，次级背斜核部地层为日当组，转折端附近出露维美组石英砂岩。褶皱轴面均倾向 NNW，倾角 40°～60°。西段为斜歪褶皱，枢纽向北西西微倾伏；东段为倒转褶皱，枢纽向东倾伏明显，顺轴迹发育大量的褶纹线理。

中段是复式向斜展露最宽的地段，褶皱组合较为复杂。主向斜带北翼即为金嘎复式背斜的南翼次级褶皱带，由 7～8 条规模不等的次级褶皱构造组成。褶皱轴面总体倾向 NW，倾角 40°～85°，形成倒转和局部斜歪褶皱。枢纽倾伏向一律为 NE，代表性枢纽产状为 40°～60°∠15°～20°。

由于在自北向南推挤褶皱构造变形过程中受到康马隆起的阻挡作用，使得褶皱更加紧闭。卓嘎附近以维美组石英砂岩构成的背斜核部和邻近的向斜翼部靠得很近，且轴面几乎直立。在勘祖拉西侧还发育鼻状背斜，其倾伏端指向 NE50°～60°。

由此可见，在不同构造部位，同时期的构造样式和复杂程度也可能表现出千差万别。

江孜-赛区复式向斜带西端的保日附近，三叠系上统涅如组板岩中发育的与板理近于平行的大型 B 线理(枢纽为 NEE 向)，同样是该期构造变形的结果。

3. 塔杰区-嘎拉复式向斜带

该复式向斜带分布于哈金桑惹-康马隆起带以南，卷入地层为属于江孜盆地的侏罗系—白垩系，向南受岗巴-多庆错边界断裂限制，自西向东主要由屋久复式向斜和独拉复式向斜组成。

(1) 屋久复式向斜(f_7)

向斜轴迹东起东马，经屋久至昌母错，向西侧伸出测区，走向大致 285°～290°，长约 12.5km。向斜核部由甲不拉组页岩夹薄层细砂岩组成。两翼地层产状：北北东翼为 SSW∠25°～38°，南南西翼为 NNE∠22°～40°。褶皱总体近直立—歪斜，局部倒转，轴面产状为 NNE∠75°～85°。

其南、北两侧各有一条近平行的次级背斜和次级向斜，产状要素与主向斜相近。维美组石英砂岩在屋久西侧构成次级背斜的转折端，且显示背斜枢纽向 NWW 方向倾伏、向斜枢纽向 SEE 方向扬起。

(2) 独拉复式向斜(f_8)

该复式向斜的主向斜以独拉为中心向东、西两侧延伸，西至这穷，东至康马勒，近东西方向，全长约 60km。向斜核部地层为甲不拉组，出露宽度为 1～2km。翼部为遮拉组。轴面产状：西段为 NNW∠70°～80°，中段为 SSE∠70°～80°，东段为 NNW∠40°～50°。褶皱形态：中、西段以歪斜为主，东段倒转。褶皱枢纽总体向西倾伏，在独拉及康马勒南、北两侧形成以维美组石英砂岩为标志层的向斜转折端。在独拉—嘎拉之间，发育 3 个次级短轴背斜。在东、西段主向斜的南北两侧，次级褶皱最发育：东段北侧嘎拉以南伴生 2 个次级倒转背斜和 1 个次级倒转向斜，长度一般 20km 左右，南侧伴生 1 个次级背斜和 1 个次级向斜；西段南、北两侧也伴生有 3～4 个次级背斜和向斜。

独拉复式向斜构造带，在横向上表现出的轴面倾向变化及枢纽起伏变化，反映出南北挤压褶皱变形的不均衡性，或是后期近南北向褶皱构造叠加影响的结果。

4. 岗巴复式向斜带

岗巴盆地与江孜盆地褶皱构造系统成因机制相同，但其构造样式、变形强度均有差别。岗巴复式向斜带多以歪斜和直立褶皱为主，两翼较宽缓。褶皱变形卷入最新地层为古近系始新统遮普惹组。该带中较为突出的褶皱构造主要有岗巴复式向斜、尚堆向斜、甲金背斜、多定鼻状向斜等。

岗巴复式向斜(f_9):位于岗巴—塔克逊一线及其南部一带,主向斜轴线长约25km。核部地层为遮普惹组砾状灰岩,但核部顺轴线走向被岗巴-塔克逊断裂(F_5)破坏。褶皱紧闭程度中等,北翼局部倒转。主向斜北侧被一系列岗巴-多庆错分支断裂所限,南侧至惹母热一带发育次级向斜和短轴背斜,轴线一般小于5km,短轴背斜等间距平行排列,核部为古错村组长石岩屑杂砂岩夹页岩或上侏罗统门卡墩组石英砂岩,发育平行于轴线的向西倾伏的皱纹线理。测区西侧处于背斜翼部的石英砂岩层面上,发育菱形网格状共轭节理,锐角指示最大主应力方向为近南北向。

尚堆向斜(f_{10})和甲金背斜(f_{11}):是岗巴盆地东侧白垩系—古近系中发育的一套较为宽缓的褶皱系统,如在东端垭日我莫—索弄一线由东山组页岩、察且拉组粉砂岩夹灰岩透镜体、岗巴村口组灰岩夹页岩组成的宽缓向斜,和基堵拉组石英砂岩、宗浦组砾状灰岩组成的宽缓背斜。东端多庆附近地层产状平缓,一般倾角为14°~30°,局部近水平,其褶皱轴面倾向SSE和NNE,近直立,局部斜歪。

盆地南侧的多定鼻状向斜(f_{12})的枢纽向南西230°方向扬起。

三、与伸展拆离作用有关的剪切流变褶皱变形(D_4)

该类褶皱变形主要发育在测区南部亚东一带的高喜马拉雅结晶岩带与早古生代沉积盖层之间的主伸展拆离断层带附近,及康马隆起带周围二叠系以下地层中的顺层拆离断层带内,与藏南拆离系密切相关,形成于中深构造层次,普遍发育与顺层韧性剪切作用伴生的层内剪切流变褶皱,轴面劈理平行于糜棱面理或构造片理,剪切方向表现为上层相对下层自南向北运动。形成时代大致在始新世末—中新世中期。

1. 藏南拆离系(STD)主断层两侧地层中的流变褶皱

构造形变集中表现在亚东岩群的片麻岩、混合岩中,聂拉木岩群的大理岩、片岩、变粒岩,北坳组片岩夹变石英砂岩及甲村组下部的泥质结晶灰岩层中。主要表现为强烈变形的顺层剪切流变褶皱,分布于伸展拆离带附近,与韧性剪切带紧密相关,叠加在早期自北向南的同斜倒转褶皱之上,因此一些野外露头上可以看到相互矛盾的剪切标志(图5-5)。

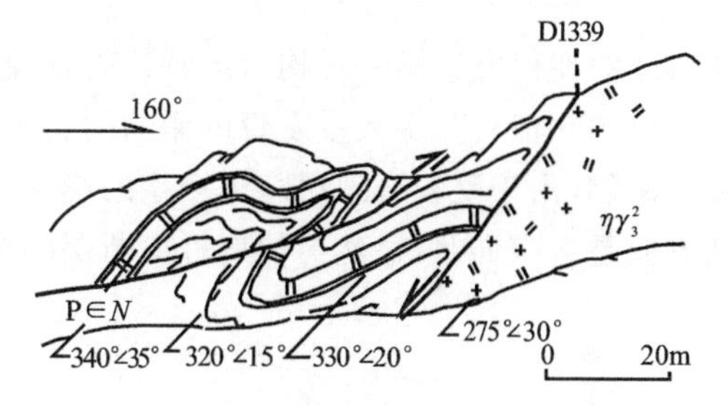

图5-5 聂拉木岩群中的逆冲与伸展滑脱构造,帕里镇北东侧图

该期褶皱常与拉伸线理伴生,一般指示自南向北剪切。露头尺度上常见的构造样式有固态流变褶皱、褶叠层构造、无根钩状褶皱和平卧褶皱等(图5-6)。由于顺层韧性剪切变形的影响,露头尺度上往往造成岩石地层增厚的视觉,但实际上这种伸展体制下的顺层韧性剪切在时间上是一个递进变形过程,在构造效应上造成岩石地层减薄和缺失。

2. 康马隆起周围与伸展拆离变形有关的流变褶皱

大量发育于康马隆起拉轨岗日岩群的蓝晶石石榴云母片岩、黑云变粒岩夹石英大理岩、石英片岩,奥陶系钙质构造片岩,石炭系雇孜组生屑结晶灰岩或大理岩及二叠系破林浦下部结晶灰岩和大理岩中。上述不同地层单元之间,均有强弱不等的拆离断层带相隔,流变褶皱构造往往在此附近强烈发育。

黑云石英片岩中长英质脉体的肠状揉皱、无根钩状褶皱(图5-7),大理岩中发育与伸展有关的褶叠层,露头尺度的顺层平卧、掩卧褶皱等,均显示自南向北的顺层剪切变形机制,与拉伸线理、S-C组构等反映的构造运动方向是一致的。而Burg J P等(1984)可能是将上述构造与早期的自北向南的逆冲推覆构造形迹混为一谈了,因此得出自北向南的构造运动模式。

康马县城西侧的雇孜山(5005高地)与伸展作用有关的顺层流变褶皱极为发育可作为一个典型代表(图5-8),其主体岩性为石炭纪雇孜组灰岩及大理岩,可能卷入了上覆地层,形成构造混杂带。何科

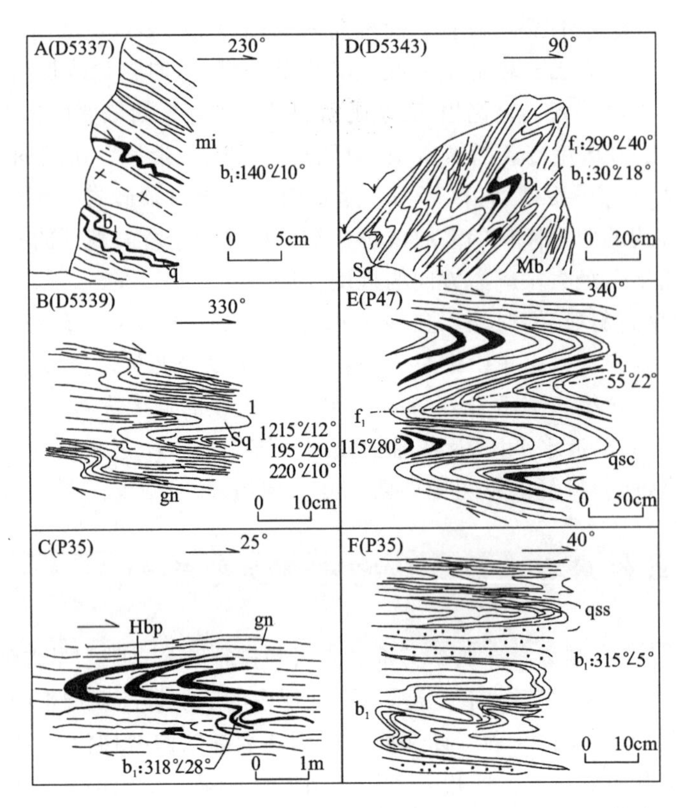

图 5-6　藏南拆离系主断层附近变质岩系和盖层中流变褶皱构造图

昭(1982)在研究康马一带构造的特征时称雇孜山褶皱为雇孜倒转背斜，作为康马背斜的次级褶皱解释是可以的。但将其中大量发育的紧闭同斜和相似褶皱也作其伴生的次级构造是不合适的。此处于康马隆起南侧，由于受岩石地层总体产状的影响，流变褶皱轴面倾向 SW，但各种剪切运动标志表明剪切运动方向是自南向北，显然与伸展拆离断层的构造变形有关。

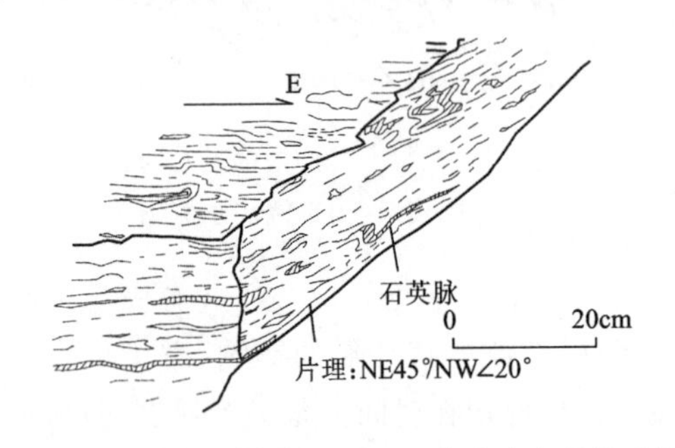

图 5-7　拉轨岗日岩群中黑云石英片岩中长英质脉体的肠状揉皱、无根钩状褶皱图

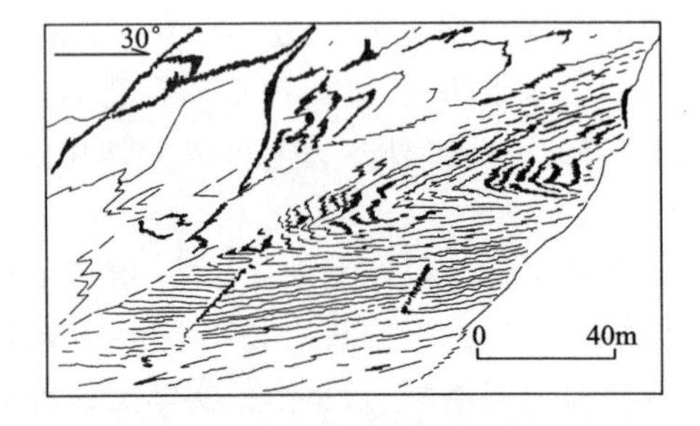

图 5-8　康马县城西侧石炭系—二叠系中与伸展拆离有关的流变褶皱图

四、南北向叠加褶皱变形(D_5)

近南北向褶皱构造为本区最晚一期叠加构造变形，其形成时代应在伸展拆离构造之后，即中新世晚期以后。在区域上主要表现为叠加在哈金桑惹-康马隆起带上的近南北向宽缓的短轴背斜和露头尺度的南北向褶皱带。前者以康马背斜最为典型，后者主要分布在赛区、汪丹、涅如东侧及亚东地区的古生代、中生代沉积盖层岩系中。由一系列规模不等的近南北向褶皱组成，成带分布。在有近南北向褶皱构造叠加的部位，地层产状及早期近东西向褶皱枢纽多发生明显变位，构造样式复杂多变。此外，在不同部位的不同地层中，可见晚期石英脉、方解石脉形成的小型不对称褶皱，以及在变质岩中片理、糜棱面理形成的南北向皱纹线理等，为确定该期叠加构造变形及更高级序褶皱构造存在提供了依据。

在前人的研究中，尹集祥等(1979)和汪一鹏等(1979)曾提到喜马拉雅带存在南北向褶皱构造。后来，石绍清等(1986)曾对喜马拉雅中段珠峰地区的南北向褶皱构造进行了研究，其与本区南北向褶皱构造特征非常相似，可见具有重要的区域性构造对比意义，估计用“南北向的区域主压应力在大型(东西向)背斜顶部诱导出来的派生应力”难以合理解释其形成的动力学机制，需要从整个喜马拉雅构造的形成和演化背景来探讨这一问题。

1. 康马南北向背斜(f_{17})

康马背斜在朗巴—康马一带表现为以片麻状黑云母二长花岗岩为核部的一条近南北向背斜，其核部轴迹长约 12km，东西向最宽 5km，为一短轴背斜。背斜东、西两翼大致对称，倾角缓—中等。翼部由内向外依此为前寒武系拉轨岗日岩群、奥陶系及二叠系，转折端宽缓、圆滑。据野外观察，在拉轨岗日岩群石榴石黑云母片岩中可见近南北向的皱纹线理、小型杆状体等伴生构造。在康马隆起北侧，南北向背斜的西翼上部地层甲不拉组泥质灰岩中可见由晚期方解石脉形成近南北向的小型不对称牵引褶皱，运动方向为上层相对下层自西向东，反映康马背斜形成于纵弯机制。

在康马—孟扎一带，康马背斜表现为以破林浦组为核部的北北东向宽缓背斜，轴线长约 30km，翼部为肠状展布的比聋组石英砂岩、白定浦组大理岩夹康马组含砾砂质板岩，该背斜叠加在近东西向的褶皱带上，使早期褶皱枢纽波状起伏。何科昭(1982)在研究康马一带构造变形特征时命名的一系列轴向彼此平行的北东向次级褶皱，大致包含在该期褶皱构造中。

2. 赛区近南北向褶皱

赛区一带上白垩统宗卓组中，由于近南北向叠加褶皱变形的影响，使早期近东西向褶皱枢纽和轴面发生扭曲、变位，在露头尺度上褶皱形态复杂多变，很不协调。

如在色弄附近的实测剖面中，对褶皱两翼岩层产状进行系统测量和投影，求得 4 组不同褶皱枢纽和轴面产状：①近东西向倒转褶皱，野外可见其正常翼部发育露头尺度上见“Z”字型次级褶皱，倒转翼发育“N”字型次级伴生褶皱，倒转背斜枢纽产状为 275°∠20°，轴面产状为 340°∠17°；②北东向褶皱，形态有尖棱、开阔、等厚，代表性轴面产状为 310°～340°∠82°～85°和 100°～120°∠78°～80°，对应的枢纽产状为 210°∠9°及 35°～60°∠26°～40°；③北西向褶皱，形态多为尖棱褶皱，轴面产状为 35°∠60°，枢纽产状为 345°∠35°；④近南北向褶皱，形态较为开阔，轴面产状为 92°∠77°，枢纽产状为 8°∠23°。

分析实测剖面不难看出，上述 4 组褶皱枢纽和轴面产状实际上是近南北向褶皱变形叠加早期近东西向褶皱构造，使早期部分褶皱枢纽变位和轴面弯曲所致，当然，同时也形成了南北向褶皱。这种叠加褶皱构造变形集中成带分布的特征非常明显，在没有该期褶皱变形叠加的部位，北西向和北东向的褶皱构造形迹是很少见的。

3. 汪丹近南北向褶皱

汪丹北侧约 5km 的莎俄一带，出露雅鲁藏布江带南缘下、中三叠统穷果群，岩性组合自下而上为页岩夹灰岩透镜体、钙质砂岩夹页岩、灰岩夹钙质页岩。此处发育近南北向的褶皱构造组合，页岩夹灰岩透镜体构成背斜的核部，上部砂岩夹页岩构成向斜的核部(图 5-9)。其中背斜两翼东翼的产状为 65°～90°∠75°～80°，西翼的产状为 300°∠50°。利用吴氏网赤平投影求得轴面(S_1)产状为 87°∠80°，枢纽(b_1)产状为 8°∠25°。此外，由于南北向叠加褶皱变形的影响，三叠系岩层产状复杂多变，早期一系列近东西向倒转褶皱构造受到强烈的改造，其枢纽和轴面的产状变化明显。

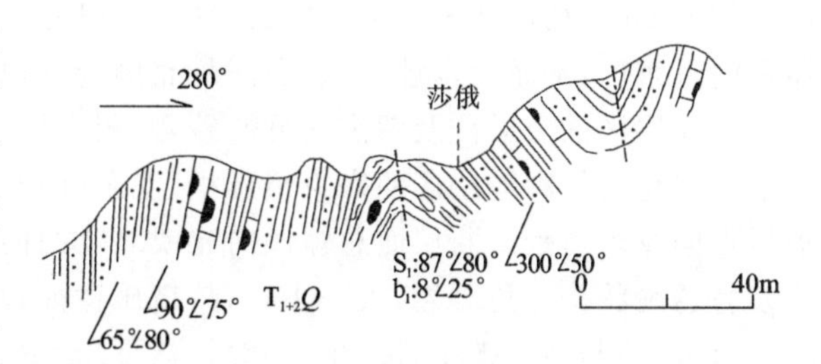

图 5-9　汪丹雪北侧三叠系穷果群中的南北向褶皱图

4. 阿康日向斜

阿康日向斜大致相当于卫管一等(1989)所称的亚东向斜。本次重新命名主要考虑到组成向斜核部的地层(主要为二叠系、三叠系)集中分布在阿康日一带。该向斜轴迹大致沿亚东-阿康日以南呈 NE30°方向展布,区域上其北延至帕里以北的多庆错地区,轴迹长达 50km 左右。其核部、翼部由于被多组方位的脆性断裂切割破坏,地层残缺不全,或叠置顺序紊乱。所以该向斜构造形迹不太明显。该向斜扬起端位于帕里以北,第四系掩盖严重,向西南因受到北西西向的洞青岗复式背斜的限制而消失,其南东东翼顺北北东方向沿中不(丹)边境线附近,向北北东延伸较远,代表性产状为 SWW∠25°～38°;北西西翼自顶嘎至阿康日展布,地层产状为 SEE∠2°。翼部地层组成从老至新有亚东岩群—三叠系。

第三节　断裂构造

测区内断裂构造系统较为发育,野外所见切割基底断裂稀少,主要为切割盖层的脆性、韧脆性断裂,切割的地层为寒武系—古近系。通过卫片遥感解译的主要为切割岩体的高山峡谷地带及第四系下隐伏的断裂。现在的热温泉眼出露点可能是正在活动或古断裂再度复活的证据。总体主要表现为新生代以来陆壳强烈的脆性、韧脆性构造变动,从规模、分布广度等方面看,均以近东西向为主,而北东(东)向、北西(西)向、近南北向次之。若按其性质类型可划分为:逆冲(掩)断裂、平移及共轭断裂系、正断层等几大类,每一大类中又可按递进变形的程度、方位的不同、应力场组合不同分出亚类。

一、逆冲(掩)断层

区内分布最为广泛,尤以江孜盆地和岗巴盆地系统内最为发育,它们在形成本区的脆性构造格架系统中起主导作用。其规模宏大,一般延伸 20～120km 不等,大都横贯全区。几乎全呈近东西向展布,主断面倾角一般下部稍陡,向上变缓,且顺断层走向断层面产状变化较大,其前缘常发育低角度的推覆体、飞来峰构造,往往构成不同构造分区的边界断裂。与始新世前后南北两大板块碰撞造山褶皱时相伴成生。其中著名的有汪丹-江孜北逆掩断层(F_1)、岗巴-多庆错断裂带(F_4),局部地方发展成逆冲推覆体和飞来峰构造。较大规模的主要还有:阿汝-田巴断裂、拉力山-嘎拉错断裂、岗巴-南木穷断裂。图幅内在喜马拉雅造山带南侧同时期形成的还有主中央断裂(MCT)和主边界断裂(MBT)(因在境外不作叙述)。下面将对该类型几条主干断裂进行描述。

1. 汪丹-江孜北逆(掩)断层(F_1)

该断层属于雅鲁藏布江构造带南缘和北喜马拉雅特提斯沉积褶冲带北亚带的分界断裂,相当于1∶100万日喀则幅区调中所称的雄如-勇拉断裂带,也是测区内规模较大的断裂之一,它东起土故西嘎向西南拐至郎嘎甲穷、汪丹北又呈曲折状向东延伸至江孜县北侧的珍珠康沙,两端均朝北伸出图幅外。总体走向近东西,平面上呈港湾状,在汪丹北侧金刚拉附近向东南凸出一部分,全长约 75km,上盘为雅鲁藏布江地层区的穷果群及朗杰学群的砂岩、灰岩地层,卫星遥感影像呈灰绿色调,地层走向纹饰较清楚、下盘为北喜马拉雅地层区的宗卓组震积、混杂沉积页岩夹砂岩灰岩团块,卫星遥感影像呈黄(绿)色调,地层走向纹理清楚。断层面总体倾向北或北北西向,倾角变化很大,地表倾角从 15°～80°不等。沿断层带发育透镜状构造角砾岩,大小不一,具挤压特征,江孜北侧顺断层面有闪长玢岩、石英闪长玢岩及安山岩脉侵入,或与断层带平行产出,一般长数百米,宽 20～50m。

断裂中段局部演化为低角度的推覆体、飞来峰构造,如在金刚拉东侧两条近平行的填图路线剖面显示向南东凸出的朗杰学群呈推覆体构造特征,D1196 点两侧地层产状不一致,下盘(宗卓组)产状为 15°∠32°、上盘(朗杰学群)产状为 195°∠47°,断层面为一红色风化带,产状为 185°∠30°,D1196 以北的热马一带,断层面倾向 NNE,显示该逆冲推覆面是波状起伏的。

在汪丹雪北侧茶玛附近的公路西侧，可以看到三叠系穷果群泥质灰岩直接逆冲推覆在白垩系甲不拉组和宗卓组之上，下盘地层中产大量箭石化石，上盘地层中产印度鱼鳞蛤化石。在其西部的托嘎拉一带的山脊上，三叠系穷果群及朗杰学群推覆于宗卓组之上。

与这一主干断裂相伴生的次级逆冲断裂还表现在上盘朗杰学群内的页岩和砂岩软硬接触带附近产生角砾岩，宗卓组内部产生构造破碎带。

由于该断裂的逆冲推覆，使雅鲁藏布江地层区的三叠系穷果群、朗杰学群叠覆于江孜盆地系统的侏罗纪、白垩纪地层之上，空间上显示出相当大的位移量，这一时期大致是南北两大板块碰撞后的陆内褶皱造山时期，即始新世晚期—更新世期间。

2. 岗巴-多庆错逆冲断层(F_4)

该断层属于北喜马拉雅特提斯沉积褶冲带南、北亚带的分界主断裂，是1∶100万日喀则幅、亚东县幅区调报告中所称的“尺马墩-多庆错分界断裂”的东端部分，测区内西经岗巴伸出区外，向东至多庆错后被第四系掩盖，但卫片图像解译表明有隐伏断裂通过，延伸长度约85km，为区内最长的逆冲断裂，主断面倾向北，呈近东西走向，向南弧形突出。断裂以北遥感影像为黄色、灰黄色调，以南为灰红色调，线性界面标志清楚，具很好的可对比性。沿断裂带局部地段发育角砾岩且有湖泊、沼泽、温泉分布，表明是一条活动断层带。另据物探资料推测其为一条切割较深的断裂。断裂控制了江孜、岗巴盆地中的侏罗纪—白垩纪沉积地层特征分异。

据断裂切割地层差异，自西到东大致可分为3个区段：西段自塔杰西至塔克逊北侧，有2～3条分支断裂构成逆冲推覆断裂带，其中北侧一条较陡，为分界主断层，下盘为东山组页岩，局部为察且拉组，上盘一般为维美组石英砂岩，局部为遮拉组页岩，断层面代表性产状为15°∠34°；中段自塔克逊至垭日我莫一带，下盘一般为东山组，局部为宗浦组；上盘为维美组石英砂岩，断层面一般倾向北北东或北北西，倾角25°～40°；西段自垭日我莫经多庆往东被第四系掩盖，下盘为基堵拉组砂岩，上盘为日当组钙质泥板岩，断层面产状为340°∠25°。通过野外路线填图和实测剖面所作西段断裂带的联合剖面表明北喜马拉雅维美组石英砂岩经逆冲推覆呈中缓倾角(20°～38°)，向南推覆于东山组页岩和察且拉组钙质粉砂岩、粉晶灰岩之上，形成长条状飞来峰构造(图5-10)，该飞来峰长大于10km，宽300～700m。据其与塔杰-多庆错主断裂相对位置推测其自原地系统向南西方向推覆位移量为0.7～2km(比北部的F_1推覆体位移量明显变小)，说明同时期水平推挤应力从北往南逐渐减弱。

从该断裂控制南北两侧的沉积建造及其切割地层关系判断可能萌生于早侏罗世，最终定型于始新世至更新世。

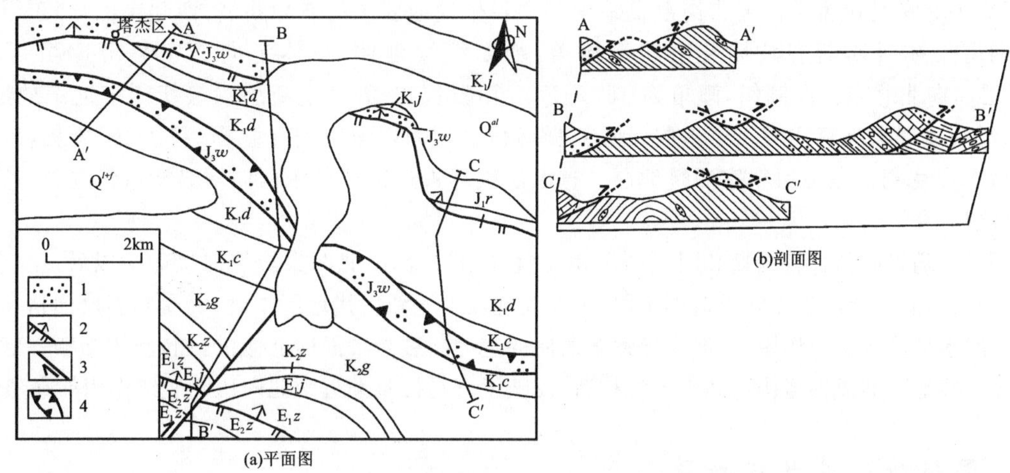

图5-10　岗巴北塔杰一带逆冲推覆构造图

1.石英砂岩；2.逆冲断层；3.平移断层；4.飞来峰；J_1r.下侏罗统日当组；J_3w.上侏罗统维美组；K_1j.下白垩统甲不拉组；K_1d.下白垩统东山组；K_1c.下白垩统察且拉组；K_2g.上白垩统岗巴村口组；K_2z.上白垩统宗山组；E_1j.古新统基堵拉组；E_1z.古新统宗浦组；E_2z.始新统遮普惹组

3. 阿汝-田巴逆冲断裂(F_2)

该断裂分布在康马-哈金桑惹隆起带北侧,起于阿汝北侧一带,经卓嘎止于田巴乡东南侧,总体围绕康马隆起呈向北拱出的弧形展布,西端走向大约55°、东端转为100°左右,全长近80km,有断层角砾岩出露,断层面均切割上、下盘地层,分割了北喜马拉雅特提斯沉积褶冲带北亚带内的侏罗纪(上盘)地层和三叠纪地层涅如组,卫星遥感图像上断裂带两侧色调差别明显,北侧泥岩褐黄色、南侧板岩深蓝灰色。野外调查表明,中段靠近康马花岗岩体与围岩接触带附近,由于受后期康马隆起分层韧性剪切伸展构造作用的叠加,该断层表现为一定的韧性变形特点。断层面向北倾,倾角与变质地层一致,并造成侏罗系日当组和三叠系减薄;东端出现同方位分支断裂,田巴附近断层面较陡,70°左右,断层上盘为维美组石英砂岩,下盘为遮拉组黑色页岩夹薄层砂岩条带,围岩产状和断层面相抵,断层带宽约5m,物质成分为次棱角状大块石英砂岩角砾(0.5~1m),基质为黑色炭质泥页岩,并可见其挠曲变形,局部见挤压窗棱构造,线理为85°∠35°,显示逆冲挤压特征。

4. 拉力山-嘎拉错逆冲断裂(F_3)

断裂西起拉力山西侧,东至嘎拉错东北侧的拉亚公路附近。断层带大部分地段为第四系湖沼沉积及洪冲积所掩盖,卫星遥感解译结果同F_2。总体近东西向,呈略向南突出的波状弧形,全长约65km。断层面倾向北北东、北北西,倾角20°~52°。主要是分割三叠纪和侏罗纪地层的逆断裂,西端深入到侏罗纪地层内部,通常上盘为涅如组绢云板岩,下盘为日当组泥质岩、钙质页岩及遮拉组页岩、砂质页岩。

中段局部断层露头点D1417上可见涅如组(T_3n)板岩推挤于维美组石英砂岩之上,形成断层镜面,面上有擦痕(325°∠84°),发育的节理(50°∠71°)中充填质地坚硬的灰色硅质脉,在其东侧可见有断层三角面地貌;D1174点逆断层上盘板岩出现的伴生牵引褶皱非常清楚地显示运动方向(图5-11),且断层处岩石碎裂,擦痕发育;东段D1261逆断层上盘涅如组板岩发生牵引平卧褶皱,断层面产状为340°∠23°,枢纽产状为235°∠12°,断层带内见灰黄色构造角砾岩,砾石以板岩、细砂岩为主,少量石英脉。

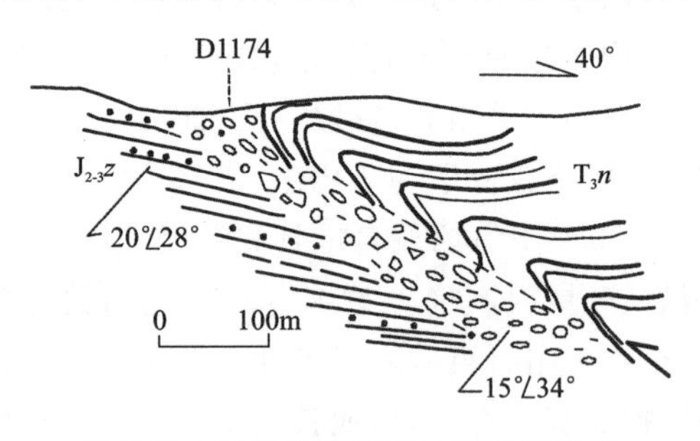

图5-11 嘎拉错西端逆冲断层素描图

5. 岗巴-南木穷逆冲断裂(F_5)

该断裂为北喜马拉雅带南亚带岗巴盆地内部中新生代地层中的逆冲断裂,西起岗巴县,东至南木穷东侧,中间由于被后期断裂破坏及第四系掩盖,断断续续延伸,总体走向NWW—SEE向,长度约75km,断层面向北北东方向倾斜,倾角为15°~20°。西段岗巴-塔克逊断层顺层切割古近纪地层,下盘为遮普惹组灰质砾岩夹钙质泥页岩地层,地层向南倾,上盘为宗浦组泥晶生屑、粒屑、鲕粒灰岩地层,地层倾向北;东段切割自东山组至宗浦组地层。据断层破坏古近纪地层东西向褶皱构造情况看,其应发生在始新世之后。

综上所述,随着始新世特提斯和冈底斯沉积洋盆开始拼合,南北两大板块对接碰撞以后,至更新世印度板块被动大陆前缘全面进入陆内造山阶段,主要表现在中—新生代地层中,由于受向南反向挤压叠瓦逆冲,在强大的水平挤压应力作用下,最终导致东西向的逆冲断裂与轴面向北倾的倒转斜歪褶皱一起组成褶冲带,并在一些地区形成推覆构造和飞来峰构造,反映了喜马拉雅期近南北向压缩变形作用的强烈性。

二、平移断层及共轭断裂

测区自古生界至新生界沉积盖层中,广泛发育北(北)东、北(北)西向和近南北向平移断层。这类断层用卫片解译比野外填绘效果更好,在地貌上多沿沟谷、湖泊、沼泽凹地呈线状展布,宏观上多构成一级和二级水系，规模从几千米至数十千米不等，卫星影像上可见较大的湖泊如多庆错外貌似菱形状。据实测和卫片解译统计，北(北)东向一组方向一般以 5°～20°为主，个别达 60°左右；北(北)西向一组以 325°～355°为主。平移断裂常成直线状切穿所有新生界以外的地质体，包括岩体(脉)，常错断、错开东西向断裂。少数平移断层后期发生正断层活动效应，野外表现为平移正断层。其中前者两组断裂在空间上往往组成共轭断裂系统，如在康如、嘎拉错、南木穷、岗巴南、亚东北东侧浦松拉一带的平移断裂系统中，这种现象比较明显。现就测区内的平移断层和几组主要共轭断裂系作一概述。

1. 平移断层

非共轭的平移断层以北北西向、近南北向多见。自北往南具一定规模的有查果(F_{22})、江孜-波习布达(F_{23})、吉鲁(F_{28})、吉鲁-生查浦(F_{29})、拉力山-多布加(F_{30})等实测平移断层；测区西部保日—哈金桑惹一带山峰突兀，其间沟谷深切，卫星遥感影像近南北向线性构造突出，且使地层和先期构造发生错动，主要解译出 F_{21}、F_{24}、F_{25}、F_{26} 四条平移断裂。

平移断层露头点表现明显的如 F_{23} 为一条左行平移断层，其北端断层面产状为 280°∠85°，有长轴平行于平移方向的构造透境体产出。

2. 共轭断裂系

(1) 康如-嘎拉错共轭断裂系

该断裂系分布于康马和哈金桑惹隆起中间部位的康如—嘎拉错一带，主要通过卫片解译所得，是测区内影响范围最广的一套共轭断裂系，规模较大，自康如—嘎拉错影响东西宽和南北长各 40km 左右，宏观上特征比较明显，由北东向江孜-孟扎断裂南延部分和北西向的曲松-独拉平移断裂(F_{27})构成，其中 F_{27} 断裂，地貌上由串珠状、线性凹地、小型湖泊连成一线，走向为 325°，长愈 35km；北东向控制断裂走向方位 60°。切割了东学浦-嘎拉错(F_3)近东西向逆冲断裂。证明这套共轭系统存在的依据有：①共轭断裂系北侧侏罗纪—白垩纪褶皱地层沿断裂 F_2 斜向西南呈舌状挤入三叠纪板岩中，突出的舌状体长度近 20km，宽 5～15km；②断裂系南侧在剪切位移作用下，东学浦-嘎拉错断裂错位，并形成小型裂陷，即东西向的嘎拉错湖沼凹地。

(2) 南木穷-邦卡拉共轭断裂系

该断裂系位于南木穷以东，扎日巴典以西，南至帮卡拉一带，由北西向的南木穷-帮卡拉左行平移正断层(F_{15})和北北东向扎日巴典左行平移断裂(F_{32})构成。前者长度规模 15km，由 2～3 条平行断裂构成，带宽 3km，走向 330°，断层面倾向北东；后者长 12km 左右，走向 10°，断层面倾向 SEE，东盘略有下降，断裂带见硅化角砾岩。它们均切割白垩纪—古近纪地层，也切割了东西向岗巴-多庆错断裂(F_4)和岗巴-南木穷断裂(F_5)。

(3) 浦松拉共轭断裂系

由北北西向顶嘎-阿康日平移断裂(F_{34})、浦松拉-彩淌嘎左行平移断裂(F_{36})及阿康日南面小规模平移断裂一起构成不完整的共轭断裂，其共轭的核心部位在阿康日西南侧，多被第四系掩盖，虽然各分支断裂规模小、掩盖严重，但总体共轭构造格架清楚，分支断裂与被切割的 3 条东西向正断层形成三角状网格，网格中为古生代—中生代浅海相沉积地层残块，层位缺失，最老地层为北坳组石英片岩，最新地层为德日荣组石英砂岩。

综上所述，平移断裂生成的构造背景与近南北向挤压应力密切相关，空间上常处于东西向褶皱的两翼，并与轴向交叉，可见它们在成因上具有系统性，其主应力场来源于北偏东方向挤压。但共轭断裂中有的不严格配套，可能存在近东西向侧向挤压的叠加。总体形成于板内造山期或稍后的始新世末。

三、其他类型的断裂

后期伸展环境下，由于挤压应力松弛，由逆冲断裂活动转化为正断层活动，但其规模和强度小得多。

近南北向张性断裂也是本区脆韧性断裂系统中不可缺少的组成部分，规模从几千米至几十千米不等，广泛发育于寒武纪—新生代地层及结晶基底内部，往往切割东西向断裂及喜马拉雅期岩体。平面上往往呈追踪张性裂隙性质，垂直断面上呈高角度相对正断层形式产出，断层面倾角一般在50°～80°之间，应是南北向挤压和东西向拉张应力作用的结果。

江孜-孟扎断裂，属于区域上羊八井-亚东裂陷的一部分，规模较大，长度大于65km，北端多被第四系掩盖，切割所有新老地层，物探资料显示为一条深断裂，多期活动，具追踪张性裂隙性质，在康马北侧和孟扎附近沿断裂带分布大面积泉华，西藏自治区地质矿产勘查开发局地热地质大队对顶部较老的钙质泉华测年表明热泉开始活动年代为早更新世，且现在有多处热温泉眼点出露，水温多在40°～60℃之间，表明其为一条直至现在仍在活动的断裂。

亚东北至多打发育的小型地堑，据物探推测亚东地区的北北东向断裂可能为深断裂，长度大于30km，表现为一系列走向近南北、倾向相对的高角度小型正断层，总体趋势向北撒开、向南聚敛，自东向西主要由绰莫拉日(D5357)一带的F_{38}断裂、帕里-浦松拉断裂(F_{17})、浦松拉-彩淌嘎断裂(F_{36})、多打-勒日岗右行平移正断裂(F_{35})和麻曲断裂(F_{37})构成。其中F_{35}断裂面倾向东，擦痕显示正断层；F_{38}断层面产状为270°∠63°，镜面擦痕中残留绿泥石化蚀变薄膜；同时F_{35}、F_{38}断裂平面上错动了喜马拉雅期侵入体告乌二长花岗岩(ηr_6)(20Ma)及加里东期的二长花岗片麻岩(ηr_3^2)，另外还切割结晶基底。麻曲是一条近南北向顺断裂深切的河谷，快速下切的时间应同断层活动同步，其最高第四系河流沉积阶地中沉积物热释光年龄为48±3.6ka，高出现代河床边150m左右。这些综合迹象限定了亚东裂谷的成生下限时代为更新世。此外同时期由于走滑拉分形成活动性断层，在嘎林岗北侧形成小型拉分盆地。

测区东边的热古-五尖雁列状断裂带是综合野外填图和卫片解译分析得出的，是由综合成因类型的断裂构成：东边由热古-岗嘎勒正断层(F_{14})构成主断层，长约20km，切割二叠纪—三叠纪地层，其断层面顺走向扭动变化，北段倾向NEE，南段断层面产状NWW∠55°；西边由隐伏于第四系之下措嘎勒NNE向两条平移断裂构成主断层，主断层之间挟持一系列NE向伴生的次级雁列排布的裂隙。由于五尖一带终年被冰川覆盖，不能涉足，只能从宏观上观测判定该断裂带具右旋特征。

四、断裂构造活动演化

如前所述，测区内断裂活动开始发生在晚中生代，而广泛发育则集中在新生代。挤压机制往往形成逆冲、平移和共轭平移断裂系统；引张作用往往形成正断层及平移正断层。根据不同机制、不同时代断裂彼此间的交切关系、性质、组合规律及其与地层之间的关系，大致可得出测区下列的主要断层活动顺序。

东西向逆冲断裂同生于东西向盖层之中的同斜倒转褶皱，并一道共同构成区内规模宏大的褶冲构造带，是本区相对早期的断裂，其中岗巴-多庆错逆冲断裂最早生成于侏罗纪末，其分割了两大盆地白垩纪以来的沉积建造，其他逆冲断裂都成生于始新世—早更新世；同时期或稍晚，在相同应力机制下，区内形成北(北)东向和北(北)西向共轭平移断裂系统；大约在中晚更新世，由于南北向的伸展构造作用，发育了近东西向正断裂，并使一些先期的逆冲断裂性质发生转换，再次活动，是和该时期藏南拆离系剥离断层相匹配的断裂系统。新生代后期在北北东向挤压应力源持续存在的情况下，伴随东西向侧向区域应力构成合应力的作用，近南北向正断裂、平移正断裂及追踪张性断裂系统，有些张性断裂如江孜-孟达断裂(F_{20})带上出露多处热温泉，麻曲断裂(F_{37})老河床阶地的抬升、新河床的下切都表明其至今仍处于活动阶段。

总之，测区断裂构造演化历史比较清楚，燕山期—早喜马拉雅期以韧脆性的逆冲断裂、共轭平移断裂为主；晚喜马拉雅期则以具脆性的正断层、张性断层为主，它们均属浅层次的构造变形作用。

第四节　藏南拆离系

造山带的研究是构造地质研究的重要方面。经过百余年来许多地质学者的研究，得出了传统的挤压造山带的概念，然而近十年来通过对造山带的进一步研究表明，在挤压造山带中存在着与挤压构造同时和平行的伸展构造，说明在岩石圈的一些地方发生了浅部拆离。喜马拉雅造山带是当今世界上最年轻、最宏伟的造山带，存在着与挤压构造同时和平行的伸展构造。它位于高喜马拉雅带和北喜马拉雅带南亚带之间，布尔格等(1984)首先把这个带作为东西走向的北倾正断层，经中外学者研究认为它是东西走向北倾的正韧性剪切带，称之为藏南拆离系(STDS)。其成因机制一般认为与青藏高原地区在始新世末—渐新世初处于南北向挤压构造背景下形成比较紧闭的东西向逆冲推覆构造带同时或稍后。由于持续的褶皱隆升，使表(浅)部地壳逐渐加楔增厚；另一方面，由于印度板块朝北向下的垫托作用，从而导致西藏南缘下面地壳的持续加厚，由于均衡补偿而使地形抬升，这提供了更大的垂直应力以驱动伸展作用，当印度前陆和西藏南缘之间的地形高度差距最终增加至在山脉之下的上部地壳岩层强度无法再承受由于高差所产生的应力时，导致重力滑脱的结果。测区内自南部亚东—北部康马隆起一带广泛发育，在地壳的浅部以区域性大规模的低缓角度韧性剪切正断层相连，自南到北构成统一整体，以南部分布在通巴寺—帕里—亚东北侧一带的主拆离断层带(STD)和北部的康马隆起伸展拆离系统中的构造形迹最为突出。

一、藏南拆离系主拆离断层带(STD)

该断层带主要发育在高喜马拉雅变质结晶基底亚东岩群、聂拉木岩群与寒武系北坳组片岩，及与奥陶系甲村组结晶灰岩之间的脆韧性正断裂带，在测区南部亚东周围呈环状展布，中间多被岩体侵入侵位破坏和第四纪掩盖，断续延伸约160km，其构造组成以北坳组长英质构造和奥陶系中的钙质构造片岩为代表。

根据前人资料，该边界断裂成生时代大约在12～16Ma之间，与告乌壳源型的浅色白云母二长花岗岩形成时间大致相当。

主拆离断层带沿亚东周围的聋木加东、空木代恩东、亚东、堆穷桑马、扎拉至嘎拉东侧的冲巴水库、雅拉一线呈不规则的"V"字型展布，断断续续，总长度约160km，西侧聋木加东一带主断层面倾向NE，空木代恩东侧一带断层面向东缓倾，东侧扎拉—雅拉一带断层面产状由262°∠63°递变为335°∠30°，向下渐渐趋缓。从后缘主拆离面、中间的韧性剪切带到前缘的较年轻盖层中的正断层，伸展拆离带总宽度一般为500～2000m。

断层下盘为亚东岩群混合岩及混合片麻岩类，东侧局部地段为聂拉木岩群的石英大理岩、石英片岩、变粒岩及喜马拉雅期的变形变质侵入体片麻状二长花岗岩。浅色花岗岩发育向北倾20°～30°的糜棱面理；基底片麻岩内的斜长石斑晶表现为各种类型的剪切标志(图5-12)；拉伸线理也较发育，如在瓦姐拉附近亚东岩群片麻岩中拉伸线理为330°∠10°。

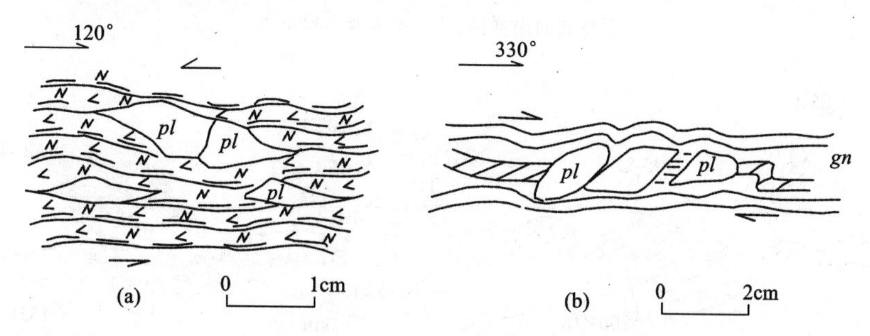

图5-12　亚东岩群片麻岩中斜长石的旋转碎斑系图(反映自南向北的伸展剪切变形)

此外，刘宇平等(1993)也认为亚东一带拉伸线理存在NE和NW两组方向，亚东以西地区以NE向拉伸线理发育为特征，其产状为NE 20°～30°∠10°～25°；而亚东以东地区以NW320°～340°∠5°～30°最为发育。对瓦姐拉附近糜棱岩进行组构分析，在糜棱岩平行拉伸线理垂直C面的切面(//L⊥C的XZ面)用弗氏台实测了10个石英C轴组构，其特征是不对称的I型交叉环带和单环带，具有一个最大值和次大值，最大值略偏离理论 Z 轴(据 S 面的定向)，次大值接近圆的中心(平行于应变椭球体的理论 Y 轴)，指示了伸展运动过程中非共轴变形的特征。

上盘下部为北坳组绿泥石英片岩、绿泥石板岩夹石英砂岩及奥陶系钙质片岩、大理岩和泥质结晶灰岩等可塑性较强的岩石，北坳组石英岩中的主期近东西向同斜倒转褶皱劈理被自南向北的伸展拆离作用叠加改造而成“S”型(图 5-13)，北坳组中先后两期贯入的长英质脉体在伸展作用下，早期脉发生了揉皱，晚期脉在滑脱伸展剪切机制作用下，发生了石香肠化构造作用(图 5-14)。

甲村组灰岩在平面上常呈大小不等的构造岩片分布于喜马拉雅期花岗岩中，其之间呈韧性剪切接触，灰岩顺较缓的层理面产生各种次级褶皱及面理置换(图 5-15)。且上、下盘之间发育 S-L 构造岩、糜棱岩化浅色花岗岩、变粒岩等席状剪切滑脱带，同时沿韧性变形域中局部发育碎裂岩，成分有硅化灰岩角砾、片麻岩残块，棱角—次棱角状，大小悬殊，雅拉一带碎裂岩中充填大量石英脉，表明其活动的多次性。

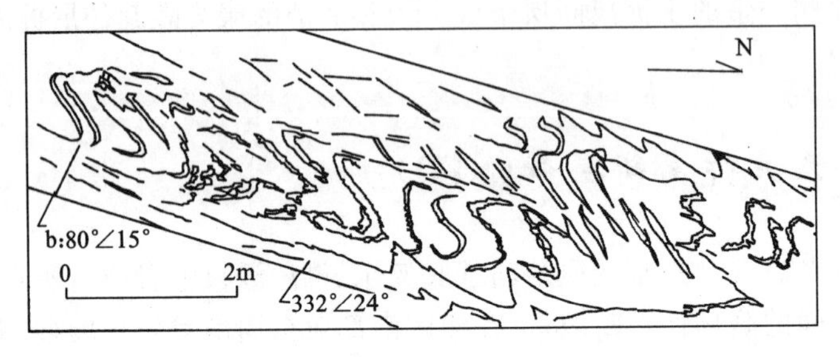

图 5-13 帕里南侧北坳组中早期褶皱劈理被晚期自南向北的伸展滑脱变形叠加，使之成为“S”状图

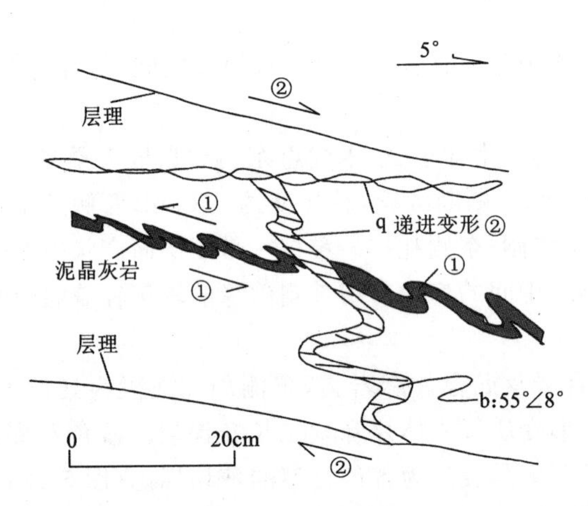

图 5-14 北坳组石英片岩中自北向南逆冲和伸展拆离变形关系素描图

①自北向南逆冲；②自南向北伸展拆离

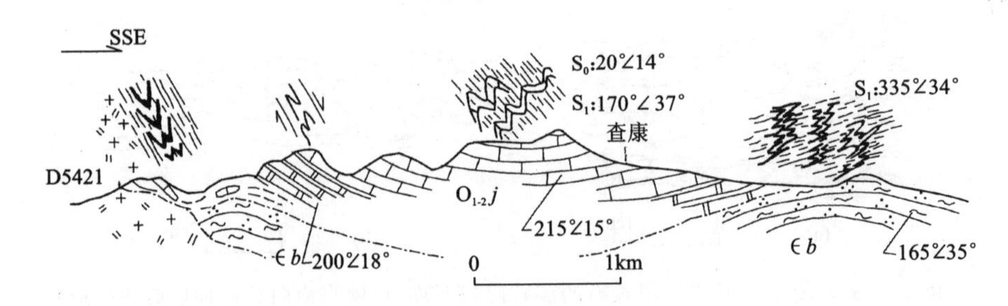

图 5-15 查康一带伸展拆离断层带构造剖面图

伸展滑脱带后缘结晶基底与加里东期岩体之间局部见陡倾斜的正断层；其前缘较年轻的中上古生界沉积盖层地表往往发育中等倾斜的顺层正断层及地层掀斜构造，主要见于阿康日一带，被卷入的地层从志留系到三叠系。

伸展拆离作用使藏南拆离系南部边界断裂带产生的总体效应为：①基底和盖层之间、下部盖层内部均产生了较宽的韧性剪切带，奥陶纪盖层相对基底和上部盖层向北发生抽拉效应，且不同程度发育糜棱岩化的二长花岗岩；②变质结晶岩带和沉积盖层之间的变质相带存在断失现象，如亚东岩群中的矽线榴片麻岩、含蓝晶石片岩所代表的高级变质相角闪岩相直接与上部各类片岩所代表的绿片岩相接触；③使古生代以来沉积盖层下部地层不连续和严重消减，如剥离断层带东侧断层上盘的出露最老的盖层均为奥陶纪灰岩地层，缺失了寒武系北坳组地层。

据对伸展构造形成的糜棱岩显微构造的研究（陈智梁等，1994）表明，运动学标志指示主拆离面有两次主要的运动，第一次发生于早—中中新世（14～22Ma）之间，以上盘向 NE—NNE 向滑移为特征，变形条件可达角闪岩相，亚东以西地区较明显；第二次大约发生于晚中新世（10～13Ma）之后，以上盘向 NNW 向滑移为特征，变形条件为角闪岩相—绿片岩相，主要发生于亚东以东地区。

其纵向上运动学机制及形态模式如图 5-16 所示。

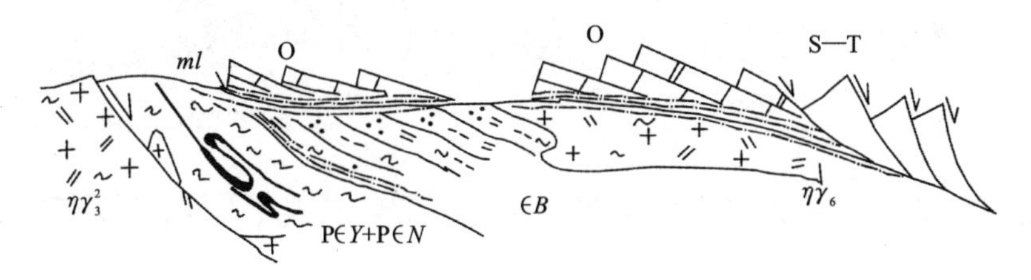

图 5-16　南部亚东-帕里地区藏南拆离系构造运动模式示意图

二、康马隆起伸展拆离系统

在康马隆起周围前寒武系拉轨岗日岩群、奥陶纪、石炭纪、二叠纪地层中发育多个顺岩韧性剪切带，在奥陶系—三叠系之间也发育多个顺层拆离断层，平面上绕岩体呈似椭圆状分布，组成伸展拆离断层系统。其成因与南部基底和盖层之间的伸展拆离机制相似，只是隆起四周不同方位效果有差别，可能与后期岩浆活动及拆离的多期性密切相关。

隆起北侧朗巴附近构造剖面表明拉轨岗日岩群岩性自下而上为蓝晶石石榴云母片岩、石榴石十字石云母片岩、黑云变粒岩夹多层白色云母石英片岩、石英大理岩、浅灰色石英岩及角闪片岩夹层，其中蓝晶石石榴云母片岩是围岩与康马变质岩体之间最突出的第一伸展拆离带，宽 50～200m 不等，中段的片岩夹石英岩、大理岩段发育典型的韧性剪切变形，产生各种类型的剪切标志，以片理面上的石榴石擦痕凹坑、片岩中石英脉体的无根钩状褶皱和伸展拉长的各种形状的透镜状构造为标志特征[图 5-17(a)]，大都显示上部岩系相对下部岩系剪切运动方向向北。至朗巴北东侧山坡拉轨岗日岩群与二叠纪地层之间产生第二伸展拆离带，奥陶系缺失，二叠纪地层强烈减薄、消减，使拉轨岗日岩群与二叠系下部的比聋组石英砂岩之间成为最为明显的伸展拆离带，横向上表现为二叠纪比聋组石英砂岩、白定浦组生屑大理岩标志层呈透镜状展布于强烈平行化的石榴云母片岩中，尖灭再现，具明显定向性，充分显示出伸展剪切作用在二叠纪地层中表现出的强烈性。

康马隆起东侧满则—少岗一带[图 5-17(b)]据构造面理化程度也可划分 2～3 个韧性剪切滑脱带，拉轨岗日岩群内部表现最强烈；奥陶系下部以片岩为主，中上部厚层大理岩化灰岩夹粉砂岩、砂质大理岩（钙质构造片岩），其糜棱岩化或构造片岩化强烈，与拉轨岗日岩群和二叠纪地层之间呈伸展拆离断层接触，其中的拉伸线理极为发育，统计的大部分线理都为北北东或北北西方向，以 20°～350°∠5°～40°为主，少数指向南，韧性剪切标志有方解石“δ”型旋转碎斑、顺层褶叠层、S-C 组构、次级揉皱等。

康马隆起南侧蚕鲁—朗达信手构造剖面显示拉轨岗日岩群蓝晶石石榴片岩夹大理岩、石炭系雇孜组大理岩呈低缓角度层理和舒缓波状褶皱起伏展布[图 5-17(c)]，二者之间呈韧性剪切带接触，其中断失了奥陶纪地层。变形岩体与围岩之间仍为第一韧性剪切带，片岩中 S-C 组构、旋转碎斑，表明以向北剪切运动为主。

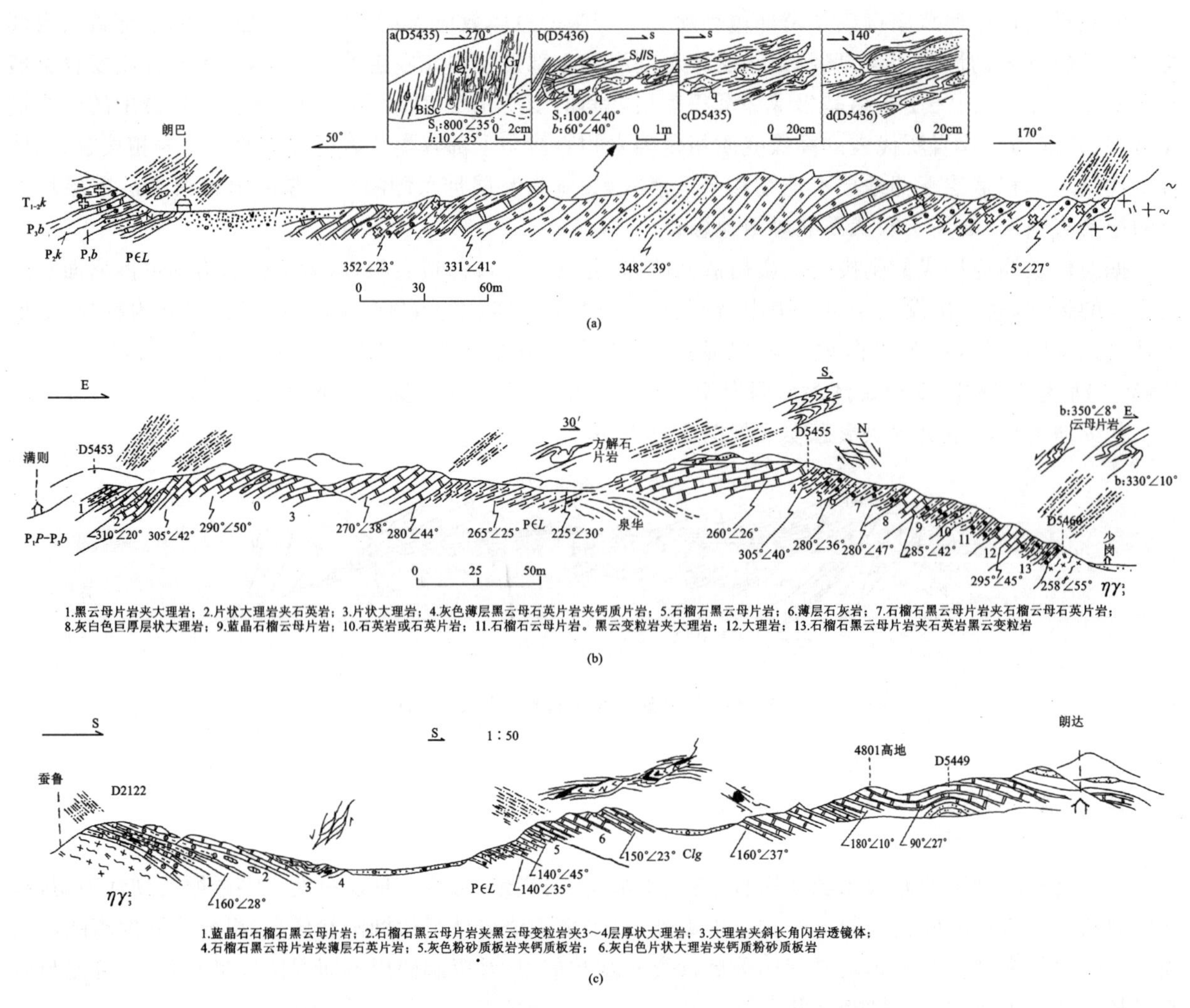

图 5-17　康马隆起周围的多层伸展拆离构造系统信手剖面图

综上所述，藏南拆离系在康马隆起周围古生代沉积盖层中广泛发育，使地层单位发生断失，或严重消减，北部表现最为强烈，东部、西部所见的与主期伸展剪切相反的运动标志，可以解释为更新世后中酸性岩浆上拱引起轴向近南北向横弯褶皱从而导致翼部松软滑脱带的正向滑移，从本质上说，也是一期次级伸展作用构造的叠加。

伸展作用在三叠纪板岩中表现的样式不同，板岩中发育的黄铁矿不对称压力影构造是伸展剪切应力机制在中生代地层中的非共轴递进变形的产物，测区内三叠纪地层局部减薄但无缺失现象。阿汝一带近 10km² 的黄绿色细粒岩屑石英砂岩夹黑色页岩地层构成的小型环状突起，可能也是在该期伸展作用机制下被拉出的产物。

总之，由在新生代板内逆冲推覆作用机制下引起的这套藏南自南向北低角度正向韧性剪切断裂系统，产生于高喜马拉雅结晶变质岩和下部沉积盖层之间，自南向北影响广泛，使前寒武纪—古生代地层及变质相带等发生了严重断失的现象。

第五节　地质发展及构造变形演化序列

测区处于青藏高原南部特提斯带东端，喜马拉雅造山带北侧。区内从前寒武系到第四系无所不露；生物碎屑灰岩、放射虫硅质岩及各类沉积岩、混合岩、片麻岩、蓝晶石片岩及各类变质岩无所不具；古冈瓦纳型的冰碛含砾板岩、冷水型动物群以及舌羊齿植物群，独具特色；还有巨厚的复理石、磨拉石沉积建造相伴而存。这些正是特提斯产生、演化和消亡的最好纪录。构造演化上从北到南层次多样、复杂多变，特别是后期板内造山作用，形成了丰富多彩的构造现象，值得探讨和研究。

测区古老的变质结晶基底亚东岩群有据可查的同位素地质年代资料较多，具一定的多解性，但据658.8Ma、640～660Ma 以及 1000～2670Ma 这些较老的同位素年龄，认为基底变质岩系原岩大致在古元古代固化，在前寒武纪已经受了一定程度的变质作用。后来这套地质体可能裂解成为南亚次大陆北缘的一部分。聂拉木岩群的沉积建造为一套砂、泥质钙质碳酸盐类的复理石建造，可能反映一段时期的相对开阔而稳定的冒地槽环境，其后经历了复杂的深融流褶变形作用及混合岩化作用，最高经历了角闪岩相变质作用。

所划分的区域上第一期褶皱变形(D_1)构造应在前寒武纪，比我国南方扬子地台的晋宁旋回时代晚，藏南称为泛非运动。

加里东期，在整个早古生代，基底陆核的雏形已经形成，测区北坳组绿泥石英片岩、绿泥片岩，其原岩可能代表类复理石建造，与聂拉木、亚东岩群应为不整合接触，可视为基底向初始盖层过渡阶段。早奥陶世甲村组陆棚浅海相的碳酸盐岩的发育表明大面积海侵开始，也即是特提斯洋开始拉张阶段，由于当时特提斯洋并不宽阔，因此是一个统一的古生物区系，与扬子地区十分接近，如奥陶系中的角石化石有相同的种类。这一时期构造活动不明显，为较稳定浅海陆棚相地台沉积期，但由于地壳存在一定拉张，有亚东中酸性花岗闪长岩的侵入、康马穹隆最早的二长花岗岩(最老同位素年龄 562Ma)开始侵位，之后进入构造和岩浆活动的叠加期。

晚加里东构造旋回阶段，随着印度洋的关闭，藏南出现了地史上第一次造陆运动，以泥盆纪凉泉组和波曲组石英砂岩为标志，这时期石英砂岩覆盖西藏大部分地区。与下伏志留系不整合接触，到中晚古生代时，整个印巴次大陆已经是冈瓦纳大陆的一部分了，至海西旋回早中期(大塘期)，纳兴组、雇孜组与破林浦组及基隆组之间存在区域性的重要间断面，区域上可见大量玄武岩浆的喷发，表明冈瓦纳北缘该时期处于裂解阶段。最具特色的二叠纪冰水相沉积杂砾岩及冈瓦纳相的冷温型动植物群的出现，代表地球历史上最寒冷的一次降温事件，二叠纪康马组冰积砾石成分多样，有冰水相落石，古(季节)冰川活动频繁；从早古生代开始，古海岸线方位由东西向转为北(北)东向，如体现在康马及其以东的涅如一带二叠纪地层的展布形态；石炭纪—二叠纪玄武岩喷发表明海西期末，存在裂谷、裂陷活动。

印支旋回开始，印巴次大陆北面的特提斯洋洋盆下降，三叠纪沉积单调。测区内三叠纪板岩中大量顺层、切层基性辉绿岩(墙)、粗面玄武岩、玄武安山岩等熔岩的出现可能代表当时地壳伸展构造环境及特提斯洋活动遗迹，是地史上重要的造盆阶段。印支末期构造是一个比较复杂动荡的时间，由于三叠纪末北侧板块碰撞导致印度板块被动大陆边缘宽缓隆升，在近南北向主应力挤压的情况下存在一期基底挠曲褶皱构造变形，拉轨岗日带的开始隆起及高喜马拉雅带变质结晶岩系片麻理的褶皱即发生于该期(D_2)；且该期隆起构造影响到特提斯地槽往后的沉积，直至影响到南北最后海退时间的差异，所以有了构造分区上的北喜马拉雅沉积褶冲带北亚带内部以拉轨岗日带为界的南、北带分异。

燕山旋回早中期总体处于伸展环境。继晚三叠世开始更大规模的拉张之后，早、中侏罗世 J_1r、$J_{2-3}z$ 为浅、次深海交互相泥灰岩、深色页岩沉积，晚侏罗世 J_3w 为滨浅海相含砾石英砂岩，早白垩世海盆渐深，各宽阔的海盆均广泛地接受了次深海—深海的巨厚层复理石浊流沉积和远洋放射虫硅质岩沉积组合，表明燕山中期 J_3—K_1 是新特提斯洋扩张最大的时期。晚燕山期晚白垩世印度板块下伏洋壳就开始向欧亚板块下面俯冲，开始进入地槽演化的活动期，沉积方面发育了以宗卓组为代表的与碰撞有关的构造动荡环境下的地震、地裂成因的水下滑塌堆积，地壳发生强烈破裂，壳应力也完成了从引张到挤压构造环境的转变。同时该期普遍经历了绿片岩相变质作用。

喜马拉雅期是喜马拉雅主褶皱造山期，始新世开始，整个喜马拉雅地区开始结束海洋历史，大部升出海面，海退自北向南发展，喜马拉雅北亚带仅在江孜以西削儿布残留最高海相层滨浅海相粉砂岩沉积即甲查拉组；南亚带岗巴盆地发育最高海相层遮普惹组有孔虫、介形虫微晶灰岩，浮游有孔虫粉砂质页岩及薄层泥灰岩沉积，其时代标志着特提斯洋在本区最终消亡时间，大致在 25～45Ma。随着大洋的最终消失，雅鲁藏布江蛇绿岩套以南喜马拉雅地区也进入了全面的造山阶段，构造变形以大型向南逆冲推覆和一系列轴面北倾的同斜倒转褶皱为特征。南北向挤压应力场不断加强，地壳压缩，由于俯冲造成了板内侏罗纪—古近纪地层发育一系列同斜倒转的强烈褶皱，以及叠瓦状逆冲断裂等构造变形，从北到南构成喜马拉雅巍峨壮观的同斜倒转沉积褶冲带(D_3)，同时北侧雅鲁藏布江带南缘的穷果群、朗杰学群向南逆冲在南部甲不拉组、宗卓组之上。

随着喜马拉雅地壳的加楔增厚，由重力失衡、滑脱等因素导致的伸展作用就在这种环境下产生(D_4)，自南向北，形成了前寒武纪—早古生代地层内以脆韧性剪切为主，中晚古生代沉积盖层中以脆性正断层、地层掀斜为主的拆离构造系统(藏南拆离系)。同时，应力机制的转换导致了热松弛，基底和盖层岩系都不同程度地发生了退变质作用和动力变质作用。

测区内东西向主期褶皱枢纽波状起伏及区域上局部南北向叠加褶皱构造都表明东西向挤压应力的存在(D_5)。有意义的是，本次工作中在嘎拉错一带山前第四系冲积型沉积层中还发现极宽缓的东西向褶皱现象，更说明南北向挤压应力在地史上的持续性。

这时期南北两大板块深部结构也发生了大调整，赵文津等(2001)利用深部地震反射试验数据对喜马拉雅山深部结构与构造研究表明，地壳中部的反射层(MHT)是活动的印度地壳内一个界面的北延部分，其下盘的印度大陆地壳在藏南呈 15°平缓倾角向北倾斜，至少延伸达到特提斯喜马拉雅的中部，即主边界逆冲断裂(MBT)之北约 200km 的地方。同时得出莫霍层深度在测区内自南向北帕里为 72km；岗巴以东、嘎拉以西为 74～77km；萨马达为 78km，是与该地区的重力梯度带相一致的。综合研究还提出了一个印度大陆地壳分层俯冲到南部的特提斯喜马拉雅之下的截面，在印度和欧亚大陆相互碰撞、挤压作用下，印度大陆北缘深部以上地壳内低速层、MHT、莫霍层、软流圈顶界及软流圈内 180km 深的界面做应力调整层，各层按自己的物理性质在层内和层间发生构造运动和物质迁移，并形成各自的特征，总体上造成向北分层分阶段地发生构造作用，特别在 MHT 以上的上部地壳主要由多次逆冲推覆构成的叠瓦状以及一些褶皱或穹隆状的沉积、变质地层组成；相反，MHT 以下的下地壳实质上是印度大陆下地壳俯冲到这个叠瓦状堆积体之下。

伴随抬升，沉积方面产生了一些山前磨拉石建造，如通巴涌母错附近发育由沃马组(N_2w)砂砾岩组成的灰色磨拉石堆积；喜马拉雅构造期伴生了大量酸性花岗岩侵入，使亚东岩群、聂拉木岩群及康马片麻状二长花岗岩等结晶岩再次发生了强烈的混合岩化作用，亚东岩群中片麻岩 20Ma 的 Ar-Ar 法年龄和康马岩体中的 17.5Ma 同位素年龄均记录了该期的岩浆活动作用。

喜马拉雅造山从高原雏形到整体隆升，在整个新生代可说是多阶段、非均匀、不等速的过程，多数国内学者们相信青藏高原整体性强烈隆升起始于 3.4Ma 或 2.5Ma 以来。近年来热水活动及地球物理资料显示整体隆升的时间更晚。本次区调工作对新生代以来各类型沉积的研究能为探讨高原隆升提供一些佐证。我们对在亚东县东北侧(P_{28})残留河流相阶地采集的粉砂质亚粘土作热释光测年的结果为 4.8 万年，阶地与现代河床相对高差为 150m，除去河流本身下切因素，更新世以来亚东地区乃至整个喜马拉雅地区抬升速率也是惊人的；帕里北西侧的 P_{27} 湖相堆积剖面炭质泥沙中的孢粉微古分析发现大量乔木、灌木植物种，说明在中晚更新世帕里、亚东一带还是低海拔的温暖湿润气候环境的地区，大规模隆升可能只是中晚更新世以后的事件。

总之，喜马拉雅地质构造与形成演化的特点，被复杂而多样化的沉积建造、古生物群、岩浆活动、变质作用所记载。喜马拉雅造山带和整个青藏高原一样，不是孤立的地体，特别自燕山期开始，东部太平洋板块活动，华北、扬子地台的演化，势必从东西方向对其造成影响，最终被多期构造活动和巨厚的地壳突兀所体现。多期褶皱，隆起构造的复合叠加，使广阔高原横空出世，千里群山，竞相峥嵘；不同性质脆性断裂的改造，使河川纵横，气势雄伟，湖泊遍布，流金溢彩；现代地貌上出现了喜马拉雅特有的众多冰川、冰斗等，晶莹璀璨。

综合以上分析，可将本区地质事件发展时序概括于表5-2中。

这里还需说明的是，由于地质过程的复杂性，以及掌握和消化资料不够，上述分析和认识难免有不妥或错误之处。

表5-2　测区地质事件时序表

序号	时代	旋回	演化阶段	沉积作用	岩浆活动	构造变形	构造相	变质作用
9	Kz	喜马拉雅	陆内变形	河湖、冰川相沉积	白云母花岗侵位，酸性岩脉侵入，混合岩化作用	近南北、北北东、北北西向褶皱变形；近南北向走滑剪切断层及近东西向脆性断裂产生	表、浅部构造相	蚀变、退变质作用及接触变质作用
8				前陆盆地磨拉石堆积(N_2w)		自南向北韧性剪切变形（伸展拆离）	中深部	低绿片岩相—低角闪岩相
7						近东西向同斜倒转褶皱，叠瓦状逆冲推覆构造形成和加强		
6			海退	浊积岩的沉积				
5	Mz	燕山	早期为新特提斯鼎盛期，晚期洋盆缩小（优地槽时期）	海相复理石沉积，远洋放射虫硅质岩沉积，发育震积岩	中基性洋中脊及岛弧型玄武岩、安山岩、辉绿岩侵入	侧向东西向挤压，区域扭曲构造变形	中深部	低绿片岩相
4		印支	洋盆裂展时期、造盆阶段	次深海沉积作用	中基性玄武岩、辉绿岩等侵入	拉轨岗日挠曲隆起、喜马拉雅结晶基底片麻理、片理的褶皱		
3	Pz_2	海西	特提斯洋演化阶段	冈瓦纳相季节冰沉积作用		裂谷伸展构造活动	中深部	
2	Pz_1	晚加里东	结晶基底北缘陆表浅海坳陷阶段	滨浅海相碳酸盐岩沉积作用	中酸性花岗闪长岩侵位		中深部	角闪岩相
1	Pt—∈	泛非	喜马拉雅结晶基底的形成与初步演化	印巴次大陆北缘原始地台陆盆相沉积		深部混合岩化作用、深融流动褶皱、结晶片理、片麻理形成	深部	角闪岩相及麻粒岩相变质作用

第六章　江孜地区土地资源类型

测区新构造活动强烈，一方面使青藏高原不断隆升，形成高寒缺氧的恶劣气候，另一方面使测区形成多样的地貌类型、丰富的地热资源和独具高原特色的旅游资源，不同的地貌类型构成不同的土地类型，如高山荒漠、宜农地、宜牧地和宜林地等。

江孜地区位于西藏自治区日喀则地区东部，年楚河的上游。沿年楚河流域广泛发育不同成因类型的第四纪地质体，但以前的调查工作比较零星，对其涉及不多。本次野外调查表明，江孜地区的第四系在时空分布上与该区土地资源类型有密切的关系，宜农地(或耕地)主要分布在年楚河两岸的第四纪河流冲积阶地上，海拔较低，地势平坦，土地肥沃，灌溉条件便利，是西藏重要的粮食产区之一。在年楚河两侧的各主要支流、沟谷地带，除沿河谷两侧发育第四纪冲积阶地外，还广泛分布有洪冲积扇和残坡积。一般冲积阶地多为宜农地(或耕地)，而洪冲积和残坡积地形坡度大，低温干旱，多为不同类型的宜牧地。

一、第四纪地貌特征

江孜地区的第四纪地貌的形成与演化受区域构造格架和年楚河水系等因素的综合控制。新近纪以来地壳快速和强烈的隆升及断陷，使高山、极高山区受到长期的剥蚀、侵蚀，而断陷谷地则成为外来物质的堆积场所。这一长期的演变过程最终塑造了本区的现代地貌景观，其主要特征是延绵不断的基岩山地，其间夹持不规则的河流、沟谷。

根据第四纪地貌划分的基本原则，结合野外地质调查的实际情况，可将本区划分为极高山区、高山区、山前洪冲积扇、河谷平原等几个主要地貌单元(图 6-1)。其中极高山区、高山区占 2/3 以上的面积，在高山区山麓地段分布有规模不等的峡谷、宽谷；山前洪冲积扇，加上河谷平原占不足 1/3 的面积，在河谷平原中发育多级河流冲积阶地、基岩残丘及现代河谷。

不同的地貌单元同时还具有不同的自然生态条件。

二、土地资源类型及其分布

江孜地区的土地资源类型复杂、多样，与其所处的高原自然环境有密切的关系，既是各种自然因素共同作用产生的综合结果，也是高原土地资源自然本质的体现，从根本上决定了土地资源的开发利用方向、途径和潜力。野外调查表明，本区的土地资源类型更多的是受第四纪以来形成的地貌和其演化特征的控制，不同的土地资源类型基本上对应于不同的地貌单元(图 6-1)。

根据地形、地貌、物质组成以及气候、植被、土壤和人类活动等因素，参考前人关于该区土地资源评价资料以及目前土地利用状况，本地区的土地资源类型主要有以下几种。

(1) 荒漠(冰冻)地：主要分布在极高山区，多为荒漠坡地、冰冻石块地，海拔高度多大于 5000m，地形起伏较大，低温、干旱，植被不发育，基本上无利用价值。

(2) 宜牧地：主要分布在高山区和山前洪冲积扇等地貌单元内，以高山草甸、草原为主，局部为河谷、沼泽草甸。其中前者多为小起伏山区，海拔标高小于 5000m，地形陡峭，坡度大，表层土壤为高山草原土、草甸土，冲沟发育，地下水贫乏，水土流失严重，基岩裸露较多，生态环境条件极为脆弱；后者主要位于支沟上游和洪冲积扇上，海拔标高一般为 4000～4300m，缓坡地形，土壤主要为山地灌丛草原土，多发育深切狭谷，雨季易发生泥石流、滑坡和垮塌等地质灾害。

(3) 宜农地：分布范围基本上可与河谷平原对应，海拔标高为 3800～4200m，物质组成为具二元结

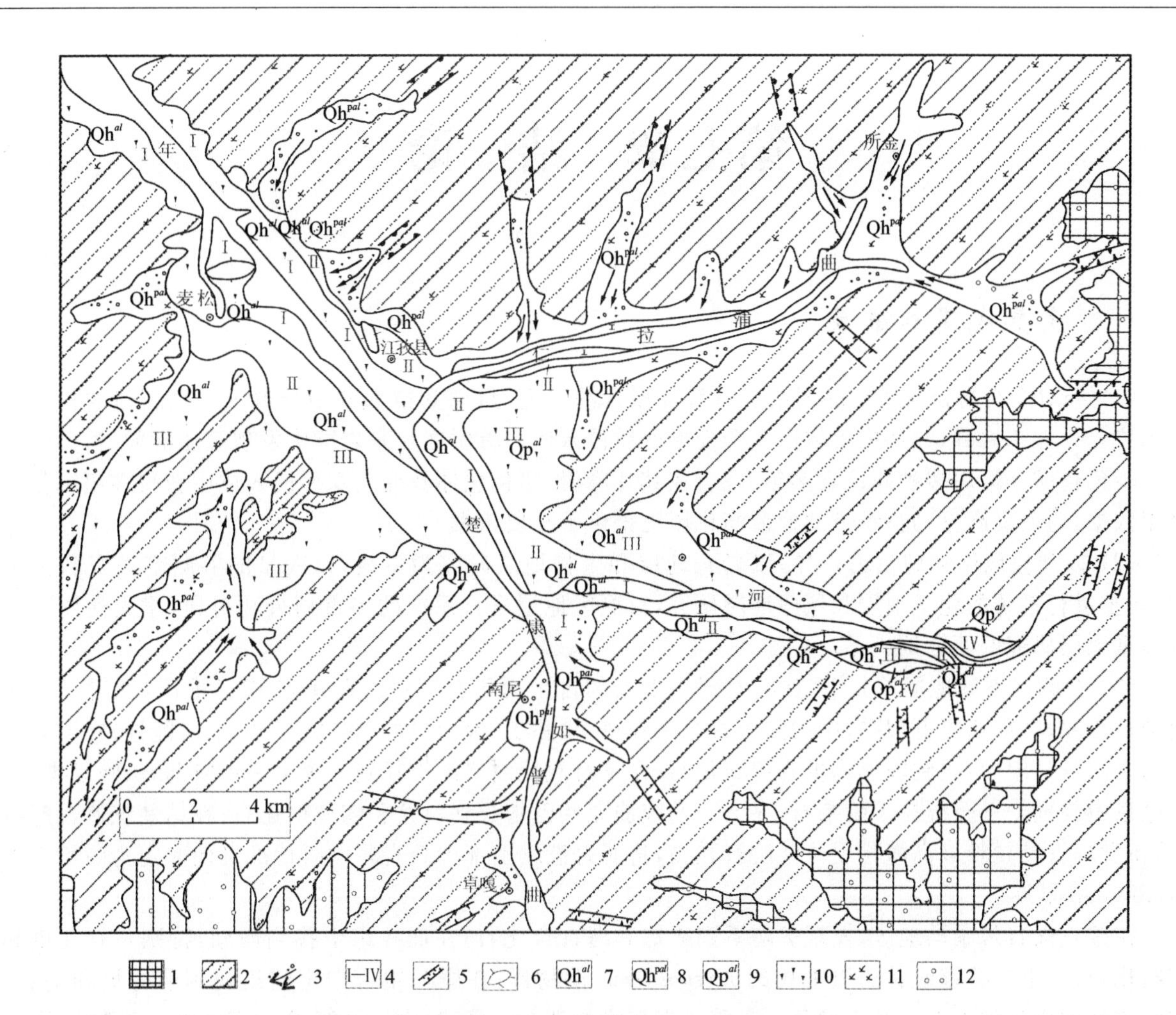

图 6-1　江孜地区第四纪地貌单元及土地资源类型图

1.极高山区；2.高山区；3.山前洪冲积扇；4.河谷平原（Ⅰ—Ⅳ为阶地编号）；5.峡谷、宽谷；6.基岩残丘；7.全新统冲积；8.全新统洪冲积；9.更新统冲积；10.宜农地；11.宜牧地；12.荒漠地

构的河流阶地沉积，上部亚粘土层厚度一般为3～5m，地势平坦开阔，土质肥沃，日照充足，地表水资源充沛，并具有良好的灌溉和耕种条件，因此为本区重要的农业耕地。由于受河流阶地分布规律的制约，江孜地区东部的宜农地以Ⅱ、Ⅲ级阶地为主；西部以Ⅰ、Ⅱ级阶地为主。此外，在本类土地类型中局部为人工防护林；在现代河谷两侧或河漫滩中，局部分布有人工林地。

江孜地区土地资源丰富，是西藏地区重要的农、牧产区。本区的土地资源类型及其分布与第四纪地貌单元及第四系的发育和成因类型有密切的对应关系。极高山区多为荒漠（冰冻）地；高山区多为宜牧地，但质量差、生态环境脆弱；山前洪冲积扇主要为宜牧地，少量为质量较差的宜农地；河谷平原主要分布在年楚河及其大型支流的现代河床的两侧，相对具有良好的自然生态条件，为主要宜农地，目前主要作为耕地，其对本区的农业开发和经济发展将起到决定性作用。

第七章 结 论

一、主要成果和进展

(1) 经对高喜马拉雅带结晶岩系进行系统深入的研究,从原聂拉木群中分解出一个新建的构造地层单位——亚东岩群,并从中解体出多个变形变质侵入体。首次在亚东岩群中发现高压麻粒岩、角闪石岩等暗色包体。运用多种同位素测年方法,在其片麻岩、暗色包体及变质变形侵入体中获得多组同位素测年数据,为恢复高喜马拉雅带的构造演化历史提供了重要依据。

(2) 以现代地层学理论为指导,以岩石地层和生物地层研究为主线,以大量的实测剖面资料为基础,同步进行系统的化学地层和层序地层研究,对测区地层进行系统的多重划分和对比,率先建树了该区多重地层研究的新范例。

(3) 在测区不同地层单元中,首次发现一批新的古生物化石资料。在亚东-岗巴地区(北喜马拉雅南带),于原划"肉切村群"片岩中找到海百合茎碎屑,排除了"肉切村群"属"震旦系"的可能性;在原划中奥陶统沟陇日组中,找到晚奥陶世直角石化石;在下石炭统纳兴组中找到上统吴家坪阶菊石、腕足类;在三叠系中找到中三叠统拉丁阶菊石;在上三叠统曲龙共巴中找到鱼龙和鹦鹉螺化石;在始新统遮普惹组中,新发现喜马拉雅最高海相层位浮游有孔虫,将遮普惹组上部砂页岩段的时代准确地厘定为晚始新世Priabonian早期。

在拉轨岗日带康马地区,发现奥陶系鹦鹉螺和海百合化石;在雇孜组中找到珊瑚,特别是有孔虫和植物化石;在下二叠统破林浦组中找到 *Lytuolasma* 动物群;在康马组合白定浦组找到蕉叶贝和菊石;在江孜盆地也找到古近纪及沟鞭藻。在雅江带南缘找到下三叠统、中三叠统(拉丁阶)和上三叠统(诺利阶)化石。

这些源头创新的新发现,为喜马拉雅地区的构造和地层学研究提供了全新的资料,特别是该区最高海相层的发现,对确定喜马拉雅特提斯海消亡时间,恢复印度—亚洲板块碰撞演化历史将起到不可替代的作用。雅鲁藏布江带南缘下、中三叠统穷果群的发现,也为探讨雅鲁藏布江的形成和演化史及动力学背景提供了宝贵的沉积学资料。

(4) 对康马隆起周围的变质岩系和沉积地层进行了准确划分。以前述新采获的若干定代化石为依托,准确厘定了康马隆起到基底变质岩系之上的奥陶系—古近系地层单位;其中,甲查拉组($E_1 jc$)为该幅本次新建岩石地层单位,是江孜地区新发现的最高海相沉积记录。

(5) 首次在北喜马拉雅带三叠系—白垩系地层中发现基性海相火山岩,并对其进行了系统研究,为探讨印度板块北缘中新生代动力学背景提供了物质基础。首次从康马隆起带中分解出5期不同的侵入体(脉),取得了丰富的年龄数据,建立了康马-哈金桑惹隆起带的年代学格架,为深入研究该隆起带及藏南拆离系的构造演化和形成机制提供了充分的依据。

(6) 通过系统的构造解析,将测区划分为高喜马拉雅结晶基底带、北喜马拉雅特提斯沉积褶冲带和雅鲁藏布江结合带3大构造分区;识别出5期褶皱构造变形和藏南拆离系、康马隆起伸展拆离系两大断裂系统;新发现南北向褶皱构造变形;建立了区域构造演化序列,对各期构造形态进行了构造动力学分析。这为研究喜马拉雅构造带及其演化提供了新的资料。

(7) 对测区第四系进行了详细划分。重点解剖了江孜地区年楚河流域的第四系成因类型和空间结构,并对其生态环境进行初步分析,编制了该区第四系地貌图。获得了系统有效测年数据,大大提升了测区第四系研究成果的可信度。

(8) 在地质填图和制图过程中充分运用了标志层和遥感解译资料,地层划分准确,界线勾绘合理,图面结构较充分表现了造山带结构和面貌。地质图图面设色确当，外廓资料能辅助说明图中地质特征。图面信息丰富，图面内容和原始资料吻合。地质调查报告章节齐全，结构合理，层次清晰，插图、版图能说明问题。

二、存在的主要问题

（1）由于篇幅所限，未能附有各种矿物的电子探针分析结果。

（2）文中部分参考文献引证不全，在此，向作者表示歉意！

主要参考文献

鲍佩声,王希斌.从雅鲁藏布江蛇绿岩带中的两套火山岩探讨中生代特提斯洋壳的演化[J].中国科学(B辑),1986,5:531-541.

陈炳蔚.试论喜马拉雅大地构造之发展[C]//喜马拉雅地质文集.北京:地质出版社,1982:53-61.

陈国铭等.北喜马拉雅褶皱带的洋壳沉积和混杂堆积主要特点[C]//青藏高原地质文集(第一集).北京:地质出版社,1980:124-138.

陈挺恩.西藏南部奥陶纪头足类动物群特征及奥陶系再划分[J].古生物学报,1984,23 (4):452-471.

崔作舟,尹周勋,高思元,等.亚东—格尔木岩石圈地学断面综合研究,青藏高原速度结构和深部构造[M].北京:地质出版社,1992.

德蓬 F,索内特 J,刘国惠,等.西藏南部三个深成岩带的化学-矿物特征和 Rb-Sr 法地质年龄测定.中法喜马拉雅考察成果.北京:地质出版社,1980:295-304.

董学斌等.亚东—格尔木地学断面古地磁新数据与青藏高原地体演化模式的初步研究[J],中国科学院院报,1990,21:139-147.

郭铁鹰,梁定益.青藏高原地区古生代—始新世的大陆“开”“合”演化[M]//王鸿祯,杨森楠,刘本培,等.中国及邻区构造古地理和生物古地理.武汉:中国地质大学出版社,1990:187-205.

郭铁鹰,梁定益,张宜智.阿里地质[M].武汉:中国地质大学出版社,1991.

苟宗海.西藏江孜地区加不拉早白垩世的双壳类化石[C]//青藏高原地质文集(9).北京:地质出版社,1986:85-101.

苟宗海.西藏岗巴地区白垩纪双壳类动物群[C]//青藏高原地质文集(18).北京:地质出版社,1987:146-170.

韩同林.喜马拉雅山岩石圈构造演化——西藏活动构造[C]//地质专报(五·4).北京:地质出版社,1987.

郝诒纯,万晓樵.西藏定日的海相白垩、第三系[C]//青藏高原地质文集(17).北京:地质出版社,1985:227-232.

何炎.珠穆朗玛峰地区科学考察报告(1966-1968),古生物(第二分册)[R].北京:科学出版社,1976:1-76.

何炎,章炳高,胡兰英等.珠穆朗玛峰地区中生代及新生代有孔虫.珠穆朗玛峰地区科学考察报告(1966-1968),古生物,[R].北京:科学出版社,1976:1-124.

何科昭.西藏康马一带构造的基本特征[C]//青藏高原地质文集(1).北京:地质出版社,1982:250-256.

胡修棉.藏南白垩系沉积地质与上白垩统海相红层——大洋富氧事件[D].成都:成都理工学院,2002.

黄汲清,陈国铭,陈炳蔚.特提斯-喜马拉雅构造域初步分析[J].地质学报,1984:58(1):1-17.

黄汲清,陈炳蔚.中国及邻区特提斯海的演化[M].北京:地质出版社,1987:1-109.

金成伟,西藏火山岩,西藏岩浆活动和变质作用[M].北京:科学出版社,1981.

梁定益,王为平.西藏康马和拉孜曲虾两地的石炭、二叠系及其生物群的初步讨论[C]//青藏高原地质文集(2).北京:地质出版社,1983:226-236.

林宝玉等.西藏地层[M].北京:地质出版社,1989.

林宝玉,邱洪荣,西藏的志留系[C]//青藏高原地质文集(8).北京:地质出版社,1983:15-28.

林宝玉,邱洪荣,西藏喜马拉雅地区古生代地层的新认识[C]//青藏高原地质文集(7).北京:地质出版社,1982:149-152.

刘世坤.西藏南部一个新的岩石地层单位——拉轨岗日群[J].西藏地质,1997(2):1-8.

刘桂芳.西藏江孜地区侏罗、白垩纪菊石群[C]//青藏高原地质文集(3).北京:地质出版社,1983:131-147.

刘国惠.西藏高喜马拉雅变质带与高喜马拉雅隆起.喜马拉雅地质(Ⅱ)[M].北京:地质出版社,1984:205-216.

刘国惠.略论西藏南部花岗岩带的特征和成因[M]//中法喜马拉雅考察成果.北京:地质出版社,1980:239-272.

刘宇平,陈智梁.喜马拉雅造山带南北向伸展构造变质岩的压力-温度(p-T)轨迹证据[J].特提斯地质,1994,18:52-59.

刘增乾,姜春发,刘宝田,等.对特提斯-喜马拉雅构造域的再认识[C]//青藏高原地质文集(15).北京:地质出版社,1984:131-146.

李光岑,麦尔西叶 J L.中法喜马拉雅考察成果[M].北京:地质出版社,1980.

李国彪,万晓樵,其和日格,等.西藏岗巴-定日地区始新世化石碳酸盐岩微相及沉积环境[J].中国地质,2002,29(4):401-406.

李祥辉,王成善,万晓樵,等.藏南江孜县床得剖面侏罗-白垩纪地层层序及地层划分[J].地层学杂志.1999,23(4):303-309.

穆恩之,文世宣,王义刚,等.中国西藏南部珠穆朗玛峰地区的地层[J].中国科学,1973(1):59-71.

茅燕石,卫管一,张伯南,等.中国喜马拉雅地区前寒武纪变质岩系的地质构造特征[C]//青藏高原地质文集(15).北京:地质出版社,1984:43-52.

茅燕石,卫管一,张伯南,等.西藏喜马拉雅前寒武系基底岩系的变质作用特征[C]//青藏高原地质文集(17).北京:地质出版社,1985:47-60.

潘桂棠.全球洋-陆转换中的特提斯演化[J].特提斯地质,1994:18:23-35.

潘桂棠,王培生,徐耀荣,等.青藏高原新生代构造演化.地质专报(五·9)[M].北京:地质出版社,1990.

潘裕生,孔祥儒.青藏高原岩石圈结构演化和动力学[M].广州:广东科技出版社,1998.

饶荣标,徐济凡,陈永明,等.青藏高原的三叠系.地质专报(二·7)[M].北京:地质出版社,1987.

饶靖国,喻洪津.藏南地区的泥盆系[C]//青藏高原地质文集(16).北京:地质出版社,1985:51-74.

施雅风,李吉均,李炳元.青藏高原晚新生代隆升与环境变化[M].广州:广东科技出版社,1998.

石绍清,张伯南.喜马拉雅中段的南北向褶皱构造[C]//青藏高原地质文集(9).北京:地质出版社,1986:165-170.

涂光炽,张玉泉,赵振华,等.西藏南部花岗岩类的特征和演化[J].地球化学,1981:(1):1-7.

王成善,李祥辉,万晓樵,等.西藏南部江孜地区白垩系的厘定[J].地质学报,2000,74(2):97-107.

王鸿祯,史晓颖,王训练,等.中国层序地层研究[M].广州:广东科技出版社,2000:1-457.

王鸿祯,杨式溥,朱鸿,等.中国及邻区古生代生物古地理及全球古大陆再造[M]//王鸿祯,杨森楠,刘本培等,中国及邻区构造古地理和生物古地理.武汉:中国地质大学出版社,1990:35-88.

王俊文,成忠礼,桂训唐,等.西藏南部某些中酸性岩体的铷-锶同位素研究[J]地球化学,1981(3):242-246.

王乃文.中国白垩纪特提斯地层学问题[C]//青藏高原地质文集(3).北京:地质出版社,1983:148-180.

王中刚,张玉泉,赵惠兰.西藏南部花岗岩类的岩石化学研究[J].地球化学,1981(1):19-25.

王义刚.珠穆朗玛峰地区的地层——奥陶系和志留系[R]//珠穆朗玛峰地区科学考察报告(1966-1968),地质.北京:科学出版社,1974:24-47.

王义刚.珠穆朗玛峰地区的地层——泥盆系[R]//珠穆朗玛峰地区科学考察报告(1966-1968),地质.北京:科学出版社,1974:48-57.

王义刚,孙东立,何国雄.喜马拉雅地区(我国境内)地层研究的新认识[J].地层学杂志,1980,4(1):55-59.

王义刚,王玉净,吴浩若.西藏南部加不拉组问题的讨论及隆子地区下侏罗统的发现[J].地质科学,1976,(2):149-155.

王义刚,张明亮.珠穆朗玛峰地区的地层——侏罗系[R]//珠穆朗玛峰地区科学考察报告(1966-1968),地质.北京:科学出版社,1974:127-147.

万晓樵.西藏岗巴地区白垩纪地层及有孔虫动物群[C]//青藏高原地质文集(16).北京:地质出版社,1985:203-229.

万晓樵.西藏第三纪有孔虫生物地层及地理环境[J].现代地质,1987,1(1):15-46.

万晓樵.西藏白垩纪浮游有孔虫化石带[C]//青藏高原地质文集(18).北京:地质出版社,1987:112-121.

万晓樵,赵文金,李国彪.对西藏岗巴上白垩统的新认识[J].现代地质,2000,14(3):281-285.

文世宣.珠穆朗玛峰地区的地层——白垩系[R]//珠穆朗玛峰地区科学考察报告(1966-1968),地质.北京:科学出版社,1974:148-183.

文世宣.珠穆朗玛峰地区的地层——第三系[R]//珠穆朗玛峰地区科学考察报告(1966-1968),地质.北京:科学出版社,1974:184-231.

文世宣.珠穆朗玛峰地区的瓣鳃类化石[R]//珠穆朗玛峰地区科学考察报告(1966-1968),古生物,第三分册.北京:科学出版社,1976.

卫管一,石绍清,毛燕石,等.喜马拉雅地区前寒武系地质构造与变质作用[M].成都:成都科技大学出版社,1989.

吴浩若,王东安,王连城.西藏南部拉孜-江孜一带的白垩系[J].地质科学,1977(3):250-262.

吴浩若.西藏南部江孜地区晚白垩世晚期及早第三纪(?)地层[J].地层学杂志,1987,11(2):147-149.

吴浩若,李红生.藏南宗卓组滑塌堆积中的放射虫化石[J].古生物学报,1982,21(1):64-71.

吴顺宝.西藏南部早侏罗世至早白垩世箭石的组合特征[C]//青藏高原地质文集(10).北京:地质出版社 1982:113-121.

吴功建,肖序常,李廷栋.揭示青藏高原的隆升——青藏高原亚东-格尔木地学断面[J].地球科学,1996,21(1):34-40.

西藏自治区地质矿产局.西藏自治区区域地质志[M].北京:地质出版社,1993.

西藏自治区地质矿产局.西藏自治区岩石地层[M].武汉:中国地质大学出版社,1997.

徐钰林,茅绍智.西藏南部白垩纪—早第三纪钙质超微化石及其沉积环境[J].微体古生物学报,1992,9(4):331-345.

徐钰林,万晓樵,苟宗海,等.西藏侏罗、白垩、第三纪生物地层[M].武汉:中国地质大学出版社,1989.

杨曾荣.西藏南部地区的志留系[C]//青藏高原地质文集(16).北京:地质出版社,1985:35-49.

尹集祥,郭师曾.珠穆朗玛峰及其北坡的地层[J].中国科学,1978(1):90-102.

尹集祥.珠穆朗玛峰地区的地层——寒武-奥陶系[R]//珠穆朗玛峰地区科学考察报告(1966—1968),地质.北京:科学出版社,1974:4-23.

尹集祥,王义刚,张明亮.珠穆朗玛峰地区的地层——三叠系[R]//珠穆朗玛峰地区科学察报告(1966—1968),地质.北京:科学出版社,1974:81-126.

尹集祥.青藏高原及邻区冈瓦纳相地层地质学[M].北京:地质出版社,1997.

应思淮.珠穆朗玛峰地区的岩浆岩、变质岩和混合岩[R]//珠穆朗玛峰地区科学考察报告(1966-1968),地质.北京:科学出版社,233-258,1974.

余希静.西藏花岗岩类的成因类型及其演化[C]//青藏高原地质文集(17).北京:地质出版社,1985:1-18.

余光明,王成善.西藏特提斯沉积地质.地质专报(三·12)[M].北京:地质出版社,1990.

余光明,兰伯龙,王成善.西藏江孜地区白垩纪深海中的滑塌堆积和浊流沉积作用[C]//青藏高原地质文集(15).北京:地质出版社,1984:13-26.

章炳高.珠穆朗玛峰地区的地层——石炭系[R]//珠穆朗玛峰地区科学考察报告(1966-1968),地质.北京:科学出版社,1974:58-65.

章炳高.珠穆朗玛峰地区的地层——二叠系[R]//珠穆朗玛峰地区科学考察报告(1966-1968),地质.北京:科学出版社,1974:66-80.

张玉泉,戴谟,洪阿实,等.西藏高原南部花岗岩类同位素地质年代学[J].地球化学,1981(1):8-18.

张衷奎,陈祥高,藏文秀.西藏康马多得乡花岗岩的裂变径迹年龄和上升速度研究[J].岩石学报,1986,2(1):45-49.

张旗,周云生,李达周,等.西藏康马片麻岩穹隆及其周围变质岩的主要特征[J].地质科学,1986(2):125-131.

张启华.西藏岗巴地区晚白垩世坎潘期(Campanian)菊石[C]//青藏高原地质文集(9).北京:地质出版社,1986:69-84.

赵金科.珠穆朗玛峰地区侏罗、白垩纪菊石[R]//珠穆朗玛峰科学考察报告(1966-1968),古生物(第三分册).北京:科学出版社,1976.

赵振华,王一先,钱志鑫,等.西藏南部花岗岩类稀土元素地球化学[J].地球化学,1981(1):26-35.

赵文津及 INDEPTH 项目组.喜马拉雅山及雅鲁藏布江缝合带深部结构与构造研究[M].北京:地质出版社,2001.

赵文金,万晓樵.藏南定日地区白垩纪中期地球化学对海平面上升的响应[J].地球科学进展,2002,17(3):331-339.

赵政璋,李永铁,叶和飞,等.青藏高原地层[M].北京:科学出版社,2001.

周云生等.西藏岩浆活动和变质作用[M].北京:科学出版社,1981.

周志澄,章炳高.西藏南部白垩系及下第三系的沉积特征及其环境意义[C]//中国青藏高原研究会第一届学术讨论会论文选.北京:科学出版社,1992:280-286.

中国科学院西藏科学考察队.珠穆朗玛峰地区科学考察报告(1966-1968),地质[R].北京:科学出版社,1974.

中国科学院青藏高原综合科学考察队,中国登山队.珠穆朗玛峰科学考察报告(1975),地质[R].北京:科学出版社,1979.

中国科学院西藏科学考察队.珠穆朗玛峰地区科学考察报告,古生物(一)[R].北京:科学出版社,1975.

中国科学院西藏科学考察队.珠穆朗玛峰地区科学考察报告.古生物(二)[R].北京:科学出版社,1976.

中国科学院贵阳地球化学研究所同位素年龄实验室.中国西藏南部珠穆朗玛峰地区变质岩系同位素地质年龄的测定.珠穆朗玛峰地区科学考察报告(1966-1968),地质[R].北京:科学出版社,1974:280-288.

中国科学院南京地质古生物研究所.西藏古生物,1—5 分册[M].北京:科学出版社,1981—1982.

中国科学院青藏高原综合科学考察队,中国登山队.西藏地层[M].北京:科学出版社,1984.

Allegre C J,Courtillot V,Tapponnier P,et al. Structure and evolution of the Himalaya-Tibet orogenic belt[J]. *Natrue*, 1984,307:17-22.

Alsdorf D,Larry Brown K. Douglas Nelson,et al. Crustal deformation of the Lhasa terrane,Tibet plateau from Project INDEPTH deep seismic reflection profiles[J]. *Tectonics*,1998,17(4):501-519.

Amano K,Taira A. Two-phase uplift of Hight Himalayas since 17 Ma[J]. *Geology*,1992,20:391-394.

Beck R A. Stratigraphic evidence for an early collision between northwest India and Asia[J]. *Nature*,1995,373:55-58.

Bouchez J L, Pecher A. Himalayan Main Central Thrust pile and its quartz-rich tectonites in central Nepal[J]. *Tectonophysics*,1981,78:23-50.

Burchfiel B C,Chen Zhiliang. The South Tibetan Detachment System,Himalayan Orogen:Extension contemporaneous with and parallel to shortening in a collision al mountain belt. Geological society of America[J]. *Special Paper*,1992:269.

Burg J P, Guiraud M, Chen G M, et al. Himalayan metamorphism and deformations in the North Himalayan Belt(southern Tibet, China)[J]. *Earth and Planetary Science Letters*, 1984, 68: 391-400.

Burg J P, Brunel M, Gapais D, et al. Deformation of leucogranites of the crystalline Main Central Sheet in southern Tibet (China)[J]. *J. Struc. Geol.*, 1984, 6(5): 535-542.

Burrell C B, Chen Z, Kip V H, et al. The South Tibetan Detachment System, Himalayan Orogen: Extension Contemporaneous With and Parallel to Shortening in a Collisional Mountain Belt. Geological Society of America[J]. *Special paper*, 1992, 269: 1-41.

Chen Z, Liu Y, Hodges K V, et al. The Kangmar Dome: A Metamorphic Core Complex in Southern Xizang(Tibet)[J]. *Science*, 1990, 250: 1552-1556.

Copeland P, Harrison T M, Yun P, et al. Thermal evolution of the Gangdese batholith, southern Tibet: A history of episodic unroofing[J]. *Tectonics*, 1995, 14(2): 223-236.

Coward M P, Ries A C. Collision Tectonics[M]. Blackwell Scientific Publications, London, 1986.

Dan M B, Robert J Lillie, Robert S, et al. Development of the Himalayan frontal thrust zone: Salt Range, Pakistan[J]. *Geology*, 1988, 16(3-7).

Edwards M A, William S F Kidd, Jixiang Li, et al. Multi-stage development of the southern Tibet detachment system near Khula Kangri. New data from Gonto La[J]. *Tectonophysics*, 1996, 260: 1-19.

Edwards M A, Kidd W S F, Harrison T M. Active medial Miocene detachment in the Himalaya of the Tibet-Bhutan frontier: A young crystallization age for the Khula Kangri leucogranite pluton[J]. Eos Trans. *AGU*, 1995, 76(46), Fall Meet. Suppl., F567

Gansser A. Geology of the Himalayas[M]. John Wiley & Sons Ltd, Switzerland, 1964.

Garzanti E. Sedimentary evolution and drowning of a passive margin shelf(Giumal Group; Zanskar Tethys Himalaya, India): palaeoenvironmental changes during final break-up of Gondwanaland[M]//Himalayan Tectonices, (Edited by Treloar P J and Searle M P), Geological Society of London Special Publication, 74, 1993: 277-298.

Garzanti E. Stratigraphy and sedimentary history of the Nepal Tethys Himalaya passive margin[J]. *Journal of Asian Earth Sciences*, 1999, 17: 805-827.

Garzanti E, Haas R, Jadoul F. Ironstones in the Mesozoic passive margin sequence of the Tethys Himalaya(Zanskar, northern India); sedimentology and metamorphism[M]. Geological Society Special Publications 46, 1989: 229-244.

Harrison T M, Peter Copeland, Kidd W S F, et al. Raising Tibet[J]. *Science*, 1992, 255: 1663-1670

Hauck M L, Nelson K D, Brown L D, et al. Crustal structure of the Himalayan orogen at~90° east longitude from Project INDEPTH deep reflection profile[J]. *Tectonics*, 1998, 17 (4): 481-500.

Herren E. Zanskar shear zone: Northeast-southwest extension within the Higher Himalayas(Ladakhindia)[J]. *Geology*, 1987, 15: 409-413.

Hodges K V, Parrish R R, Searle M P. Tectonic evolution of the central Annapurna Range, Nepalese Himalayas[J]. *Tectonics*, 1996, 15(6): 1264-1291.

Jadoul F, Berra F, Garzanti E. The Tethys Himalayan passive margin from Late Triassic to Early Cretaceous(South Tibet)[J]. *Journal of Asian Earth Sciences*, 1998, 16: 173-194.

Jaeger J J. Paleontological view of the ages of the Deccan traps, the Cretaceous/ Tertiary boundary and the India-Asia collision[J]. *Geology*, 1989, 17: 316-319.

Jeffrey Lee, William S D, Wang Y, et al. Geology of Kangmar Dome, Southern Tibet[J]. *Geological Society of American Map and Chart Series MCH*090, 2002: 1-8.

Kajiwara Y, Kaiho K. Oceanic anoxic at the Cretaceous/tertiary boundary supported by the sulfur isotope record[J]. *Palaeogeogr. Palaeoclimatol. Palaeoecol.*, 1992, 99: 151-162.

Klootwijk C T, Conaghan P J, Nazirullah R, et al. Further paleomagnetic data from Chitral(Eastern Hindukush): evidence for an early India-Asia contact[J]. *Tectonophys*, 1994, 237: 1-25.

Lee Jeffrey, William S D, Wang Y, et al. Geology of Kangmar Dome, Southern Tibet[M]. Geological Society of America Map and Chart Series MCH090, 2002: 1-8.

Liu Guanghua. Permian to Eocene sediments and Indian passive margin evolution in the Tibetan Himalayas[J]. Tuebinger Geowissenschaft liche Arbeiten. Reihe A. 1992, 13: 268.

Maluski H. Radiometric Dating with ^{39}Ar-^{40}Ar method of metamorphism in the Kangmar area and of late granitic body of maitia-Tibet[M]. Himalayan Geology, international symposium Abstracts, China, 1984.

Margaret E, Coleman, Kip V Hodges. Contrasting Oligocene and Miocene thermal history from the hang wall and footwall of the South Tibetan detachment in the central Himalaya from $^{40}Ar/^{39}Ar$ thermochronology, Marsyandi Valley, central Nepal[J]. *Tectonics*, 1998, 17(5): 726-740.

Matte P, Mattauer M, Olivet J M, et al. Continental subdaction beneath Tibet and the Himalayan orogen: a review[J]. *Terra Nova*, 1997, 9: 264-270.

McArthur J M, Burnett J, Hancock J M. Strontium isotopes at K/T boundary; discussion[J]. *Nature*, 1992, 355: 28.

Michael A E, William S F K. Multi-Stage development of the southern Tibet detachment system near Khula Kangri. New data from Gonto La[J]. *Tectonophysics*, 1996, 260.

Michael J C, Nelson K D, Kidd W S F, et al. Shallow structure of the Shallow structure of the Yadong-Gulu rift, southern Tibet, from refraction analysis of Project INDEPTH common midpoint data[J]. *Tectonics*, 1998, 17(1): 46-61.

Molnar P, Tapponnier P. Cenozoic Tectonics of Asia: Effects of a Continental Collision[J]. *Science*, 1975, 189: 419-426.

Nelson K D, Zhao W J, Brown L D, et al. Partial molten middle crust beneath southern Tibet: Synthesis of Project INDEPTH results[J]. *Science*, 1996, 274: 1684-1687.

Patriat P, Achache J. India-Eurasia collision chronology has implications for crustal shortening and driving mechanism of plates[J]. *Nature*, 1984, 311: 615-621.

Patzelt A, Li H, Wang J, et al. Palaeomagnetism of Cretaceous to Tertiary sediments from southern Tibet: evidence for the extent of the northern margin of Indian prior to the collision with Eurasia[J]. *Tectonophysics*, 1996, 259: 259～284.

Pecher A, Jean-luc Bouchez, Patrick Le Fort. Miocene dextral shearing between Himalaya and Tibet[J]. *Geology*, 1991, 19: 683-685.

Peter G D, George E G, Jay Q, et al. Eocene-early Miocene foreland basin development and the history of Himalayan thrusting, western and central Nepal[J]. *Tectonics*, 1998, 17(5): 741-765.

Ratschbacher L, Frisch W, Liu G, et al. Distributed deformation in southern and western Tibet during and after the India-Asia collision[J]. *Journal of Geophysical Research*, 1994, 99: 19917-19945.

Ricou L E. The plate tectonic history of the past Tethys Ocean[C]//Nairn A E M, Ricou L E, Vrielynck B, et al. The Ocean Basins and Margins. Plenum Press, New York and London, 1995: 3-70.

Rowley D B. Age of collision between India and Asia: A review of the stratigraphic data[J]. *Earth Planet. Sci. Lett.* 1996, 145: 1-13.

Scharer U, Xu R, Allegre C J. U-(Th)-Pb systematics and ages of Himalayan leucogranites, South Tibet[J]. *Earth and Planetary Science Letters*, 1986, 77: 35-48.

Searle M P, Parrish R R, Hodges K V, et al. Shisha Pangma leucogranite, south Tibetan Himalaya: field relation, geochemistry, age, origiin, and emplacement[J]. *Journal of Geology*, 1997, 105: 295-317.

Searle M, Windley B F, Cooper D J W, et al. The closing of Tethys and the tectonics of the Himalaya[J]. *Geological Society of America Bulletin*, 1987, 98: 678-701.

Sengör A M C. Tectonics of the Tethysides: Orogenic collage development in a collisional setting[J]. *Ann. Rev. Earth Planet. Sci.*, 1987, 15: 213-244.

Sengor A M C. Tectonic Evolution of the Tethyan Region[M]. Kluwer Academic Publishers, London, 1989.

Shi X. Mesozoic to Cenozoic Sequence Stratigraphy and Sea-level Changes in the Northern Himalayas, southern Tibet[J]. *China. Newsl. Stratigr*, 1996, 33: 15-61.

Stephen M. Glossopterid megafossils in Permian Gondwanic non-marine biostrati- graphy[M]//Findlay, Unrug, Banks & Veevers (eds). Gondwana Eight. Balkema, Rotterdam. 25, 1993.

Tewari R C, Veevers J J. Gondwana basins of India occupy the middle of a7500 km sector of radial valleys and lobes in central-eastern Gondwanaland[M]//Findlay, Unrug, Banks & Veevers (eds). Gondwana Eight. Balkema, Rotterdam, 1993: 507-512

Wan X, Lamolda M A, Wang C. Upper Cenomanian-Lower Turonian foraminiferal assemblages from southern Tibet: the responses of the biota to oceanic environmental change[J]. *Journal of the Geological Society of the Philippines*, 1997, 52: 183-197.

Wan Xiaoqiao. Albian-Campanian(Cretaceous) planktic foraminiferal stratigraphy in southern Xizang (Tibet)[M]//Yang Zunyi, eds. , Stratigraphy and Paleontology of China (1): 165-181. Beij ing: Geological Publishing House, 1991.

Wan Xiaoqiao, Burnett J. Gallagher L. A preliminary correlation between in the Cretaceous calcareous nannofloras and foraminifera of southerm Tibet[J]. *Rev Esp de Micropalcont*, 1993, xxv(1).

Wang C S, Hu X M, Jansa L, et al. The Cenomanian-Turonian oceanic anoxic event in southern Tibet[J]. *Cretaceous Research*, 2001, 22: 481-490.

Willems H. Stratigraphy of the Upper Cretaceous and Lower Tertiary strata in the Tethyan Himalayas of Tibet(Tingri area, China)[J]. *Geol. Rundsch*, 1996, 85: 723-754.

Willems H. Sedimentary history of the Tibetan Tethys Himalaya continental shelf in South Tibet(Gamba, Tingri) during Upper Cretaceous and Lower Tertiary (Xizang Autonomous Region, P R China) [J]. *Berichte, Fachbereich Geowissenschaften, Universitat Bremen*, 1993, 38: 49-183.

Willems H, Wan X, Yin J, et al. The Mesozoic development of the N-Indian passive margin and of the Xigaze Forearc Basin in southern Tibet, China[J]. *Berichte, Fach. Geo. Un. Bremen*, 1995, 64: 1-113.

Willems H, Zhang B. Cretaceous and Lower Tertiary sediments of the Tibetan Tethys Himalaya in the area of Gamba (South Tibet, PR China)[J]. *Ber FB Goewiss Univ Bremen*, 1993, 38: 3-27.

Willems H, Zhang B. Cretaceous and Lower Tertiary sediments of the Tibetan Tethys Himalaya in the area of Tingri (South Tibet, PR China)[J]. *Ber FB Goewiss Univ Bremen*, 1993, 38: 28-47.

Willems H, Zhou Z, Zhang B, et al. Stratigraphy of the Upper Cretaceous and Lower Tertiary strata in the Tethyan Himalayas of Tibet(Tingri area, China)[J]. *Geol. Rundsch*, 1996, 85: 723-754.

Wolfe J A. Paleobotanical evidence for a marked temperature increase following the Cretaceous/Tertiary boundary[J]. *Nature*, 1990, 343: 153-156.

Wu C, Nelson K D, Wortman G, et al. Yadong cross structure and South Tibetan Detachment in the east central Himalaya (89°-90°E)[J]. *Tectonics*, 1998, 17(1): 28-45.

Yin A, Harrison T M, Ryerson F J, et al. Tertiary structural evolution of the Gangdese thrust system, southeastern Tibet [J]. *Journal of geophysical research*, 1994, 99(B9): 18175-18201.

Yin A, Harrison T M, Murphy M A, et al. Tertiary deformation history of southeastern and southwestern Tibet during the Indo-Asian collision[J]. *Geological Society of America Bulletion*, 1999, 111(11): 1644-1664.

图版说明及图版

图版Ⅰ

所有标本均保存于中国地质大学(北京),图中标尺为1cm。

1. *Chondrites targionii*(Brongniart,1828),Sternberg,1833(塔尔刚线粒迹)(1. 白朗赛区中上侏罗统遮拉组;D5220)

2—4. *Chondrites ichnosp*. 1(线粒迹未定种1)(2,4. 白朗赛区下中侏罗统田巴群(2. D2290; 3. D8016; 4. D1169))

5,6. *Chondrites ichnosp*. 2(线粒迹未定种2)(5,6. 白朗县金嘎下白垩统甲不拉组(D6093))

7,8. *Cladichnus fischeri*(Heer, 1877)(费希尔枝形迹)(7,8. 白朗县赛区下白垩统甲不拉组(7. D3102; 8. D6021))

图版Ⅱ

所有标本均保存于中国地质大学(北京),图中标尺为1cm。

1,2. *Gyrophyllites himalayensis* ichnosp. nov.(喜马拉雅环叶迹)(1—2. 白朗赛区下白垩统加不拉组(D5219);1与3为同一标本的侧面,示不同层次的放射通道)

3. *Cyrophyllites* ichnosp.(环叶迹未定种)(3. 康马县下侏罗统日当组(D6020))

4—8. *Helicorhaphe tortilis* Ksiazkiewicz, 1970(旋扭缠线迹)(4—8. 康马嘎拉湖三叠纪—侏罗纪(D6392);4,8标本表明高度侵蚀)

9. *Helminthoida helminthopsoidea* Sacco,1888(拟蠕形蠕形迹)(9. 白朗赛区上白垩统宗卓组(D4176))

10. *Megagrapton* ichnosp.(巨画迹未定种)(10. 康马拉马弄浦上三叠统涅如组(D2287))

图版Ⅲ

所有标本均保存于中国地质大学(北京),图中标尺为1cm

1—3. *Phycosiphon incertum* Fischer-ooster,1858(可疑藻管迹)(1,2. 康马下康如乡拉马弄浦上三叠统涅如组(D4214); 3. 康马上白垩统宗卓组(D2283))

4. *Rhabdoglyphus grossheimi* Vassoevich, 1951(葛罗斯海米棒雕迹)(4. 白朗赛区下白垩统甲不拉组(D2289))

5. *Sagittichnus lincki* Seilacher, 1953(林柯箭头迹)(5. 亚东下白垩统古错村组(D8026))

6—7. *Schaubcylindrichnus coronus* Frey and Howard,1981(冠状束管迹)(6. 康马田巴下侏罗统日当组(D2279);7. 四川江油下泥盆统(谢家湾组))

8. *Syringomorpha jiangziensis* ichosp. nov.(江孜笛管迹)(8. 江孜下白垩统甲不拉组(D1221))

图版Ⅳ

本图版化石照片均为原大,标本保存于中国地质大学(北京)。

1—5. *Neospirifer kubeiensis* Jing(1. 登记号:D5154HB1;2. 登记号:D5152HB3;3. 登记号:D3158HB1;4. 登记号:D3158HB2;5. 登记号:P8⑧HB1。产地层位:康马县二叠系白定浦组)

6. *Spirifera* sp.(6. 登记号:D6133HB1;产地层位:康马县二叠系白定浦组)

7. *Athyris* cf. *xetra*(Diener)(7. 登记号:D5152HB4;产地层位:康马县二叠系康马组)

8—9. *Costiferina alata*(Waterhouse)(登记号:P8⑦HB1;9. 登记号:P8⑧HB4。产地层位:康马县二叠系白定浦组)

10. *Stenoscisma* cf. *purdoni*(Davidson)var. *gigantean*(Diener)(10. 登记号:P8⑧HB1;康马江浦二叠系白定浦组)

11. *Punctospirifer jilongica* Jing(11. 登记号:P8⑧HB4;产地层位:康马县江浦二叠系白定浦组)

12. *Leptodus* sp.(登记号:P8⑧HB4,产地层位:康马县江浦二叠系白定浦组)

13. *Leptodus nobilis*(Waagen)(登记号:P8⑦HB2;产地层位:康马县江浦二叠系白定浦组)。

图版Ⅴ

标本保存于中国地质大学(北京)。

1. *Neolophophyllidium kangmaensis* sp. nov.(×3,横切面;登记号:D2238HB2;产地层位:康马县二叠系白定浦组)
2. *Lophophyllidium* cf. *wichmani*(Gerth)(登记号:D2197HB1,2a×4,横切面;5b×3,纵切面;产地层位:康马县二叠系白定浦组)
3. *Lytvolasma circularium* Wang Z J.(3.登记号:D2196HB3-1;3a×4,3b×4,横切面;产地层位:康马县二叠系白定浦组)
4. *Lophophyllidium jiezhangense longiseptum* Lin(4.登记号:D2196HB3-2;4a×5,4b×4,横切面;4c×4,纵切面。层位:康马县二叠系白定浦组)
5. *Plerophyllum tumefactum* Wang Z J(登记号:D3224HB1;5a—5c×4,5d—5e×5,横切面;5f×5,纵切面;产地层位:康马县二叠系白定浦组)

图版Ⅵ

所有照片均为原大,标本均保存在中国地质大学(北京)。

1,11. *Arnioceras* sp.(1,11.登记号:P_{39}14HB_1;Lower Sinemurian;产地层位:康马县田巴侏罗系日当组)

2,3. *Paracroniceras* sp.(2,3. 登记号:P40$_8$ HB_1;Lower Aptian;产地层位:岗巴县强东下白垩统东山组)

4,5. *Deshayesites* sp.(4,5. 登记号:P40$_8$ HB_1;Lower Aptian;产地层位:岗巴县强东下白垩统东山组)

6,7. *Hypacathoplites* sp.(6,7. 登记号:P_{24}25HB_1;Upper Aptian;产地层位:岗巴县塔杰下白垩统东山组)

8. *Tragodesmoceras* sp.(8. 登记号:D1321 HB_1;Upper Albian;产地层位:D1321 HB_1)

9,10. *Himalayaites* cf. *hyphasis* Uhlig(9,10. 登记号:$P_1$10;Berriasian;产地层位:江孜县甲不拉剖面甲不拉组)

12. *Corogoniceras* sp.(12. 登记号:$P_1$10;Berriasian;产地层位:江孜县甲不拉剖面甲不拉组)

13. *Spiticeras* sp.(13. 登记号:D7100$HB_{1\text{-}7}$;Berriasian;产地层位:D7100$HB_{1\text{-}7}$)

14. *Killianella* sp.(14. 登记号:D5058;Berriasian;产地层位:江孜县甲不拉组)

15,16. *Himalayaites* aff. *hollandi* Uhlig(15,16. Berriasian;产地层位:江孜县甲不拉剖面甲不拉组($P_1$10))

17. *Paracroniceras* sp.(17. Lower Aptian;产地层位:D4230HB_1)

图版Ⅶ

所有化石均产于江孜县甲不拉剖面下白垩统甲不拉组;标本保存于中国科学院南京地质古生物研究所。

1—3. *Archaeodictyomitra vulgaris* Pessagno(1.×180;2,3.×167;Hauterivian—Campanian)

4. *Archaeodictyomitra* cf. *chalilovi*(Aliev)(4.×147;Hauterivian 晚期—Aptian 早期)

5—8. *Archaeodictyomitra* sp. A(5,6.×120;7,8.×134)

9. *Thanarla pseudodecora*(Tan)(9.×134;Barremian 晚期—Aptian 早期)

10. *Coniforma antiochensis* Pessagno(10.×167;此种在日本四国东部见于泉层群(? Campanian))

11—18. *Stichomitra mediocris*(Tan)(11.×120;12.×154;13.×167;14,15.×180;16—18.×200;早 Aptian—中 Albian)

19—24. *Staurosphaeretta* sp.(19,20.×120;21.×134;22.×154;23.×167;24.×180;晚 Aptian—早 Turonian)

25,26. 有孔虫(25,26.×167)

27,28. *Diacanthocapsa* sp.(27,28.×147)

29—32. cf. *Pseudoeucyrtis reticularis* Matsuoka et Yao(29.×147;30,31.×154;32.×167;Callovian 中期—Aptian)

33,34. *Stichomitra communis* Squinabol(33.×134;34.×154;Aptian—Turonian)

35,36. cf. *Praeconocaryomma universa* Pessagno(35.×134;36.×167;Coniacian 早期—Campanian 中期)

37—39. cf. *Triactoma echiodes* Foreman(37.×120;38.×134;39.×180;Oxfordian 中晚期—Turonian)

40,41. cf. *Stichomitra communis* Squinabol(40.×134;41.×167;Aptian—Turonian)

图版 Ⅰ

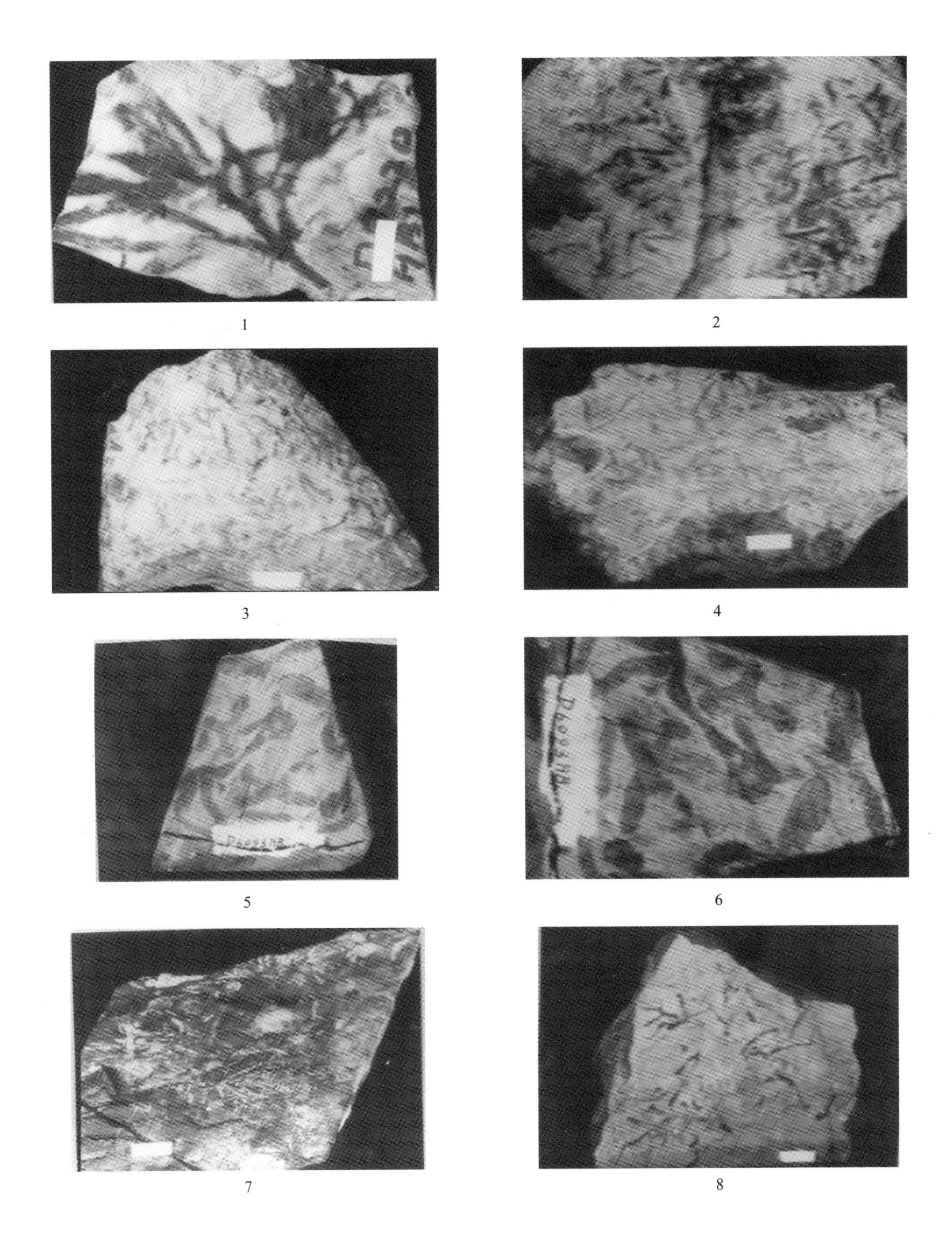

图版Ⅱ

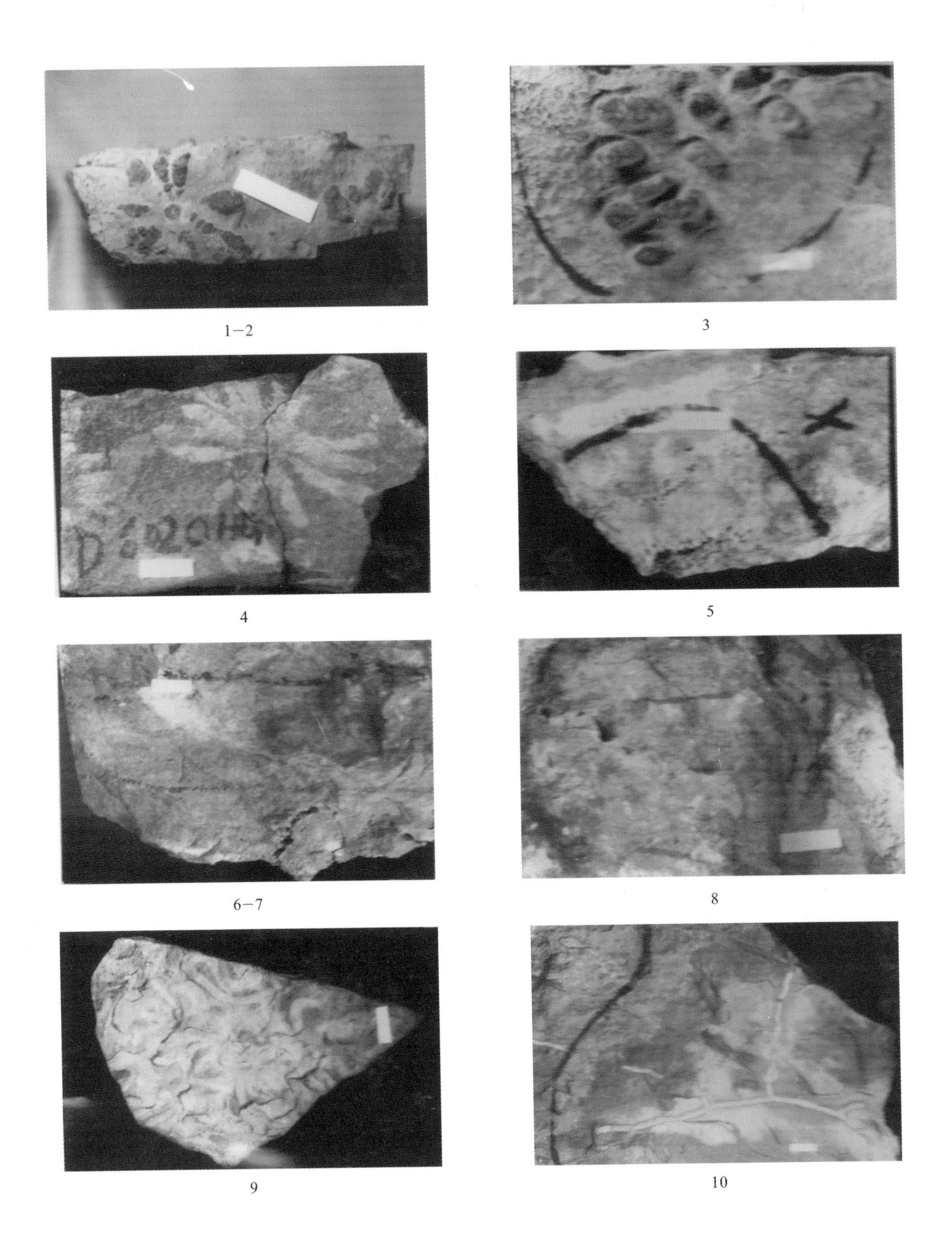

图版Ⅲ

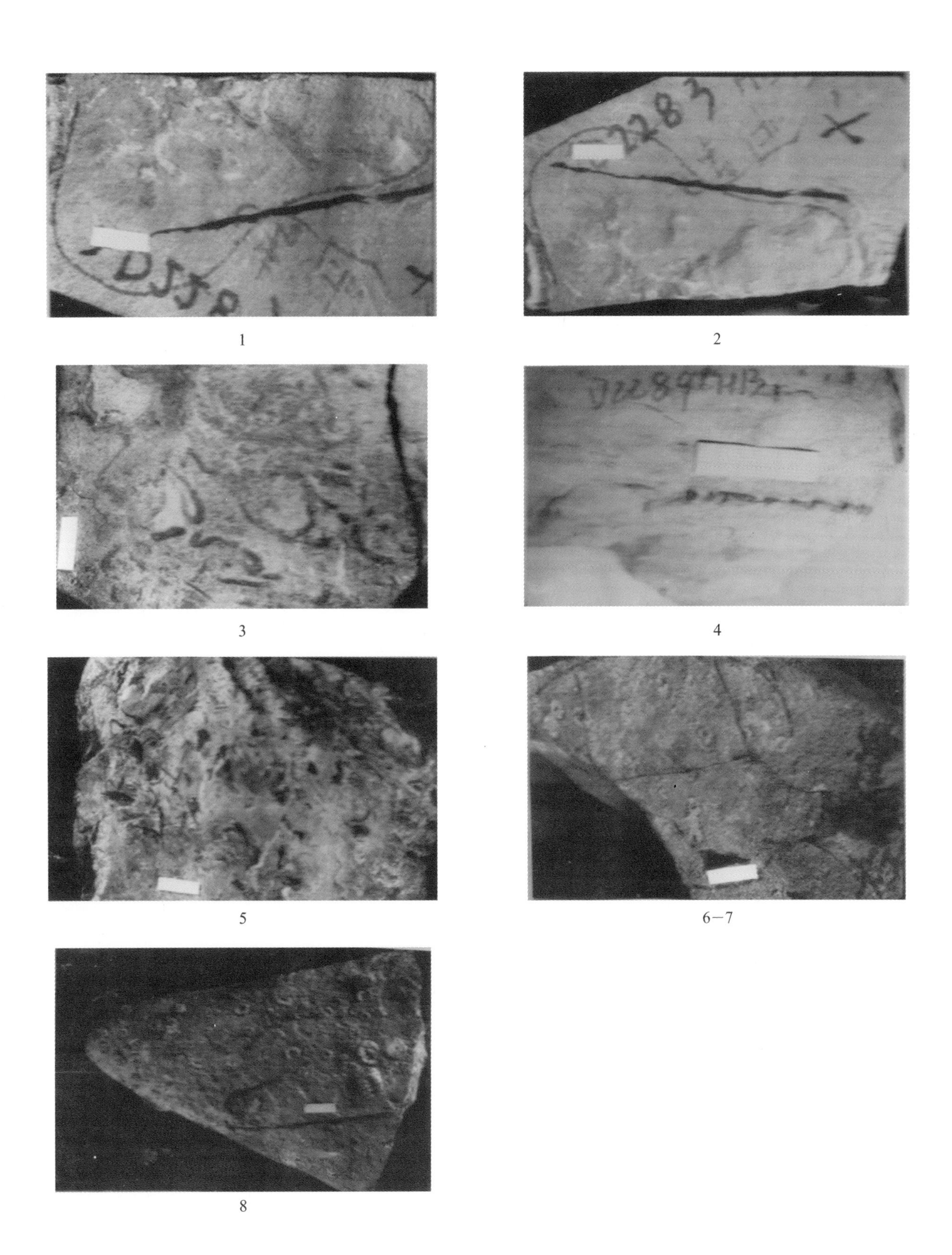

1　2　3　4　5　6—7　8

图版Ⅳ

图版Ⅴ

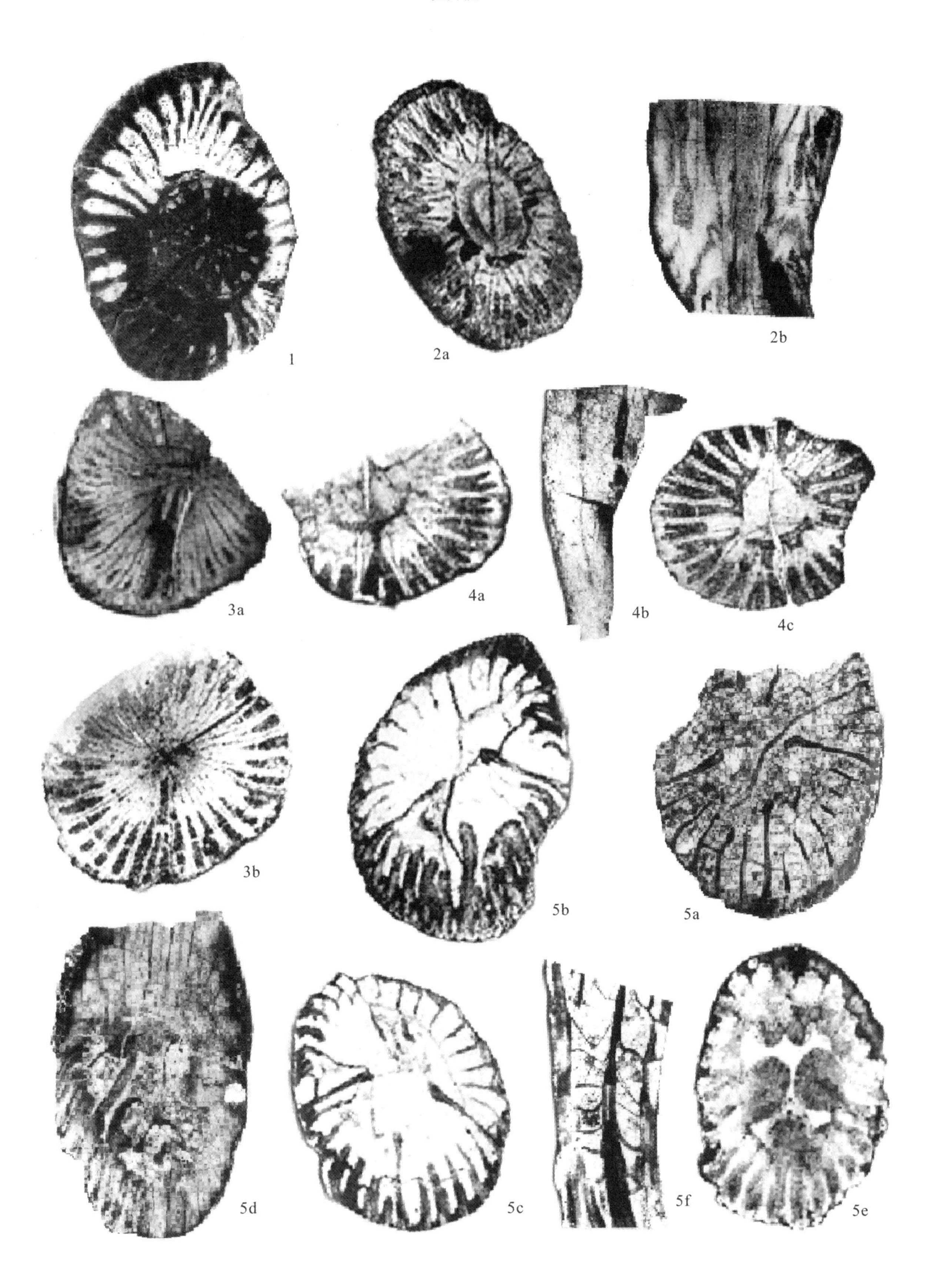

图版 Ⅵ

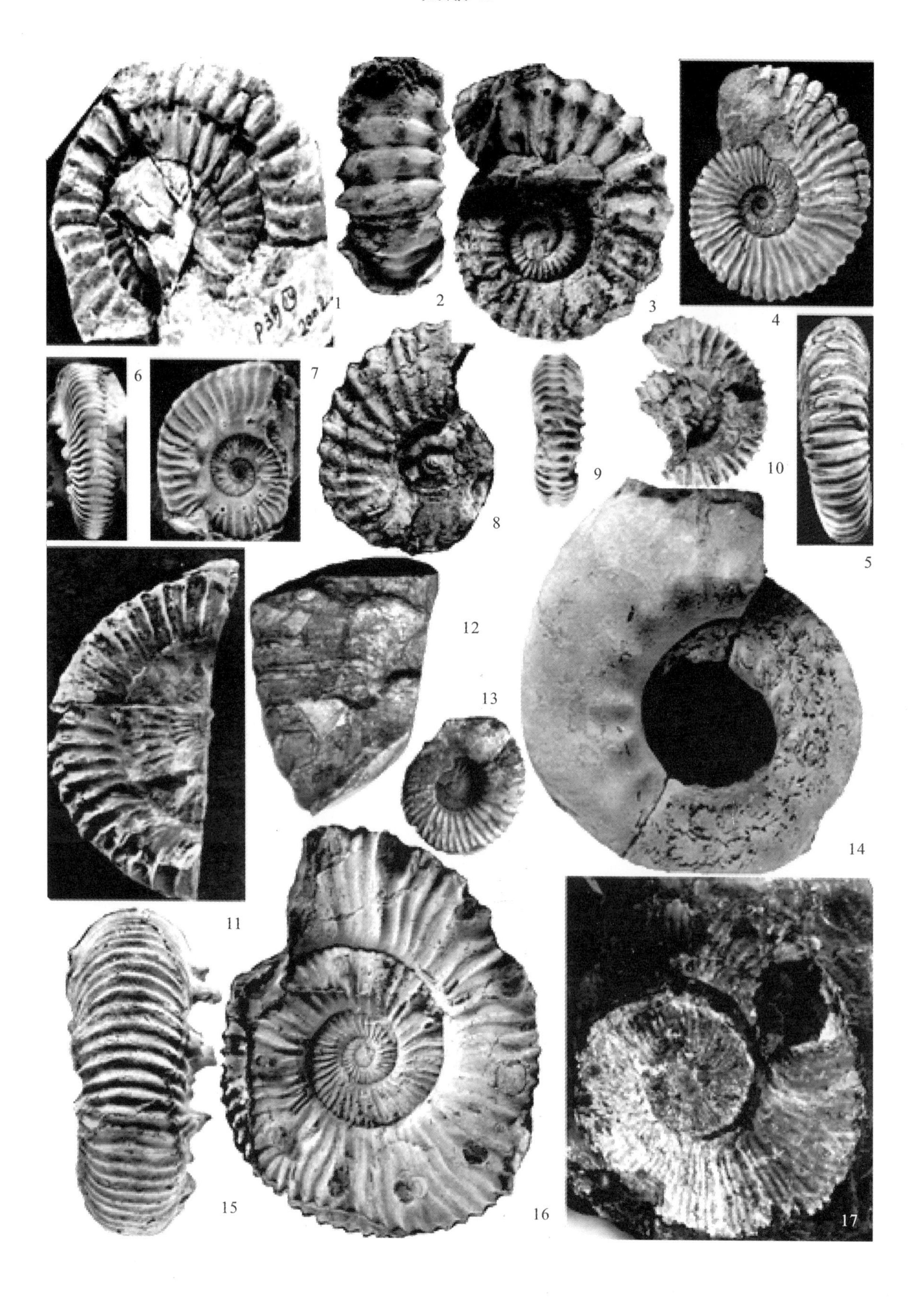

图版Ⅶ

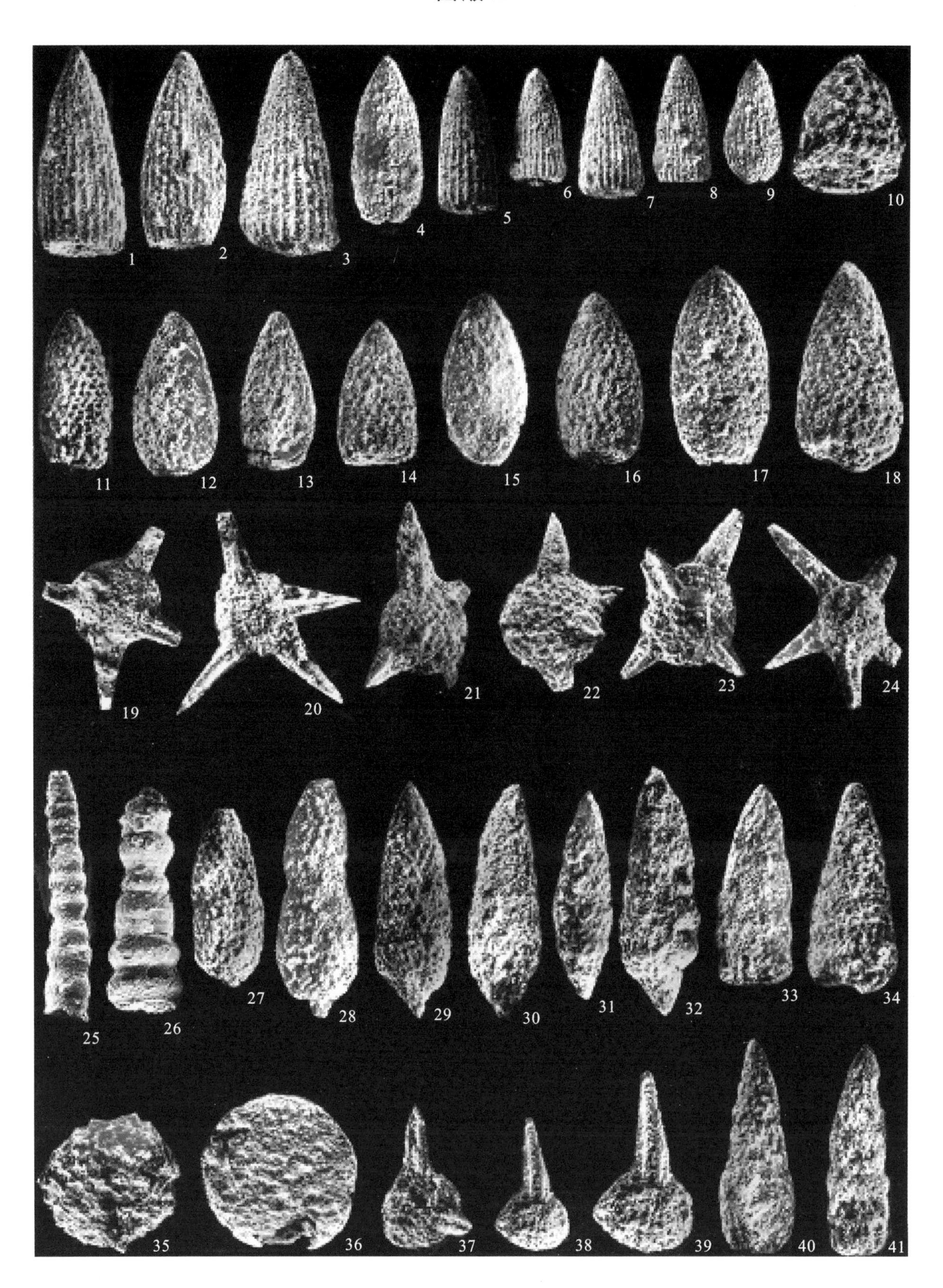

1
2
3
4
5
6
7
8
9
10
11
12
13
14
15
16
17
18
19
20
21
22
23
24
25
26
27
28
29
30
31
32
33
34
35
36
37
38
39
40
41